LE CHIEN

HISTOIRE, HYGIÈNE, MÉDECINE

VADE-MECUM DE L'ÉLEVEUR ET DE L'AMATEUR DE CHIENS

PAR

P. MÉGNIN, Vétérinaire

Membre de la Société de Biologie,
Membre-associé du Collège des vétérinaires de Londres,
Lauréat de l'Académie des Sciences de l'Institut de France,
Officier de l'Instruction publique,
Chevalier de la Légion d'honneur.

DEUXIÈME ÉDITION

ENTIÈREMENT REFONDUE ET CONSIDÉRABLEMENT AUGMENTÉE
AVEC 73 GRAVURES DONT 35 HORS TEXTE

Tous droits réservés.

PARIS

ÉMILE DEYROLLE — NATURALISTE

RUE DE LA MONNAIE, 23

1883

AVERTISSEMENT

DE LA PREMIÈRE ÉDITION.

A la demande d'un grand nombre de lecteurs du journal l'*Acclimatation*, nous avons réuni en ce volume la série des articles que nous avons publiés, dans ce journal, sur l'Histoire, l'Hygiène et la Médecine du Chien.

C'est l'ouvrage que nous présentons aujourd'hui au public et nous avons l'espoir qu'il l'accueillera d'autant plus favorablement qu'il comble une lacune.

En effet, les ouvrages qui existent actuellement et qui traitent du même sujet, ne sont, pour la plupart, que des compilations indigestes faites par des auteurs parfaitement incompétents, ou bien des reproductions de livres composés dans les premières années de ce siècle, époque où régnaient en médecine les théories les plus irrationnelles et les plus meurtrières. C'est là la source des préjugés tenaces qui règnent si généralement sur l'hygiène du Chien et qui sont la cause de la série de maladies graves qui tourmentent ce malheureux animal. Nous nous sommes attaché à combattre ces préjugés par toutes les raisons que nous ont fournies les lois mieux connues de la physiologie rationnelle, et notre longue expérience.

Espérons, pour ce fidèle compagnon de nos plaisirs et de nos peines, que nous aurons réussi à convaincre le plus grand nombre de ceux qui sont chargés de lui donner des soins et qui, le plus inconsciemment du monde, lui font si souvent tant de mal, croyant lui faire le plus grand bien.

Paris, le 25 août 1877.

LE CHIEN

HISTOIRE, HYGIÈNE, MÉDECINE

Fontainebleau. — E. Bourges, imp. breveté.

AVERTISSEMENT

DE LA DEUXIÈME ÉDITION.

La première édition de notre livre, LE CHIEN, était un premier et timide essai renfermant un très grand nombre de lacunes; dans cette deuxième édition, — qui contient deux fois plus de matières que la première, laquelle n'avait pas 300 pages, — non seulement nous nous sommes attaché à combler les lacunes en question, mais nous y avons ajouté tout le fruit de nos études pendant ces six dernières années, études dont les sujets nous ont été fournis principalement par les nombreux chasseurs et amateurs de chiens, abonnés du journal l'*Acclimatation*, auxquels nous exprimons ici toute notre reconnaissance.

Cette nouvelle édition de notre livre est en réalité un ouvrage tout nouveau où nous nous sommes attaché à donner l'histoire complète du Chien et de ses différentes races; à classer méthodiquement et à décrire clairement, non seulement les maladies du Chien, que nous avons personnellement observées, mais encore celles que nous avons trouvées signalées par différents auteurs et professeurs vétérinaires. De

nombreuses figures, et particulièrement une quarantaine de
véritables portraits de types de races, ont été ajoutés à cette
nouvelle édition, et nous espérons bien qu'en raison de toutes
ces améliorations le public lui réservera un accueil aussi flat-
teur qu'à la première.

Vincennes, le 20 avril 1883.

MÉGNIN.

LE CHIEN

HISTOIRE, HYGIÈNE, MÉDECINE

Le présent ouvrage a pour objet principal l'étude de l'hygiène et des maladies du Chien ; il a pour but d'initier le lecteur aux meilleures pratiques à suivre pour conserver ou pour aider au rétablissement de la santé de ce précieux et indispensable auxiliaire du chasseur, de ce désintéressé et vigilant gardien des troupeaux et des fermes, de ce fidèle compagnon du pauvre et du délaissé.

Mais avant d'entrer dans le cœur même de notre sujet, nous tenons à le faire précéder de quelques considérations sur l'origine du Chien domestique et sur les phases par lesquelles il a passé pour arriver jusqu'à nous, tel que nous le voyons, avec ses races si variées et presque innombrables, dont la multiplication a marché de pair avec une susceptibilité maladive comme aucun autre animal n'en présente. Ces considérations, du reste, ne sont pas aussi étrangères qu'on pourrait le croire à notre sujet principal, car, si le Chien est l'animal qui présente le plus de maladies graves et chroniques, dont quelques-unes sont devenues héréditaires, il en est, — et elles sont surtout de cette dernière catégorie, — qui sont le résultat de mauvais procédés d'entretien et d'élevage, basés sur des préjugés qui durent depuis de longues années et dont les conséquences sont devenues un héritage de famille. C'est ce qui rend leur extirpation si difficile, leurs racines se perdant dans la nuit des temps comme nous le montrons plus loin.

CHAPITRE PREMIER

HISTOIRE DU CHIEN.

§ 1ᵉʳ. — *Origines du Chien domestique.*

Le Chien domestique vient-il originairement d'une espèce perdue, ou du Loup ou du Chacal comme certains naturalistes, entre autres Pennant et Guldenstœdt, l'admettent? ou bien d'un type unique qui serait le Chien de berger comme le pense Buffon? ou enfin de plusieurs espèces qui se seraient croisées entre elles, suivant l'opinion de Pallas et de Desmoulins? Pour arriver à une solution satisfaisante de ces questions il faut d'abord se poser celle-ci : existait-il, avant la domesticité du premier Chien que l'homme s'est attaché, plusieurs variétés de Chiens plus ou moins identiques avec les variétés que nous appelons domestiques?

La paléontologie répond à cette question et nous ne pouvons mieux faire, pour connaître cette réponse, que de l'emprunter au remarquable travail de M. J.-B. Bourguignat : *Recherches sur les ossements de Canidæ constatés en France à l'état fossile pendant la période quaternaire*[1].

Les espèces de la famille des *Canidæ* constatées en France à l'état fossile, soit dans les cavernes, soit dans les dépôts de notre période actuelle (dite quaternaire) sont peu nombreuses. M. Bourguignat n'en connaît que neuf espèces :

1. *Ann. Sc. Géo.*, VI, 22, art. nᵒ 6.

— 4 —

1° Un Chien sauvage qu'il nomme *Canis ferus*, avec ses variétés classées sous le titre de *Canis familiaris ;*

2°, 3° et 4° Trois espèces de Loups : *Lupus vulgaris, L. speleus* et *L. neschersensis*, dont la première seule existe encore ;

5° Une espèce disparue d'un genre voisin du Loup et qu'il a nommée *Lycorus nemesianus ;*

6°, 7° Deux espèces disparues d'un genre intermédiaire entre le Chien et le Loup qu'il nomme *Cuon europæus* et *Cuon Edwardsianus* et dont une espèce du même genre existe encore dans l'Inde et dans les montagnes de l'Himalaya ;

8° et 9° Deux espèces de renards *Vulpes vulgaris* et *Vulpes minor*, cette dernière disparue.

Pour M. Bourguignat, le Chien fossile, qu'il nomme *Canis ferus* et qui appartient aux plus anciennes époques préhistoriques, est un *animal sauvage* contemporain des Loups et que l'homme à la suite des temps est parvenu à domestiquer. En cela il est de l'avis du savant paléontologiste Pictet de Genève.

« Le fait le plus remarquable, dit Pictet[1], qui ait été signalé sur les Chiens des terrains diluviens, est l'existence d'une espèce qui a la plus grande analogie avec le Chien domestique et qui a été inscrite dans les catalogues de paléontologie sous le nom de *Canis familiaris fossilis*.

» Nous excluons, ajoute Pictet, d'abord une idée que le nom qui a été imposé à cette espèce semblerait justifier. Le Chien, dont les restes ont été conservés dans les dépôts diluviens ne peut pas avoir été domestiqué, et, malgré l'autorité de M. de Serres, je n'y puis voir qu'un animal sauvage. Ce paléontologiste se fonde sur quelques différences de taille indiquant, selon lui, des races qui ne peuvent tenir qu'à l'influence de la domesticité ; mais la rareté et l'absence d'ossements humains et des débris de son industrie, ainsi que le mélange des os du *Canis familiaris fossilis* avec ceux de tous les autres carnassiers sau-

---

1. *Traité de paléontologie*, 1853, t. I, p. 203.

vages, m'empêche d'admettre cet état de domesticité. Je crois
que ces formes sont, en conséquence, indépendantes de toute
influence extérieure, et qu'il doit être comparé au Loup, au
Chacal, au Renard, etc., dont les variations sont peu étendues,
et non aux races innombrables des Chiens domestiques. Il
constitue ainsi une espèce sauvage parfaitement distincte de
toutes celles qui vivent aujourd'hui dans cet état. Les caractères
tirés des os et des dents montrent que cette espèce était plus
voisine du Chien domestique que n'en sont le Loup et surtout
le Renard. Si donc on admet que plusieurs espèces ont passé de
l'époque diluvienne à la nôtre, il est possible que ce Chien
sauvage ait été la souche de nos Chiens domestiques. Sans
vouloir entrer ici dans une discussion sur l'origine des races
de Chiens, je rappellerai qu'il est impossible de les attribuer
au Renard[1], mais que l'on a discuté sur le plus ou moins de
probabilités que ces diverses races de Chiens domestiques proviennent du Loup ou du Chacal. Le fait que nous signalons
ici peut prouver peut-être, comme le fait observer M. de Blain-
ville[2], que ce n'est dans aucune des espèces sauvages actuelles
que le Chien domestique a pris sa source, mais bien dans une
espèce qui aurait vécu à l'époque diluvienne et survécu aux
inondations qui ont terminé cette période en submergeant la
plus grande partie de l'Europe. Les premiers hommes qui ont
habité notre continent auraient cherché à utiliser cette espèce
qui avait probablement un caractère plus sociable et plus doux
que le Loup, et cette même douceur de mœurs peut être considérée comme une explication de son entière extinction actuelle. Ce qui nous paraît certain, c'est l'existence, à l'époque
diluvienne, dit Pictet en terminant, d'une ou de plusieurs

---

1. La raison principale qui empêche de considérer le Renard comme
la souche des Chiens domestiques, est que la pupille est toujours ronde
chez ces derniers, tandis qu'elle est allongée chez le Renard.

2. Voyez son *Ostéographie* à la Monographie des Chiens.

espèces sauvages plus voisines du Chien domestique que ne le sont aujourd'hui le Loup, le Chacal et le Renard. »

MM. Pictet et Bourguignat ne sont pas seuls à partager l'opinion de l'existence dans les temps préhistoriques d'un Chien sauvage, souche de nos races domestiques; MM. Rames, Garrigou et Filhol[1], dans leur *Histoire de l'homme fossile des cavernes de Lombrives et de Lherm, dans l'Ariège*, signalent les ossements de *vrais Canis*, ossements qui ne peuvent être, selon eux, rapportés au *Canis familiaris*.

« Ces ossements de Chiens, disent ces auteurs, sont très différents de ceux du Renard et du Chacal; ils ne peuvent non plus être regardés comme ceux d'une race de Chiens domestiques, et cela parce que nous avons trouvé quatorze de ses dents canines percées par l'homme qui devait les porter comme ornement ou comme trophée. Il est très probable que pour s'en parer, il les enlevait à un animal dont il faisait sa proie et non à un Chien domestique. »

Cette observation de MM. Rames, Garrigou et Filhol a un certain poids, parce qu'elle est juste au fond. On sait en effet que les hommes des époques préhistoriques aimaient à se parer des défenses des animaux sauvages. Dans presque toutes les stations humaines, et dans la plupart des grottes sépulcrales, on a trouvé des quantités de dents, surtout des canines de Sangliers, de Loups, d'Ours des cavernes, percées d'un trou. Ces dents servaient d'ornements ou d'amulettes (Bourguignat).

Il est donc présumable, comme le dit cet auteur, que ces canines de Chiens des cavernes de Saleich, de Lherm et de Lombrives étaient celles de Chiens sauvages, du *Canis ferus* non encore domestiqué.

Plus tard, à la suite des temps, comme ce *Canis*, ainsi que le pensent Pictet et Bourguignat, avait un caractère plus doux

1. Extrait du *Bull. soc. anthrop.* de Paris, 1865.

et plus sociable que celui du Loup, l'homme est parvenu à en faire son fidèle compagnon.

L'époque de la domestication du Chien remonterait assez haut, d'après M. Bourguignat, et voici comment il l'apprécie.

D'après lui la période quaternaire, qui s'étend du pliocène jusqu'à nos jours, comprend quatre phases bien distinctes :

Dans la première, la plus ancienne, qu'il nomme *eozoïque*, il n'a pu découvrir la moindre trace de l'homme.

Dans la seconde, moins ancienne (phase *dizoïque*), on commence à peine à percevoir quelques faibles indices de l'existence humaine; les *Canis* de cette phase devaient donc être sauvages.

Dans la troisième phase (phase *trizoïque*), contemporaine des hauts niveaux de la Seine et de la plupart de nos fleuves, l'homme apparaît sur tous les points. C'est sans doute dans cette phase, dit M. Bourguignat, qu'a dû commencer la domestication du *Canis ferus*, domestication qui a continué dans la quatrième (phase *ontozoïque*), dans celle où nous nous trouvons en ce moment.

M. Bourguignat ne connaît pas un seul débris du *Canis ferus* dans la phase eozoïque (première phase de la période quaternaire). A cette époque, les *Canidæ* étaient représentés par le *Lycorus nemesianus* et par les deux *Cuons* : *C. europæus* et *C. Edwardsianus*.

A la phase dizoïque, le *Lycorus nemesianus* et le *Cuon europæus* disparaissent, seul le *Cuon Edwardsianus* se montre avec les premiers Chiens sauvages.

Ces Chiens, ou plutôt ces débris de Chiens, ont été trouvés dans la caverne de Lunel-Vieil, près de Montpellier (Hérault) et signalés par MM. de Serres, Dubreuil et Jeanjean[1].

M. Bourguignat rapporte au *Canis ferus* des débris d'ossements et de mâchoires signalés par ces auteurs. D'après les

____

1. *Rech. ossem. humat. cav. de Lunel-Vieil* 1839, p. 73.

mesures prises sur ces objets, il résulte que le Chien de la caverne de Lunel-Vieil avait la dernière tuberculeuse plus large que celle du Loup, ce qui dénote une moins grande férocité.

Ce *Canis* était intermédiaire, comme taille, entre le Loup et le Chien courant de nos jours.

A la phase trizoïque les Chiens paraissent plus nombreux. Schmerling a recueilli un grand nombre de débris de Chiens dans cinq cavernes en Belgique, et ces débris montrent qu'il existait à l'époque des dépôts de ces cavernes un Chien le double plus fort que l'autre. Le Chien le plus fort devait être de la taille du Chien d'arrêt.

M. Bourguignat a lui-même recueilli, dans une couche de la caverne Fontamic, dans le vallon de la Siagne, près de Saint-Césaire (Alpes-Maritimes), couche contemporaine de la phase trizoïque, quelques ossements de Chiens. Le plus grand nombre de ces ossements étaient analogues à ceux du Chien de berger (*Canis domesticus* Linn.), les autres à ceux d'une grande espèce de Dogue, au *Canis molossus* Linn. Ces Chiens étaient incontestablement domestiqués, car M. Bourguignat a trouvé, avec leurs ossements, une assez grande quantité de débris de l'industrie humaine.

Enfin, dans la quatrième phase, la phase ontozoïque, dans celle qui se continue de nos jours, les Chiens deviennent de plus en plus nombreux et leurs ossements ont été rencontrés dans presque toutes les stations humaines.

M. Bourguignat en a découvert un assez grand nombre dans une caverne située sur le plan de Nove, à 4 kilomètres au nord de Vence (Alpes-Maritimes). Mais le lieu où il a découvert le plus de débris de *Canidæ* est incontestablement une grotte inconnue découverte au lieu dit des Clapiers, à 3 kilomètres au N. O. de Saint-Césaire, près de Grasse.

Dans cette grotte, que M. Bourguignat a nommée *Grotte Camatte*, il a trouvé une collection complète de *Canis*. Parmi les débris de ces Chiens, il a reconnu ceux des espèces suivantes :

Chien basset (*Canis vertagus* Linn.).

Chien courant (*Canis gallicus* Linn.).

Chien d'arrêt (*Canis avicularius* Linn.).

Chien de berger (*Canis domesticus* Linn.).

Plus deux espèces de Lévriers, dont l'un (*Canis graïus* Linn.) et l'autre plus grand dont il n'a pu trouver de termes de comparaison.

Enfin, il a encore récolté en cet endroit une espèce qu'il rapporte, bien qu'avec doute, au Chien-loup (*Canis pomeranus* Linn.) et divers débris qui pourraient avoir appartenu à diverses races de chiens dogues. Et il signale encore neuf localités situées dans les points les plus opposés de la France, mais dont il n'a pu vérifier l'âge des dépôts, où l'on a trouvé des restes de Chiens sauvages ou déjà domestiqués.

Ce n'est pas en France seulement que l'on a trouvé des preuves de la très haute antiquité de la domestication du chien; ces preuves ont été rencontrées aussi dans ce que les Archéologues ont nommé les *restes de cuisine* du Danemarck, contemporains de l'âge de la pierre polie, ou troisième phase de la période quaternaire de M. Bourguignat, au milieu des débris d'os d'une foule d'animaux, mammifères, oiseaux, poissons et molusques, se trouvaient des os de chiens. Or, on a constaté que seuls les os de Chiens indiquaient un âge très avancé, tandis que ceux des autres quadrupèdes indiquaient qu'ils avaient tous été tués jeunes et tous leurs os étaient toujours ouverts pour en extraire la moelle.

Un Chien domestique a été aussi rencontré dans les stations lacustres de la Suisse de la même époque, en compagnie du Bœuf, du Mouton et du Cochon.

Voici, d'après Rütimeyer, les caractères de ce premier animal domestique de l'homme de l'âge de la pierre polie.

« Ce Chien ancien appartient à une race constante jusqu'à ses moindres détails, de taille moyenne, d'une conformation légère et élégante, à boîte crânienne spacieuse et arrondie, à

orbites grands, à museau court, peu pointu, à mâchoires mé-
diocres dont les dents forment une série régulière. Ce Chien,
qu'on peut nommer *Chien des tourbières*, ressemble par la
grandeur, l'étroitesse de ses membres et la faiblesse des atta-
ches musculaires, entièrement à l'Épagneul ou au Chien d'arrêt,
et, paraît, par la largeur et par la voussure du crâne, avoir
fourni le modèle de l'Épagneul et par ses contours extérieurs
et la longueur du crâne, celui du Chien d'arrêt. »

L'identité des caractères du Chien des *restes de cuisine* du
Danemarck avec le *Chien des tourbières* de Suisse, fait penser
à Rütimeyer qu'une seule espèce de Chiens a été dans le principe domestiquée au centre de l'Europe, espèce bien constante
dans ses caractères, et les diverses races qui se sont produites
plus tard ne seraient pas seulement le résultat des modifications
d'une seule espèce, mais bien aussi celui de mélanges multipliés
d'espèces voisines entre elles.

§ 2. — Le Chien dans l'antiquité.

Nous avons vu, dans le paragraphe précédent, qu'un Chien
sauvage, nommé par M. Bourguignat *Canis ferus*, existait en
France au moment où l'homme apparaît sur le sol de notre
pays.

Quelques milliers d'années après, quand l'homme a appris à
se confectionner des armes en silex et à les polir, nous le
voyons avoir pour compagnon de chasse une ou deux espèces
de Chien domestiqué évidemment dérivées du *Canis ferus*, qui
existait sans doute encore à l'état sauvage. C'est exactement
ce que nous voyons actuellement chez les peuplades sauvages
de la Nouvelle-Hollande, qui elles aussi sont armées de haches
ou de flèches en silex et qui ont pour tout animal domestique
une espèce de Chien qui existe encore à l'état sauvage dans la
contrée. Certaines peuplades de l'Amérique, quand on en fit
la découverte, donnèrent lieu à la même constatation.

Plus tard, nous voyons nos ancêtres, bien qu'encore dans des temps préhistoriques, posséder jusqu'à une demi-douzaine d'espèces de Chiens.

C'est que, vers la fin de l'âge de la pierre, l'homme a apprivoisé successivement quelques animaux, sans doute pour parer aux moments de disette et à la rareté de gibier que l'augmentation de la population humaine et son ardeur à la chasse ont peut-être amenée, ce sont : d'abord une espèce de Cochon sauvage plus petit et plus faible que le Sanglier, et que les savants ont nommé le *Porc des tourbières*; puis un petit Bœuf à membres grêles et à courtes cornes; puis la Chèvre telle qu'elle existe encore aujourd'hui en Suisse, et enfin le Mouflon qui est devenu la souche de nos moutons actuels. L'homme, habitant soit des cavernes, soit des cabanes bâties sur pilotis à la surfaces des lacs, — excellent moyen pour se garder des surprises des ennemis et des animaux féroces, — a dû, pour nourrir les animaux qu'il avait apprivoisés, d'abord se réserver des pâturages, puis faire pour la mauvaise saison des approvisionnements de fourrages et de grains; c'est ainsi que, de chasseur qu'il était primitivement et exclusivement, il est devenu pasteur, puis agriculteur; c'est, en effet, ce que prouvent les trouvailles faites dans les stations lacustres dont les restes sont enfouis dans la tourbe du fond des lacs de la Suisse et d'ailleurs, et même dans des parties de ces lacs aujourd'hui desséchés, ce qui permet de les explorer avec facilité. Le feu, qui a détruit souvent ces cabanes sur pilotis, soit accidentellement, soit par suite des guerres que durent se livrer fréquemment ces premières tribus humaines à demi-sauvages, le feu, disons-nous, en carbonisant superficiellement les grains contenus dans ces cabanes, a été précisément un excellent moyen de conservation; aussi, distingue-t-on parfaitement, malgré leur couleur noire, les espèces de grains qui étaient cultivées à cette période des débuts de l'agriculture; c'est ainsi qu'on a reconnu que l'homme récoltait des pommes, des poires et des prunes sauvages, des noisettes, des glands, des framboises et des myrtilles, et surtout du froment, de l'orge et du lin dont la graine semble avoir servi de nourriture à l'homme pendant qu'il employait sa fibre à faire des liens et des tissus; les graines de froment et d'orge étaient plus petites et les épis plus serrés que les formes actuelles; l'orge était à six rangs. Le seigle, l'avoine et le chanvre manquent complètement, ce qui justifie l'opinion des botanistes qui les font venir d'Orient. La découverte que l'on a faite, dans ces mêmes stations lacustres, de pierres servant à triturer les grains, prouve que l'homme, devenu agriculteur, a fini par faire entrer dans son alimentation les graines des plantes qu'il ne cultivait dans le principe que pour ses animaux apprivoisés. Enfin, les premières émigrations d'hommes venant d'Asie, et dont on fait remonter la date à 2000 ans environ avant notre ère, en apportant le bronze et les instruments agricoles traînés par des animaux dressés, ce qui était encore inconnu aux populations autochtones, vinrent aider au développement de l'agriculture et de l'élève des animaux domestiques, et leur imprimer un essor que ne fit qu'accroître la découverte et le travail du fer qu'on rapporte à une deuxième invasion d'Aryas venus 1000 à 1500 ans après les premiers. La domestication du Cheval, qui vivait en Europe à l'état sauvage et par immenses troupeaux dès le commencement de la période quaternaire, daterait de la première émigration asiatique.

La venue des premiers Aryas eut pour effet aussi d'augmenter le nombre des espèces de Chiens domestiques qui, comme nous le savons, n'étaient pas nombreuses; les fouilles des stations humaines de l'âge du bronze ont montré, en effet, à côté des antiques espèces de Chiens de l'âge de la pierre polie, les restes de grands Chiens qui sont venus sans doute d'Orient, Pline a déjà dit que dans l'Inde les Chiens sont plus grands qu'en Europe.

C'est sans doute aussi de cette époque que date la diversité des rôles du Chien domestique et, par suite, de ses races. D'abord exclusivement chasseur comme son maître, il devient Chien de berger à la suite de la création des troupeaux, et enfin Chien de garde, lorsque l'habitation de l'homme se transforme en établissement agricole, en ferme.

Ce sont, en effet, les principales fonctions dont on le trouve chargé dans les plus anciens ouvrages traitant des choses de l'agriculture et des animaux domestiques, et qui sont dus à Varron, Caton, Columelle, auteurs romains qui écrivaient au siècle d'Auguste, c'est-à-dire, il y a dix-huit cents ans ; ces fonctions mêmes sont l'origine de la diversité des races, car, reconnaissant que, pour certains services, il est nécessaire de réunir certaines aptitudes indiquées par la conformation, on s'est attaché à éliminer tous les individus qui ne les présentaient pas ; de cette sélection sont résultées des races parfaitement distinctes.

Columelle (*De Re rustica*, cap. **XII,** *de Canibus*) donne comme caractères distinctifs du Chien de garde : une forte corpulence, un corps entassé et carré, plutôt court que long ; une tête grande et grosse paraissant être la plus grande partie du corps, avec une gueule grande et fendue, et de grosses lèvres pendantes ; un cou court, des yeux noirs, ardents et étincelants ; des épaules et une poitrine larges et velues ; des jambes grosses et poilues ; une queue courte et épaisse, ce qui est un signe de force ; des pattes et des ongles grands ; une voix retentissante et effrayante ; il doit être méchant, mais médiocrement, car s'il l'est trop il effraiera les familiers, et, s'il ne l'est pas assez, il se laissera flatter par les larrons ; il doit être de couleur noire afin d'être effrayant pendant le jour et peu visible pendant la nuit ; enfin il ne doit pas être vagabond.

Le Chien de berger, d'après le même auteur, doit être moins gros et moins pesant que le précédent, tout en étant aussi fort et aussi robuste ; il doit être prompt et léger, attendu qu'il doit guetter et chasser les loups, et s'ils emportent quelque chose les suivre et leur enlever leur proie, c'est pourquoi il vaut mieux, à cette fin, qu'il soit long plutôt que court et carré. Il doit être de couleur blanche afin que le berger le puisse plus facilement distinguer du Loup et le reconnaître non seulement pendant le crépuscule, qui est l'heure nommée *entre chien et loup*, mais aussi pendant la nuit. Ses membres doivent être aussi forts que ceux du chien de garde.

Les Grecs et les Romains avaient des Chiens appropriés et dressés à toutes sortes de chasses, même à celle des animaux féroces. Ovide, dans sa fable d'Actéon métamorphosé en cerf et dévoré ensuite par ses chiens, nous donne de précieux renseignements sur les Chiens de chasse chez les Grecs, sur les pays fournissant les meilleures races, sur les croisements pratiqués, sur les couleurs les plus prisées et enfin sur les noms qu'on leur donnait; il énumère aussi tous les Chiens de la meute du malheureux fils de Cadmus :

« ... Ses chiens l'aperçoivent, Melampe et Ichnobate en » donnent les premiers des signes par leurs aboiements; ce- » lui-ci vient de Sparte et celui-là de Crète.

» Les autres accourent aussitôt avec la légèreté des vents : » Pamphagus, Dorcée, Oribase, tous trois d'Arcadie; le cou- » rageux Nebrophon, le cruel Théron suivi de Lelape, Ptérélas » et Agré, l'un si rapide à la course et l'autre si adroit à dé- » couvrir les traces du gibier; Hylé, blessé depuis peu par un » sanglier farouche; Napé qui naquit d'un loup; Pémène qui » avait autrefois marché à la suite des troupeaux; Harpye » accompagnée de ses deux petits; Ladon de Cycione avec ses » flancs resserrés; Dromus, Canace, Sticte, Tigre, Alcé, » Leucon dont la blancheur égale celle de la neige; le noir » Asbo, le fort Lacon, Aëlo qui est si léger, Thoüs, Lyciscas » et son frère Cyprius; Harpale dont le corps est noir avec une » tache blanche au front; Mélane, Lachné qui a tous ses poils » hérissés; Labros, Agriode, Hylactor à la voix aiguë, tous » trois d'un père de Crète et d'une mère de Sparte, et plusieurs

» autres enfin dont les noms seraient trop longs à rapporter. »
Pline rapporte qu'Alexandre le Grand, marchant vers l'Inde,
reçut d'un roi d'Albanie un Chien d'une taille extraordinaire
qui mettait rapidement un lion en pièces et qui attaquait l'élé-
phant de manière à le faire tourner en tous sens, tout en l'é-
vitant adroitement, et à le faire tomber à terre étourdi.

Certains peuples de l'antiquité, dit le même auteur, avaient
des cohortes de Chiens dressés pour la guerre, qui combat-
taient au premier rang sans se rebuter jamais. Le roi des Ga-
ramantes, exilé de son pays, revint avec une armée de deux
cents Chiens avec laquelle il combattit ses ennemis et recon-
quit son trône.

Les meutes des Gaulois avaient pour chefs et pour guides
un Chien né du commerce d'une Chienne et d'un loup, auquel
les autres Chiens obéissaient et qu'ils suivaient à la chasse
(Pline). Ce qui prouve que ce croisement était fréquent dans
l'antiquité. Il a, du reste, été renouvelé de nos jours.

A côté de préceptes très rationnels sur le choix des Chiens,
les services auxquels on les destine, et sur leur dressage, on
trouve, dans les auteurs de l'antiquité, sur les maladies des
Chiens et les remèdes qu'il faut leur opposer, les prescriptions
les plus absurdes et les plus ridicules : c'est là l'origine de
préjugés qui ont traversé les siècles et dont on trouve encore
maint vieux chasseur imbu. Ainsi Columelle, déjà cité, dit
très sérieusement que, pour préserver les jeunes Chiens de la
rage, il faut, lorsqu'ils ont atteint l'âge de quarante jours, leur
couper un anneau de la queue avec les dents et leur arracher
ainsi un ver qui va en rempant jusqu'à la tête ! Autre moyen
du même : il faut, pendant les trente jours de la canicule,
mêler de la fiente de poule aux aliments du Chien pour le préserver de la rage !

Le traitement de la rage, dans l'antiquité, vaut les prescriptions ridicules que nous avons rappelées plus haut ayant pour
but d'arriver à préserver le Chien de cette redoutable affection :

Pline, après avoir donné ces prescriptions, dit que si la maladie a pris les devants on la guérit avec l'ellébore, et, immédiatement après il prescrit, comme seul remède contre la morsure du Chien enragé, la racine du rosier sauvage, ou cynorhodon, spécifique qu'il donne comme ayant été indiqué récemment par un oracle.

La rage n'est pas la seule maladie du Chien dont les plus anciens auteurs aient parlé. Columelle parle encore des ulcères des oreilles, de l'invasion des puces, de la gale et de la peste. Nous ne savons trop à quelle maladie moderne se rapporte cette dernière, à moins que, dans l'antiquité, on ait pris la *gourme* des Chiens, vulgairement *la maladie,* pour une affection contagieuse, auquel cas le mot *pestis* lui conviendrait, car les anciens appliquaient cette dernière dénomination à toute maladie ayant un caractère épidémique. Contre cette peste du Chien, les anciens administraient la liqueur du cèdre (?), et, contre la gale, un onguent composé de cytise et de sésame incorporés dans un mélange de poix liquide et de graisse de porc, onguent qu'ils employaient aussi contre les plaies et les ulcères. Contre les puces, la vieille lie d'huile d'olives, et, contre les mouches qui tourmentent pendant l'été les chiens affectés d'ulcères aux oreilles, le brou de noix ou les amandes amères. Ces deux dernières prescriptions étaient certainement efficaces ; quant aux précédentes, nous en doutons fort.

Enfin, les Chiens, ceux de garde et de bergers surtout, étaient nourris de pain bis, de brouet de farine d'orge et de lait clair, et de fèves cuites, alimentation très peu réconfortante et surtout peu en rapport avec leur organisation d'animaux carnassiers ; nous y trouvons la raison des maladies dont le Chien était déjà assailli à cette époque si reculée de son histoire, et dont l'origine datait certainement du temps du changement de son régime et de ses habitudes primitives et normales.

§ 3. — *Le Chien au moyen âge et à l'époque de la Renaissance.*

A la fin du moyen âge, nous retrouvons les Chiens de garde et de bergers avec les caractères, les formes et les couleurs que leur attribuait déjà Columelle chez les Romains[1]. Cela tient à ce que la renaissance de l'agriculture, en France, eut lieu grâce à la traduction, en français vulgaire, des ouvrages des agriculteurs latins : Columelle, Varron, Caton, etc., par des savants au nombre desquels on trouve précisément Charles Estienne, et parce qu'on s'attacha à mettre en pratique les préceptes contenus dans ces ouvrages.

Quant aux Chiens de chasse, on les retrouve notablement changés, et le nombre de leurs races augmenté; c'est que, dans les siècles de barbarie où était retombée la France au moyen âge, si l'agriculture, relativement perfectionnée des Gaulois et des Romains avait périclité jusqu'à tomber en désuétude presque complètement, par contre, la chasse, seul passe-temps en temps de paix, des barons et seigneurs de tout lignage, s'était perfectionnée tout en changeant d'objet : les Lions et autres animaux féroces avaient disparu de l'Europe; les Bisons des anciens, ou Aurochs, avaient été refoulés au fond des forêts de la Germanie et de la Lithuanie; il n'y avait plus que le Loup, le Cerf, le Chevreuil, le Renard, le Blaireau, les Lapins et les Lièvres, et quelques oiseaux comme le Héron, sur lesquels pût s'exercer la passion des nobles pour la chasse; — aussi, obligés de lutter de finesse avec ces animaux pour s'en emparer, et par suite d'étudier les mœurs, les habitudes, les instincts de chacun d'eux et de dresser des Chiens ou des oiseaux de proie d'une manière toute spéciale pour les aider à

1. Voyez *La Maison rustique de maistres Charles Estienne et Jean Liébault, docteurs en médecine.* Paris 1578. Dans cet ouvrage paraît pour la première fois le nom de *dogue* appliqué au Chien de garde et de *limier* appliqué au Chien destiné à chasser le loup.

atteindre ce but, ils arrivèrent à faire de la chasse une science et un art véritable, *l'Art de la vénerie*, dans lequel excellèrent les de Clamorgan, les Jean Liébault, les du Fouilloux, etc., etc., qui nous en ont transmis les règles et les préceptes.

« La chasse des bêtes à quatre pieds, dit Jean Liébault, dans son *Traité de vénerie*, comme Cerf, Sanglier, Chevreuil, Lièvre, se fait principalement avec Chiens, Chevaux et force de corps : aucunes fois avec les cordes et rets, et quelquefois avec les toilles : mais ces deux façons de prendre sont plutôt pour les fetards, pusillanimes et couards, que pour gens de faict, qui aiment la chasse plus pour l'exercice du corps et leur plaisir que pour le contentement de la gueule. »

Quatre espèces de Chiens courants étaient employés à cette chasse et se distinguaient par la couleur de leur pelage : ils étaient blancs, fauves, gris ou noirs.

Les *blancs* étaient les meilleurs, car ils étaient « de haut nez » vites, ardents, ne se lassant jamais à chasser, quelque élevée que fût la température; ne se rompant pas, quelque grande que fût la foule des piqueurs, quelque bruyants que fussent les cris des foules; ils gardaient mieux le change et étaient de « meilleure créance » qu'aucune autre espèce de Chiens; seulement, ils craignaient un peu l'eau, surtout en hiver et voulaient être accompagnés de piqueurs. Les blancs purs étaient les meilleurs; ceux qui étaient tachés de rouge étaient aussi bons; mais ceux marquetés de noir ou de grissale tirant sur le brun, « bureau », étaient regardés comme de peu de valeur et sujets à avoir les pieds gras et tendres.

Les Chiens courants *fauves* secondaient bien les précédents, étaient aussi de grand cœur et de haut nez, gardant bien le change, « quasi du naturel des blancs », mais n'endurant pas si bien la chaleur, ni la foule des piqueurs. Ils étaient toutefois plus vites et plus ardents, ne craignant ni les eaux, ni le froid, courant sûrement et de grande hardiesse, préférant le Cerf à toutes les autres bêtes et ne faisant aucun cas des lièvres. Ils étaient toutefois plus difficiles à dresser que les blancs. Ceux qui étaient préférés étaient d'un fauve uniforme tirant sur le rouge, ou qui, avec ce fond de robe, avaient une tache blanche au front et une autre au cou. Ceux qui étaient d'un fauve tirant sur le jaune ou qui étaient marquetés de gris ou de noir étaient peu estimés.

Les Chiens *fauves* « retroussez et herigotés » étaient bons à faire des limiers.

« Les Chiens blancs et fauves ne sont bons que pour les Roys, princes et grands seigneurs, non pas pour les gentils-hommes, parce qu'ils ne courent qu'au cerf, non à toutes bêtes. » (Jean Liébault.)

Les Chiens *gris* couraient bien toutes les bêtes qu'on voulait bien leur faire chasser, mais n'étaient ni si vites ni si vigoureux que les autres, principalement ceux qui avaient les jambes d'un fauve pâle ; néanmoins, ils étaient ardents, de grand cœur, ne craignant ni le froid ni les eaux, courant de grand courage et n'abandonnant jamais la bête qu'elle ne fût morte ; cependant ils craignaient les chaleurs, la foule des piqueurs, le bruit des hommes et n'aimaient pas une bête qui rusait et tournoyait ; par contre, il était impossible de voir courir de plus vites et meilleurs Chiens surtout après les bêtes « tirant pays. »

Les Chiens *noirs* avaient une forte poitrine, mais les jambes basses et courtes, aussi étaient-ils moins vites, bien qu'ils fussent de haut nez, ne craignant ni les eaux ni le froid, ils préféraient les « bêtes puantes », telles que Sangliers et Renards, parce qu'ils ne se sentaient ni le cœur ni la vitesse pour courir et prendre les bêtes légères.

De quelque couleur que fussent les Chiens courants, les veneurs admettaient des caractères communs auxquels ils reconnaissaient les bons Chiens ; ces caractères étaient les suivants : une tête moyennement grosse, plutôt longue que camuse ; des naseaux gros et ouverts ; des oreilles larges et de moyenne épaisseur; des reins courbés; le râble gros; les hanches grosses et larges; la cuisse troussée; le jarret droit « bien herpé »; la queue « grosse près des reins, et le reste grêle jusqu'au bout »; le poil de dessous le ventre rude, la jambe grosse, le pied sec et semblable à celui du Renard; les ongles gros; le derrière de même hauteur que le devant. Le mâle devait être courbé et court et la lice longue.

Les Chiens courants décrits ci-dessus n'étaient pas employés à la chasse au Sanglier; il était recommandé au bon veneur « qui fait cas de ces Chiens pour courir le Cerf, le Chevreuil, le Lièvre », de ne jamais leur faire chasser le Sanglier; pour cela il devait avoir quelques meutes de *mâtins* « desquels le Sanglier est le vray gibier »; ou même le prendre avec les toiles et le tuer avec l'épieu ou l'épée.

La chasse du Renard et du Blaireau, « tesson », nécessitait deux espèces de Chiens très différents des précédents, appelés « *Chiens de terre* » ou « *bassets* », la première à jambes torses et à poils ras, la seconde, à jambes droites et à gros poil « comme barbets ». Les premiers « coulaient » dans la terre plus aisément que les autres et étaient préférés pour la chasse au Blaireau, parce qu'ils demeuraient plus longtemps dans les terriers et y tenaient mieux sans sortir. Ceux à jambes droites servaient à deux fins, parce qu'ils couraient sur terre comme les Chiens courants et entraient dans les terriers plus hardiment que les autres, mais sans y demeurer aussi long-temps parce que le Renard et le Blaireau les contraignaient d'en sortir pour prendre l'air, « s'échauffant trop vite à les combattre ».

Les nobles, surtout les Bretons insulaires, possédaient en-core au moyen âge une autre espèce de Chien de chasse qu'ils admettaient dans leur intimité beaucoup plus que les précé-dents : nous voulons parler d'un grand Lévrier robuste, à membres forts et généralement à longs poils fauves ou grisâ-tres, dont la race s'est perpétuée assez pure en Écosse et en

Irlande. C'est de lui dont il est question dans les lois fores-
tières du roi Canut, défendant à toute personne n'ayant pas la
qualité de gentilhomme de posséder de ces Chiens. Ils indiquaient la noblesse de leur propriétaire comme le Cheval et le
Faucon. Buffon le regarde comme originaire du Levant. Il est
de fait que les grands Lévriers sont très communs en Turquie,
en Perse et dans tout l'Orient. Les Romains en tiraient déjà de
Cycione et nous avons vu que dès les temps préhistoriques il
y avait en Gaule deux races de Lévriers indigènes dont les
restes ont été découverts par M. Bourguignat.

Enfin, outre les Chiens de bergers et de garde, le fermier
possédait encore, ordinairement « *des Braques et Barbets*, pour
la queste de ce qui se présente quelquefois par les champs ou
qui eschappe à l'improviste ès fleuves ou estangs ». Voilà à
quoi se réduisait la chasse au Chien d'arrêt au moyen âge, et
à la Renaissance.

En résumé, nous comptons comme espèces ou races de
Chiens existant en France à la fin du moyen âge et à l'époque
dite de la Renaissance : le *Dogue* comme Chien de garde, le
Chien de berger, peu différent du *Limier* consacré à la chasse
au Loup, quatre espèces de Chiens courants dont les deux premières réservées à la chasse du Cerf, c'est-à-dire à la chasse
royale ou des grands seigneurs; les autres consacrées à la
chasse du Chevreuil et du Lièvre, le *Lévrier* chassant exclusivement ce dernier; deux *Bassets* ou *Terriers*, pour la chasse
du Renard et du Blaireau, le *Braque* et le *Barbet* pour la chasse
du Lièvre et de la Perdrix dans les guérets, à l'arc, à l'arbalète
ou à l'arquebuse, chasse regardée alors comme indigne d'un
gentilhomme et réservée au fermier et à ses valets.

L'hygiène des Chiens, à l'exception peut-être de celle des
Chiens sédentaires, était assez bien entendue à l'époque dont
nous parlons. Les lices étaient couvertes autant que possible
sous les signes des *gémeaux* et du *verseau*, afin que les petits
naquissent au mois de mars, avril et mai, c'est-à-dire, deux

mois après. On croyait que les petits Chiens conçus sous ces signes n'étaient pas sujets à la rage et qu'il naissait plus de mâles que de femelles. Quand la lice était pleine et que son ventre commençait à s'avaller on ne la menait plus à la chasse de crainte d'empêcher le développement de ses petits; on la laissait circuler dans la cour et la maison sans l'enfermer dans le chénil. Quand les petits étaient nés et qu'ils commençaient à y voir, c'est-à-dire, vers le neuvième ou le dixième jour, on les nourrissait de lait de vache, de chèvre ou de brebis tout chaud et on ne les séparait pas de leur mère avant l'âge de deux mois. Jusqu'à l'âge de dix mois, on les nourrissait de laitage, de pain et de toute sorte de « potages, » et, lorsqu'ils avaient atteint ce dernier âge, ils étaient mis au régime ordinaire du chenil.

Le régime ordinaire du chenil, dans lequel on laissait continuellement ensemble tous les Chiens courants « afin qu'ils se cognoissent, entendent et ameutent mieux », — se composait de pain dans lequel il entrait un tiers de froment, un tiers d'orge et un tiers de seigle; on regardait ce pain ainsi « mixtionné » comme propre à entretenir les Chiens frais et gras, et à les garantir de plusieurs maladies, parce que le pain de seigle pur est trop relâchant, et le pain de froment pur trop constipant. Hors du temps de chasse, lorsque les chiens ne faisaient pas de curée, surtout à ceux qui étaient maigres et couraient le Cerf, on leur donnait des « carnages », c'est-à-dire qu'on leur faisait des distributions de viande crue; les meilleurs « carnages », ceux qui les renforçaient le plus, étaient de cheval, d'âne et de mulet; la viande de ces animaux leur était donnée dépouillée de sa peau « afin qu'il n'ayent pas connoissance de la beste ni de son poil. » Les bons veneurs complétaient ce régime par « des potages faits de chair de brebis, de chèvres, de têtes de bœufs » qu'on donnait surtout aux Chiens maigres qui courent le Lièvre, et il était recommandé de mêler à ces potages « quelque peu de souphre pour les eschauffer ».

« Le chenil doit être situé en quelque lieu bien orienté, par le milieu duquel passe un ruisseau ou fontaine : le logis des Chiens sera basty de murailles bien blanches et de planchers bien collez, de peur que les araignes, puces, punaises et leurs semblables s'y engendrent. Celui qui les gouvernera doit être gracieux, fort courtois et doux, aimant les Chiens de nature, qui les nettoye et accoustre soigneusement avecques bouchons de paille et espoussettes ; leur donne à manger plusieurs petites friandises et meine pourmener par les bleds verds et par les praieries tant pour les faire paistre que pour leur apprendre à croire, les faisants passer à travers les troupeaux de brebis et autre bestial privé, afin de les y accoustumer et faire cognoistre. » (**J. Liébault.**)

Les bains de rivière, pendant les chaleurs, étaient souvent administrés surtout aux Chiens tourmentés par les poux et les puces, auxquels cas, s'ils étaient insuffisants, on leur ajoutait des fomentations faites avec des décoctions de sauge, de romarin, de rhüe, etc.

Comme on voit, l'hygiène des jeunes Chiens et même celle des Chiens adultes, telles qu'elles étaient comprises par les vieux veneurs, étaient très rationnelles ; il en était de même des pratiques chirurgicales nécessitées par les blessures reçues à la chasse, ou contractées pendant les ébats cynégétiques ; ainsi, dans le cas de foulure des pieds, appelée depuis *aggravée*, ils appliquaient « un restreinctif fait de jaunes d'œufs, jus de grenade, suie subtilement pulvérisée, le tout bien mêlé ensemble », on ne prescrirait pas mieux aujourd'hui. La suture des plaies était pratiquée, même dans le cas d'ouverture du ventre, lorsque les intestins, bien que sortis, n'étaient pas lésés : après avoir bien nettoyé et rentré ces derniers organes, on faisait la suture de la lésion cutanée, « en ayant soin de nouer le filet et le couper à chaque point d'aiguille » en cousant par dessus « une lèche de lard », qui soutenait et maintenait les lèvres de la blessure sans les irriter.

Les contusions résultant de coups de corne de Cerf ou de
« hure de Sanglier » étaient pansées avec « emplâtre de mé-
lilot », ou onction d'huile rosat sur la partie lésée dont on
avait préalablement enlevé le poil.

Lorsque les Chiens, après avoir couru « par verglas et autres
mauvais temps, ou nagé ès rivières et étangs à la poursuite
des bestes » étaient « morfondus », on avait soin, aussitôt leur
retour au chenil, de les sécher à un grand feu et de les frotter
et nettoyer soigneusement de la fange qui les salissait.

Lorsqu'en courant sur des terrains rocailleux, le Chien s'y
écorchait les pieds, on avait soin de les laver d'eau salée et
de leur appliquer des cataplasmes de jaunes d'œufs battus dans
du vinaigre.

Quand on quitte le domaine de la chirurgie pour celui de la
médecine proprement dite, on tombe dans les recettes poly-
pharmaques, héritage d'un empirisme aveugle, où les substances dont l'action est le plus opposée se trouvent associées
sans rime ni raison. C'est ainsi qu'on combattait la difficulté
d'uriner chez les Chiens en leur faisant boire, *neuf matins de
suite*, une décoction « faite, en vin blanc, de mauves, guimauves, racines de fenoil et de ronces » ; le catarrhe des
oreilles, en y instilant du verjus mêlé d'eau de chèvre-feuille ;
le chancre du bord libre de ces mêmes organes, en le pensant
par neuf matins avec un onguent fait de « une drachme de savon, d'huile de tartre, sel ammoniac, souphre, verd de gris,
le tout incorporé dans du vinaigre blanc et eau forte » ; la morsure des serpents en faisant avaler au Chien mordu, du jus de
feuilles de frêne ou bien un verre d'une décoction de rhüe,
bouillon blanc, genest, additionnée de thériaque, et application
de thériaque sur la plaie ; de la morsure de Chiens enragés, en
faisant plonger le blessé *neuf fois* dans un tonneau d'eau de
mer, naturelle ou artificielle. — L'auteur auquel nous empruntons ces recettes, Jean Liébault, ajoute cependant que si le
remède n'a pas été appliqué assez tôt et que la rage se déve-

loppe, il vaut mieux tuer le malade immédiatement, dans l'intérêt des autres Chiens et de soi-même, que d'essayer de le traiter.—Les signes de la rage chez le Chien, d'après le même auteur, sont « la queue levée et toute droite, la gueule fort noire, sans escume, regard triste et de travers. »

Ces exemples suffisent pour montrer que, s'il y a quelque profit à consulter les vieux auteurs au point de vue de l'hygiène, de l'élevage et du dressage des Chiens, il n'y en a aucun à leur emprunter leurs recettes pour le traitement des maladies de cet animal.

§ 4. — *Le Chien aux XVIIe et XVIIIe siècles.*

C'est dans les xviie et xviiie siècles que l'on voit, outre les races de Chiens dont nous avons déjà entretenu nos lecteurs, apparaître les petits Chiens d'appartement.

Nous avons vu, dans les trois paragraphes précédents, que, depuis l'époque de sa domestication jusqu'au point où nous en sommes de son histoire, le Chien a été continuellement un animal utile, auxiliaire infatigable de l'homme à la chasse ou fidèle gardien de ses troupeaux. Un seul Chien est admis dans son intimité, le Lévrier, et encore n'est-ce pas un animal exclusivement de luxe, car dans la petite chasse il rend de réels services et en est souvent le principal acteur.

A la fin du xvie siècle, dans les cours efféminées des fils de Catherine de Médicis, le goût des petits animaux d'appartement s'étant développé et les races de Chiens n'étant pas encore assez dégénérées pour fournir de ces petits êtres rabougris comme on en voit aujourd'hui, et qui sont d'autant plus précieux qu'ils sont plus dégradés, on eut recours à des espèces sauvages, et on vit les dames de la cour de Charles IX faire leur société d'un petit animal qu'elles nommaient *Adive*, qui était de la taille d'un chat et qu'on faisait venir à grands frais de l'Asie. C'est un petit Chien sauvage qui habite les déserts de la Tartarie et qu'on retrouve dans l'Inde, où il a été souvent confondu avec le *Chacal*; Pennant, le naturaliste anglais, l'a nommé *Chien du Bengale*, et Linnée, *Canis Corsac*; c'est le *Nougs-hari* du Malabar, aujourd'hui si peu connu en France, qu'il constitue une curiosité de ménagerie; il a le pelage gris-fauve uniforme en dessus, gris blanchâtre en dessous, les membres fauves, la queue très longue touchant à terre et noire au bout; il a de chaque côté de la tête une raie brune qui va de l'œil au museau.

La rareté et la cherté des *Adives*, et aussi sans doute le caprice de la mode, le firent remplacer par des Chiens aussi petits que possibles et résultant de sélections pratiquées dans des races déjà dégénérées, et peut-être aussi de croisement de Chiens indigènes avec l'*Adive*.

Le Lévrier, qui était déjà depuis longtemps Chien de luxe, fut des premiers à fournir de ces races à complexion délicate et maladive; l'habitude de la table du maître et les modifications de cette table, au point de vue de la recherche et de l'abondance des friandises, ne tardèrent pas à modifier profondément la constitution du Lévrier d'appartement; il finit par perdre sa force et sa rusticité, ses longs poils rudes se transformèrent eu une robe fine et douce comparable à celle de la souris, ses jambes devinrent plus grêles, son museau plus mince, ses oreilles plus petites, et en moins de deux siècles, nous le voyons se transformer en ces levrettes si mièvres et si délicates qu'on craint de les briser par un simple attouchement. On peut suivre les progrès de ces changements chez les Lévriers d'appartement dans les tableaux des deux derniers siècles, où les grands seigneurs et les dames châtelaines sont si souvent représentés en compagnie de ce Chien, et même sur les tombeaux où on le voit servir de coussin aux pieds de la statue couchée de son maître.

La race des Lévriers n'a pas été la seule à subir cette dégénérescence que d'aucuns regardaient et regardent encore

comme un perfectionnement dont les résultats, conservés avec
un soin jaloux, sont même augmentés par les précautions in-
finies que l'on prend contre les mésalliances.

L'Épagneul, ce joli Chien de chasse aux poils soyeux, qui
doit son nom à ce qu'on le regardait comme originaire de
l'Espagne, a donné aussi, au xvii° siècle, sa race d'appartements que le roi Charles II d'Angleterre aimait à l'excès. On
en voit deux variétés peintes sur ses nombreux portraits et
sur ceux de ces favoris; l'une de ces variétés était petite et
de couleur blanche et noire avec des oreilles d'une longueur
extrême, ce sont les *King-Charles* modernes, ainsi nommés
du nom du prince qui en raffolait; l'autre, plus forte, moins
dégénérée, de robe noire relevée par des marques de feu,
exactement semblable à celle des Chiens anglais (*Terriers
black and tan*). — Le duc de Norfolk conservait encore cette
dernière race avec un soin jaloux au commencement de ce
siècle. — La mode des petits Chiens épagneuls anglais ne fut
pas particulière à l'Angleterre; elle se répandit promptement
sur le continent, et surtout en France, et l'on ne voit guère de
portraits en pied de grandes dames de la cour de Louis XIV
et de Louis XV (voyez entre autres ceux de la duchesse de
Bourgogne), sans l'accompagnement obligé du petit *Pyrame*
tenu en laisse par un ruban, marchant de pair avec le petit
nègre porte-queue.

Cette dégénérescence des Chiens d'appartement est très facile
à expliquer sans l'intervention des liqueurs alcooliques qui,
dit-on, sont d'une grande efficacité pour rapetisser la taille des
animaux de cette espèce. Le régime peu azoté, à base de friandises ou de toute autre alimentation peu nourrissante ou peu
convenable à un animal organisé pour vivre de chair, comme
le Chien, en est, avec les sélections intentionnées, la principale
cause. C'est là l'origine des Roquets, des Carlins, des Chiens
chinois, etc.; nous le démontrerons par les considérations
physiologiques dans lesquelles nous entrerons plus loin.

Si le goût des petits Chiens était si répandu dans un certain monde, celui des beaux Chiens, des Chiens utiles, persistait dans un autre, et on importait aussi des pays étrangers des races de Chiens plus perfectionnées à certain point de vue et pour un certain but; c'est ainsi que la France importait d'Angleterre diverses races de Chiens d'arrêt, les Pointers, les Chiens couchants, pour satisfaire à la passion de la chasse aux lièvres et aux gallinacées sauvages, qui s'était très développée chez les petits propriétaires terriens et dans la bourgeoisie des campagnes qui commençait à s'émanciper. C'est aussi vers le milieu du xviiie siècle que le Chien de Terre-Neuve commença à être connu en Angleterre, où il a remplacé presque partout, aussi bien qu'en France, l'ancien Dogue gaulois déjà si en réputation du temps des Romains et que ces derniers tiraient presque exclusivement des Iles Britanniques pour l'usage de leurs cirques [1].

C'est du même temps que date l'introduction en France du *Chien danois de carrosse*, qu'on appelait aussi Chien de Dalmatie, et que Buffon a nommé à tort *Braque du Bengale*, attendu qu'il n'a aucune aptitude pour la chasse; on sait qu'il se distingue par sa robe blanche régulièrement mouchetée de noir. L'usage des carrosses et leur multiplication sous les règnes de Louis XIV, Louis XV et Louis XVI, amena l'usage de ce Chien, accessoire très élégant des équipages de luxe et gardien utile des écuries.

Enfin, Buffon, qui écrivait à la fin du dernier siècle, décrit quinze variétés de Chiens :

Chien de berger (souche de tous les autres d'après lui).

Màtin.

Dogue.

Doguin.

---

1. Ils avaient même créé dans ce pays un officier, sous le nom d'inspecteur de Chiens, pour en surveiller l'éducation. (Delabère-Blaine.)

Chien turc.

Gredin.

Grand Chien-Loup.

Grand Chien de Russie.

Grand Danois.

Chien courant.

Chien courant métis.

Braque.

Épagneul.

Roquet (celui-ci serait un double métis).

Chien de rue (et celui-ci un triple métis).

Voici ce que dit Delabère-Blaine, dont l'ouvrage date des premières années du siècle présent, de cette énumération : « Quoique plusieurs de ces variétés se soient conservées, les signes caractéristiques de quelques autres sont indécis et effacés, et il serait actuellement tout aussi facile de reconnaître vingt-quatre que quinze variétés. » Si, dans l'intervalle d'une trentaine d'années à peine qui sépare les travaux des deux auteurs que nous venons de citer, des changements aussi importants se sont produits dans le nombre et les caractères des différentes variétés de Chiens, combien plus considérables ont dû être ces changements depuis Delabère-Blaine jusqu'à nous ! Le nombre des variétés disparues et celui des variétés nouvelles est tel que, pour en conserver le souvenir, leur classification aurait dû être faite tous les vingt ans. Nous essaierons, dans le chapitre suivant, où nous traiterons de l'histoire naturelle du Chien, de classer les principales variétés qui existent actuellement.

CHAPITRE II

HISTOIRE NATURELLE, RACES.

———

Le Chien appartient à l'ordre des Carnassiers, ou sous-ordre des Carnassiers marcheurs, à la tribu des Carnivores et à la division des Carnivores digitigrades, qui comprend elle-même trois subdivisions, distinctes surtout par le nombre et la conformation des doigts.

Les Vermiformes (*Putois, Martres,* etc.)	qui ont en arrière de la carnassière d'en haut et d'en bas une seule dent tuberculeuse.
Les Chiens et les Civettes.	qui ont deux dents tuberculeuses plates derrière la carnassière supérieure qui, elle-même, a un talon assez large.
Les Chats et les Hyènes.	qui n'ont point de dents derrière la carnassière d'en bas.

Pour bien saisir les bases de ce tableau, que nous empruntons à M. Milne Edwards, ainsi que les généralités qui vont suivre, nous y joignons la figure suivante représentant la distribution et la configuration des dents de la mâchoire supérieure du Chien.

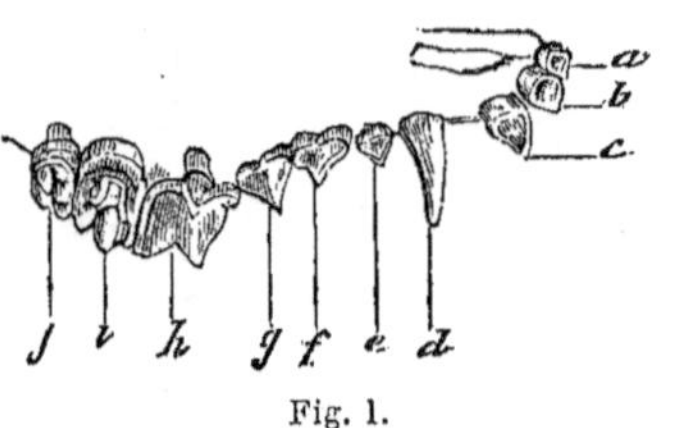

Fig. 1.

a, *b*, *c*, représentent les incisives,

d, la canine, *e*, *f*, *g*, les fausses molaires,

h, la carnassière, *i*, *j*, les tuberculeuses.

Nous verrons plus loin, en traitant de la physiologie du Chien, que la constitution de sa mâchoire indique précisément dans quelles proportions les aliments végétaux doivent entrer dans la ration de cet animal, et quelles ont été les conséquences de l'inobservation de cette indication sur les divers individus de cette espèce, depuis les premiers temps de sa domestication.

Le genre des **Chiens** (*Canis*) de Georges Cuvier, forme dans la classification de M. Is. Geoffroy-Saint-Hilaire la famille des **Vulpiens**, la 5ᵉ du sous-ordre des Carnivores, et la famille des CANIDÆ dans les classifications modernes.

D'après la théorie de Gray, voici la classification des *Canidæ* :

VRAIS CANIDÆ

1ʳᵉ section : **Lupinæ.**

1ʳᵉ sous-famille : **Lycaonina.**

1ᵉʳ genre : LYCAON. — Une espèce d'Afrique : *Lycaon venaticus*.

2ᵉ sous-famille : **Canina.**

2ᵉ genre : ICTICYON. — Une espèce du Brésil : *Icticyon venaticus*.

3ᵉ genre : CUON. — Quatre espèces d'Asie : *Cuon primævus, Cuon dukhunensis, Cuon alpinus, Cuon sumatrensis* (qui ne sont probablement que des variétés d'une même espèce).

4ᵉ genre : LUPUS. — Six espèces : *Lupus vulgaris*, d'Europe ;
Lupus chanco, de la Tartarie chinoise ; *Lupus oc-
cidentalis (var. nubilus, mexicanus, ater* et *rufus*)
d'Amérique ; *Lupus anthus*, du nord de l'Afrique ;
Lupus aureus, d'Afrique, et *Lupus pallipes*, d'Asie.

5° genre : SIMENIA. — Une espèce d'Afrique : *Simenia si-
mensis*.

6° genre : CHRYSOCYON. — Deux espèces d'Amérique : les
Chrysocyon jubatus et *latrans*.

7° genre : CANIS. — Quatre espèces : *Canis familiaris* partout
avec l'homme ; *Canis ceylanicus*, de Ceylan ; *Canis tetradactyla*, de Cayenne ; *Canis Dingo*, de
l'Australie (avec sa variété *sumatrensis*, de l'île
de Sumatra, qu'il ne faut pas confondre avec le
Cuon sumatrensis).

8° genre : LYCALOPEX. — Deux espèces américaines : les *Lycalopex vetulus* et *fulvicaudus* (avec sa variété
chiloensis).

9° genre : PSEUDALOPEX. — Quatre espèces américaines : les
*Pseudalopex azara, griseus, magellanicus, gra-
cilis* et une 5° espèce des îles Falkland : l'*An-
tarcticus*.

10° genre : THOUS. — Deux espèces de l'Amérique du sud :
les *Thous cancrivorus* et *fulvipes*.

2° section : Vulpinæ.

3° sous-famille : Vulpina.

11ᶜ genre : VULPES. — Dix-sept espèces : *Vulpes vulgaris*
(3 variétés), d'Europe ; *Vulpes nilotica*, d'Égypte ;
Vulpes adusta, de l'Afrique méridionale ; *Vulpes
variegata*, de Nubie et d'Égypte ; *Vulpes mesome-
las*, d'Afrique ; *Vulpes flavescens*, de l'Inde ; *Vulpes montana*, de l'Himalaya ; *Vulpes Griffithsii*, de

l'Afganistan; *Vulpes ferrilatus*, du Tibet; *Vulpes leucopus*, de l'Inde; *Vulpes japonicus*, du Japon; *Vulpes bengalensis* (1 variété), de l'Inde; *Vulpes pusilla*, de l'Inde; *Vulpes karagan*, de l'Oural; *Vulpes corsac*, de Tartarie et de Sibérie; *Vulpes pensylvanica* (4 variétés), de l'Amérique du Nord, ainsi que le *Vulpes velox*.

12° genre : FENNECUS. — Quatre espèces d'Afrique : le *Fennecus dorsalis, zaarensis, pallidus* et *caama*.

13° genre : LEUCOCYON. — Une espèce d'Asie : le *Leucocyon lagopus*.

14° genre : UROCYON. — Deux espèces d'Amérique : les *Urocyon virginianus* et *littoralis*.

15° genre : NYCTORENTUS. — Une espèce d'Asie : le *Nyctorentus procyonoïde*.

FAUX CANIDÆ

4° sous-famille : **Megalotina**.

16° genre : MEGALOTIS. — Une espèce d'Afrique : *Megalotis Lalandei*.

Le grand genre CHIEN est caractérisé par l'existence de trois fausses molaires en haut (fig. 1, *e*, *f*, *g*), quatre fausses molaires en bas, et deux tuberculeuses (*i*, *j*), derrière l'une et l'autre carnassière (*h*). Chacun connaît la forme générale de ces animaux; leurs pattes de devant ont cinq doigts dont les deux du milieu, égaux entre eux, sont les plus longs, et dont l'interne, qui est le plus petit, ne descend pas jusqu'à terre; leurs pattes de derrière n'ont ordinairement que quatre doigts avec un rudiment d'un cinquième et de l'os métacarpien correspondant; mais, quelquefois, ce doigt rudimentaire se développe d'une manière plus ou moins complète, ce qui n'arrive jamais que dans quelques races de Chiens domestiques, et ce qui est d'un haut intérêt pour la philosophie de la science; leurs ongles sont propres à

fouir et ne se redressent pas pendant la marche, de façon que
la pointe s'en émousse promptement. Leur langue est douce,
et ils boivent toujours en lapant. Ainsi qu'on pouvait le pré-
voir d'après la disposition de leur système dentaire, ils sont
loin d'être aussi carnassiers que les vermiformes et les chats,
et paraissent avoir besoin de mêler des matières végétales à
leur nourriture; ce sont des animaux, qui habitent les bois et
qui peuvent, en raison de la grande finesse de leur odorat,
suivre leur proie à la piste. Enfin ces animaux au nombre de
trois à six par portée, naissent les yeux fermés et n'arrivent à
leur entier développement qu'après la deuxième année. La
durée de leur vie est de quinze à vingt ans.

Il existe dans la famille des **Canidæ** deux groupes bien
distincts, qui diffèrent par leurs mœurs aussi bien que par
leurs caractères physiques.

Les uns sont des animaux diurnes : leurs pupilles, en se
rétrécissant, conservent la forme circulaire, leurs incisives
supérieures sont fortement échancrées, et ils présentent d'autres particularités propres à les faire reconnaître : ce sont
les *Chiens proprement dits* ou nos Chiens domestiques, les
Loups et les Chacals.

Les autres sont nocturnes et se distinguent par leurs pupilles qui, de jour, sont en forme de fentes verticales; par leurs
incisives supérieures, moins échancrées que chez les premiers;
par leur queue longue et touffue, par leur museau plus pointu,
et par leurs mœurs : ce sont des Renards.

Rien ne distingue sérieusement, au point de vue anatomique,
et par suite zoologique[1], les *Loups*, les *Chiens* et les *Chacals*,

1. Delabère-Blaine donne, comme différence anatomique séparant
le Loup du Chien : les os de la tête présentant une masse plus angu-
leuse; la portion auditive du temporal plus haute et plus enfoncée
dans le crâne; les fosses orbitaires plus obliques, plus plates; les dents
plus longues et plus fortes; le cubitus plus long et plus obliquement
placé, et le cœcum différent; enfin, une queue toujours pendante et

dont on a fait cependant trois espèces différentes ; leurs métis réciproques sont indéfiniment féconds et on n'invoque, pour distinguer le Chien des deux autres espèces, que sa queue recourbée et son aboiement, ce qui ne constitue pas des caractères distinctifs réels ; la preuve, c'est que tout le monde a pu voir, en 1842, à la ménagerie du Muséum, une Louve prise au piège qui, dans sa captivité, avait tellement contracté les habitudes des Chiens avec lesquels elle vivait, qu'elle portait la queue en trompette et qu'elle *aboyait* toute la journée.

On a aussi invoqué comme différences, séparant le Loup du Chien, l'absence, chez lui, des qualités qui distinguent le dernier et son caractère cruel, rusé, soupçonneux et anti-sociable, caractère qui aurait rendu, jusqu'à présent inutiles, toutes les tentatives pour le réduire à une parfaite obéissance. Ici encore, les faits contredisent ces assertions. Frédéric Cuvier a donné l'histoire de deux loups qui vivaient à la Ménagerie, et qui ont montré pour leur maître un attachement aussi grand, aussi passionné qu'aucun Chien ait pu l'éprouver. L'un d'eux, ayant été pris fort jeune, fut élevé de la même manière qu'un Chien, et devint familier avec toutes les personnes de la maison ; mais il ne s'attacha d'une affection très vive qu'à son maître. Il lui montrait la soumission la plus entière, le caressait avec tendresse et le suivait en tous lieux. Celui-ci, obligé de s'absenter, en fit présent à la Ménagerie, et l'animal souffrit de cette absence au point qu'on craignait de le voir mourir de chagrin. Pourtant, après plusieurs semaines passées dans la

un poil épais et rude sous tous les climats. Cet auteur, sentant combien ces caractères distinctifs ont peu de valeur, ajoute en note : « Je suis incertain si le Chien *domestique* peut être justement un sujet propre pour la comparaison. L'éducation a bien, sans doute, opéré des changements considérables dans toutes ses formes ; et il est également vrai que les Chiens sauvages, examinés par les zoologistes, ont présenté une tête plus pointue, un front plus déprimé, et les oreilles plus droites que ceux des races cultivées. »

tristesse et presque sans prendre de nourriture, il reprit son
appétit ordinaire et l'on crut qu'il avait oublié son ancienne
affection. Au bout de dix mois, son maître revint au Jardin des
Plantes, et, perdu dans la foule des spectateurs, il s'avisa
d'appeler l'animal. Le Loup ne pouvait le voir, mais il le re-
connut à la voix, et aussitôt ses cris et ses mouvements désordonnés annoncèrent sa joie. On ouvrit sa loge, il se jeta
sur son ancien ami et le couvrit de caresses, comme aurait
fait le Chien le plus fidèle et le plus attaché. Malheureusement
il fallut encore se séparer, et il en résulta pour ce pauvre animal une maladie de langueur plus longue que la première.
Trois ans s'écoulèrent; le Loup redevenu gai, vivait en très
bonne intelligence avec un Chien, devenu son compagnon, et
caressait ses gardiens. Son maître revint encore ; c'était le soir,
et la Ménagerie était fermée. Il l'entend, le reconnaît, lui répond par ses hurlements, et fait un tel tapage qu'on est obligé
d'ouvrir. Aussitôt l'animal redouble ses cris, se précipite vers
son ami, lui pose les pattes sur les épaules, le caresse, lui
lèche la figure, et menace de ses formidables dents ses gardiens qui veulent s'interposer. Enfin, il fallut bien se quitter.
Le Loup, triste, immobile, refusa toute nourriture ; une profonde mélancolie le fit tomber malade ; il maigrit, ses poils se
hérissèrent, se ternirent. Au bout de huit jours, il était mé-
connaissable, et l'on ne doutât point qu'il ne mourût. Cependant, à force de bons traitements et de soins, on parvint à lui
conserver la vie ; mais il n'a jamais voulu depuis, ni caresser,
ni souffrir les caresses de personne.

Que l'on compare cet animal avec nos féroces dogues de
combat ; et, en l'absence de tous caractères anatomiques différentiels, qu'on décide s'il est ou non de l'espèce du Chien.

Le Loup est, en outre, aussi apte que le Chien à recevoir
de l'éducation : « En Orient, et surtout en Perse, dit Chardin,
on fait servir les Loups à des spectacles pour le peuple ; on
les exerce, dès leur jeunesse, à la danse, ou plutôt à une

espèce de lutte contre un grand nombre d'hommes. On achète jusqu'à 500 écus un Loup bien dressé à la danse. »

Intéressé par système à séparer le Loup de l'espèce du Chien, Buffon a dit que la Louve porte trois mois et demi; or, dans la ménagerie du Muséum, où ces animaux font des petits tous les ans, la gestation n'a jamais été que de deux mois et quelques jours. Le Loup, qui est deux ou trois ans à croître, vit quinze ou vingt ans. La femelle met bas du mois de décembre au mois de mars, de six à neuf petits, jamais moins de trois, qui naissent les yeux fermés. Il existe entre le Chien domestique et le Loup, une haine et une antipathie que Buffon croyait constitutionnelle, mais que les croisements faits à la Ménagerie ont prouvé venir d'une autre cause, et cette cause la voici : Le Chien domestique, à l'instigation de l'homme, a déclaré une guerre implacable au Loup; il le harcèle, le poursuit, le combat dans toutes les occasions, et cette lutte journalière et incessante a dû nécessairement amener une haine atroce entre les deux espèces, haine qui est devenue héréditaire et instinctive.

L'absence de Chiens sauvages en Europe, dès les temps historiques les plus reculés et le voisinage évident du Chien, du Loup et du Chacal, ont excité les naturalistes à rechercher l'origine du Chien domestique et à la voir, soit dans une espèce sauvage éteinte, soit dans les deux dernières espèces dont tous les représentants sont restés sauvages. Buffon a cherché à prouver que toutes les variétés provenaient d'une seule souche : le *Chien de berger* (*Canis domesticus* Linn.), et à tracer leurs caractères en les ramenant toutes à cette première origine; seulement, comme le Chien de berger varie suivant les pays, l'hypothèse de Buffon manque de fondement. Blumenbach et Cuvier assignent aussi au Chien une origine distincte et particulière. Pennant, naturaliste anglais, fait descendre le Chien du Chacal, parce qu'il a vu que les dents du Chacal ont plus de ressemblance avec celle du Chien

que les dents du Loup et du Renard; de plus, ses habitudes
sont tellement semblables à celle du Chien, qu'il est fortement
porté à considérer le Chien comme un Chacal apprivoisé.
L'opinion de Pallas, sur ce point, paraît un peu flottante :
dans quelques-uns de ses écrits, il avance que le Chacal est
sans contredit la source de nos Chiens, et il s'appuie pour
dire cela sur les ressemblances de taille, de figure, de manières et d'habitudes; dans d'autres, au contraire, il semble
donner au Chien une origine entièrement artificielle en ne le
considérant pas comme sorti d'une souche particulière, mais
bien comme le produit d'une union accidentelle d'autres animaux, tels que le Loup, le Renard et le Chacal. Guldenstœdt
attribue aussi l'origine du Chien au Chacal dont il trouve les
dents et le cœcum entièrement semblables à ceux du Chien,
un peu moins à ceux du Renard, et différents entièrement des
mêmes organes du Loup et de l'Hyène; le Chacal, comme il le
remarque, urine de côté ainsi que le Chien; il est facilement
apprivoisé et retient son nom; il agite sa queue et témoigne
de l'affection pour son maître; les Chacals chassent aussi en
troupe, et on peut supposer, par les sons qu'ils font entendre,
qu'il leur est naturel d'aboyer. A. Desmoulins, s'appuyant sur
cette considération que, lors de la découverte de pays comme
la Nouvelle-Hollande où les Européens trouvèrent à la fois des
Chiens domestiques et des Chiens sauvages, établit qu'il y a
eu plusieurs souches de Chiens, et qu'on ne peut ramener
toutes les variétés que l'on connaît à un seul et même type
primitif modifié seulement par les influences de climat et de
domesticité; il voit l'origine de ces nombreuses variétés dans
les croisements des espèces domestiques entre elles, modifiées
tantôt avec une espèce sauvage, tantôt avec une autre, et puis
aussi dans les influences du climat et du régime. Nous sommes
parfaitement d'accord avec ce dernier auteur; seulement, nous
accordons plus d'influence que lui au régime, car nous le mettons
en tête des causes qui ont produit les nombreuses variétés de

Chiens que nous voyons actuellement, surtout les plus petites : nous essaierons de le démontrer plus loin.

Quant à ce qui est de l'origine spéciale des races actuelles et européennes de Chiens, nous avons déjà vu, dans la première partie de ce travail, la preuve donnée par les fouilles paléontologiques qu'il existait sur notre sol, à la seconde phase de l'époque quaternaire, un Chien sauvage d'une taille un peu inférieure à celle du Loup, son contemporain, et nommé *Canis ferus* par M. Bourguignat ; que plus tard on voit deux espèces de Chiens domestiques descendant du précédent, un, de la taille d'un Chien d'arrêt, l'autre de celle d'un grand Dogue ; enfin que dans les temps touchant aux temps historiques c'est six ou sept espèces de Chiens domestiques dont on constate l'existence. Les croisements de ces espèces entre elles et l'influence du régime et du milieu ont donné les races actuelles.

Il serait très intéressant de savoir quels étaient les caractères de ces Chiens antiques, souches des nôtres, dont nous ne connaissons que la taille donnée par les squelettes trouvés dans les tourbières ou autres dépôts paléontologiques, et de savoir quelles étaient leurs mœurs, pour pouvoir juger dans toute son étendue l'influence que la domestication a eue sur cet animal. Nous ne pouvons en avoir une idée que par induction en les comparant aux espèces existant encore à l'état sauvage, à ceux, dits *Marrons*, qui ont reconquis leur liberté, ou encore à ceux dont sont en possession des peuplades humaines vivant dans l'état primitif où se trouvaient nos pères de l'âge de la pierre : le Chien des habitants de la Nouvelle-Hollande, par exemple, qui se l'étaient déjà associé lorsqu'ils savaient à peine se vêtir et allumer du feu, et lorsque presque toute leur industrie consistait à se faire un abri peu différent des tanières des Ours ou des huttes que se construisent les Orangs-Outangs.

Ce Chien de la Nouvelle-Hollande existe encore à l'état sauvage, et on le connaît sous le nom de Dingo ; c'est le *Canis Australasiæ* Desm. de Fréd. Cuvier. Sa tête et son museau allongés le font un peu ressembler au renard ; il est plus grand et atteint la taille de notre Chien de berger ; ses oreilles sont droites ; son pelage est fauve ou, mais rarement, d'un brun rougeâtre en dessus, toujours plus pâle en dessous, il se compose de deux sortes de poils : l'extérieur soyeux, celui de dessous plus fin et laineux ; sa queue est très touffue, et il la porte horizontalement en courant. C'est de tous les Chiens, celui dont les détails anatomiques se rapprochent le plus de ceux du Loup. Le Dingo, aussi misérable que les tribus australiennes qu'il suit dans leurs continuelles migrations, vit de crabes, de coquillages et de débris de poissons ; aussi, toujours affamé, est-il extrêmement vorace. Il n'aboie pas, mais il hurle d'une manière lugubre, et, à l'état sauvage, aux environs de Port-Jackson, il s'occupe chaque nuit à donner la chasse aux volailles et aux brebis importées par les européens en Australie. Aussi hardi qu'affamé, il ne craint pas de se jeter quelquefois sur le gros bétail, et lui fait des morsures, presque toujours mortelles au dire des colons. Il en résulte qu'on lui fait une guerre soutenue, et l'on a observé qu'il est extrêmement vivace et difficile à tuer.

Le Muséum d'histoire naturelle de Paris en possède actuellement un spécimen vivant, sur lequel nous pourrons compléter la description ci-dessus empruntée à M. Z. Gerbe, et d'après lequel nous donnons la figure ci-contre (fig. 2). Son corps vigoureux, trapu annonce la force et l'agilité ; son pelage est roux clair en dessus et blanc jaunâtre sale en dessous ; ses poils sont relativement courts à l'exception de ceux de la face postérieure des cuisses, des fesses et de la queue où ils ont de quatre à six centimètres de long, la queue est relevée, arquée en action et pendante au repos. Il vit de viande et fait bon ménage avec ses gardiens auxquels il paraît très attaché. Plusieurs autres avec lesquels il a été amené en Europe étaient d'un beaucoup moins bon caractère.

Dans les Indes orientales vit un Chien sauvage, connu sous

le nom de *Dhode*, qui a les formes générales et la taille du Dingo, mais dont le pelage est d'un roux uniforme, brillant, et la queue moins touffue. On le trouve non seulement en Orient, mais dans l'Afrique méridionale. Les Dhodes se réunissent en troupes nombreuses pour chasser les Gazelles, ce qu'ils font en plein jour pour éviter autant que possible la concurrence des Léopards et des Lions. Néanmoins quand ce danger se présente, ils le bravent intrépidement en se défendant mutuellement, et, à force de harceler leur ennemi par leur grand nombre, ils le forcent presque toujours à la retraite, et même quelquefois à leur abandonner sa propre proie.

Dans l'île de Sumatra se trouve un Chien sauvage qui a le nez pointu, les yeux obliques, les oreilles droites, les jambes hautes, la queue pendante et très touffue, plus grosse au milieu qu'à sa base; il est d'un roux ferrugineux, plus clair sous le ventre. Il a beaucoup d'analogie avec le Dingo, selon Raffles. (Voir *Trans. Soc. Linn.* tom. XIII, part. 1); sa voix est plutôt un cri qu'un aboiement et son urine est fétide, ce qui le rapproche du Renard. C'est le *Canis sumatrensis*.

Le *Quao* est un Chien sauvage des montagnes de Ramghur, dans l'Inde, qui a beaucoup d'analogie avec le Chien de Sumatra, seulement ses oreilles sont moins arrondies et sa queue plus noire.

Le *Wah* ou *Chien de l'Himalaya* se trouve dans les montagnes de ce nom. Il a le museau pointu, la tête allongée, les oreilles droites et pointues, les poils de jars bruns et soyeux, et le duvet cendré et laineux; il est gris cendré sous la gorge avec deux taches noires sur les oreilles; sa queue est touffue.

Les deux Chiens précédents n'appartiennent pas au genre *Canis*, mais au genre *Cuon* créé par Hodgson pour ces Chiens de l'Inde qui constitueraient un genre intermédiaire entre le genre *Canis* et le genre *Lupus*. Ces Chiens sauvages chassent en petites troupes et donnent de la voix.

On regarde aussi souvent comme Chiens sauvages les deux

espèces américaines suivantes qui constituent, depuis Gray, un genre à part (*g. Thous*) comme les précédents.

Le *Koupara* ou *Chien crabier* (*Canis thous* Linn.) qui est le *Chien des bois de Cayenne*, de Buffon. Il a le pelage cendré, varié de noir en dessus, d'un blanc jaunâtre en dessous; ses oreilles sont brunes, droites, courtes, garnies de poils jaunâtres en dedans; les côtés du cou et le derrière des oreilles sont fauves; les tarses et le bout de la queue noirâtres. Il vit en famille dans la Guyane française, où on le rencontre en petites troupes de sept à huit individus, rarement plus ou moins. Il se plaît dans les bois où coulent des rivières peuplées d'écrevisses et de crabes qu'il sait fort bien pêcher, et dont il fait sa nourriture de prédilection. Quand cette ressource vient à lui manquer, il chasse les Agoutis, les Pacas et autres petits mammifères; enfin, faute de mieux, il se contente de fruits. Il est peu farouche et s'apprivoise avec la plus grande facilité, et une fois qu'il a reconnu son maître, il s'y attache, ne le quitte plus, ne cherche jamais à retourner à l'état sauvage et devient pour toujours le commensal de la maison. Il s'accouple sans répugnance avec les Chiens domestiques, et les métis qu'il produit sont très estimés pour la chasse des Agoutis. Ces métis, croisés de nouveau avec des Chiens d'Europe, produisent une race plus recherchée encore pour la chasse.

Le *Petit Koupara* est probablement une variété du précédent; sa tête est plus grosse, son museau plus allongé; son pelage est noir et fort long, il habite le même pays, a les mêmes habitudes, mais son instinct le porte à faire aux Cabiais une guerre beaucoup plus active; aussi les naturels l'élèvent-ils de préférence pour la chasse de ces animaux.

Tous ces Chiens sauvages vivent en troupes conduites par les vieux mâles; ils semblent alors obéir à une sorte de discipline, et s'entendre fort bien entre eux pour suivre le gibier, l'attaquer, se défendre mutuellement en cas de besoin, déchirer et dévorer sans querelles et ensemble une proie qu'ils ont chassée en commun. Tous ces Chiens hurlent et n'aboient point si ce n'est quelquefois et seulement en chassant les animaux dont ils se nourrissent.

Les Chiens domestiques qui ont reconquis leur liberté, ou *Chiens marrons*, ont repris toutes les habitudes de l'état sauvage ; c'est ce qu'on voit dans les pampas de l'Amérique Méridionale, où les Chiens domestiques abandonnés et redevenus sauvages depuis l'époque de la conquête, se sont étonnamment multipliés ; ils forment des troupes extraordinairement nombreuses et très redoutables pour le gros bétail, ainsi que pour les chevaux qui paissent en liberté dans les estancias. Ils ne quittent pas les plaines découvertes, n'entrent jamais dans les bois, et marchent toujours en nombre dans la crainte des jaguars. Ils habitent des cavernes naturelles, et, faute de celles-ci, ils savent s'en creuser, si l'on s'en rapporte à d'Azara. Non seulement ils se plaisent dans leur vie sauvage, mais encore ils aiment à y entraîner les Chiens domestiques, employant pour les embaucher toutes les ressources de leur intelligence. Cependant, en Amérique comme en Afrique, le Chien libre n'a pas entièrement perdu cet instinct qui le porte à vivre avec l'homme. Quand on le prend au piège, jeune ou vieux, il ne lui faut que quelques jours pour s'accoutumer à la servitude, pour s'attacher à celui qui le soigne, de manière à le suivre et à ne plus le quitter.

Les Chiens redevenus sauvages ont des traits communs : leur museau, de longueur médiocre et assez semblable à celui d'un mâtin, leur procure un odorat d'une grande finesse ; leurs oreilles, toujours droites et dont l'ouverture est dirigée en avant, rendent leur ouïe très délicate ; leur vue est perçante, mais leur couleur varie encore un peu d'un individu à l'autre ; enfin, la recherche des aliments et le repos qui succède immédiatement aux fatigues, occupent tous leurs moments. Le *Chien marron d'Amérique* ressemble, dit Buffon, à nos Lévriers ; mais ces animaux sont un peu moins élancés. Ils ont, pour l'ordinaire, la tête plate et longue, le museau effilé, l'air sauvage, le corps mince et décharné, le pelage hérissé, fauve ou brunâtre; ils sont très légers à la course, chassent en perfection et s'apprivoisent aisément.

Au moyen de ces renseignements sur les Chiens sauvages et les Chiens marrons, nous avons des éléments suffisants pour nous faire une idée assez exacte de ce qu'étaient les Chiens sauvages d'Europe et d'Asie, disparus dès avant les temps historiques, et qui ont été la souche de nos Chiens domestiques. Mais par quelle puissance pouvons-nous ainsi subjuguer les animaux, et comment, par la domesticité, pouvons-nous en modifier les formes et les qualités? Écoutons ce que dit à cet égard l'éminent professeur du Muséum, M. H. Milne Edwards, à qui nous empruntons les lignes suivantes :

« L'instinct de ces êtres les porte à fuir tout ce qui leur inspire de la défiance; ce n'est donc point par la violence que nous pourrions disposer un animal sauvage à l'obéissance. Il ne serait pas naturellement porté à se rapprocher de nous qui ne sommes pas de son espèce, et, au premier sentiment de crainte que nous lui ferions éprouver, il nous fuirait s'il était libre, ou nous prendrait en aversion s'il était captif. Ce n'est qu'en lui inspirant de la confiance que nous pouvons l'attirer et le rendre familier, et ce n'est que par les bienfaits que nous pouvons faire naître cette confiance.

» Satisfaire les besoins naturels des animaux est l'un des premiers moyens à employer pour amener leur soumission. L'habitude de recevoir la nourriture de notre main, en les familiarisant avec nous, nous les attache; et, comme l'étendue d'un bienfait est toujours en proportion des besoins qu'on en éprouve, leur reconnaissance est d'autant plus vive et plus profonde que la nourriture que nous leur donnons leur est devenue plus nécessaire : aussi la faim est-elle entre nos mains un levier puissant pour ployer à la captivité tous les animaux; car, en même temps qu'elle fait naître des sentiments affec-

tueux, elle produit un affaiblissement physique qui, en réagis-
sant sur la volonté, l'affaiblit à son tour. Si l'on ajoute à l'influence de la faim celle d'une nourriture choisie, et surtout, si,
par les aliments que la nature ne leur fournirait pas, on parvient à flatter beaucoup le goût des animaux, on excite en
eux une reconnaissance bien plus grande encore, et on développe d'une manière artificielle des besoins nouveaux que
l'homme seul peut satisfaire[1]; enfin, à ces moyens de capta-
tion on peut joindre les caresses, dont l'influence sur certains
animaux est extrême.

» Une fois que, par l'habitude et les bons traitements, la
familiarité est établie, et la confiance obtenue, l'homme peut
faire sentir son autorité et appliquer des châtiments, afin de
transformer les sentiments dont il veut réprimer la manifestation en celui de la crainte. Par l'association d'idées qui résultent de cette pratique, le premier de ces sentiments s'affaiblit peu à peu, et quelquefois même finit par se détruire jusque
dans son germe; mais l'emploi de la force ne doit jamais être
sans limites; car les châtiments excessifs révoltent souvent,
et d'autres fois la crainte portée très loin trouble toutes les facultés. La veille forcée est aussi un puissant moyen d'affaiblir
la volonté d'un animal et de le disposer à l'obéissance; car il
ne sait pas rapporter la fatigue et le malaise qu'il en éprouve
à celui qui en est réellement la cause; et, dans cet état, les
sentiments affectueux occasionnés par les bienfaits éprouvent
moins de résistance et s'enracinent plus profondément, tandis
que, d'un autre côté, la crainte agit avec plus de promptitude et
de force.

» C'est, comme on le voit, par les besoins sur lesquels nous
pouvons exercer quelque influence, et en réprimant la manifestation de certains sentiments par le développement de

1. C'est principalement au moyen du sucre et d'autres friandises
que l'on parvient à dresser les chevaux, les cerfs, etc., aux exercices
extraordinaires dont nos cirques nous rendent quelquefois témoins.

quelques autres, que nous parvenons à apprivoiser les animaux ; mais tous les mammifères ne sont pas également sensibles aux bienfaits, et par conséquent ne se laissent pas
subjuguer ni avec la même facilité, ni d'une manière aussi
complète. Souvent leurs passions sont trop violentes pour que
l'animal parvienne jamais à les maîtriser et à devenir docile
pour son maître. Souvent aussi, leur défiance naturelle est si
grande, et la mobilité de leurs idées si excessive, qu'on ne
saurait leur imposer aucune règle de conduite, et d'autres fois
encore, l'intelligence de ces êtres paraît trop bornée pour que
le souvenir du bien-être persiste après que sa cause a cessé,
et pour qu'ils associent dans leur mémoire le bienfait et le
bienfaiteur.

» Par ces moyens on parvient à dompter plus ou moins
complètement un assez grand nombre d'animaux ; mais de cet
état d'asservissement individuel à la docilité complète et héréditaire que la domesticité demande, il y a encore une grande
différence. Pour obtenir ce résultat, il faut que les animaux
soient, en quelque sorte, prédisposés à la domesticité par
l'*instinct de la sociabilité*.

» En effet, le sentiment qui les porte à vivre isolés, et même
à se fuir entre eux, ou qui les réunit en société et les dispose
à se laisser guider par un chef, le plus fort ou le plus expérimenté de la troupe, exerce l'influence la plus grande sur leur
aptitude à la domesticité.

» Aucun mammifère solitaire, quelque facile qu'il soit à apprivoiser, n'est devenu domestique (si ce n'est, jusqu'à un
certain point, le chat), tandis que presque tous les animaux
dont la race est soumise à l'empire de l'homme, vivent naturellement en troupes plus ou moins nombreuses. La sociabilité est une condition de la domesticité, et c'est en développant
à notre profit, en dirigeant vers nous par nos bienfaits le penchant qui portait ces animaux à se réunir entre eux, que
l'homme est parvenu à lier leur existence à la sienne et à

prendre sur eux l'autorité qu'aurait eue le chef de la troupe dont ils auraient fait partie.

» Comme l'a très bien démontré un habile zoologiste, Frédéric Cuvier, la disposition à la domesticité peut être considérée comme le développement extrême de l'instinct de la sociabilité, et la domesticité elle-même comme un état dans lequel les animaux sociables reconnaissent l'homme comme membre et comme chef de leur troupe.

» Nous comprenons maintenant comment l'homme peut soumettre à son empire des races entières d'animaux. Voyons comment il peut ensuite influer sur les formes et les qualités qu'ils apportent en naissant, et créer, pour ainsi dire à son gré, des variétés nouvelles.

» Une loi physiologique généralement reconnue est cette tendance qu'ont les animaux à ressembler à leurs parents, non seulement d'une manière générale, mais aussi par les particularités qui peuvent distinguer ces derniers. Dans l'espèce humaine, par exemple, les influences héréditaires se manifestent dans une foule de circonstances : conformation, facultés, caractères, infirmités même, se lèguent de générations en générations, et, pour les animaux, chez lesquels moins de circonstances étrangères viennent agir sur les individus et occasionner des perturbations dans cette répétition des mêmes formes et des mêmes qualités, la tendance des petits à ressembler aux auteurs de leurs jours est encore plus évidente. Or, tous les individus d'une même espèce ne possèdent pas, au même degré, les qualités physiques, morales et intellectuelles dont chacun d'eux est doué, et, par l'exercice, ou par l'influence des conditions physiques, nous pouvons en l'exerçant, développer telle ou telle faculté et augmenter par conséquent ces différences.

» Il s'ensuit que l'homme peut, dans certaines limites, modifier à volonté les races ; car il est maître de choisir, ou même de produire des différences individuelles transmissibles par

hérédité[1], et de régler la succession des générations de façon
à en écarter tout ce qui tendrait à éloigner la race du type
qu'il veut produire et il peut aussi agir sur les qualités héréditaires des petits comme il l'a fait sur celles de leurs parents.
Il en résulte qu'à chaque génération nouvelle, il se fait un pas
de plus vers le but qu'il s'était proposé; car il agit sur des individus déjà modifiés par suite des modifications imprimées à
leurs parents[2].

» En s'attachant à développer de générations en générations,
telle qualité ou telle particularité physiques, nous pouvons
donc la porter bien plus loin qu'il ne nous aurait été possible
de le faire dans le principe, et nous pourrons créer des races
artificielles dont les caractères ne s'effaceront que lorsque des
circonstances opposées à celles qui ont déterminé ces particularités viendront en détruire l'effet.

» C'est aussi ce que nous faisons lorsqu'un intérêt puissant
donne de la persévérance à nos efforts. De nos jours on a produit ainsi des races de moutons, de bœufs et de chevaux, caractérisées par des particularités des plus remarquables, et
c'est probablement par des moyens analogues qu'on a obtenu
les races variées de Chien, dont les formes et les qualités sont

1. Lorsque l'on coupe la queue pendant une série de générations
dans une même famille de chiens, les petits finissent par naître sans
queue. Nous avons vu à Auxonne, en 1856, chez M. Perluis, cafetier,
une chienne roquet privée de cet appendice, dont tous les petits naissaient invariablement sans queue, bien que le père, qui variait pour
chaque portée, en fût pourvu. Nous venons de voir chez un de nos
collègues, à Vincennes, une chienne braque mettre au monde cinq
petits, dont deux avaient la queue brusquement raccourcie à 1 déci-
mètre de sa base; c'est que le père, qui était de même race, présentait déjà la même particularité, qui était aussi congénitale chez lui.

2. Les limiers qui ont été transportés en Amérique par les Espagnols et qui n'étaient employés autrefois qu'à chasser le cerf ou
l'homme fournissent une preuve bien remarquable de l'influence de
l'éducation individuelle sur les qualités héréditaires. Dans diverses
parties de l'Amérique, sur le plateau de Santa-Fé par exemple, ces

si différentes, qu'au premier abord on a peine à croire qu'ils appartiennent à la même espèce[1]. »

Il est évident que les croisements et la sélection sont les vraies causes et presque les seules de la formation des nombreuses variétés qui existent et de celles qui se montrent à chaque instant chez les Chiens de chasse ou de garde; mais il en est une autre sur laquelle l'auteur que nous venons de citer ne fait que glisser, aussi bien que tous ceux qui ont écrit sur le Chien, et qui, suivant nous, est la cause originelle de l'existence de la foule de petits Chiens d'appartement ou de rue : nous voulons parler du régime. Nous démontrerons, au chapitre de l'anatomie et de la physiologie, que le développement du corps, et en grande partie sa forme, sont entièrement sous la dépendance des fonctions digestives, que les organes de ces fonctions, chez le Chien, sont faits pour élaborer autre chose que des substances exclusivement végétales, et que l'abâtardissement des races est la conséquence fatale des erreurs et des préjugés généralement répandus sur ce point, non seulement chez les éleveurs de Chiens et les chasseurs, mais encore chez beaucoup d'auteurs qui écrivent ou qui ont écrit sur l'hygiène et les maladies de ces animaux.

Les races de Chiens qui existent sur le globe sont innom-

chiens ont conservé les habitudes et les dispositions instinctives qui les rendaient jadis célèbres; mais chez les pauvres habitants de la Madeleine, ils se sont abâtardis, en partie par le mélange, en partie par le défaut d'une nourriture suffisante, et, chez cette race dégénérée un nouvel instinct semble devenir héréditaire. La chasse à laquelle on emploie depuis longtemps presque exclusivement ces animaux est celle du pécari à mâchoire blanche. L'adresse du chien consiste à modérer son ardeur, à ne s'attacher à aucun animal en particulier, mais à tenir toute la troupe en échec; or, parmi ces chiens on en voit maintenant qui, la première fois qu'on les mène au bois, savent déjà comment attaquer, tandis qu'un chien d'une autre espèce se lance tout d'abord, est environné, et quelle que soit sa force, est dévoré dans un instant.

1. Milne Edwards.

brables ; de plus, il s'en forme encore tous les jours de nouvelles pendant que d'autres disparaissent : c'est ainsi que nous
avons vu apparaître en 1830 l'Épagneul blanc taché de roux
créé en Angleterre sous le règne de Charles X ; et disparaître
presque complètement le Danois de carosse, remplacé partout
par le Boule-Terrier qui a chassé en même temps le Lou-Lou,
ce compagnon obligé du conducteur de diligence devenu espèce perdue comme lui ; la Levrette, qui avait remplacé le Carlin,
est aussi entrain de disparaître devant le Havanais, etc., etc. ;
en sorte que, pour avoir la nomenclature exacte des Chiens
qui existent ou ont existé, il faudrait que cette nomenclature fût
refaite tous les 25 ans au moins.

De là une grande difficulté dans l'établissement d'une classification rationnelle des races de Chiens. Beaucoup d'auteurs
s'y sont essayé sans arriver à en établir une qui fut sans re-
proches.

Frédéric Cuvier a proposé une classification des races de
chiens qu'il a basée sur la forme du crâne et la longueur des
mâchoires, caractères qu'il considère comme étant en rapport
avec le degré d'intelligence et de puissance olfactive de l'animal qui les possède. La voici :

CLASSIFICATION DE F. CUVIER.

I. Mâtins. — Caractérisés par une tête plus ou moins
allongée et par les os pariétaux tendant à se rapprocher ; les
condyles de la mâchoire inférieure sont sur la même ligne que
les dents molaires supérieures.

Tous ces chiens peuvent être dressés pour la chasse et surtout pour celle qui demande plus de force et de courage que
d'intelligence et d'adresse.

Section 1. — *Chiens sauvages ou à demi-sauvages*, chassant
en troupe, tels que le *Dingo*, le *Dhole*, le *Pariah*, le *Koupara*, etc.

Section 2. — *Chiens domestiques*, chassant en troupe ou seuls, mais employant la vue de préférence à l'odorat, tels, par exemple, que le chien d'Albanie, les Lévriers, le chien des Indiens, etc.

II. Épagneuls. — Caractérisés par leur tête modérément allongée, à pariétaux ne tendant plus à se rapprocher, mais au contraire, s'écartant et se renflant de manière à beaucoup agrandir la boîte cérébrale et les sinus frontaux. Ce sont les plus intelligents de tous les chiens.

Section 3. — *Chiens propres à la garde des troupeaux,* tels que le Chien de berger, le Chien à loup, etc.

Section 4. — *Chiens aimant l'eau* et se plaisant à la natation. Exemple : le Chien de Terre-Neuve, le Barbet, l'Épagneul d'eau.

Section 5. — *Chiens d'arrêt* chassant par l'odorat seulement et ne tuant pas le gibier. Exemple : le Braque, le Chien couchant, l'Epagneul.

Section 6.—*Chiens courants* chassant en troupe par l'odorat et tuant le gibier, tels que le chien à renard (*Foxhound*) et le chien à lièvres (*Harrier*), etc.

III. Dogues. — Caractérisés par le raccourcissement de leur museau, le mouvement ascensionnel de leur crâne, son rapetissement et l'étendue considérable des sinus frontaux. Ces races sont moins intelligentes que les précédentes ; la pesanteur de leur corps semble indiquer celle de leur intelligence.

Section 7. — *Chiens de garde* n'ayant pas de penchant pour la chasse, mais employés seulement à la défense de l'homme et de sa propriété. Exemple : le Dogue de forte race ou Mastiff, le Bull-dog, le Roquet, etc.

On peut objecter à cette classification de F. Cuvier qu'elle s'applique assez bien aux principales races de chiens, mais il y en a une grande quantité d'autres qu'il serait difficile d'y faire entrer. Néanmoins, c'est la plus scientifique de toutes celles qui ont été proposées.

Un collaborateur du journal l'*Acclimatation* en a proposé une, il y a quelques années, qui est peut-être plus complète que celle de F. Cuvier et qui paraît assez rationnelle. La voici :

Il divise les races de Chiens en trois sections principales subdivisibles elles-mêmes.

1re Section. — Chiens de chasse.

Chiens caractérisés par leur crâne développé dans la région frontale et surtout dans la région postérieure où il forme une saillie caractéristique plus ou moins fortement accusée ; leur museau est moyen, jamais effilé ou tronqué, leurs oreilles longues, larges, pendantes, placées assez bas. Leur odorat est très subtil et leur aptitude très décidée pour la chasse ; on doit y rattacher cependant quelques races qui ne sont pas habituellement employées à cet usage et de petites races qui ne sont que des chiens d'agrément et chez lesquels les caractères s'atténuent. On peut les partager en deux divisions très naturelles : *Chiens courants* et *Chiens d'arrêt*.

1re Division. — **Chiens courants.** — Ils ont la tête plus longue, à port oblique, la saillie occipitale plus développée, les oreilles placées plus bas, la queue verticale au repos. Ils ont d'ailleurs dans l'expression de l'œil et dans leurs allures quelque chose de particulier, mais peu définissable qui les fait reconnaître au premier coup d'œil ; leur pelage est tantôt ras, tantôt rude et hérissé. Ils chassent en suivant la piste du pied et en poursuivant le gibier pour le forcer à la course ou pour le ramener vers le chasseur.

On y comprend les chiens d'ordre ou chiens de grande meute : *Bloodhounds* ou Chiens de Saint-Hubert, Chiens courants vendéens, gascons, normands, etc.; les races anglaises modifiées (*Staghounds, Foxhounds*, etc.); les petites races employées plus généralement pour rabattre le gibier ou pour quelques usages spéciaux (Briquets, Bassets, *Harriers, Beagle, Otterhounds*, etc.).

2° Division. — **Chiens d'arrêt.** — A tête moins longue, portée à peu près horizontalement ; à saillie occipitale moins développée, à oreilles généralement moins amples. Ils chassent en suivant la piste du corps, en arrêtant le gibier et en le rapportant à leur maître après qu'il a tiré. On peut les partager en trois subdivisions d'après la nature de leur poil :

1° Braques.—A poil ras comprenant un assez grand nombre de sous-races : Braques anglais (*Pointers*), Braques français, allemands, picards, Braques du Puy, Braques sans queue du Bourbonnais, Braques de Saint-Germain, etc.

2° Épagneuls. — A poils plus ou moins longs, soyeux, parfois frisés, ne formant jamais par leur développement sur la tête et sur le museau, des sourcils et des moustaches. Leurs races sont nombreuses, et, outre ceux du continent qui varient plus ou moins, on doit signaler parmi les races anglaises, qui sont très soignées et entretenues bien pures, les setters anglais, écossais, irlandais, le *Gordon's setter*, le *water Spaniel*, le *Clumber*, le *Cocker*, le *Springer*. On doit également y rattacher quelques petites races d'appartement, le Gredin, le *King-Charles*, le *Blenheim*, les petits épagneuls de la Chine et du Japon, etc.

3° Barbets. — A poils rudes et hérissés ou frisés, ou ondulés, mais toujours bien développés au front et au museau où ils forment d'épaisses moustaches et des sourcils qui, généralement retombent devant les yeux. Les Barbets d'arrêt et les Griffons d'arrêt rentrent dans cette division à laquelle on doit rattacher les Caniches qui ne sont pas habituellement employés à la chasse et les grands Barbets de garde. Les petites races havanaises, maltaises, etc., auxquelles on doit attribuer d'une manière spéciale le nom de Bichons, s'y rattachent également.

2° Section — Chiens de garde.

Chiens à tête petite et arrondie sans bosse occipitale, à museau variable, à oreilles courtes, souvent droites ou incomplètement tombantes. Ils sont employés à la garde des habitations ou des troupeaux, ou à la destruction des animaux nuisibles ; par exception quelques-uns sont employés à la chasse, mais non de la même façon que les chiens de chasse proprement dits. Leur odorat est beaucoup moins développé que chez ceux-ci.

On peut les partager en plusieurs subdivisions :

1° *Chiens-loups.* — Comprenant les races primitives, plus ou moins rapprochées des espèces sauvages, à museau pointu, oreilles droites, pelage plus ou moins long en brosse.

On doit ranger dans cette section les chiens demi-sauvages de l'Australie, de l'Orient, le chien des Esquimaux et les autres chiens de charrois du nord des deux continents, le chien de Poméranie ou Lou-lou, les chiens comestibles de Chine et des Iles de la mer du Sud, etc.

2° *Mâtins.* — Plus modifiés que les précédents, à museau peu effilé mais non tronqué, à oreilles tantôt droites, tantôt pendantes. Leur taille est généralement grande et leur pelage est très variable. Les divers types de mâtins de ferme et les chiens de montagne doivent y prendre part avec les chiens de Terre-Neuve et du Labrador.

3° *Chiens de berger.* — Semblables pour la forme aux Chiens-loups et aux Mâtins ; leurs allures sont toutes particulières ainsi que l'expression de leurs yeux. D'habitude le pouce des pieds de derrière est double. Leur poil est généralement épais, plus ou moins long et rude, souvent hérissé aux yeux et au museau. Leur intelligence spéciale pour conduire les troupeaux les distingue entre tous.

4° *Dogues.* — A museau tronqué au bout, généralement gros et court, à tête plus ou moins arrondie, à oreilles courtes plus ou moins pendantes, à corps robuste. Leur pelage est presque toujours ras et leur taille souvent très élevée. A côté des Dogues anglais, bordelais et espagnols on doit placer le grand Danois, le Dogue du Thibet, le Bull-Dog et aussi le Carlin, malgré sa taille exiguë.

5° Terriers. — A petite taille, à tête ronde, à oreilles droites ou retombantes, museau allongé. Leur pelage est tantôt ras, tantôt long ou rude et hérissé formant alors des sourcils et des moustaches. Leurs sous-races sont assez nombreuses. Ils ont un instinct tout particulier pour chercher et détruire les petits animaux nuisibles. On doit y rattacher le *Turnspit* ou Tourne-broche.

Les chiens nus de la Chine et de l'Amérique pourraient être rapprochés de ces chiens avec lesquels ils ont plus d'analogie qu'avec tous les autres.

Quant au petit Danois, *Dalmatian* des Anglais, il est difficile de lui assigner une place précise : il a de l'analogie avec les Lévriers, les Braques, les Terriers à poil ras et les Danois.

3° Section. — Lévriers.

Ces chiens ont une physionomie particulière et des caractères qui semblent indiquer pour leur type d'origine une différence spécifique très accentuée. Ils sont d'ailleurs très homogènes et peu modifiés par la domestictié.

Leur tête est allongée, leur museau très effilé, leurs jambes longues et minces, leur poitrine profonde et comprimée, leur ventre rétréci. Leurs oreilles sont presque toujours pointues et rejetées en arrière, rarement droites, plus rarement encore larges et tombantes comme chez certains Lévriers de Syrie. Leur pelage est habituellement très ras ; mais il est aussi quelquefois long et soyeux ou rude et hérissé, parfois même frisé. Dans ces deux derniers cas les moustaches et les sourcils sont développés. Quelquefois aussi il est nul comme chez les chiens nus.

A l'exception du Lévrier des Baléares dont l'odorat est assez développé, ils chassent à vue avec une grande ardeur et une grande rapidité.

En Angleterre où l'on a beaucoup plus écrit sur le Chien que dans aucun autre pays, en raison de l'importance que l'on attache à son éducation et à son élevage comme à ceux de tous les animaux domestiques, différents auteurs ont aussi essayé de classer les races de chiens, les uns en prenant pour base leurs caractères extérieurs, les autres leurs qualités morales ou leurs aptitudes. C'est ce dont on peut juger par les deux classifications suivantes :

CLASSIFICATION DE HAMILTON SMITH.

I. — Les **Chiens Lévriers** ou *Greyhounds* comprenant toutes les espèces de Lévriers.

II. — Les **Mâtins** comprenant : le Mâtin, le Danois, le chien de Cuba, le chien de sanglier (*Boarhounds*), le chien d'attelage de l'Amérique du nord, le chien-loup des Florides, etc.

III. — Les **Chiens lachnés** c'est-à-dire laineux, remarquables par leur fourrure abondante. Tels sont : le Chien de Sibérie, le Chien des Esquimaux, le Chien d'Islande, le Chien de la Rivière Makensie, le Chien du Mont Saint-Bernard, le Chien de berger, le Chien-loup.

IV. — Les **Chiens de chasse** (*Hounds*) dont l'odorat est très perfectionné et l'intelligence développée. Tels sont les chiens courants (*Foxhound, Stagehound, Harriers, Beagle*) ; les chiens courants français, le chien de Burgos, le chien de Dalmatie, le Braque, etc. D'autres ont le poil long ; exemple : le grand Épagneul, le petit Épagneul, le Chien couchant ou *setter*, le *Springer*, le *Cocker*, le *King-Charles*, le Barbet, le Griffon, etc. M. H. Smith leur adjoint les variétés de petits chiens à longs poils connus sous le nom de petits chiens d'appartement ou chiens de dames, tels que le Chien-Lion, le Bichon, le Havanais, etc.

V. — Les **Chiens mêlés** (*Cur Dogs*), animaux intelligents, mais d'un caractère difficile dont les différentes variétés ont été souvent abâtardies par le croisement ou par l'influence de l'homme. Dans cette section rentrent le Terrier et ses sous-races, le Pariah de l'Inde, le Chien de la Nouvelle-Zélande, le Chien des Patagons, etc.

VI. — Les **Dogues** ou **Mastiffs** à museau court comme tronqué, à sinus frontaux très développés. Ce sont des animaux d'un caractère énergique, redoutables même, employés généralement à la garde de l'homme et de sa propriété; tels sont : le Dogue de forte race, le *Mastiff*, le Dogue du Thibet, le Dogue de Cuba, le Bull-Dog, le Bull-Terrier, le Roquet ou Doguin, le petit Danois, le Carlin, etc.

Cette classification laisse beaucoup à désirer à tous les points de vue ; la suivante est bien supérieure.

CLASSIFICATION DE STONEHENGE.

CHAPITRE Ier. — *Chiens sauvages et à demi-sauvages chassant en troupe* : Le Dingo, le Dhole, le Deab, les chiens de l'Amérique du Nord et du Sud, le Pariah, etc.

CHAPITRE II. — *Chiens domestiques chassant à vue et tuant le gibier pour l'homme* : Le Lévrier hérissé d'Écosse et le Lévrier à daims, le Lévrier ras ou Lévrier anglais, le Lévrier d'Irlande ou chien louvier, le Mâtin français, le chien de la Rivière Makensie, le chien d'Albanie, le Lévrier de Grèce, le Lévrier de Turquie, le Lévrier de Perse, le Lévrier de Russie, le Lévrier italien ou Levrette.

CHAPITRE III. — *Chiens domestiques chassant au nez, trouvant et tuant leur gibier (Hounds)* : Le Chien de sanglier (*Boar-hound*), le *Talbot* ou limier anglais, le *Foxhound*, le *Harrier*, le *Beagle*, le Chien à loutre, les Terriers (Écossais, *Dandy, Skie, Redlington*), les Chiens courants français (Chien de Saintonge, de Poitou, de Gascogne, normand, vendéen, griffon vendéen, bassets).

CHAPITRE IV. — *Chiens domestiques trouvant le gibier par*

l'odorat mais ne le tuant pas; généralement employés à la chasse au fusil : Le chien d'arrêt espagnol, le Pointer anglais, le chien d'arrêt français, le Braque, le chien de Dalmatie et le Danois, l'Épagneul français, l'Épagneul anglais ou irlandais (*setter*), le *Clumber*, le Sussex, le *Cocker*, l'Épagneul d'eau, les Griffons, le *Retriever*.

CHAPITRE V. — *Chiens employés à la garde des troupeaux, chiens de trait :* Le *Colley* ou chien de berger, le chien de montagne, le chien de Poméranie, le chien de Terre-Neuve et le chien du Labrador, le chien des Esquimaux, le chien du Groenland, les chiens d'Islande et de Laponie.

CHAPITRE VI.— *Chiens de garde, chiens de luxe ou d'appartement :* Le Bull-Dog, le *Mastiff*, le Dogue de Cuba, le chien de Saint-Bernard, le chien du Thibet, le Barbet, le chien de Malte, le Lou-lou, le Chien-Lion, le *King-Charles* et le *Blenheim*, Petits Terriers, Roquet, Levrette.

CHAPITRE VII. — *Races croisées.* Le Retriever, le Bull-Terrier, le croisement du chien et du loup, du chien et du chacal, du chien et du renard.

Ces diverses classifications offrent assez de points discordants pour qu'on puisse conclure qu'une classification parfaite est encore à chercher.

En attendant, nous allons donner la distribution des sous-races suivant leurs pays d'origine en accompagnant les principales d'entre elles d'un abrégé très succinct de leurs caractères.

CHIENS FRANÇAIS.

1. — LÉVRIERS.

L'ancien *Lévrier français* a à peu près disparu depuis la Révolution française ; la grande division de la propriété et les lois sur la chasse ayant annihilé son emploi. Les quelques

Lévriers qu'on voit de temps en temps chez quelques amateurs sont généralement des Lévriers étrangers, d'Écosse ou de Russie, ou le Sloughi d'Afrique.

La *Levrette*, que tout le monde connaît et qu'on appelle encore *Levron* ou *Lévrier d'Italie*, est, malgré cette dernière dénomination, un chien bien français, existant déjà à la cour de Henri III, et même bien avant, car on la voit près des dames châtelaines des quinzième et dix-septième siècles. Remplacée par le Carlin au dix-huitième siècle, elle avait repris faveur il y a quarante ans, la mode lui substitue depuis quelque temps les différentes espèces de terriers anglais.

Fig. 3. — Le lévrier français.

Le *Sloughi* d'Algérie est, par droit de conquête, un chien français ; c'est un beau, grand Lévrier à poil ras, de couleur fauve bringé, presque zébré, surtout à la tête, et que les Arabes des grandes tentes emploient à la chasse au lièvre ou à la gazelle qu'il prend à la course. Nous parlons plus loin de leur Chien de garde.

2. — Chiens courants.

Le *Chien de Saintonge* est le représentant le mieux conservé des ancienes races de chiens courants français. Taille 0^m,65 à 0^m,76 au garrot; pelage blanc avec quelques taches noires et feu pâle; tête décharnée, chanfrein droit, nez légèrement retroussé, oreilles demi-longues, bien papillotées, noires à l'intérieur, ainsi que la langue et le palais, poitrine profonde, flancs resserrés, membres secs et longs, reins arqués, queue effilée, nez extrêmement fin, gorge sonore, allure soutenue et assez vite. Si au début de la chasse il est dépassé par les rapides *Foxhound* anglais, il finit par les dépasser à son tour et à les laisser loin derrière lui grâce à son fond. C'est ce qui a été démontré il y a quelques années, lors du défi que M. de Beaufort accompagné de sa meute anglaise de *Foxhound*, était venu nous apporter en France même, à nos excellents chiens de l'ouest.

Néanmoins on a croisé ces chiens de Saintonge avec ces mêmes anglais et obtenu une race de *Bâtards saintongeois*, qui ont le fond et la vitesse des deux races dont ils procèdent.

Les *Saintongeois*, croisés avec des *Gascons* ont donné la belle race de Virelade qui constitue la meute de M. de Carayon-Latour.

Chiens du Poitou. — Voisins des Saintongeois avec lesquels on les confond, car ils ont la même robe et les mêmes taches; ils ne s'en distinguent guère que par leur nez busqué.

Chiens de Gascogne. — Aussi hauts, mais plus massifs que les chiens de Saintonge; poils gris bleu ou blanc, avec beaucoup de taches noires et de marques lie de vin.

Chiens normands. (Fig. 4.) — Aussi hauts que les précédents; tête carrée, front large, nez un peu busqué, corps robuste, pattes fortes, pelage blanc, ou gris fauve ou tricolore, c'est-à-dire taches noires en dessus, bordées de taches jaune feu avec du blanc en dessous.

Chiens vendéens. — D'aussi haute taille que les Saintongeois, mais ayant moins de voix et étant plus rapides. Pelage ordinairement tricolore, quelquefois gris. L'équipage de M. Baudry-d'Asson est de cette race.

Griffons vendéens. (Fig. 5.) — Variété à poil rude et hérissé, blanc grisâtre.

On a fait aussi des *bâtards vendéens* et des *bâtards poitevins* comme on avait fait des *bâtards saintongeois.*

Griffons nivernais. — Ils sont un peu plus bas que les vendéens, mais plus corsés, à poitrine profonde et très robustes.

L'équipage de M. le comte de Rochefort, au château de Ners, dans le Loiret, est composé de griffons français de la vieille race si renommée pour la chasse au loup et au sanglier, conservée par M. le comte de Morton et améliorée par M. Lecoulteux de Canteleux.

Chiens de Saint-Hubert. (Fig. 6.) — Ils constituaient une très ancienne race française entretenue autrefois avec soin dans la forêt des Ardennes où elle fournissait des limiers. Transportée en Angleterre sous Henri IV, elle y est devenue la souche du *Bloodhounds.* A peu près perdue en France, M. le comte Lecoulteux de Canteleux l'a reconstituée dans ces dernières années au moyen d'un des rares représentants de la race des Ardennes, de *Bloodhounds* et de Saintongeois.

Un peu plus bas sur jambes que les *Normands,* les *Saint-Hubert* sont puissants de corsage, aux reins courts, aux oreilles longues, à pelage noir en dessus, roussâtre en dessous, marqué de feu aux sourcils et aux pattes.

Chiens d'Artois. — Ils sont d'un quart plus petits que les Normands auxquels ils ressemblent beaucoup ; ils sont généralement tricolores.

Les *Briquets* sont de petits chiens courants ne dépassant pas 40 centimètres ; ils sont souvent tricolores, il y en a de marron, de gris, de blancs et noirs. Ce sont les chiens de chasse par excellence des pays montueux qui ne nourrissent que du lièvre et du chevreuil ; on les met quelquefois en meute, mais ils marchent mieux en petit nombre.

Les *Briquets franc-comtois* et ceux de l'*Argonne* sont très estimés ; il y en a aussi de bons dans la Haute-Marne, le Morvan, la Gascogne, la Normandie, etc.

Le *Basset à jambes torses* est un des plus anciens chiens courants français. Pelage généralement noir, avec feu aux sourcils, aux pattes et sous le ventre.

Excellent pour découvrir les remises du gros gibier.

3. — Chiens d'arrêt.

1° Braques[1]. — *Braques français*. (Fig. 7.) — 60 à 70 centimètres, tête forte, double ; museau carré, poitrine large, croupe ronde, dos et pieds larges ; pelage blanc avec larges taches couleur chocolat, symétrique sur la tête, irrégulières sur le corps. — Devient rare.

Braque Dupuy ou *du Puy*. — Plus léger, plus élancé que le précédent et taché de la même manière ; il y a eu cependant un *braque Dupuy* noir et blanc qui a mérité un prix d'honneur à l'exposition universelle de 1868, mais le même s'est vu refuser le concours dans une exposition en Allemagne sous prétexte qu'il n'avait pas les couleurs caractéristiques de sa race.

Cette race a été créée, il y a quelques années, par un amateur dont il porte le nom, afin de remplacer le grand Braque français qui tend à disparaître.

Braque de Saint-Germain ; de Compiègne. — Taille 50 à 65 centimètres, robe blanche et orange.

Certains auteurs font descendre cette race de chiens de même couleur importés d'Angleterre en 1820 ; d'autres la font descendre au contraire des beaux Braques blanc et orange qui

---

1. Vient du vieux mot français *Braquer*, qui veut dire *viser*, indiquer, parce qu'il indique le gibier. Le mot anglais *Pointer* qui lui correspond a la même signification.

figurent dans les tableaux de chasse de Desporte exécutés au siècle dernier, et qui ont encore des représentants dans l'Anjou.

Certains amateurs aussi réservent le nom de *race de Saint-Germain* aux chiens blanc et orange qui ne dépassent pas 55 centimètres et donnent celui de *race de Compiègne* à ceux de même robe et de même forme, mais qui atteignent 60 et même 65 centimètres. Généralement cependant on regarde ces deux noms comme synonymes.

Ces divergences d'appréciations ne sont pas rares en France en ce qui concerne les races de chiens.

Braque sans queue du Bourbonnais. — Chien de même couleur que le Braque français, mais plus bas sur jambe et naissant avec la queue écourtée.

Braque d'Anjou, de même taille que le braque français, mais de couleur blanc et orange ou gris souris.

Braque de Navarre, blanc, avec des taches lie de vin et des yeux porcelaine.

Braques double nez, noirs, avec un profond sillon séparant les deux narines qui semblent deux courts tubes indépendants.

2° **Épagneuls.** — L'*Épagneul de Pont-Audemer* (Fig. 8), trapu, bas sur pattes, tête large et longue; pelage blanc et marron.

Griffon d'arrêt. (Fig. 9.) — Taille 50 à 60 centimètres environ; pelage formant sourcils, moustache et barbe, uniformément long sur tout le corps, la queue et les pattes d'une couleur marron plus ou moins abondamment mélangé de blanc, doux ou dur.

Une grande variété où le blanc et le marron sont également mélangés dans la robe, existe en Alsace et dans les départements limitrophes où elle est très prisée.

Barbet. — Taille de 40 à 50 centimètres, caractérisé par son poil frisé, généralement blanc; il a le nez très fin et était très employé autrefois à la chasse aux canards, d'où le nom de

Caniche qu'il a conservé même après la perte de son emploi de chasseur au marais.

Sa grande intelligence et son extrême docilité le rendent propre à une foule d'exercices et de tours d'adresse merveilleux bien connus qui sont maintenant sa spécialité.

4. — CHIENS DE GARDE.

1° **Chiens de Berger.** — *Chien de Bouvier.* — De grande taille atteignant jusqu'à 75 centimètres, à poil de moyenne longueur, de couleur fauve en dessous, brun, presque noir sur le dos et la tête.

Chien de Brie. (Fig. 10.) — Plus petit que le précédent ne dépassant pas 60 centimètres, poils longs, doux, couvrant tout le corps, la tête et les pattes de couleur grise noirâtre.

Son intelligence à conduire les troupeaux de moutons est remarquable et vraiment étonnante.

Chien des Douars. (Fig. 11.) — Grand chien de garde des troupeaux des Arabes nomades de l'Algérie, remarquable par sa férocité et par son instinct qui lui permet de distinguer les bêtes de son douar de toutes les autres.

Fig. 12. — Chien de montagne (Pyrénées).

(*Le Chien*.)   5

2º **Chiens de Montagne**. — *Chien des Pyrénées.* (Fig. 12.) — Taille de 80 à 85 et même 90 centimètres, fortement charpenté, couvert d'un pelage épais, ondulé, blanc taché de roussâtre, queue touffue, recourbée au bout. Employé à la garde des fermes ou des troupeaux paissant dans les montagnes et en danger des attaques des loups et même des ours.

Chien de l'Aveyron. — Un peu moins grand que le chien des Pyrénées et de robe plus foncée.

Chien de Saint-Bernard. (Fig. 13.) — Un peu plus petit aussi que le chien des Pyrénées auquel il ressemble sous tous les autres rapports.

3º **Chiens de ferme ou de maisons de campagne**. — *Le Mâtin.* — Taille 60 à 75 centimètres, poil ras, de couleur fauve ou ardoisé foncé. Cette espèce devient rare.

Le *Dogue* ou *Molosse*, dépasse la taille du précédent et a la tête plus forte, le museau plus court et plus gros et les babines plus pendantes. Pelage ras, fauve plus ou moins foncé.

Fig. 14. — Grand Danois (chien du Leonberg).

Cette race est aussi presque complètement éteinte et remplacée par les Dogues anglais et les chiens de Terre-Neuve.

Le *Grand Danois* (fig. 14) a la taille du Mâtin, mais plus élancée, sa tête est intermédiaire pour sa conformation entre celle du Mâtin et celle du Dogue ; on a l'habitude de lui couper les oreilles en pointe. Son pelage est fauve à bandes transversales charbonnées, ce qu'on appelle *bringée*, ou bien d'une couleur ardoisée foncée, qu'on nomme *bleue*. Ce chien a beaucoup d'attachement pour les chevaux, ainsi que le suivant.

Petit Danois (fig. 15) a la taille d'un petit Braque mais le nez plus mince ; sa robe est blanche, couverte d'une foule de petites taches noires de la grandeur d'une pièce de un ou deux francs, ce qui lui donne une physionomie toute particulière surtout quand on la complète par une amputation à ras des oreilles, ainsi que l'exige la mode.

Cette espèce tend à disparaître, supplantée par les boulle-terriers anglais.

Le *Loulou* (fig. 16) est un petit chien de garde que tout le monde connaît, de couleur généralement blanche, quelquefois jaunâtre ou brunâtre mélangé. — Excellent chien de garde pour les voitures, il était très nombreux autrefois du temps des diligences ; comme nous l'avons dit, il a à peu près disparu.

5. — Chiens d'appartement.

Comme chien d'appartement bien français nous ne citerons que le suivant :

Le *Carlin* (fig. 17). — Réduction mignature du Dogue, il a comme lui la tête ronde, de gros yeux, le nez refoulé, les oreilles petites à pointe tombante, le masque noir et le reste de la robe café au lait.

Il était en voie de disparaître aussi, comme le précédent, mais depuis quelque temps il reprend faveur.

Les autres chiens d'appartement que l'on voit en France

étant tous étrangers et surtout anglais, nous en donnerons la
description et les figures dans la section suivante.

Comme on voit la collection des chiens de France est aussi
nombreuse que variée. Cependant beaucoup d'amateurs, en ce

Fig. 16. — Le Loulou.

qui regarde les chiens de chasse et surtout les chiens d'arrêt
indigènes, s'en font les détracteurs passionnés au profit des
chiens anglais. Faut-il voir là une des nombreuses manifestations de cette tournure d'esprit si commune chez nos com-

patriotes d'après laquelle nous admirons de confiance tout ce qui nous vient de l'étranger et surtout de l'Angleterre; ou bien y a-t-il quelque chose de fondé dans l'opinion qui veut que les chiens anglais soient supérieurs aux chiens français?

En ce qui regarde les chiens courants, la comparaison a été faite et bien faite, et les plaines de la Touraine et du Poitou

Fig. 17. — Chien Carlin.

retentissent encore du bruit de la défaite que nos *Vendéens* et nos *Saintongeois* ont infligée aux *Foxhound* de M. de Beaufort. Et cependant, depuis, on fabrique des *Bâtards!*

Quant à nos chiens d'arrêt, s'ils ont une chasse plus terre-à-terre, plus calme et plus froide que celle des *Pointers* et des *Setters* d'Outre-Manche, ont-ils moins de nez, moins de fond et un arrêt moins solide? J'en fait juge les chasseurs impartiaux des Vosges et de la Franche-Comté, dont l'*Anglomanie* n'a pas encore faussé le jugement.

Les chiens d'arrêt anglais ont des qualités différentes de celles de leurs congénères français : Le *Pointer* quête au galop le nez haut et il lui faut énormément d'espace ; la chasse du *Setter* a une grande analogie avec celle du *Pointer* : c'est la même quête au galop, sauf un peu moins d'étendue, et son arrêt est très ferme, comme celui du précédent.

En somme, on peut mettre en parallèle les qualités relatives des chiens d'arrêt des deux nations, mais il n'y a pas plus de raison de regarder les uns comme inférieurs aux autres, qu'il n'y en a à regarder un caractère bouillant, comme inférieur à un caractère froid et calme. C'est une affaire de tempérament, et tous les tempéraments se valent, tout en ayant leurs avantages et leurs inconvénients, souvent opposés.

Mais tous les amateurs ne raisonnent pas de cette façon et le plus grand nombre reste esclave de la mode, aussi, dans le Nord et le Centre de la France, nos vieilles races de Chiens d'arrêt sont-elles en voie de disparaître pour céder la place aux chiens d'arrêt anglais.

Ce goût pour les chiens anglais, aussi bien que notre désir d'être aussi complet que possible dans l'énumération des races de chien, nous engage à donner celle des races anglaises et des races étrangères employées en Angleterre d'après l'auteur le plus récent et le plus complet qui ait écrit sur cette matière, Hugh Dalziel (Corsincon). Son livre en deux volumes intitulé « BRITISH DOGS » comprend deux divisions : dans la première il décrit les chiens de chasse et dans la seconde les chiens de garde ou destructeurs des animaux nuisibles, le tout accompagné de portraits d'après nature supérieurement exécutés, comme on peut le voir par plusieurs des spécimens ci-après que nous lui avons empruntés.

CHIENS ANGLAIS.

1re Division. — CHIENS DE CHASSE.

GROUPE Ier.

Chiens qui chassent leur gibier à vue et le tuent.

Lévriers.

The Greyhound (Lévrier anglais). Taille mesurée au garrot, de 24 à 27 pouces (le pouce anglais est de 2 cent. 54.) Pelage ras, de couleur variable, noir, blanc, fauve ou pie.

Comme exemple des bonnes proportions d'un type de beauté de cette race, nous allons donner les mesures prises sur le lauréat de la médaille d'or à l'exposition universelle de Paris en 1878; c'est *Chimney Sweep* âgé de 5 ans, du poids de 66 livres, à M. J.-L. Bensted.

	Pouces.
Hauteur prise à l'épaule.	26 1/2
Distance du bout du nez à l'origine de la queue.	42 1/2
Longueur de la queue.	19
Tour de la poitrine.	29 3/4
Tour du ventre à la hauteur des reins.	21
Tour de la tête en arrière des yeux.	15
Tour de l'avant-bras.	6 3/4
Distance de l'occiput au bout du nez.	10 1/2
Tour du museau au milieu du chanfrein.	8 3/4

The Scotch Deerhound (Lévrier écossais pour la chasse au daim). (Fig. 18.) Taille de 26 à 30 pouces, pelage hérissé sur le corps et la tête formant moustache et sourcils, plus court à la queue et aux pattes, de couleur gris d'ardoise, plus rarement fauve bringé (ou rayé de noir).

Proportions d'un beau type de cette race :

Morven (au prince Albert de Solms), âgé de 2 ans et 9 mois, poids : 79 1/2 livres.

	Pouces.
Hauteur à l'épaule.	28 1/2
Distance du bout du nez à l'origine de la queue.	46
Longueur de la queue.	23
Tour de la poitrine.	31 1/2
Tour du ventre à la hauteur des reins.	23
Tour de la tête en arrière des yeux.	16 1/4
Distance de l'occiput au bout du nez.	11 1/4
Tour du museau au milieu du chanfrein.	8 1/2

The Irish Wolfhound (Lévrier irlandais).

Taille de 32 à 35 pouces, les chiennes un peu plus petites. Pelage hérissé formant moustaches et sourcils, et plus abondants à la queue que chez le précédent; de couleur noire, grise, fauve bringé, rousse ou blanchâtre avec ou sans taches de couleur.

Proportions des beaux types de cette race :

	Chien.			Chienne.		
Hauteur de l'épaule	32	à	35 pouces,	28	à	30 pouces
Tour de la poitrine	38	à	44 —	32	à	34 —
Tour de l'avant-bras	10	à	12 —	8	à	9 1/2 —
Longueur de la tête	12 1/2	à	14 —	10 1/2	à	11 1/2 —
Longueur totale . .	84	à	100 —	70	à	80 —
Poids	110	à	140 livres,	80	à	110 livres.

The scotch rough haired Greyhound (Lévrier écossais à poils durs).

Variété rare à poils plus grossiers que les précédentes.

The Lurcher, Lévrier plus massif que les précédents, intelligent, se rapprochant du *Colley*, à pelage abondant, roux, fauve bringé ou gris.

The Whippet, Lévrier de courses du nord de l'Angleterre.

The Siberian Wolfhound, ressemble au Lévrier écossais dont il ne diffère que par sa robe qui, au lieu d'être grise ardoisée, est blanche avec tache fauve ou jaunâtre.

The Persian Greyhound (Lévrier de Perse) diffère du Lévrier anglais par plus de gracilité, de délicatesse ; se rapproche des Levrettes.

GROUPE II.

Chiens qui chassent le gibier à l'odorat et le tuent.

Chiens courants.

The Bloodhound (*Chiens de sang* ou plutôt de *pur sang*, et non pas *sanguinaires* comme quelques auteurs français traduisent ce mot.) Taille de 24 à 27 pouces ; pelage ras, à manteau noir et régions inférieures, face interne et extrémités des membres, de couleur feu (tan) ainsi qu'une tache ronde aux sourcils. Ressemble au chien de Saint-Hubert (fig. 6).

Proportions d'un beau type de cette race :

Judge (à M. W. Herbert Singer), âgé de 1 an 7 mois ; poids, 89 livres.

	Pouces.
Hauteur à l'épaule.	27
Distance du nez à l'origine de la queue.	48 1/2
Longueur de la queue.	18 1/2
Tour de la poitrine.	33 1/2
Tour du ventre en arrière.	27
Tour de l'avant-bras.	9 1/4
Tour de la tête en arrière des yeux.	17
Distance de l'occiput au bout du nez.	12
Tour du museau au milieu du chanfrein.	10 1/2
Longueur des oreilles d'une pointe à l'autre.	29

The Foxhound (chien de renard) (fig. 19), taille de 21 à 24 pouces, pelage ras, noir et blanc, noir, blanc et orange (tricolore) ou lièvre-pie, ou blaireau-pie. C'est ce chien qui, croisé avec les chiens courants français de l'ouest, a produit les bâtards de ces races.

The Otter hound (Chien à loutre). (Fig. 20). Taille 24 à 25 pouces, pelage rude, long comme chez nos Griffons courants, de couleur généralement grisâtre ou rousse avec des taches noires ou orangées plus ou moins grandes.

Proportions d'un beau type de cette race :

Lottery (à M. J.-C. Carrick), 3 1/2 ans; poids 76 1/2, livres.

	Pouces.
Hauteur à l'épaule.	24
Distance du bout du nez à l'origine de la queue.	39
Longueur de la queue.	17
Tour de la poitrine.	30
Tour du ventre à la hauteur des reins.	24
Tour de l'avant-bras.	7
Tour de la tête.	17
Distance de l'occiput au bout du nez.	10 1/2
Tour du museau au milieu du chanfrein.	8 1/2

The Harrier (Chien à lièvre, de *hare* lièvre). Taille 19 à 22 pouces. Pelage ras, tricolore (blanc, noir et feu), ou bleu mélangé, ou lièvre-pie, ou blaireau pie. C'est un diminutif du Foxhound.

Proportions d'un beau type de cette race :

Barmaid (à M. C.-D. Everest), 4 ans ; poids, 56 livres.

	Pouces.
Hauteur d'épaule.	21 1/2
Distance du bout du nez à l'origine de la queue. .	37
Longueur de la queue.	13
Tour de la poitrine.	27 1/2

Pouces.

Tour du ventre à la hauteur des reins. 22 1/2
Tour de l'avant-bras 7 1/2
Tour de la tête. 15 1/2
Distance de l'occiput au bout du nez. 10
Tour du museau au milieu du chanfrein. 10

Ce chien a un *pedigree* (généalogie), pour une centaine d'années inscrit dans le Holcombe Kennel.

———

The beagle. (Fig. 21). Taille de 14 à 15 pouces. Pelage ras, généralement tricolore, plus rarement noir et blanc.

Proportions d'un beau type de race :

Comely (à M. H.-A. Clark), 6 ans ; poids, 27 1/2 livres.

Pouces.

Hauteur à l'épaule. 14 3/4
Distance du nez à l'origine de la queue. 30
Longueur de la queue. 11
Tour de la poitrine. 21
Tour du ventre à la hauteur des reins. 18
Tour de l'avant-bras. 5 1/2
Tour de la tête. 13 1/2
Distance de l'occiput au bout du nez. 8
Tour du museau au milieu du chanfrein. 7 1/2
Longueur des oreilles d'une pointe à l'autre. . . 17

———

The Basset (c'est le Basset français à jambes torses importé de France ou de Belgique). (Fig. 22). Taille de 10 à 14 pouces, pelage ras de la couleur de celui du *Bloodhound*, c'est-à-dire noir et feu, ou bien tricolore.

Proportions d'un beau type de cette race :

Fino (à M. le comte de Omlow), 3 ans ; poids, 39 livres.

Pouces.

Hauteur à l'épaule.	13
Distance du bout du nez à l'origine de la queue. .	33
Longueur de la queue.	11
Tour de la poitrine.	24
Tour du ventre et des reins.	23
Tour de l'avant-bras.	6
Tour de la tête.	16 1/2
Distance de l'occiput au bout du nez.	10
Tour du museau au milieu du chanfrein.	8 1/2

The Dachshound (Chien de blaireau, Basset à jambes torses, d'origine allemande). (Fig. 23). Taille 8 à 11 pouces, pelage ras et ferme généralement fauve, plus clair en dessous ou tricolore.

Proportions d'un beau type de cette race :

Uhland (à M. J. Hanson Lewis) (K. C. S. B., n° 6333), âgé de 3 ans, pesant 22 livres.

Pouces.

Hauteur à l'épaule.	8 1/2
Distance du bout du nez à l'origine de la queue. .	27
Longueur de la queue.	9
Tour de la poitrine.	21
Tour du ventre à la hauteur des reins.	10 1/2
Tour de la tête.	13
Distance de l'occiput au bout du nez.	7 1/4
Tour du museau au milieu du chanfrein.	6 3/4
Tour de l'avant-bras.	4 3/4

The Schweinhound, c'est encore un chien courant allemand bas sur jambes, à pelage ras et dur, de couleur gris brun, avec les yeux, le nez et la queue jaunâtres ou feu.

GROUPE III.

Chiens qui trouvent le gibier à l'odorat et l'indiquent au chasseur au fusil.

SETTERS ET POINTERS.

The English Setter (le chien couchant anglais). (Fig. 24). Taille 22 à 24 pouces environ. Pelage demi-long, flottant aux oreilles, au ventre, en arrière des membres et à la queue, soyeux, de couleur variée, noir, noir et blanc avec larges taches à mouchetures (bleu Belton,s) rouge, orange, orange et blanc ou pur blanc. — Le *Setter Laverack* est la principale variété de cette race, généralement noir et blanc avec mouchetures noires sur blanc.

Proportions d'un beau type de cette race :

Rogal Dan (à M. H. Prendergart-Garde); poids, 40 livres.

	Pouces.
Hauteur à l'épaule.	22
Distance du nez à l'origine de la queue.	38
Longueur de la queue.	12 1/2
Tour de la poitrine.	26
Tour des reins.	10 1/2
Tour de la tête.	15 1/2
Distance de l'occiput au bout du nez.	8 1/2
Tour du museau au milieu du chanfrein.	10
Tour de l'avant bras.	6 1/2

The Irish Setter (Setter irlandais). (Fig. 25). Taille 22 à 25 pouces, pelage soyeux demi-long, flottant aux oreilles, au bord postérieur des membres et à la queue, de couleur rouge feu (*red*).

Proportions d'un beau type de cette race :

Palmerston (à **M. T. Hilliard**), âgé de 11 ans ; poids, 65 livres.

	Pouces.
Hauteur à l'épaule.	23 1/2
Distance du bout du nez à l'origine de la queue. .	44
Longueur de la queue.	15
Tour de la poitrine.	30
Tour du ventre aux reins.	24
Tour de la tête.	16
Distance de l'occiput au bout du nez.	10 1/4
Tour du museau au milieu du chanfrein.	10
Tour de l'avant-bras	9 1/4

The Gordon or black and tan Setter (Setter Gordon). (Fig. 26). Taille 22 à 25 pouces, pelage soyeux demi-long, correctement marqué de feu (*tan*) à la moitié inférieure de la tête, sous le ventre à la face interne et à l'extrémité des membres.

Les « Champions » les plus estimés, et dont Hugh Dalziel donne les noms et les mesures, sont complètement privés de blanc (*free from white*).

Proportions d'un beau type de cette race :

Champion *Floss* (à **M. E.-L.** Parson), âgé de 5 ans ; poids, 59 livres.

	Pouces.
Hauteur à l'épaule.	22 1/2
Distance du bout du nez à l'origine de la queue. .	39
Longueur de la queue.	15
Tour de la poitrine.	27 1/2
Tour du ventre aux reins.	22
Tour de la tête.	16
Distance de l'occiput au bout du nez.	9 1/2

	Pouces.
Tour du museau au milieu du chanfrein.	9 3/4
Tour de l'avant-bras.	6 3/4

Fig. 27.— Setter en arrêt.

***

The spanish Pointer (le Braque espagnol). Race à peu près éteinte en Angleterre, intéressante à connaître parce qu'elle est la souche des Pointers modernes ; pelage ras, marron et blanc, le blanc fortement moucheté de marron. Il avait la plus grande analogie avec l'ancien Braque français.

***

The Pointer. (Fig. 28). Taille 22 à 25 pouces. Poil ras de couleur variable ; dans ces dernières années la couleur citron et blanc était considérée comme la plus fashionable, depuis l'année dernière la couleur marron (foie, *liver*) et blanc pur ou moucheté, est en faveur ; c'est, on se le rappelle, celle de notre ancien Braque français, et aussi du Braque Dupuy.

Comme exemple de proportions des beaux types de cette race, nous allons donner celle de deux célèbres Pointers, *Don* et *Wagg* ; ce dernier a gagné la coupe à l'exposition de Birmingham et a été ensuite battu par le premier sous les mêmes juges.

	Don.		Wagg.	
Hauteur à l'épaule	24 1/2	pouces,	24	pouces.
Longueur du corps.	31	—	31	—
Longueur de la tête.	9 1/2	—	9 1/2	—
Tour des mâchoires à leur base. .	18 1/2	—	18 1/2	—
Tour des reins.	23	—	25	—

Tour de la cuisse.	16 pouces,	16 pouces.
Tour de la jambe.	9 $^1/_2$ —	9 $^1/_2$ —
Tour de la poitrine.	29 $^1/_4$ —	30 —
Tour de l'avant-bras.	8 —	7 $^3/_4$ —
Distance de l'angle de l'œil au bout du nez.	3 $^3/_4$ —	4 —
Longueur des oreilles.	6 —	6 —
Distance entre les oreilles. . . .	6 —	6 $^1/_2$ —
Distance de l'épaule au coude. . .	11 $^1/_2$ —	11 $^3/_4$ —

The Dropper, croisement de Setter et de Pointer.

GROUPE IV.

Chiens employés à la chasse au fusil à retrouver le gibier.

ÉPAGNEULS ET RETRIEVERS.

The black Spaniel (l'Épagneul noir). Taille 15 à 16 pouces, poils longs sur le corps aux oreilles et aux membres, — plus que chez les Setters, — noirs et soyeux.

Proportions d'un type célèbre de cette race :

Brush (à M. S.-H. Easton), âgé de 2 ans 1/2 ; pesant 40 livres.

	Pouces.
Hauteur à l'épaule.	15
Distance du nez à l'origine de la queue.	38
Longueur de la queue	5
Tour de la poitrine.	26
Tour du ventre et des reins.	24 1/2
Tour de la tête.	16
Distance de l'occiput au bout du nez.	9 1/4
Tour du museau au milieu du chanfrein.	9
Tour de l'avant-bras.	7

The Clumber Spaniel. (Fig. 29). Taille de 12 à 18 pouces, poils longs, soyeux, blancs avec taches citron distribuées régulièrement aux côtés de la tête et aux oreilles, irrégulièrement sur le corps.

Proportions d'un beau type de cette race :

Lapis (à M. W. Arkwright), pesant 62 livres.

	Pouces.
Hauteur à l'épaule.	18
Distance du nez à l'origine de la queue.	42 1/2
Distance de l'occiput au milieu des yeux.	6
Distance du milieu des yeux au bout du nez.	4 3/4
Longueur de la queue.	6 1/2
Tour de la poitrine.	29
Tour de la tête.	18 1/2
Tour de l'avant-bras.	8
Tour du ventre à la hauteur des reins.	25

The Cocker Spaniel. (Fig. 30). Taille 9 à 10 pouces, poils longs et soyeux, couleur marron bigaré, mélangée.

Proportions d'un beau type de cette race :

Nell (à M. John Kirby Pain), 2 ans, pesant 23 livres.

	Pouces.
Hauteur à l'épaule.	9
Distance du bout du nez à l'origine de la queue.	30
Longueur de la queue.	13
Tour de la poitrine.	23
Tour du ventre aux reins.	18
Tour de la tête.	14
Distance de l'occiput au bout du nez.	8
Tour du museau au milieu du chanfrein.	3
Tour de l'avant-bras.	5

The Sussex Spaniel. Taille 12 à 16 pouces, poils abondants, couleur puce ou foie (*liver*), marron plus ou moins clair.

Proportions d'un célèbre chien de cette race :

Champion *Bachelor* (**K. C. S. B.** 6287), 3 ans 1/2, pesant 46 livres.

	Pouces.
Hauteur à l'épaule.	15
Distance du nez à l'origine de la queue.	32
Longueur de la queue.	6
Tour de la poitrine.	25
Tour des reins et du ventre.	23
Tour de la tête.	17
Distance de l'occiput au bout du nez.	9 1/2
Longueur de la pointe d'une oreille à l'autre.	22
Tour de l'avant-bras.	7
Longueur de la jambe du coude aux ongles	9
Longueur de la jambe du coude à terre.	7 3/4

The Irish Spaniel. (Fig. 31). (l'Épagneul d'eau irlandais). Taille 20 pouces environ, poils longs, abondants, surtout aux oreilles, au front, aux membres et très courts à la queue.

Proportions d'un célèbre chien de cette race :

Young Duck (**K. C. S. B.**, n° 8337), 5 ans et 3 mois; poids inconnu; à **M. W.** Beddome Bridgett.

	Pouces.
Hauteur à l'épaule.	20
Distance du nez à l'origine de la queue.	38
Longueur de la queue.	14
Tour de la poitrine.	25
Tour du ventre et des reins.	19
Tour de la tête.	15
Tour du museau au milieu du chanfrein.	8 1/2
Longueur de l'oreille sans les poils.	18
Longueur de l'oreille avec les poils.	25

The English water Spaniel, tient le milieu entre le Clumber, le Sussex et le Black Spaniel, et montre une plus grande activité; poils blancs et marron.

The black wavy coated Retriever (Retriever noir à poils ondulés). (Fig. 32). Taille 21 à 25 pouces, poils noirs, abondants, surtout sur le tronc et à la queue, face rase.

Proportions d'un beau type de cette race :

Bogle (à **M. G.** Thorpe Bartram); poids 78 livres.

	Pouces.
Hauteur à l'épaule	23 1/4
Distance du nez à l'origine de la queue	41 1/4
Longueur de la queue	15 1/4
Tour de la poitrine	32
Tour du ventre et des reins	24 1/2
Tour de la tête	20
Distance de l'occiput au bout du nez	11
Distance du nez au coin de l'œil	4 3/4
Distance de la pointe de l'oreille à l'origine de la mâchoire	6 1/4
Tour de l'avant-bras	9
Tour du milieu du cou	19
Distance du garrot au coude	12 1/2

The black curly coated Retriever (Retriever noir à poils frisés). (Fig. 33). Taille 22 à 26 pouces, poils noirs frisés sur le tronc et la queue, ras sur la face et à l'extrémité des membres.

Proportions d'un beau type de cette race :

Pearl (à **M. S.** Derby), âgée de 3 ans; poids 80 livres.

	Pouces.
Hauteur à l'épaule	24 1/2
Distance du nez à l'origine de la queue	43

	Pouces.
Longueur de la queue.	16 1/2
Tour de la poitrine.	31 1/2
Tour du ventre et des reins.	25 1/2
Tour de la tête.	18 1/2
Distance de l'occiput au bout du nez.	12
Tour du museau au milieu du chanfrein.	10
Tour de l'avant-bras.	8

The Norfolk Retriever. Taille des précédents, poils frisés de couleur variant du tan (feu) au noir en passant par le brun.

Liver coloured Retriever (Retriever marron). Taille 24 à 25 pouces à poils frisés marrons.

Proportions d'un beau type de cette race :

Garnet (à M. L. Makensie), 18 mois; poids 78 livres.

	Pouces.
Hauteur à l'épaule.	24 1/2
Distance du nez à l'origine de la queue.	43
Longueur de la queue.	17
Tour de la poitrine.	30
Tour du ventre et des reins.	25
Tour de la tête.	18
Distance de l'occiput au bout du nez.	11 1/2
Tour du museau au milieu du chanfrein.	10
Tour de l'avant-bras.	8

The Russian Retriever, de la taille des précédents à poils longs, épais, fourrés, tendant à friser et à former des mèches, de couleur blanc sale taché de fauve.

2° Division. — CHIENS UTILES A L'HOMME AUTREMENT
QUE POUR LA CHASSE.

GROUPE Ier.

Chiens spécialement utiles à l'homme en l'assistant dans ses travaux.

CHIENS DE BERGER, D'ATTELAGE ET TRUFFIERS.

The Scotch Colley (Chien de berger écossais). Taille 21 à 24 pouces, museau étroit, lèvres courtes, oreilles courtes et tombantes, poils longs sur le tronc, le cou et la queue, ras à la face et à l'extrémité des membres; de couleur noir et blanc avec plus ou moins de feu (tan) qui est la couleur dominante, ou noir et feu.

Proportions d'un célèbre Colley écossais :

Scott (5424), à M. A. Walker (Warwick), âgé de 3 ans et 10 mois.

	Pouces.
Hauteur à l'épaule.	24
Distance du bout du nez à l'origine de la queue.	42
Longueur de la queue.	20
Tour de la poitrine.	28
Tour du ventre et des reins.	22 1/2
Tour de la tête.	17 1/2
Distance de l'occiput au bout du nez.	11
Tour du museau au milieu du chanfrein.	9
Tour de l'avant-bras.	7 1/2

The smooth coated Colley (Chien de berger écossais à poil ras). Semblable en tous points au précédent, sauf la longueur du poil.

The bearded Colley. Chien de l'ouest de l'Écosse, à face barbue comme celle d'un Griffon, ou d'un Chien de berger français de la race de Brie; ne diffère qu'en cela des purs Colley.

———

The English bob-tailed sheep dog, or drover's Dog (Chien de bouvier). Très différent de l'élégant Colley par sa taille plus grande, son museau rond et tronqué. Son poil est long et hérissé, plus ou moins frisé, ras à la face et de même couleur que chez le premier.

———

The Esquimaux Dog (le Chien des Esquimaux). (Fig. 34). Taille des Chiens de Terre-Neuve, museau pointu, oreilles courtes et droites, poils hérissés plus ou moins frisés de couleurs variées, quelquefois blanc pur, d'autrefois gris argenté.

Race connue par les récits des voyageurs et par un spécimen du nom de « Zouave » exhibé en Angleterre par M. W. Arkwright.

———

The Truffle Dog (Chiens truffiers). Les chiens employés à la recherche des truffes sont de petits Griffons de couleur généralement blanche ou noir et blanc et pesant tout au plus 14 à 15 livres.

———

GROUPE II.

Gardiens ou défenseurs de la vie et des propriétés.
Chiens de compagnie ou d'ornement.

The Bull-Dog. (Fig. 35). Taille 15 à 22 pouces, oreilles courtes et tombantes, tête très forte et ronde, museau refoulé, bouche largement fendue, mâchoire inférieure saillante. Pelage ras uniformément roux ou fauve, ou jaunâtre avec le masque, ou le museau seulement noir.

Proportions d'un beau type de cette race :

Tiger (à M. Geo. Rapper). Kennel Club Stud Book, n° 2658; poids 49 livres.

	Pouces.
Hauteur à l'épaule.	15 3/4
Distance du nez à l'origine de la queue.	28
Longueur de la queue.	8 3/4
Tour de la tête entre les yeux et les oreilles.	19
Distance de l'occiput au bout du nez.	6 3/4
Tour du museau au milieu du chanfrein.	12
Tour de la poitrine.	25
Tour du ventre aux reins.	19 1/2
Tour de l'avant-bras.	7 1/2

———

The mastiff (Dogue anglais). (Fig. 36). Taille 20 à 33 pouces, pelage presque ras de couleur fauve, bringé ou non, avec le museau noir.

Proportions d'un beau type de cette race :

Champion *His Lordship* (au docteur Lamond Hemming), âgé de un an et dix mois; poids 180 livres.

	Pouces.
Hauteur à l'épaule.	33
Distance du nez à l'origine de la queue.	53
Longueur de la queue.	22
Tour de la tête.	28 1/2
Distance de l'occiput au bout du nez.	12
Tour du museau au milieu du chanfrein.	15 1/2
Tour de la poitrine.	44
Tour du ventre et des reins.	36
Tour de l'avant-bras.	11 1/2

———

The Saint-Bernard. (Voyez la figure 13 aux Chiens français). Taille 29 à 33 pouces, pelage long et touffu sur le corps et à la queue, ras à la face et aux extrémités des membres, de couleur blanc et fauve clair, avec ou sans le museau noir.

Proportions d'un type bien connu dans cette race :

Oscar (à **M.** Artur C. Armitage), âgé de 4 ans 8 mois; poids 151 livres.

Pouces.

Hauteur à l'épaule.	32
Distance du bout du nez à l'origine de la queue.	50
Longueur de la queue.	25
Tour de la poitrine.	38
Tour du ventre, aux reins.	31
Tour de la tête.	27
Distance de l'occiput au bout du nez.	13
Tour du museau au milieu du chanfrein.	15
Tour de l'avant-bras.	11

The Newfoundland (Chien de Terre-Neuve). Taille 28 à 30 pouces, pelage long et soyeux sur le tronc, la queue et en arrière des membres, ras sur la face et aux extrémités, de couleur noir sans blanc, tout au plus une étoile blanche au poitrail. Les Terre-Neuve pie, noir et blanc, constituent une variété connue sous le nom de *Terre-Neuve de Landseer*, du nom de l'artiste peintre qui l'a immortalisée dans un tableau célèbre.

Proportions d'un beau type de cette race :

Help (à **M. T.** Worthy), âgé de 2 1/4 ans; poids 154 livres.

Pouces.

Hauteur à l'épaule.	30
Distance du nez à l'origine de la queue.	51
Longueur de la queue.	25
Tours de la poitrine.	41
Tour du ventre aux reins.	31
Tour de la tête.	24

	Pouces.
Distance de l'occiput au bout du nez.	12
Tour du museau au milieu du chanfrein. . . .	12 1/2
Tour de l'avant-bras. , ...	12

The Dalmatian (petit Danois). (Voyez la fig. 15 aux Chiens français). Taille 21 pouces, pelage ras fond blanc semé de nombreuses petites taches noires rondes du diamètre d'une pièce de 1 fr., 2 fr. et 5 fr. Oreilles courtes généralement rognées.

Proportions d'un beau type de cette race :

Spotted Duk (à M. le docteur James), âgé de 2 ans 1/2, pesant 43 livres.

	Pouces.
Hauteur à l'épaule.	21
Distance du nez à l'origine de la queue.	34
Longueur de la queue.	13
Tour de la poitrine.	25
Tour du ventre et des reins.	19 1/2
Tour de la tête.	15 1/2
Distance de l'occiput au bout du nez.	8 3/4
Tour du museau au milieu du chanfrein. . . .	8 1/2
Tour de l'avant-bras.	6

The Thibet Mastiff. Ressemble beaucoup pour la taille et la conformation au *Mastiff* anglais ; il a le poil plus long et la queue plus touffue, de couleur rousse et noire supérieurement, fauve et jaunâtre inférieurement. Cette race est surtout connue par le beau spécimen que le prince de Galles a ramené lors de son voyage aux Indes.

The great Dane (grand Danois). (Voyez la fig. 14 aux Chiens français.) Taille 30 pouces environ, pelage ras, couleur noir bleu uniforme, ou fauve foncé bringé de noir.

Proportions d'un beau type de cette race :

Proserpina (à **M.** Adevock), âgée de 2 ans, pesant 35 livres.

	Pouces.
Hauteur à l'épaule.	30
Distance du bout du nez à l'origine de la queue.	51
Longueur de la queue.	20 1/2
Tour de la poitrine.	34 1/2
Tour du ventre aux reins.	31
Tour de la tête.	21
Distance de l'occiput au bout du nez	12
Tour du museau.	12 1/2
Tour de l'avant-bras.	9

Cette Chienne était de couleur bleue bringé de brun.

———

The German boarhound (Chien de sanglier allemand). Taille 25 à 32 pouces, pelage ras, dur, de couleur jaunâtre taché de noir, ou noir taché de jaunâtre, ou encore ardoisé avec les extrémités blanches.

Proportions d'un beau type de cette race :

Nero (à **M.** le prince Albert de Solms), âgé de 3 ans, pesant 132 livres.

	Pouces.
Hauteur à l'épaule.	29
Distance du bout du nez à l'origine de la queue.	48
Longueur de la queue.	22
Tour de la poitrine.	33 1/2
Tour du ventre et des reins.	28
Tour de la tête.	21 1/4
Distance de l'occiput au bout du nez.	11
Tour du museau au milieu du chanfrein.	11 1/2

GROUPE III.

Chiens destructeurs d'animaux nuisibles.

LES TERRIERS.

The Fox Terrier. (Fig. 37 et 38). Taille 13 à 14 pouces ; pelage ras de couleur générale blanche avec quelques taches fauve bringé ou chocolat. Il y a une variété à poils hérissés connue sous le nom de *Wire haired Fox terrier.*

Proportions d'un beau type de cette race :

Buffer (au Rév. F. Castro), père des champions « Buffel, » « Nimrod », etc., âgé de 8 ans 6 mois, pesant 17 1/2 livres.

	Pouces.
Hauteur à l'épaule.	14
Distance du nez à l'origine de la queue.	26 1/2
Longueur de la queue.	13
Tour de la poitrine.	20 1/2
Tour du ventre et des reins.	17 1/2
Tour de la tête.	13
Distance de l'occiput au bout du nez.	7 1/2
Tour du museau au milieu du chanfrein.	7
Tour de l'avant-bras.	5

Les taches de ladre au nez, les oreilles dressées, en tulipe ou roses, sont des défauts qui disqualifient les Fox Terriers.

The Dandie Dimnont Terrier. (Fig. 39). Taille 10 à 11 pouces, pelage hérissé, demi-long, rude ou soyeux sur tout le corps, la tête et les pattes (griffon) ; de couleur très mélangée de brun, de roux, de blanc, de noir, de gris, etc. C'est un chien de maison chassant les rats et même les renards ainsi que les suivants.

Proportions d'un beau type de cette race :

Rob Roy (à M. C. F. Henderson), âgé de 4 ans 5 mois; poids 21 livres.

	Pouces.
Hauteur à l'épaule.	10 1/2
Distance du nez à l'origine de la queue.	29
Longueur de la queue.	8
Tour de la poitrine.	19
Tour du ventre et des reins.	15
Tour de la tête.	14
Distance de l'occiput au bout du nez.	8
Tour du museau au milieu du chanfrein.	8 1/2
Tour de l'avant-bras.	5

The Bedlington Terrier. Taille 14 à 15 pouces; pelage presque court, hérissé, presque frisé sur le tronc, la tête et les membres, queue presque rase, couleur noir et feu, ou marron, ou roux.

Proportions d'un beau type de cette race :

Matt (K. C. S. B., 5580), (à M. R.-L. Batty). Agé de 7 ans et 5 mois; poids 21 livres; couleur et taches marron foncé, poil dur et en mèches.

	Pouces.
Hauteur à l'épaule.	14 5/8
Distance du bout du nez à l'origine de la queue.	30 1/4
Longueur de la queue.	10 1/2
Tour de la poitrine.	19 1/2
Tour du ventre et des reins.	15
Tour de la tête.	11
Distance de l'occiput au bout du nez.	8 1/8
Tour du museau au milieu du chanfrein.	6 1/2
Tour du bras à un pouce au-dessous du coude.	6 1/2

The black and tan Terrier (Terrier noir et feu). (Fig. 40).

Taille 13 à 16 pouces ; poil ras couleur noir et feu, la couleur feu étant localisée sous le ventre en dedans et à l'extrémité des pattes sous le museau et aux sourcils. Oreilles droites, pointues.

Proportions d'un beau type de cette race :

Swift (à M. W.-K. Taunton), (K. C. S. B., 8631). Age 2 ans ; poids 24 livres.

	Pouces.
Hauteur à l'épaule.	16
Distance du nez à l'origine de la queue.	27
Longueur de la queue.	9
Tour de la poitrine.	21
Tour du ventre et des reins.	16
Tour de la tête.	13
Distance de l'occiput au bout du nez.	7 1/2
Tour du museau au milieu du chanfrein.	6 1/2
Tour du bras à un pouce au-dessous du coude.	5

———

The Skye Terrier. Taille 7 à 9 pouces, pelage très long ou demi-long sur tout le corps et soyeux, ce qui le fait ressembler à un Retriever en miniature. Les uns sont à oreilles pendantes, les autres à oreilles droites.

Proportions d'un célèbre Skye Terrier à oreilles pendantes :

Piper (K. C. S. B. 4852), (à M. James Pratt.), âgé de 6 ans, pesant 16 livres.

	Pouces.
Hauteur à l'épaule.	9
Distance du nez à l'origine de la queue.	30
Longueur de la queue.	9
Tour de la poitrine	19
Tour du ventre et des reins.	15
Tour de la tête.	15

Pouces.

Distance de l'occiput au bout du nez. 8
Tour du museau au milieu du chanfrein. 7
Tour du bras à un pouce au-dessous du coude. . 5 1/2
Couleur bleu d'ardoise.

The Bull Terrier. Taille 15 à 21 pouces ; pelage ras de couleur blanche pure ou fauve bringé, ou pie blanc et fauve bringé. Oreilles droites habituellement rognées en pointe.

Proportions d'un célèbre Bull Terrier :

Champion *Scarlet* (K. C. S. B., 7635), à MM. R.-B. et T.-S. Carrey, pesant 24 livres, de couleur blanche.

Pouces.

Hauteur à l'épaule 15
Distance du nez à l'origine de la queue. 30
Longueur de la queue. 8
Tour de la poitrine. 21
Tour du ventre et des reins. 17
Tour de la tête 13
Distance de l'occiput au bout du nez. 8 1/4
Tour du museau au milieu du chanfrein. . . . 8 1/4
Tour du bras à un pouce au-dessous du coude. . 5 1/2

The Scotch Terrier. (Terrier écossais), ressemble au Terrier anglais avec un poil dur hérissé comme le *Wire haired Terrier* de couleur blanche, noir et feu mélangé de gris, etc.

The Irish-Terrier (Terrier irlandais). Taille 12 à 17 pouces ; pelage presque court, dur et hérissé, ou ras ; de couleur rouge, ou rouge mélangé de poils blancs et pieds noirs.

Proportions d'un beau type de cette race :

Champion *Spuds* (à M. J.-J. Pins), âgé de 2 ans 1/2, pesant 27 livres, de couleur rouge.

	Pouces.
Hauteur à l'épaule.	17
Distance du nez à l'origine de la queue.	31 3/4
Longueur de la queue.	(Coupée.)
Tour de la poitrine.	22
Tour du ventre et des reins.	18
Tour de la tête.	13 1/2
Distance de l'occiput au bout du nez.	9
Tour du museau au milieu du chanfrein.	8 1/2
Tour du bras à un pouce au-dessous du coude.	5

The white english Terrier (Terrier anglais blanc). Taille
16 pouces environ, poil ras comme le *Terrier black and tan*
mais de couleur blanche.

Proportions d'un beau type de cette race :

Silvio (à M. Alfred Benjamin), âgé de 3 ans, pesant 22 livres.

	Pouces.
Hauteur à l'épaule.	16 1/2
Distance du nez à l'origine de la queue.	25
Longueur de la queue.	8 1/2
Tour de la poitrine.	19 1/2
Tour du ventre et des reins.	16
Tour de la tête.	12
Tour du museau.	6
Tour du bras à un pouce au-dessous du coude.	7
Tour de la jambe à un pouce au-dessous du coude.	4 1/2

The Airedale or Bingley Terrier (Terrier d'Airedale ou de
Bingley). Taille 23 pouces environ; poils durs et hérissés de
couleur gris bleu avec taches variées sur la tête et à la base de
la queue de couleur feu.

Proportions d'un beau type de cette race :

Young Drummer (à **M. Jos Jackson**), âgé de 16 mois; poids 52 livres.

	Pouces.
Hauteur à l'épaule.	23
Distance du nez à l'origine de la queue.	36
Longueur de la queue.	5
Tour de la poitrine.	29
Tour du ventre et des reins.	23
Tour de la tête.	17
Distance de l'occiput au bout du nez.	9 3/4
Tour du museau au milieu du chanfrein.	11 1/2
Tour du bras à un pouce au-dessous du coude.	10

Gris sur le dos, feu aux membres.

The Aberden Terrier (Terrier d'Aberdeen). Taille 8 à 9 pouces; pelage d'un Skye Terrier, hérissé de couleur gris d'acier taché.

Proportions d'un beau type de cette race :

Uné chienne à **M. H.-B.** Gibles, âgée de 3 ans 1/2, pesant 17 livres.

	Pouces.
Hauteur à l'épaule.	8 1/2
Distance du nez à l'origine de la queue.	30 1/4
Longueur de la queue.	7
Tour de la poitrine.	18 1/2
Tour du ventre et des reins.	13 1/2
Tour de la tête.	12 1/2
Distance de l'occiput au bout du nez.	7
Tour du museau au milieu du chanfrein.	6 1/4
Tour du bras à un pouce au-dessus du coude.	6

L'auteur du livre, *British Dogs*, dont nous venons de donner les extraits ci-dessus sur les races de chiens anglais, ne parle pas des petits chiens de salons, les *King's Charles* (fig. 41) et les *Blenheim* réductions d'Épagneuls; les *Carlins*, mignatures de Bull-Dog, qui jouissent d'une telle faveur qu'ils se paient jusqu'à 35 et 40 guinées, les *Toy-Terriers* (fig. 42), les *Terriers monkey* (fig. 43), les *Chiens de Malte* ou *de la Havanne*, etc., qui sont de très petits Épagneuls, Bull-Dogs, Terriers black and tan, Scotch-Terriers, Caniches ou petits *Skyes terriers*. C'est qu'il s'est borné aux Chiens réellement utiles.

Fig. 43. — Terriers Monkey.

Le goût des chiens, en Angleterre, s'est tellement généralisé, et l'élevage de ces animaux les a tellement multipliés que, malgré l'impôt dont ils ont été frappés, leur nombre a plus que triplé dans les dix dernières années de 1866 à 1875. D'un document qui a été présenté au parlement relativement à cet impôt, il résulte que le nombre des chiens imposés, qui était en 1866 de 445,656, s'est élevé en 1875 à 1,362,176. Dans ce

chiffre, l'Écosse figure pour 153,000 et le reste pour l'Angleterre.

C'est surtout l'élevage du chien d'arrêt qui a atteint de
l'autre côté du détroit des proportions qui paraîtront invrai-
semblables à plus d'un de nos lecteurs. On en jugera par le
fait suivant qu'un amateur distingué et érudit, M. Fréchon,
communiquait aux lecteurs de l'*Acclimatation*, en 1878.

« Il vient de se créer à Londres une société au capital de
150,000 francs, uniquement destinée à produire et à dresser
des Chiens d'arrêt.

» Le premier soin de la société a été d'acquérir au prix de
50,000 francs le chenil d'un éleveur connu qui compte parmi
ses *stud dogs* (haras de chiens) plusieurs *cracks* (célébrités) du
jour, entre autres le célèbre champion *Ronald*, l'étalon favori
des éleveurs de setters Gordon; puis elle a loué, moyennant
12,500 francs, le droit de chasse sur l'un des *moors* les plus
giboyeux d'Écosse. Là les chiens destinés à prendre part aux
fields trials (chasses d'épreuve) seront entraînés en vue de ces
concours pratiques sur le terrain, qui donnent aux vainqueurs,
en même temps que la célébrité, une haute valeur commer-
ciale.

» On compte produire chaque année 150 Pointers et Setters
vendus en moyenne 125 francs au sevrage, 250 francs à six
mois, 500 francs prêts au dressage, 1,250 francs dressés. Les
beaux spécimens dépasseront fréquemment ces chiffres.

» Le montant des prix gagnés aux expositions est estimé
5,000 francs; au chapitre des dépenses les frais de publicité
figurent également pour 5,000 francs.

» La société se dit tellement sûre du succès qu'elle promet
10 pour 100 d'intérêt.

» Les prix vraiment extraordinaires atteints par les plus
beaux spécimens des races canines anglaises, sont bien faits
d'ailleurs pour encourager ces entreprises commerciales. Un
jeune pointer, *Faust*, lauréat de nombreuses expositions, en

1878, vient d'être vendu en Amérique, par son éleveur M. Pil-
kington, pour la modeste somme de 6,250 francs. La semaine
dernière (l'article de M. Fréchon est du 10 août 1875) dans une
vente aux enchères, à Londres, deux chiennes pointers *Moos*
et *Maygie*, ont été retirées après avoir atteint, l'une 2,730 francs
et l'autre 3,120 francs. A la même vente, des *puppy* (jeunes
chiens) de trois mois, par *Wagg*, le plus beau pointer du jour
ont été vendues 572 francs.

» Voilà des chiffres qui feront rêver plus d'un de vos lecteurs. Certes si les éleveurs anglais vendent à ce taux beaucoup
de leurs produits, ils ne doivent pas se ruiner, je ne les engage
pas cependant à tenter d'acclimater leur industrie en France.

» De ce côté de la Manche, un chien de 500 francs est déjà
une monstruosité, et je sais plus d'un amateur qui, mis en présence du chien de 6,000 francs, ne manquerait pas de s'écrier :
mais — il n'a que quatre pattes, une tête et une queue! — et
puis s'en retournerait, haussant les épaules, admirant son
houret, qu'il décore du nom de Chien anglais, et qui n'a, lui,
ni tête, ni queue, ni jambes, ni pieds ; il est vrai qu'il ne coûte
pas 6,000 francs.

» Le goût pour les beaux types d'animaux est bien plus
communément répandu en Angleterre qu'en France. Cette faculté était naturelle chez nos voisins ; mais ils ont su la per-
fectionner et la rendre populaire en créant, en multipliant ces
expositions locales où les types approuvés, classiques, sont
placés comme sur un piedestal pour servir d'enseignement.
Le goût public est ainsi affiné, affermi, fixe.

» De plus, de nombreux journaux spéciaux, le *Field*, le
Bell's life, le *Country*, le *Fanciers chronicle*, etc., rendent
compte, par la plume de rédacteurs compétents, de ces concours, éclairent l'opinion, signalent les beaux types, critiquent
les sujets défectueux et publient les décisions des juges, rendues conformément à un code rédigé par le *Kennel Club* et
devenu officiel.

» C'est ainsi que les Anglais ont créé leurs admirables races d'animaux et ont rendu le monde entier tributaire de leurs éleveurs. »

Ce code du *Kennel Club*, est devenu officiel chez nos voisins, voici comment il a été établi. On a commencé par faire une sorte de *Livre d'or* des plus beaux types de chaque race dans lequel, à leur photographie, sont jointes les mesures exactes de toutes les régions du corps. Comme nous venons d'en donner de nombreux exemples.

On a ensuite discuté la valeur relative de chaque région du corps dans les différentes races, en attribuant à chacune un nombre de points en rapport avec l'importance de ladite région dans la race.

Ainsi étant donné un Lévrier anglais (*Greyhound*), dont la beauté est telle qu'il réunira le maximum de points, c'est-à-dire 100, voici le nombre de points qui sera attribué à chaque région.

Tête	10	points.
Cou	10	—
Poitrine et quartiers antérieurs	20	—
Reins, dos et côtés	15	—
Quartiers de derrière	15	—
Jambes et pieds	15	—
Queue	5	—
Couleur et poil	10	—
Total	100	points.

Ce qui montre que chez le Lévrier, la région la plus importante à considérer c'est le développement de la poitrine et de l'épaule ; viennent ensuite les reins, le dos et les cuisses, puis la tête, le cou, le poil et la couleur, et enfin la queue.

Dans d'autres races, les bases d'appréciations sont différentes, comme on peut en juger par les exemples suivants :

BLOODHOUND.

Tête.	15	points.
Oreilles et yeux.	10	—
Babines et fanon.	10	—
Cou.	5	—
Poitrail et épaules.	10	—
Dos et côtes.	10	—
Jambes et pieds.	20	—
Queue.	6	—
Couleur et poil.	5	—
Symétrie.	10	—
Total.	100	points.

BASSET A JAMBES TORSES.

Tête (crâne et mâchoires).	15	points.
Yeux.	5	—
Oreilles.	5	—
Cou.	5	—
Poitrail et épaules.	15	—
Dos, reins et quartiers de derrière.	20	—
Jambes et pieds.	20	—
Queue.	5	—
Couleur et poil.	10	—
Total.	100	points.

SETTER ANGLAIS.

Mâchoires.	10	points.
Nez.	5	—
Oreilles, lèvres et yeux.	4	—
Cou.	6	—
A reporter.	25	points.

Report. . .	25	points.
Épaules et poitrail.	15	—
Dos, quartiers et grasset.	15	—
Jambes, coudes et jarret.	12	—
Pieds.	8	
Queue.	5	—
Qualité du poil et panache.	5	—
Couleur.	5	—
Symétrie et qualités.	10	—
Total.	100	points.

Setter Gordon.

Tête comprenant les yeux, les oreilles et le nez.	20	points.
Cou.	5	—
Épaules	10	—
Poitrail.	10	—
Ventre, dos et reins.	15	—
Quartiers et grasset.	10	—
Jambes et pieds.	10	—
Queue.	5	—
Poils et couleur.	5	—
Symétrie.	10	—
Total.	100	points.

Pointer.

Mâchoires.	10	points.
Nez.	10	—
Oreilles, yeux et lèvres.	4	—
Cou	6	—
Épaules et poitrail.	15	—
Dos, quartiers et grasset.	15	—
A reporter. . . .	60	points.

	Report. . .	60	points.
Jambes, coudes et jarrets.		12	—
Pieds.		8	—
Queue.		5	—
Poil. . . :		.3	—
Couleur.		5	—
Symétrie		7	—
Total.		100	points.

RETRIEVER A POILS ONDULÉS, NOIRS ET BRUNS.

Tête, museau et nez.	20	points.
Oreilles et yeux.	5	—
Cou et épaules.	10	—
Poitrail.	10	—
Dos, reins et quartiers de derrière. . . .	15	—
Jambes et pieds.	15	—
Queue.	5	—
Poils et couleur.	10	—
Symétrie.	10	—
Total.	100	points.

COLLEY A POILS RUDES.

Tête et museau	15	points.
Yeux et oreilles.	5	—
Cou et épaules.	10	—
Poitrail, dos, reins et ventre.	15	—
Quartiers de derrière, jambes et pieds. .	15	—
Poil.	20	—
Couleur.	5	—
Queue.	5	—
Symétrie et conditions.	10	—
Total.	100	points.

MASTIFF (DOGUE ANGLAIS).

Tête. . . . .   20 points.
Yeux.   5   —
Oreilles.   5   —
Museau.   5   —
Cou   5   —
Épaules et poitrail.   10   —
Dos et reins.   10   —
Jambes et pieds.   10   —
Poil.   5   —
Couleur.   5   —
Queue.   5   —
Taille et symétrie.   15   —

       Total. . . . .   100 points.

TERRIER BEDLINGTON.

Tête. . . . .   20 points.
Oreilles.   5   —
Yeux.   5   —
Nez.   5   —
Gueule et dents.   10   —
Cou et épaules.   5   —
Corps, reins, grasset, quartiers, poitrail. .   15   —
Jambes et pieds.   5   —
Poils.   15   —
Couleur.   5   —
Queue.   5   —
Poids   5   —

       Total. . . . .   100 points.

Avec des bases pareilles on comprend que les arbitres anglais puissent porter des jugements laissant en général peu de prise à la critique.

Joignez à cela que les expositions sont fréquentes et qu'à ces expositions, on joint même des courses : courses de Lévriers et même de Chiens de berger.

Pedigree (généalogie) et performance (actes) d'un célèbre Lévrier de course :

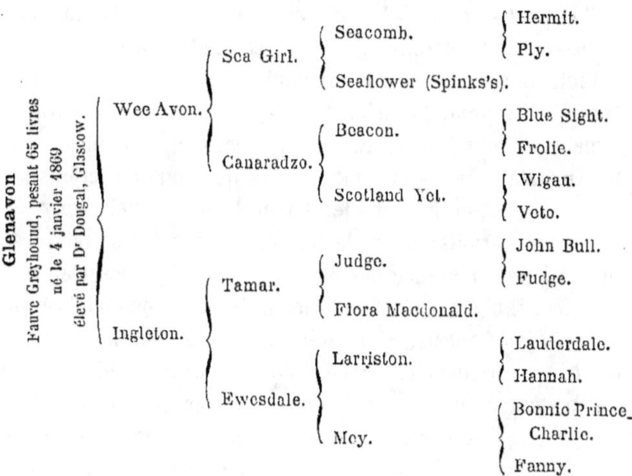

Course à Ardrossan, février 1870, gagnant le Sapling-Stake.

Course ou scottish national, septembre 1870, partageant le Saint-Léger avec ses compagnons de meute (64 chiens concourant).

Course ou scottish national, mars 1871, partageant le Bigyar-Stakes avec ses compagnons de meute (64 chiens concourant).

Course ou scottish national, septembre 1871 ; gagne dans deux courses la coupe Douglas (20 chiens concourant).

Course à Lurgen, octobre 1871, gagne en deux courses la coupe Brownlow (64 chiens concourant), battant *Pretender* et *Smuggler*, battu par *Cataclysm*.

Course à Border-Union, novembre 1871 ; gagne trois courses, coupe Notherby (64 chiens concourant), battu, tombé boiteux, par *Crown-Dewel*.

Course à Brigg, janvier 1872, arrivé second pour la coupe Eisham (32 chiens), battu par *Leucatheia*, étant blessé.

Course à Waterloo, février 1872, gagne en deux courses le prix de Waterloo (64 chiens), battant *Chameleon*, dépassé par *Magenta*.

Course ou scottish national, mars 1872, partageant le prix de Bigyar-Stakes (64 chiens) avec ses compagnons de meute.

Les courses de chiens de berger ne sont pas des courses de vitesse, on le comprend, mais bien des *courses de conduite*, si l'on peut dire : le Colley qui a le premier conduit un troupeau à un but déterminé est le lauréat de la course.

Plutôt que d'acheter à beaux deniers, à nos voisins d'outre-Manche, les produits de leurs élevages, produits qui sont rarement les plus beaux, attendu que ceux-ci sont enlevés par les Américains qui y mettent des prix que nous n'oserions jamais aborder, au lieu, dis-je, d'acheter aux Anglais leurs rebuts, nous ferions mieux de les imiter dans leurs pratiques ; nous avons en France des éléments qui valent les éléments anglais : il n'y a qu'à savoir les utiliser. Qu'on établisse un *Kennel Club* français, où l'on étudiera et où l'on arrêtera sur des bases certaines les caractères de nos races de chiens, enfin qu'on établisse un véritable code à l'instar des Anglais ; cela fait, que des expositions très sérieuses soient instituées où ne seront récompensés que les types réunissant toutes les qualités exigées par le code. Quand on ne verra plus les prix donnés à peu près au hasard ou par pure complaisance ou esprit de camaraderie ; quand on sera bien certain qu'ils ne seront donnés qu'au mérite, l'élevage des beaux types ainsi encouragé prendra de l'extension et nos vieilles et bonnes races françaises reprendront le rang qu'elles méritent et qu'elles n'ont perdu que par la faute de notre caractère national léger et capricieux.

Pour compléter le chapitre des races de chiens, nous aurions encore à citer quelques races étrangères, en dehors des races françaises et anglaises, dont plusieurs se trouvent déjà signalées dans le livre « *British Dogs* », auquel nous avons fait tant d'emprunts, comme le *Lévrier* et le *Griffon* ou *Retrie-ver russe*, les Chiens courants et Bassets allemands, le *Chien de Terre-Neuve* et celui des *Esquimaux*. Il y aurait à ajouter aux Chiens américains, le *Chien du Labrador* qui n'est qu'une variété plus petite du Chien de Terre-Neuve; le *Chien du Groen-land*, variété grise du Chien des Esquimaux; le *Chien de la rivière Makensie*, plus petit que les précédents, employé à la chasse par les Indiens de l'Amérique du Nord; enfin le *Dogue de Cuba* métis de Dogue et de Limiers employé dans les colo-nies américaines à donner la chasse aux nègres marrons.

Nous aurions encore à citer quelques races orientales comme les Lévriers de Grèce et le Lévrier de Perse assez voisins du Lévrier russe; les Chiens de Constantinople et d'Égypte, races indépendantes chargées de la voirie des villes et de leurs en-virons et qui tiennent du Lévrier et de l'ancien Chien de ber-ger; mais nous bornerons ici nos citations.

CHAPITRE III

ANATOMIE, PHYSIOLOGIE.

Nous l'avons dit plus haut, l'hygiène et la médecine du Chien, comme de tout autre animal aussi bien que de l'homme, ont pour base la connaissance de leur organisation. Nous allons donner les notions les plus indispensables à connaître sur l'organisation du Chien, celles qu'il est nécessaire à l'éleveur et au chasseur de posséder pour pouvoir comprendre les règles les plus rationnelles de l'hygiène et de la médecine de cet animal.

L'organisation des animaux se compose de divers appareils que nous allons passer en revue :

1° Appareil de la locomotion,
2° Appareil de la digestion,
3° Appareil de la respiration,
4° Appareil de la circulation,
5° Appareil de l'innervation,
6° Appareil de la dépuration urinaire,
7° Appareil de la génération,
8° Appareils des sens.

Avant de décrire les organes qui entrent dans la constitution de chacun de ces appareils, il convient de donner un aperçu du squelette qui est la charpente osseuse de l'organisme animal, lui donne sa forme générale et sert de support et d'enveloppe aux organes dont un grand nombre ont pour rôle de lui communiquer le mouvement.

Le squelette (fig. 44), c'est l'ensemble des os considérés dans leur rapport naturel; on le divise en *tronc* et en *membres*.

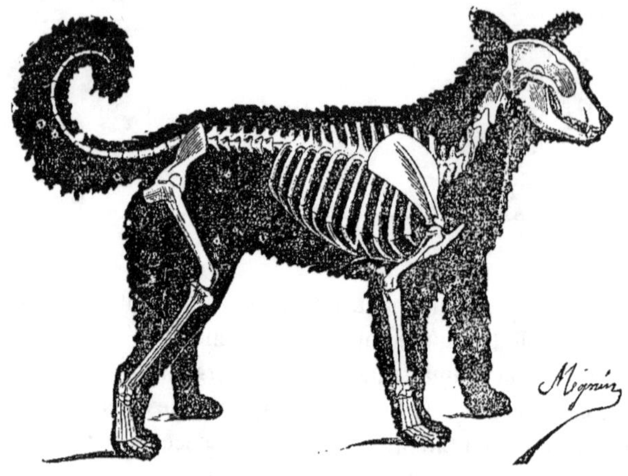

Fig. 44. — Squelette d'un chien de Brie.

Le *tronc* a pour base le *rachis* ou la *colonne vertébrale*, longue tige composée de pièces articulées nommées vertèbres et qui mesure toute la longueur de l'animal. A son extrémité antérieure on trouve la tête, formée d'un grand nombre d'os dont les uns, soudés ensemble, forment une boîte ronde, le *crâne*, qui contient le *cerveau*, à laquelle adhère intimement la *mâchoire supérieure*, et à laquelle aussi est articulée à charnière la *mâchoire inférieure*. La tête est supportée par la première portion de la colonne vertébrale qui sert de base au *cou* et qui est composée de *sept* vertèbres dites *cervicales* (du mot latin *cervix*, cou). Le *dos* a pour base la partie moyenne du *rachis*, composée de *treize* vertèbres dites *dorsales*. De chaque côté de la partie moyenne du *rachis* se détachent les *côtes* au nombre de treize de chaque côté, arcs osseux articulés en haut aux vertèbres et en bas qui viennent s'appuyer, directement pour les *neuf* antérieures qu'on appelle *vraies côtes*, et indirectement pour les *quatre* postérieures qu'on appelle *fausses côtes*, sur un os unique situé sous la poitrine et que l'on appelle *sternum*. Les *côtes*, avec la portion du *rachis* correspondant et le *sternum*, forment la *cage thoracique* ou le *thorax*.

Les MEMBRES sont des organes de soutien et de progression représentant des colonnes diversement brisées, d'après des angles plus ou moins ouverts. Chaque membre est divisé en quatre parties principales ou régions : dans le *membre antérieur* on distingue : 1° l'*épaule*, formée d'un os large, plat et triangulaire appelé *scapulum* qui est appliqué sur les parties latérales et antérieures du thorax; 2° le *bras*, formé par un os cylindrique renflé à ses deux extrémités et contourné, appelé *humérus;* 3° l'*avant-bras*, formé de deux os longs et appuyés l'un contre l'autre appelés, l'antérieur *radius* et le postérieur *cubitus;* 4° et le *pied*, dans lequel on distingue les *os du poignet* ou du *carpe*, au nombre de sept, formant deux rangées, le *métacarpe*, composé de cinq os parallèles et côte à côte, et les cinq *doigts*, composés eux-mêmes chacun de trois *phalanges*, à l'exception du pouce qui n'en a que deux et qui ne touche jamais à terre. Le *membre postérieur* se compose 1° de l'os du bassin, nommé *coxal*, dans lequel on distingue trois parties : la pointe de la hanche ou *ilion*, la pointe de la fesse ou *ischion*, et le *pubis* qui ferme en bas la cage du bassin; 2° l'os de la cuisse ou *fémur;* 3° les deux os de la jambe, le *tibia* et le *péroné;* 4° le *pied postérieur* composé des os du jarret ou *tarse*, au nombre de cinq en deux rangées, des os du *métatarse*, au nombre de quatre placés côte à côte, et des quatre *doigts*, composés de trois *phalanges* chacun. Quelques races de chiens ont, au pied de derrière, un rudiment de pouce composé d'un ongle qui ne tient qu'à la peau.

§ I. Appareil de la locomotion.

L'appareil de la locomotion est surtout composé des os des membres, puis des organes qui, en provoquant ou en déterminant la flexion ou l'extension de ces os les uns contre les autres, produisent le déplacement des membres, colonnes de soutien du corps et par suite le déplacement entier du corps lui-même.

Pour que les os puissent se fléchir et s'étendre facilement

les uns sur les autres, ils sont unis entre eux par des *articulations* de la forme desquelles dépendent l'étendue et la direction des mouvements exécutés. Ce sont de véritables *charnières* dans lesquelles il faut considérer : 1° les *cartillages*, dont l'extrémité des os sont revêtus et qui leur donnent ce poli que l'on connaît; 2° les *ligaments* qui maintiennent les extrémités osseuses en rapport les unes avec les autres; 3° la *synovie,* espèce d'huile qui sert à lubréfier les extrémités osseuses et faciliter leur jeu de charnière; elle est maintenue dans l'articulation par une membrane qui enveloppe cette articulation de toute part : c'est la *synoviale*, qui, non seulement a pour rôle d'empêcher la synovie de s'écouler, mais encore est chargée de la sécréter.

Les organes qui mettent les os en mouvement sont les *muscles*, composés de faisceaux de fibres de couleur rouge ou rosée qui constituent la viande ou la chair; les muscles sont toujours attachés, par leurs extrémités, à deux os, soit directement par leurs fibres rouges, soit par l'intermédiaire des *tendons*, espèces de cordes fibreuses blanches, qui transmettent au loin l'action des muscles. Les muscles agissent en se contractant, c'est-à-dire en rapprochant leurs deux extrémités ; les os, auxquels ils sont attachés, obligés de suivre le mouvement des muscles, ferment ou ouvrent la charnière qu'ils forment, suivant que les muscles qui agissent sont placés en arrière ou en avant de cette charnière, de là deux sortes de muscles, les *fléchisseurs* et les *extenseurs*, qui sont les antagonistes les uns des autres. Ainsi, en prenant pour exemple un membre antérieur, il y a des muscles qui, s'attachant d'une part au cou et d'autre part à la pointe de l'épaule, tirent, en se contractant, cette pointe de l'épaule en avant, leurs antagonistes, attachés d'une part à la poitrine, d'autre part sous l'épaule, tirent cette épaule en arrière ; les muscles qui coiffent la pointe de l'épaule et qui sont attachés d'une part à l'os de l'épaule, d'autre part à l'os du bras en avant, redressent, en se contractant, cet os et le portent en avant ; leurs antagonistes, qui s'attachent aux mêmes os mais en arrière, fléchissent le bras sur l'épaule; l'avant-bras est fléchi sur le bras par les muscles qui s'attachent aux os de ces deux régions et en avant; ceux qui sont en arrière et qui s'attachent surtout au coude redressant l'avant-bras sur le bras; les muscles qui redressent le pied et les phalanges sont ceux qui forment le gras du bras en avant de l'avant-bras; leurs antagonistes sont en arrière; ils transmettent leurs mouvements au moyen des tendons qui longent le poignet et les doigts et qui sont très visibles sur les animaux à peau fine, à poil ras et à jambes sèches et nerveuses.

C'est par la combinaison des mouvements de chaque région du membre que s'opère le déplacement de ce membre, et c'est par le déplacement successif des membres que s'opère le déplacement du corps. Ce déplacement est plus ou moins rapide et se fait suivant divers modes que l'on a appelés *allures* chez les animaux.

Il y a chez le Chien l'allure du *pas*, l'allure du *trot*, l'allure du *galop à trois temps*, et même du *galop à deux temps* chez les Chiens grands coureurs comme les Lévriers; il y a aussi l'*amble* au pas, surtout chez les Chiens de grande taille comme les Terre-Neuve et les Arriégeois. Nous ne nous étendrons pas davantage sur les allures des Chiens que tout le monde connaît et dont l'étude a, du reste, beaucoup moins d'importance que chez le cheval par exemple; nous allons passer à l'étude de l'appareil digestif et de ses fonctions, les plus importantes à connaître chez le Chien.

§ II. — Appareil de la digestion.

Chez le Chien, comme chez tous les autres animaux domestiques, l'appareil de la digestion se compose d'un certain nombre d'organes, dont les uns sont dits principaux et les autres accessoires.

Les organes principaux de l'appareil digestif constituent un long tube de calibre inégal suivant les régions, commençant par la *bouche* et se terminant par l'*anus*; les organes accessoires sont diverses glandes, comme le foie, qui versent le produit de leur sécrétion dans l'intestin et contribuent ainsi à la digestion. Nous allons nous occuper de l'étude des premiers, en commençant par la bouche, les dents, et continuant par le pharynx, l'œsophage, l'estomac, l'intestin grêle, etc.

1. Bouche. — On sait que ce nom a été donné à la cavité par laquelle commence le tube digestif et qui est située entre les deux mâchoires. Elle est limitée en avant par l'ouverture des lèvres, en arrière par le voile du palais, de chaque côté par les joues, en haut par le palais, en bas par l'espace inter-maxillaire dans lequel se trouve logée la langue.

Les lèvres, chez le Chien, sont très mobiles, larges, souvent tombantes et ne peuvent fermer hermétiquement la bouche comme chez le cheval, le bœuf, etc., aussi le Chien ne peut-il boire en *suçant* comme les précédents animaux, mais bien en *lapant*, c'est-à-dire en formant au moyen de sa langue qui est très mobile, large et mince à sa pointe, un godet pour puiser l'eau et la porter ensuite dans sa bouche.

Le Chien a quarante-deux dents : vingt-six molaires, douze incisives et quatre canines ou crochets. La figure 45 ci-contre représente une rangée dentaire d'une mâchoire supérieure qui a une dent de moins que la correspondante inférieure. Cette dernière comprend de chaque côté une petite molaire supplémentaire qui n'existe jamais à la mâchoire supérieure.

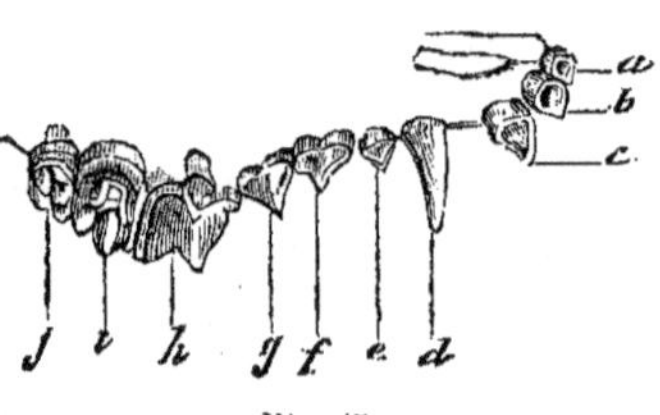

Fig. 45.

Cette demi-arcade dentaire comprend : trois incisives, *a, b, c*, une canine, *d*, trois fausses molaires, *e, f, g*, une carnassière *h*, à pointes tranchantes, deux tuberculeuses *i, j*.

L'examen des dents du Chien peut déjà nous donner des indications sur le régime qui convient le mieux à son organisation. En effet, les dents molaires des *Carnivores*, tribu à laquelle appartient le Chien, sont plus ou moins tranchantes suivant qu'ils sont plus ou moins exclusivement carnassiers, et leurs dents canines sont longues, grosses, écartées et propres à déchirer une proie vivante. Le régime plus ou moins carnivore ou frugivore de ces animaux se décèle par le rapport qui existe entre l'étendue de la partie tranchante de leurs dents molaires et celle de la surface tuberculeuse de ces mêmes dents. Les ours qui peuvent se nourrir de végétaux seulement, ont toutes les dents tuberculeuses, tandis que chez le lion et le tigre toutes leurs dents sont tranchantes, aussi ne vivent-ils que de proies vivantes. Les Chiens tiennent le milieu entre les uns et les autres, c'est-à-dire qu'ils ont les fausses molaires et la carnassière tranchantes, et, en arrière de celle-ci, deux molaires tuberculeuses; c'est pourquoi nous voyons les chacals et les renards, qui sont de la famille des Chiens, mêler des fruits à leur régime : les premiers mangent volontiers des pastèques et les seconds des poires, des prunes et surtout des raisins et des figues, et même des baies de genévriers pendant l'hiver, bien que la base de leur nourriture soit animale. La nourriture des Chiens, pour obéir aux prescriptions de la nature indiquées par leurs dents, — prescriptions dont on ne s'écarte jamais impunément, — doit donc être composée de substances animales et de substances végétales, dans la proportion de deux parties *au moins* des premières pour trois parties des secondes; par substances animales nous entendons, bien entendu, de la viande crue.

Dans l'étude que nous faisons plus loin des intestins et de leurs fonctions, nos lecteurs verront que cette étude nous conduit à des déductions tout à fait identiques à celles qui résultent de l'étude des dents, et ces déductions sont pleinement confirmées par l'expérience comme nous le prouverons aussi.

2. Connaissance de l'âge du Chien par l'examen des dents.
— La durée ordinaire de la vie du Chien est d'une douzaine
d'années, ce qui varie selon les races et selon les conditions
dans lesquelles ces animaux passent leur existence. En général, les Chiens conservés dans l'intérieur des habitations
vivent moins longtemps que ceux qui vivent à la campagne,
dans les fermes. La connaissance de l'âge de ces quadrupèdes
s'acquiert, comme dans le cheval, par des changements divers
qui surviennent aux dents. Les formes extérieures du corps
peuvent bien indiquer les principales époques du cours de la
vie, mais elles ne retracent jamais d'une manière précise le
nombre des années.

Les dents des Chiens usent très peu, surtout si on les compare à celles du cheval, et l'habitude de ronger les os les fait
encore user d'une manière très irrégulière, aussi la connaissance de l'âge de cet animal par l'inspection des dents n'est
pas de longue durée. Lorsque le Chien a atteint sa quatrième
année, l'arcade incisive, diversement altérée, offre déjà beaucoup d'incertitude, et cette incertitude augmente avec les anomalies en avançant en âge.

Ce sont les dents *incisives* surtout qui servent à l'appréciation de l'âge du Chien, tant par leur évolution que par
l'usure successive des lobes de leur couronne en *feuilles de
trèfles* ou *fleur de lis*, usure que l'on appelle *rasement* quand
les trois lobes de la fleur de lis ont disparu. La fraîcheur
et le degré d'intégrité des *canines* ou *crocs* viennent aider
aux indications données par les incisives que l'on distingue,
comme celles des chevaux, en *pinces*, — celles du milieu, —
mitoyennes, celles qui suivent, et *coins* les plus voisines des
canines.

Les incisives et les crocs de lait, si différents de ceux de
remplacement, font leur évolution avant ou très peu de jours
après la naissance. Lorsque l'animal sort du ventre de la mère
sans avoir de dents hors des alvéoles, on observe que les

incisives et les crocs de la mâchoire supérieure sortent, comme
les dents de remplacement, un peu avant celles de la mâchoire
inférieure ; ces incisives caduques, encore appelées *petites dents*,
sont très blanches, minces et pointues ; elles poussent promptement, deviennent en peu de temps fleurdelisées et ne tardent
pas à se déchausser. Leur remplacement, qui commence à
s'effectuer entre deux et trois mois, c'est-à-dire bien avant le
développement complet du corps, n'a pas lieu précisément à la
même époque dans toutes les races de Chiens. Cette mutation
est en général plus hâtive dans les animaux de forte stature,
comme les Mâtins, et elle se fait chez eux un à deux mois
plus tôt que dans les individus de moyenne taille, comme les
Braques. Les grands Chiens mâtins achèvent communément
de prendre leurs dents d'adulte entre quatre et cinq mois, tan-
tis que les Chiens de chasse ne complètent leur denture que
du septième au huitième mois. Les dents poussent en se montrant au dehors par une pointe tranchante et sans se presser
les unes contre les autres ; elles ne deviennent fleurdelisées
qu'après avoir acquis une certaine longueur. Les pinces d'a-
dulte apparaissent toujours les premières et ne précèdent que
de quelques jours la sortie des mitoyennes ; les coins font leur
éruption aux environs de cinq mois, et les crocs de remplacement sortent en même temps ou quelques jours avant eux. Toutes
ces dents conservent leur fraîcheur et leur blancheur jusqu'à
vingt mois à deux ans ; à cette époque les pinces ont quelquefois
déjà subi une certaine usure et leur blancheur commence à se
ternir. Les premières traces d'altération par suite du frottement
se font toujours remarquer sur les pinces de la mâchoire inférieure et l'usure se propage ensuite sur les mitoyennes de la
même mâchoire et de celle-ci sur les pinces de la mâchoire
supérieure. Les crocs ne s'émoussent communément que
lorsque les incisives sont toutes plus ou moins endommagées.
Le rasement des incisives, c'est-à-dire, la disparition de la
fleur de lis, suit aussi la marche de leur éruption, et il est

bien plus hâtif chez les Chiens mâtins que chez les Chiens braques. Très souvent le mâtin de deux ans a les pinces et les mitoyennes complètement rasées, tandis que cette usure ne devrait se faire remarquer que de deux ans et demi à trois ans ; conséquemment, l'animal avance de six à dix mois et l'on peut en juger par la fraîcheur des crocs.

Suivant l'ordre le plus ordinaire, et abstraction faite des usures irrégulières ou anormales, les pinces de la mâchoire inférieure parviennent au rasement aux environs de seize mois pour les Chiens de grande taille, et de vingt à vingt-deux mois pour les petits Chiens.

De deux ans et demi à trois ans, les mitoyennes inférieures éprouvent la même dépression et leur bord tranchant est mis de niveau.

Les pinces de la mâchoire supérieure cessent d'être fleur-delisées et rasent entre trois et quatre ans ; plus tôt dans les Chiens mâtins que dans les Chiens braques.

Le rasement des coins de la mâchoire inférieure s'opère toujours quelque temps après celui des pinces précédentes, c'est-à-dire vers l'âge de 4 ans.

Lorsque l'usure procède régulièrement, les mitoyennes supérieures atteignent leur rasement entre quatre et cinq ans, en présentant la même variation par rapport à la stature des animaux. A cette époque, les incisives inférieures sont sales, noirâtres, plus ou moins détériorées, et assez ordinairement l'animal a des dents cassées ou manquantes.

Après cinq ans, la connaissance de l'âge du Chien par les dents devient incertaine et ne peut plus être qu'approximative. Dans beaucoup de sujets, les coins supérieurs ou petits crochets commencent à s'émousser vers six ans, mais cette usure ne paraît pas assez constante pour être présentée comme un indice certain de cet âge.

En résumé :

Les Chiens naissent avec les yeux fermés, qu'ils ouvrent du dixième au quinzième jour suivant celui de la naissance ;

ils portent assez ordinairement toutes leurs dents de lait, et, dans le cas contraire, l'éruption de ces dents se complète en peu de temps. Vers deux à quatre mois, les pinces et souvent les mitoyennes des deux mâchoires tombent et laissent la place libre aux dents qui doivent les remplacer, et qui sont encore cachées par les gencives. A cinq ou huit mois, ce qui varie suivant les races de Chiens, l'animal a toutes ses dents d'adulte, et sa *gueule est faite.*

Age d'un an. Fraîcheur de toute la gueule, incisives et crocs blancs, nets et intacts (fig. 46, A).

Age de quinze mois. Commencement d'usure des pinces inférieures, fraîcheur continue de la gueule; toujours blancheur parfaite des crocs et des incisives.

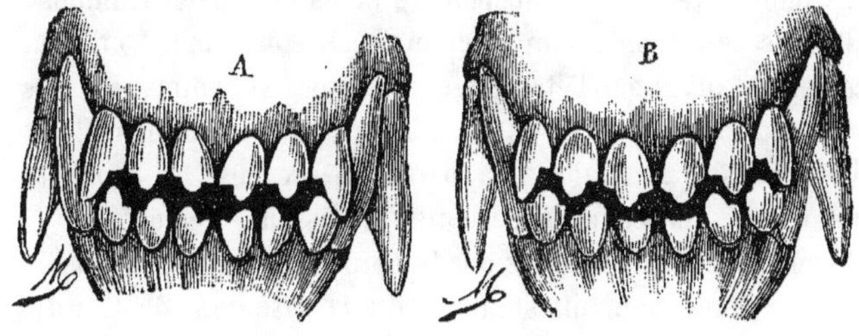

Fig. 46.

Age de dix-huit mois à deux ans. Rasement complet des pinces inférieures, commencement d'usure des mitoyennes inférieures (fig. 46, B).

Age de deux ans et demi à trois ans. Rasement des mitoyennes inférieures (fig. 47, C); les pinces supérieures

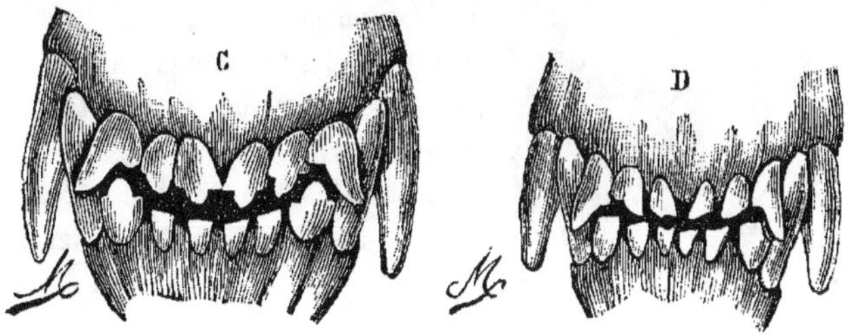

Fig. 47.

éprouvent un commencement d'usure; la gueule a perdu de sa fraîcheur; altération sensible des incisives et des crocs qui commencent à se ternir.

Age de trois ans et demi à quatre ans. Rasement complet des pinces de la mâchoire supérieure; les dents prennent une teinte d'un blanc sale, parfois les crocs commencent à jaunir (fig. 47, D).

Age de quatre à cinq ans. Rasement des mitoyennes de la mâchoire supérieure. A cette époque les gros Chiens qui ont rongé beaucoup d'os ont les petites dents de devant, les pinces et les mitoyennes ternes et plus ou moins altérées.

Après cinq ans, l'inspection des dents ne fournit plus que des indices vagues et tellement variables qu'il devient impossible de porter plus loin la connaissance de l'âge. L'on peut seulement juger par l'état des quatre crocs si l'animal est très vieux ou s'il n'est pas très éloigné de l'âge de cinq ans. Il est d'observation générale, qu'à partir de six ans, les crochets ainsi que les coins supérieurs jaunissent, s'émoussent et s'usent par tous les points où ils éprouvent du frottement; la couleur jaune se manifeste d'abord à la base de la dent, ordinairement à cinq ans, mais ne devient bien prononcée qu'après six ans. A cette époque, les petits crocs supérieurs s'émoussent et les petites incisives sont sales, noirâtres, détériorées, souvent même absentes. Quelques mois plus tard, les grands crocs s'émoussent, s'usent plus ou moins. Ces altéra-

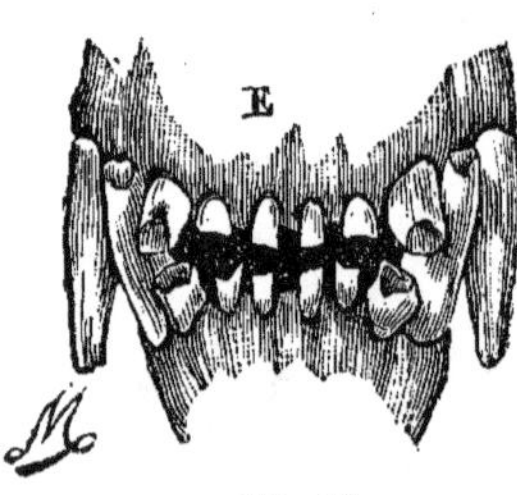

Fig. 48.

tions augmentent et se compliquent de plus en plus, mais sans ordre régulier; elles ne fournissent, dans tous les cas, que des notions approximatives; la figure 48, E, peut donner une idée des détériorations des dents chez les vieux Chiens.

A ces considérations sur les dents, nous ajouterons que les vieux Chiens grisonnent autour du nez, des yeux et sur le front; au lieu d'être effilée comme dans le jeune âge, leur tête grossit par le bout et prend un aspect particulier qui annonce le grand âge. Aux environs de huit ans, la pointe des jarrets se dégarnit de poils et se couvre de callosités. Chez les vieux Chiens le bout des doigts de devant grossit et s'arrondit, les ongles creux et plats s'allongent et décrivent un demi-cercle. Enfin, certaines maladies de peau, comme le *psoriasis des reins*, vulgairement roux-vieux, qui sont l'apanage des vieux Chiens, sont un indice de vieillesse.

3. Pharynx, Œsophage, Estomac, Intestins. (Fig. 49.) Le *pharynx* ou arrière-bouche est la cavité, en arrière du voile du palais où s'ouvrent, à la fois, les cavités nasales, le larynx, la bouche et l'œsophage; elle est donc commune à la fois à l'appareil respiratoire et à l'appareil digestif. L'*œsophage* est le tube (*œ*) qui fait communiquer le pharynx avec l'estomac. L'*estomac* est le sac en forme de poire (E) dans lequel vient s'ouvrir l'œsophage, et qui se continue par l'intestin; c'est dans son intérieur que se passent les premiers phénomènes de la digestion, que certaines substances sont rendues assimilables par leur dissolution en vertu de réactions chimiques aussi curieuses à étudier que faciles à comprendre, et dont nous nous entretiendrons plus loin. La disposition de l'estomac, chez le chien permet le vomissement avec facilité. Après l'estomac, le tube digestif se continue par un long canal replié un grand nombre de fois sur lui-même, que l'on nomme *intestin*, et qui se termine par l'anus. Des différences de volume et de forme très accusées et bien délimitées, ont fait séparer ce canal en deux parties distinctes qui sont l'*intestin grêle* (*d i*) et le *gros intestin* (*q r*) ou *colon* dont la dernière portion porte le nom de *rectum*. Relativement très court, puisqu'il n'a guère plus de 4ᵐ50 de longueur sur un chien de taille moyenne, il est aussi

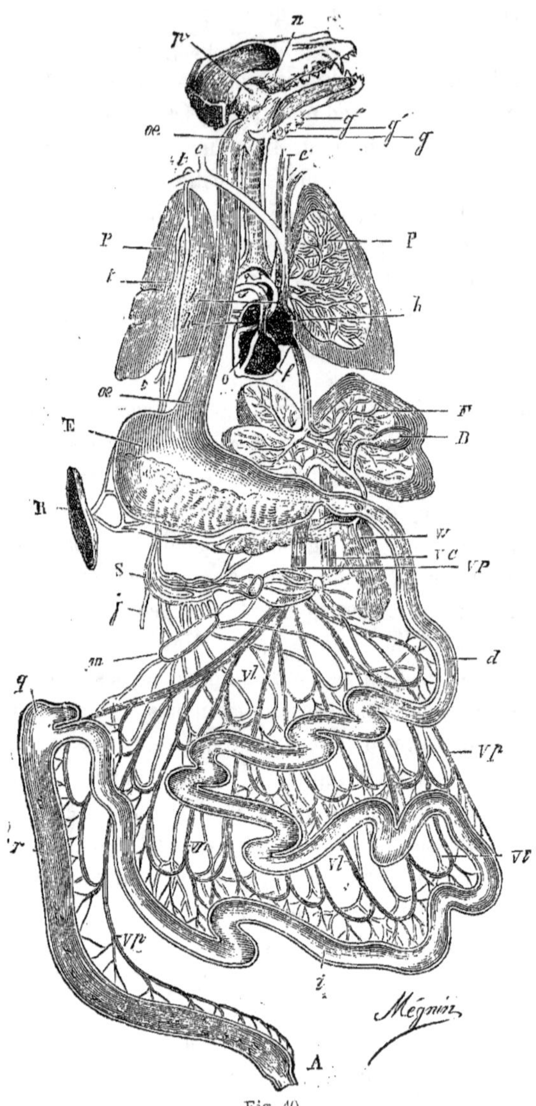

Fig. 40.

chez cet animal d'un petit volume. L'intestin grêle est remarquable surtout par la grande épaisseur de ses parois et la richesse des villosités de sa muqueuse. Le colon qui ne mesure guère que 60 à 65 centimètres sur les 4^{m}50 de la longueur totale de l'intestin est très peu plus gros que l'intestin grêle; il ne présente ni bosselures ni bandes longitudinales et se continue, sans distinction par le rectum qui s'ouvre dans l'anus (A). Le rectum présente sur ses côtés, près de l'anus, deux ouvertures étroites communiquant avec deux poches glanduleuses remplies d'une matière brunâtre, très fétide; nous reviendrons plus loin sur ce fait, au chapitre des maladies, car il est l'objet d'un préjugé très répandu chez les chasseurs, et très tenace, comme tous les préjugés.

4. ANNEXES DE L'APPAREIL DIGESTIF.— La cavité abdominale dans laquelle sont contenus l'estomac, les intestins et la plupart des organes accessoires de la digestion est tapissée par une membrane séreuse qu'on appelle le *péritoine*, et cette même membrane, en se repliant, vient couvrir comme d'un vernis la surface extérieure de l'estomac, des intestins et de tous les organes contenus dans le ventre.

Les organes annexes de la digestion sont les glandes situées sur le trajet du tube digestif, qui déversent dans son intérieur les liquides sécrétés par elles et dont les propriétés seront indiquées en parlant des fonctions de la digestion. Ces glandes sont : 1° les *glandes salivaires* que l'on trouve aux environs de la bouche où viennent s'ouvrir leurs canaux et que l'on distingue en *parotides* (p) et en *sublinguales* (gg' g''); 2° le *foie* (F) qui sécrète la bile, liquide verdâtre, alcalin qui se réunit dans la vésicule biliaire (B) avant d'être versé dans l'intestin; 3° le *panchréas* (W) espèce de glande salivaire interne qui sécrète le *fluide pancréatique*, lequel est versé dans l'intestin par un canal qui s'ouvre à côté de celui de la bile; 4° la *rate* (R) dont les usages sont encore peu connus des physiologistes.

5. **Fonctions de la digestion.** — La fonction digestive a pour objet de rendre les matières alimentaires susceptibles d'être absorbées par les vaisseaux sanguins (fig. 49, V*p*) et chilifères (V*l*) pour passer dans le torrent circulatoire où elles subissent les modifications qui les rendent assimilables; c'est dans ce dernier état seulement que ces matières peuvent fournir aux organes les éléments de réparation rendus nécessaires par l'usure que le mouvement vital y produit.

Tout le monde connaît la faim et la soif par lesquelles se manifeste le besoin de prendre des aliments et les signes à l'aide desquels on peut les discerner; nous ne nous occuperons que de la digestion proprement dite ou des phénomènes de l'absorption et de la transformation des aliments dans le tube digestif.

Ces phénomènes sont à la fois mécaniques et chimiques. La partie mécanique est celle qui concerne les opérations à l'aide desquels les matières alimentaires sont introduites, d'abord dans la bouche, divisées et triturées par les dents, puis cheminent le long du canal intestinal jusqu'à ce que, épuisées des substances absorbables qu'elles contiennent, leurs résidus soient expulsés par l'ouverture terminale de l'appareil digestif. Tous ces mouvements sont l'effet de contractions musculaires, dont les unes, aux deux extrémités du tube, sont sous l'empire de la volonté, et dont les autres, celles qui se passent à partir de l'estomac jusqu'au rectum, y sont absolument soustraites.

Pour bien comprendre les phénomènes chimiques des fonctions digestives, il importe d'abord d'être éclairé sur la constitution des aliments qui doivent en être le siège.

Les aliments, qu'ils soient de nature végétale ou de nature animale, contiennent les mêmes principes nutritifs, mais en proportions très diverses : très abondantes dans les aliments de nature animale, ils sont très raréfiés dans ceux de nature végétale. Ces principes nutritifs sont : 1° les matières azotées ou albuminoïdes ; 2° les matières hydro-carbonées, qui comprennent la cellulose, l'amidon, le sucre et la graisse. Les premiers sont les *aliments plastiques*, ainsi nommés parce qu'ils concourent principalement à la réparation des tissus, les seconds sont nommés *aliments respiratoires*, parce qu'ils sont destinés à être oxydés ou brûlés et à fournir ainsi à l'entretien de la chaleur animale.

Voyons ce qui se passe quand une matière alimentaire quelconque, du pain, par exemple, — qui contient de la matière azotée sous forme de *gluten* et de la matière hydro-carbonée sous forme d'amidon, — est introduite dans le canal digestif. Le pain, trituré par les dents et en même temps imbibé de salive qui coule abondamment quand les mâchoires sont en mouvement, est réuni en un bol par la langue qui le pousse dans le pharynx à l'entrée de l'œsophage, et de là, arrive dans l'estomac. La salive, par le ferment qu'elle contient et qu'on nomme *ptyaline*, a une première action sur la fécule ou amidon du pain qui est transformée en dextrine soluble, puis en sucre, absolument comme la fécule de l'orge germée, dans les brasseries, est transformée en sucre, puis en alcool. Arrivé dans l'estomac avec la salive, qui a facilité son glissement et commencé à agir chimiquement sur sa fécule comme nous l'avons dit, le bol de pain y séjourne un certain temps pendant lequel il se trouve en contact avec le *suc gastrique*, liquide acide qui est sécrété par des glandes particulières situées dans l'épaisseur des parois de cet organe; sous l'influence de ce liquide acide, qui est composé d'*acide lactique* et d'un ferment nommé *pepsine*, la matière azotée du pain est transformée en une matière soluble qu'on a nommée *peptone*, propre à être absorbée. Le pain, ainsi modifié par la salive et le suc gastrique, est devenu une bouillie qu'on connaît sous le nom de *chyme;* cette bouillie passe dans la première partie de l'intestin grêle ou *duodenum* (d), où elle se mêle à la bile et au suc pancréatique qui achèvent le travail commencé par la salive,

c'est-à-dire finissent de transformer en matière soluble toutes
les matières amylacées ; mais la principale action des sucs biliaires et pancréatiques se fait sentir sur la graisse et les autres corps gras, qui s'émulsionnent sous leur action, c'est-à-
dire qui prennent une forme absorbable.

Pendant son séjour dans l'intestin grêle, le chyme achève
donc de se métamorphoser à mesure qu'il y chemine ; à mesure aussi, toutes les substances naturellement solubles ou
rendues telles par l'action digestive, la dextrine, le sucre ou
glucose, l'albuminose ou les peptones, les matières grasses
émulsionnées, sont absorbées par les villosités intestinales,
et passent dans les racines de la veine-porte (Vp) et dans les
chilifères (Vl) pour se rendre d'abord au réservoir dit de
Pecquet (S), puis dans la circulation veineuse générale, au
moyen du conduit spécial (t) partant de ce réservoir.

Le liquide laiteux, que les vaisseaux chilifères (Vl) ont
pompé dans l'intestin et qui circule dans leur intérieur, porte
le nom de *chyle* ; c'est lui qui, arrivé dans le sang, sert à sa
rénovation en même temps que le liquide pompé par les veines
de la même façon, et extrait aussi par l'intermédiaire des villosités qui tapissent l'intérieur des intestins et qui jouent relativement aux matières alimentaires en dissolution, identiquement le même rôle que le chevelu des racines des plantes
relativement aux matières absorbables contenues dans la
terre.

Les matières solubles qui ont échappé à l'absorption dans
l'intestin grêle sont absorbées dans le gros intestin ; arrivé là,
le chyme ne se compose plus guère que des résidus de la digestion qui s'épaississent de plus en plus et sont bientôt réduits en matières solides et expulsés au dehors, couverts de
mucus intestinal et de la matière excrémentitielle de la bile
qui leur donnent leur coloration particulière.

Nous avons dit que les matières alimentaires contiennent
toutes, en proportions variables, les principes nutritifs néces-

saires à la rénovation du sang, cette sève animale qui contient les éléments du renouvellement de tous les tissus de la machine animale; seulement, il y a une grande différence de quantités entre ces principes nutritifs dans les aliments végétaux et dans les aliments animaux. Ainsi, tandis que dans l'herbe séchée des prairies les chimistes trouvent 3 $^{o}/_{o}$ de matières grasses, 40 $^{o}/_{o}$ de principes amylacés et 8 $^{o}/_{o}$ de principes azotés, les mêmes chimistes donnent, pour la composition du blé, 2 $^{o}/_{o}$ de matières grasses, 60 $^{o}/_{o}$ de principes amylacés, 13 $^{o}/_{o}$ de principes azotés, et la viande est entièrement composée des mêmes principes, moins l'amidon qui est remplacé par la graisse et l'albumine. Aussi, suivant que les animaux sont destinés à consommer tels ou tels aliments, la nature les a pourvus d'intestins dont la puissance fonctionnelle ou la surface absorbable, c'est-à-dire la longueur, est en raison directe du peu de richesse nutritive des aliments que la nature l'a condamné à absorber : ainsi, le cheval a 29 mètres d'intestin, le bœuf 57 mètres, le mouton 32 mètres, le lapin 5 mètres, le chien 5 mètres et le chat 2 mètres. Un cheval est obligé d'introduire plus de 60 kilogrammes de matières alimentaires dans son canal intestinal pour que celui-ci puisse en extraire les matières nutritives nécessaires à sa santé, un bœuf en porte continuellement une centaine de kilogrammes, un mouton de 6 à 8 kilogrammes et un chien à peine un et demi.

Comprend-on maintenant la nécessité impérieuse de nourrir les chiens suivant les lois de la nature, c'est-à-dire d'introduire dans leurs intestins des aliments qui puissent les entretenir parfaitement sous un petit volume. Le chien a la même longueur d'intestin que le lapin. Si l'on introduit dans les intestins de l'un et de l'autre les mêmes matières alimentaires, on obtiendra le même résultat au point de vue du développement, c'est-à-dire que le chien, s'il ne meurt pas sous l'influence d'un tel régime, acquerra exactement la taille du lapin;

voilà l'explication de l'existence et de la création de cette foule de races de roquets qui encombrent les villes et les campagnes.

Nous verrons au chapitre de l'hygiène, les résultats d'expériences faites sur les chiens au moyen de diverses substances alimentaires et les conséquences à en tirer au point de vue de cette même hygiène.

Nous allons continuer notre courte revue physiologique par l'examen des fonctions de la respiration, de la circulation, etc.

§ III. — Appareil de la circulation.

L'appareil de la circulation est composé d'un organe central qui est le *cœur*, duquel émergent deux sortes de vaisseaux : les *artères* et les *veines*.

Le COEUR est situé dans la poitrine entre les deux poumons et contenu dans une sorte de sac qu'on appelle le *péricarde;* il est composé de quatre compartiments : deux inférieurs, qui sont les plus grands et qu'on appelle *ventricules* (fig. 49, *o*, *f*), et deux supérieurs qu'on appelle *oreillettes* (*h*, *h*). Chaque ventricule correspond largement avec l'oreillette qui le surmonte par une ouverture fermée par une soupape à deux ou trois lobes qu'on appelle *valvules;* à droite la valvule est à deux lobes, à gauche à trois.

Chaque ventricule, avec son oreillette, est complètement indépendant du ventricule et de l'oreillette opposée, en sorte qu'il y a comme deux cœurs collés l'un contre l'autre. Le cœur gauche est chargé de pousser le sang dans toutes les parties du corps par le moyen du *tronc aortique* qui vient s'ouvrir dans son ventricule, et le cœur droit est chargé de recevoir le sang veineux qui revient de toutes les parties du corps et de le renvoyer aux poumons. Les vaisseaux qui portent le sang dans toutes les parties du corps se nomment *artères*, ceux qui le rapportent de toutes les parties du corps au cœur se nomment *veines*. Les artères ont les parois plus épaisses que les veines ; le sang qui y circule, poussé par les contractions du cœur, y produit des *pulsations* ou battements isochrones aux contractions ou battements du cœur. Dans les veines le sang ne présente pas de battements. Le sang qui part du cœur et qui circule dans les artères est de couleur vermeille ; celui qui circule dans les veines et qui remonte au cœur est de couleur plus foncée, presque noire. C'est que le sang artériel est du sang frais qui n'a pas servi et qui porte dans toutes les parties du corps les éléments de la régénération des tissus, tandis que le sang veineux est précisément le sang qui a servi et qui rapporte des particules usées et brûlées, surtout beaucoup d'acide carbonique ; c'est ce qui lui donne cette couleur foncée qui le caractérise. C'est là, en résumé et en deux mots, toute la fonction que remplit l'appareil de la circulation : porter dans toutes les parties du corps les éléments de la régénération des tissus ; rapporter dans l'organe central les éléments usés de ces mêmes tissus ; pour cette dernière fonction, les vaisseaux veineux sont aidés par les vaisseaux lymphatiques, ou vaisseaux blancs, appelés ainsi parce que le liquide qu'ils charrient est tout à fait incolore.

§ IV. — Appareil de la respiration.

Lorsque le sang, qui a servi à la nutrition, est rapporté au cœur par les veines, le cœur, ou plutôt son ventricule droit, le chasse dans les poumons où il est porté par les artères pulmonaires ; là ce sang veineux, qui est noir comme nous l'avons dit, se débarrasse de l'acide carbonique qu'il contenait, se charge d'une nouvelle dose d'oxygène, reprend une belle couleur rouge et est de nouveau propre à nourrir nos tissus. Voilà les fonctions de l'appareil de la respiration qui a pour principaux organes les poumons, vaste paire d'éponges, où le sang, dans les nombreux rameaux de l'artère pulmonaire, se trouve en contact presque direct avec l'air par le moyen des nombreuses ramifications bronchiques dont les dernières subdivisions sont de petites vésicules où le sang n'est séparé de l'air que par une mince membrane plus fine que de la baudruche ou de la pelure d'oignon.

Lorsque le sang, sous l'influence du contact de l'air, s'est débarrassé de l'acide carbonique et de la vapeur d'eau qu'il contenait en excès et qui sont rejetés au dehors dans le mouvement d'expiration, ce sang, régénéré, est ramené au cœur par le moyen des veines pulmonaires qui viennent s'ouvrir dans l'oreillette gauche; de cette oreillette il descend dans le ventricule du même côté, qui l'expulse de nouveau, par le moyen de l'artère aorte et de ses nombreuses subdivisions dans toutes les parties du corps.

§ V. — Appareil de la dépuration urinaire.

Nous venons de voir que la fonction respiratoire a pour effet de débarrasser le sang de l'acide carbonique dont il s'est chargé dans les tissus et qui est principalement le résultat de la combustion des corps gras et sucrés, et de remplacer l'oxygène qu'il a perdu dans les fonctions de nutrition qui se passent dans la profondeur intime des organes. Dans ces mêmes fonctions de nutrition, le sang se charge de produits d'usure qui s'y dissolvent, qu'il charrie, et dont les fonctions respiratoires sont impuissantes à le débarrasser. C'est le rôle d'un autre appareil, qu'on nomme urinaire, et qui a pour organe les *reins* ou *rognons* dont les canaux de déversement, les *uretères*, viennent s'ouvrir dans le réservoir connu sous le nom de *vessie*. C'est sous forme *d'urée* que le produit d'usure du tissu musculaire se trouve dans le sang, et sous forme d'acide urique, d'urate de soude, de phosphates calcaires, etc., etc., que s'y trouvent en même temps les produits d'usure des tissus blancs et des os. Ce sont ces produits, qui empoisonneraient le sang s'ils restaient en dissolution dans ce liquide, que les reins happent pour ainsi dire au passage et déversent dans la vessie pour être de là expulsés au dehors.

Ces quelques mots suffisent pour montrer l'importance fonctionnelle capitale de l'appareil urinaire.

§ VI. — Appareil de l'innervation.

Le grand régulateur de toutes les fonctions de la machine animale, en même temps que l'appareil télégraphique qui porte des ordres dans toutes les parties du corps et qui en rapporte les sensations, c'est l'appareil de l'innervation.

Il a pour organe principal et central le *cerveau*, sorte de tubercule contenu dans la boîte crânienne, d'où émerge une tige, la *moelle épinière*, qui émet une foule de rameaux sous forme de minces filets blancs qui se distribuent dans toutes les parties du corps. Ce sont là les véritables *nerfs* qu'il ne faut pas confondre avec les tendons et les ligaments que le vulgaire appelle aussi nerfs.

Tous les nerfs dont nous venons de parler sont sous la dépendance du cerveau et par suite de la volonté, ce sont les *nerfs de la vie animale*. Il en est d'autres, formant une chaîne parallèle à la moelle et qui se distribuent principalement aux poumons, au cœur, à l'estomac, qui sont en rapport avec les premiers, mais sans avoir de centre unique comme eux; c'est le système du *grand sympathique* ou *nerfs de la vie végétative* qui sont tout à fait indépendants de la volonté et qui président aux mouvements du cœur, de l'estomac, des intestins, aussi bien que des poumons pendant le sommeil. La nutrition intime des tissus est aussi sous la dépendance des dernières ramifications du grand sympathique.

Il est tout à fait impossible à l'animal d'empêcher les fonctions des organes qui sont entièrement sous la dépendance des nerfs appartenant au système du *grand sympathique;* par contre les fonctions des organes qui sont sous la dépendance des nerfs du système cérébral, sont sous la dépendance complète de la volonté de l'animal; ainsi les mouvements des membres ont lieu parce que la contraction musculaire s'est opérée sous l'influence des nerfs qui se distribuent dans les muscles des membres, nerfs qui établissent la relation directe, entre les membres et le cerveau. Il en est ainsi de tous les organes qui reçoivent leurs nerfs de la moelle épinière et par suite du cerveau, siège de la volonté.

De cette même moelle, et même du cerveau, émergent des paires nerveuses qui ont une toute autre action que d'ordonner la contraction musculaire; ce sont celles qui apportent au cerveau les sensations d'actions ou de faits qui se passent à l'extérieur de l'animal ou à la surface de son corps; ces nerfs, qu'on appelle *nerfs des sens*, appartiennent à quelques appareils particuliers que nous allons passer en revue dans le paragraphe suivant, en même temps que leurs fonctions.

§ VII. — Appareils des sens.

Chez tous les êtres organisés, appartenant au règne animal, les sens sont au nombre de cinq : le *toucher*, le *goût*, l'*odorat*, la *vision*, et l'*ouïe* ; ces cinq sens ont chacun des organes particuliers, formant un appareil distinct et remplissant une fonction spéciale.

A. APPAREIL DU TOUCHER. — La *peau*, dans toute son étendue, est l'organe du toucher, parce que l'animal reçoit les impressions tactiles par toute la surface du corps.

La peau se compose de deux couches principales : le derme et l'épiderme.

Le *derme* forme la couche la plus épaisse de la peau. C'est une membrane blanche souple, formée d'un grand nombre de fibres entrecroisées; c'est, en un mot, la partie qui, tannée, forme le cuir.

L'*épiderme* est une espèce de vernis demi-transparent qui est étendu sur toute la surface du derme; l'épiderme n'est ni sensible ni vivant; il est formé de couches superposées dont les plus profondes sont molles et renferment la matière colorante de la peau. A la surface de l'épiderme se remarquent une multitude de petites ouvertures appelées *pores de la peau*, ce sont les ouvertures des glandes de la sueur, très petites et très rares chez le Chien qui, comme l'on sait, ne sue pas par la peau, mais par la langue. On trouve aussi à la surface de l'épiderme des ouvertures donnant passage aux poils et quelques autres laissant suinter une matière grasse qui donne la souplesse aux poils et à l'épiderme.

La sensibilité dont la peau est douée réside dans le derme et dépend des nerfs qui se distribuent dans sa substance et qui naissent de la moelle épinière ou de la base du cerveau. Ces nerfs vont se terminer sous forme de houppes dans les *papilles* du derme, petites éminences dont sa surface est couverte, et ce sont ces papilles, par conséquent, qui possèdent au plus haut degré la sensibilité tactile, aussi sont-elles plus nombreuses là où cette sensibilité est la plus exquise comme aux lèvres et aux pattes.

B. APPAREIL ET SENS DU GOÛT. — Le sens du goût, comme celui du toucher, est mis en jeu par le contact des objets extérieurs; mais pour qu'une substance puisse agir sur l'organe du goût, pour qu'elle soit *sapide*, il faut qu'elle soit soluble; en effet, toutes les substances insolubles sont *insipides*. On ne connaît pas la raison du degré de saveur plus ou moins prononcé d'un corps ou d'une substance.

La connaissance de la saveur d'un corps sert principalement à diriger les animaux dans le choix de leur nourriture, aussi l'organe du goût est-il toujours placé à l'entrée du tube digestif. C'est la langue qui en est le siège principal, mais les autres parties de la bouche peuvent aussi éprouver la sensation de certaines saveurs.

La membrane muqueuse qui recouvre la langue est abondamment fournie de nerfs et de vaisseaux sanguins et présente
sur le plat de cet organe un grand nombre d'éminences de
formes variées qui rendent sa surface rugueuse ou veloutée.
Ce sont ces éminences ou *papilles* dans lesquelles viennent se
terminer les derniers rameaux du *nerf lingual* qui servent
principalement au sens du goût.

C. Appareil et sens de l'odorat. — Certains corps possèdent la propriété d'exciter en nous des sensations particulières
qui ne peuvent être perçues à l'aide des sens du toucher et
qui dépendent de l'*odeur* qu'ils exhalent. Les odeurs sont produites par des particules d'une ténuité extrême qui s'échappent
des corps odorants et qui se répandent dans l'atmosphère
comme des vapeurs. Tous les corps volatiles ou gazeux ne
sont pas odorants, mais, en général, ceux qui ne peuvent se
transformer facilement en vapeur ne répandent que peu ou
point d'odeur et dans la plupart des cas on voit les substances
odorantes le devenir d'autant plus que les circonstances où
elles sont placées sont plus favorables à leur volatilisation.
Du reste la quantité de matières qui se répand ainsi dans l'air
pour produire les odeurs, même les plus fortes, est extrêmement petite : un morceau de musc, par exemple, peut parfu-
mer l'air de tout un appartement, pendant un temps considérable sans changer de poids d'une manière appréciable. Une
foule de corps, tels que l'eau, les vêtements peuvent s'imbiber
de ces vapeurs et devenir odorants à leur tour; mais d'autres
substances, telles que le verre, s'opposent complètement à leur
passage. L'animal peut sentir l'odeur de corps placés à une
très grande distance de lui, mais pour que son sens olfactif
soit réveillé il faut toujours que les particules odorantes, éma-
nées de ces corps, arrivent en contact avec l'organe destiné à
les recevoir; et en cela, le mécanisme de l'odorat est analogue
à celui du goût et du toucher, tandis que, pour la vue et l'ouïe,
il en est tout autrement.

L'air est le véhicule des odeurs ; c'est ce fluide qui les transporte au loin et qui les fait arriver jusqu'à l'animal. Il est donc évident que l'organe destiné à les sentir doit toujours être placé de manière à en recevoir le contact, et l'expérience nous apprend que, pour que cet organe puisse remplir ses fonctions, il faut que la membrane touchée par les odeurs soit continuellement humectée pour être propre à absorber les particules odorantes et à les fixer pendant quelque temps sur la surface olfactive. C'est effectivement ce qui a lieu chez tous les mammifères, les oiseaux et les reptiles : le sens de l'odorat a son siège dans les fosses nasales, et ces cavités sont continuellement traversées par l'air qui se rend dans les poumons.

La membrane muqueuse qui tapisse les fosses nasales, s'appelle *membrane pituitaire* ; elle est épaisse et se prolonge au delà des bords des *cornets*, minces et larges reliefs contournés, destinés à augmenter la surface des cavités nasales. La surface de cette membrane présente une foule de petites saillies qui lui donnent un aspect velouté ; elle est continuellement lubrifiée par un liquide un peu visqueux appelé *mucus nasal*, et elle reçoit un grand nombre de filets nerveux dont les uns viennent de la cinquième paire, et les autres du nerf olfactif ou de la première paire.

Le mécanisme de l'odorat est très simple ; il faut seulement que le mucus nasal s'imbibe des particules odorantes répandues dans l'air qui traverse les fosses nasales et que ces particules soient ainsi arrêtées sur la partie de la membrane pituitaire qui reçoit les filets du nerf olfactif. D'après cela, on conçoit facilement quelle est l'importance du mucus nasal pour l'exercice de l'odorat, et on comprend comment les changements dans la nature de ce liquide qui surviennent pendant le coryza ou rhume de cerveau peuvent faire perdre momentanément ce sens.

C'est à la partie supérieure des fosses nasales que les branches du nerf olfactif sont les plus nombreuses, que le mucus nasal est le plus abondant et que les routes suivies par l'air sont les plus étroites; aussi est-ce dans cette partie que les odeurs sont le plus vivement senties.

L'étendue de la membrane pituitaire est une des circonstances qui paraissent influer le plus sur l'activité de ce sens; aussi est-ce chez le chien que l'appareil olfactif atteint son plus haut degré de développement : chez lui les cornets du nez deviennent d'une complication extrême et présentent une disposition très remarquable.

Si nous nous sommes autant étendu sur le sens de l'odorat, c'est que, chez le chien, ce sens prime tous les autres et est d'une délicatesse excessive; aucun autre animal ne le présente au même degré et ses effets excitent toujours notre admiration. En cela nous n'apprenons rien que tout chasseur ne sache. Seulement ce sens n'a pas la même perfection chez tous les chiens : certains ont beaucoup de nez, d'autres en ont très peu. Par la sélection on peut obtenir des races remarquables par la puissance de leur odorat.

D. APPAREIL ET SENS DE LA VUE. — L'appareil de la vision est composé de l'*œil*, organe principal et de ses annexes : *muscles*, qui le font mouvoir dans tous les sens; *glande lacrymale* fournissant le liquide destiné à tenir l'œil toujours propre; *paupières* organes protecteurs de l'œil.

L'organe essentiel de la vision, l'œil, représente exactement l'appareil de physique connu sous le nom de *chambre noire*; en effet, comme dans cet appareil, l'image des objets se peint dans le fond de l'œil; là, un nerf, le *nerf optique*, qui s'y épanouit de manière à former une sorte de membrane appelée *rétine*, reçoit l'image et en transmet l'impression au cerveau. Pour arriver sur la rétine les rayons lumineux traversent plusieurs milieux transparents : d'abord la *cornée lucide* ou vitre de l'œil, puis l'*humeur aqueuse* de la *chambre antérieure* de l'œil, puis l'ouverture de l'*iris*, sorte d'écran percé en son

milieu d'un trou arrondi, la *pupille*, puis le *cristallin*, véritable
lentille qui concentre les rayons lumineux, puis l'humeur du
corps vitré qui sépare le cristallin du fond de l'œil où se trouve
la rétine et de ses parois tapissées par une membrane noire
appelée *choroïde*.

On comprend sans peine, après cette simple énumération
des parties qui composent le globe de l'œil, que la première
condition, pour l'exécution de ses fonctions, c'est la transpa-
rence, la lucidité parfaite des milieux de l'œil.

E. APPAREIL ET SENS DE L'OUÏE. — L'appareil de l'ouïe se
compose de l'oreille externe et de l'oreille interne. L'oreille
externe, ou conque auriculaire, la seule que le vulgaire con-
naisse, est une sorte de cornet acoustique, mu par des muscles
spéciaux, et chargé de réunir les ondes sonores et de les amener dans le tuyau de l'oreille ou conduit auditif. Du conduit
auditif les ondes sonores arrivent dans une cavité creusée
dans les os du crâne, frappent une membrane appelée *membrane du tympan* qui sépare cette première cavité d'une autre
plus profonde, appelée *caisse du tympan*, au-devant de laquelle
elle est tendue comme une caisse de tambour. Par l'intermédiaire de la petite chaîne des osselets de l'ouïe, les ondes sonores, qui ont frappé le tympan, viennent impressionner le *nerf
auditif* qui transmet cette impression au cerveau.

La souplesse du tympan est maintenue par le moyen d'un
liquide gras qui se concrète sous forme cireuse et qui reçoit
alors le nom de *cérumen*.

§ VIII. — Appareil de la génération.

Chez le Chien, comme chez tout autre quadrupède, l'appareil de la génération se compose de deux ordres d'organes
correspondant à chacun des sexes.

A. ORGANES GÉNITAUX DU MALE. — Énumérés dans l'ordre de

leur importance, ces organes sont : les *testicules*, les *canaux déférents* et *la verge*.

Les *testicules* sont les organes sécréteurs de la liqueur séminale ou sperme ; ils sont au nombre de deux, de la forme et du volume d'un marron et contenus dans une peau nommée *scrotum* ou *bourse*, située entre les cuisses. Chaque testicule est en quelque sorte une pelote de canaux qui viennent se réunir en un tube flexueux appelé *épididyme* situé au bord du testicule, lequel épididyme se continue par un canal droit, appelé *canal déférent*, après un long trajet, venant s'ouvrir dans l'*urètre*, canal de la verge qui sert ainsi à deux buts : l'émission de l'urine et l'émission du sperme.

La *verge*, chez le chien, présente une particularité inconnue chez les autres animaux, sa partie libre a pour base un os ; elle présente aussi à sa base deux renflements ou *boules érectiles* destinées à s'opposer, tant que dure l'érection, à la sortie de la verge des organes génitaux de la femelle. C'est là la cause de l'accouplement prolongé des chiens et de leur union forcée qui dure tant que les susdites *boules érectiles* ne se sont pas effacées.

B. ORGANES GÉNITAUX DE LA FEMELLE. — En procédant dans le même ordre que pour les organes génitaux du mâle, nous trouvons d'abord les *ovaires*, puis la *trompe utérine*, l'*utérus* ou *matrice*, et le *vagin*, dont l'ouverture extérieure est la *vulve*. Il y a de plus les *mamelles*. Excepté la vulve et les mamelles, tous les autres organes sont internes.

Les *ovaires* de la chienne sont situés en dedans de l'entrée du bassin, sous les reins. Ils sont au nombre de deux, de la grosseur d'une fève et sont chargés de sécréter les *ovules*.

Les ovules sécrétés par l'ovaire sont reçus dans le pavillon de la trompe correspondant et amenés par cette trompe dans la corne de la matrice à laquelle elle fait suite.

L'*utérus* ou *matrice* est formée d'un corps cylindrique court,

engagé dans la cavité du bassin et qui se bifurque immédiatement en avant pour donner naissance à deux cornes incurvées
en bas et se dirigeant vers chaque ovaire; ces cornes sont
très longues chez la chienne et flottent avec les circonvolu-
tions intestinales.

L'utérus, fermé en arrière par un étranglement appelé col de
la matrice, se continue par le vagin, canal à parois minces,
qui, lui-même, s'ouvre au dehors par une ouverture en forme
de fente longitudinale, qui est la *vulve*.

C. FONCTIONS DE LA GÉNÉRATION. — Au moment du rut ou
des chaleurs, l'ovaire de la femelle produit des ovules qui
passent dans la cavité utérine. L'ovule est le germe de l'individu qui le produit, mais ce germe a besoin, pour se développer, de subir le contact du sperme sécrété par les testicules
du mâle. Tel est le premier acte de la fonction dont le but est
la génération de l'individu nouveau.

Une fois l'ovule fécondé par le sperme, il se greffe sur la
muqueuse utérine; il s'enveloppe d'une membrane qui devient
très vasculaire, et dont les vaisseaux de nouvelle formation
sont en communication directe avec ceux de la matrice, lesquels de leur côté prennent une grande activité; cette membrane, qu'on appelle le *placenta*, est la plus extérieure des
enveloppes du fœtus; celui-ci nage dans un liquide contenu
par une autre membrane, l'*amnios*, sac clos qui se replie
autour du *cordon ombilical*. Celui-ci est formé principalement
par les troncs des vaisseaux qui rampent en divisions nombreuses dans les membranes et aboutissent au placenta.

C'est dans les cornes de la matrice que se développent les
embryons ou fœtus de la chienne au nombre de six à dix, généralement. La durée du développement de ces embryons de la
chienne est de 63 jours. Lorsqu'il a atteint le terme de sa vie
intra utérine, le fœtus est expulsé par les contractions de l'utérus aidées de celles des muscles de l'abdomen. C'est ordinai-

rement le bout du nez, appuyé sur les pattes antérieures étendues, qui se présente au col de la matrice ; celui-ci se dilate
pour lui livrer passage, la poche amniotique ou des eaux se
rompt, le liquide s'écoule et le fœtus franchit, sans difficulté
dans l'état physiologique, le vagin et la vulve, entraînant le
plus souvent avec lui toutes ses membranes d'enveloppe qu'on
appelle le délivre, et rompant le cordon ombilical à peu de
distance de son ombilic.

A partir de ce moment, le petit animal a respiré, il vit de sa
vie propre et il ne tarde pas à sentir les atteintes de la faim. Il
se rend instinctivement vers les mamelles de sa mère d'où il
extrait par succion son premier aliment.

Les mamelles de la chienne sont au nombre de dix disposées
sur deux rangées latérales étendues depuis le pli de l'aîne
jusque sous la poitrine ; chaque mamelon s'ouvre par cinq à
dix orifices.

CHAPITRE IV

HYGIÈNE

L'hygiène des animaux en général et du chien en particulier ayant pour but de les maintenir en santé, cette science embrasse l'étude de toutes les influences exercées sur ces êtres par les modificateurs naturels qui composent les milieux dans lesquels ils vivent; nous aurons donc à étudier les rapports qui existent entre ces milieux et les fonctions physiologiques de l'animal.

Après avoir indiqué les caractères de la santé, nous étudierons successivement l'hygiène de l'habitation du chien, l'hygiène de l'alimentation, l'hygiène de la peau et celle de l'exercice, et enfin l'hygiène de la reproduction et de l'élevage; nous terminerons par un paragraphe sur les signes de la maladie qui sera en même temps une introduction au livre de la médecine.

§ Iᵉʳ. — Signes de la santé.

Les signes généraux de la santé, chez tous les animaux, sont surtout donnés par la physionomie gaie et éveillée, la vivacité du regard et une grande impressionnabilité aux bruits et aux excitations du dehors : le chien lève la tête, dresse les oreilles, gronde et jappe facilement à l'approche des étrangers et manifeste son contentement d'une manière plus ou moins bruyante accompagnée de frétillement de queue à l'approche de son maître ou des personnes de son intimité. Enfin tous ses mouvements sont souples et aisés.

Les signes particuliers de la santé sont tirés de l'état de la peau et des muqueuses, et de celui des grandes fonctions.

La peau du chien en santé est souple et douce aussi bien que son poil qui est lisse et brillant; les muqueuses de la bouche et des yeux sont d'un rose vif, humides et fraîches, d'une température qui ne dépasse pas celle de la main et qui lui est même inférieure; la peau du bout du nez, qui, comme on sait, est nue et noire ou marron, rarement blanche ou tachée de blanc, est humide et fait éprouver à la main qui touche cette partie un sentiment de véritable fraîcheur.

Le principal signe de la santé fourni par la fonction digestive est la conservation de l'appétit qui se manifeste surtout aux heures des repas. Le chien bien portant mange lestement et sans interruption jusqu'à ce que son apppétit soit satisfait, ce qu'il montre en se léchant les babines d'une façon particulière et en s'éloignant de son plat vide. Les déjections sont fermes, quelquefois même dures, surtout lorsqu'il mange souvent des os; des déjections molles ou diarrhéiques sont toujours un signe de maladie ou tout au moins d'indisposition chez le chien.

L'état normal de la fonction respiratoire se mesure à la régularité et au nombre des mouvements d'élévation et d'abaissement des côtes; ces mouvements sont de 16 à 18 par minute chez le chien reposé et bien portant. L'air expiré reçu sur la main paraît chaud, mais d'une chaleur très modérée; si la température de cet air est élevée, c'est un signe de maladie. Le chien respire la bouche fermée ou la bouche ouverte: dans ce dernier cas les mouvements du flanc sont plus précipités parce que l'animal a chaud, mais dans tous les cas les babines ne présentent rien de particulier; si au contraire elles sont soulevées à chaque souffle de la respiration, c'est l'indice d'une maladie de poitrine.

L'état de la circulation s'apprécie par l'examen de la coloration des muqueuses et par l'exploration du *pouls*. Les muqueuses de l'œil et de la bouche, comme nous l'avons déjà dit, sont rosées chez le chien en santé; une coloration rougeâtre sombre ou jaunâtre est un signe de maladie; on tâte principalement le *pouls* au chien, à la face interne de la cuisse où les battements de l'artère fémorale sont très faciles à percevoir; on peut aussi mettre la main sur le cœur entre le coude et les côtes. Chez le chien en santé, les pulsations ou les battements du cœur sont de 90 à 100 par minute; et il ne s'agit bien entendu que des animaux adultes, car chez les jeunes le nombre de ces pulsations est plus grand, sans que cependant l'écart soit très considérable.

§ II. — Habitation du chien.

Le Chien est un animal destiné par la nature à vivre au grand air et à coucher à la belle étoile; voilà pourquoi l'habitation du chien, ou le chenil, doit être un véritable hangar ouvert largement à l'air et à la lumière, et ayant pour but unique de le protéger contre les intempéries. Les appartements chauds et fermés sont pernicieux aux chiens, bien entendu aux chiens utiles, de chasse ou de garde. Et c'est surtout au moment de sa croissance et de son développement que les règles hygiéniques relatives à l'habitation du chien doivent être observées. Pourquoi, dans les villes, est-il si difficile d'élever des chiens, tandis qu'à la campagne ils viennent si bien tout seuls sans qu'on ait en quelque sorte besoin de s'en occuper? C'est précisément parce que, dans le premier cas, l'air et l'exercice leur manquent, surtout l'air pur pendant la nuit, tandis qu'à la campagne ils le respirent continuellement à pleins poumons. Toutes les autres prescriptions hygiéniques relatives à l'élevage et à l'entretien du chien, fussent-elles scrupuleusement observées, l'on n'aura rien fait si l'on néglige celles qui ont trait à l'habitation.

Un chenil doit toujours être placé sur un sol bien sec. C'est là une condition indispensable si l'on veut éviter les rhumatismes et une foule d'autres inconvénients. Voici les conseils que Stonehenge, auteur anglais d'un traité très estimé sur les chiens, donne pour l'établissement d'un chenil pour chiens de meute : « Lorsqu'on bâtira les chenils on retirera la terre de l'intérieur des logements à la profondeur d'un pied et on la remplacera par des cailloutis ou du ballast bien tassé par dessus lequel on placera les briques ou les carreaux assujettis par du ciment. Au pied des murs, en dehors, on ménagera un fossé de près d'un mètre de profondeur au fond duquel sera placé un drain de 5 à 6 centimètres d'ouverture et que l'on remplira par-dessus de ballast. Ce dernier doit tourner tout autour du chenil et déboucher dans un égoût. Comme toit, le chaume est préférable aux tuiles, parce qu'étant mauvais conducteur il conserve mieux la chaleur en hiver et la fraîcheur en été; mais comme les tuiles ou l'ardoise sont plus agréables à l'œil, ou pourra placer sous celles-ci une couche de jonc.

» A l'arrière du chenil seront placés les cuisines, la cour, le réfectoire et les loges séparées pour les femelles pleines ou les chiens malades. En avant des chenils, s'étendant sur les côtés jusqu'au fond du bâtiment, règnera un large préau ou cour fermée par des murs ou par une palissade. Les murs sont préférables quoique plus coûteux, parce que les chiens qui peuvent voir à travers les palissades sont constamment excités par les objets extérieurs, bêtes ou gens, principalement les jeunes chiens qui deviennent bruyants, aboyants, et se jettent sur la clôture dès que passe un étranger. Dans un des angles de la cour on établira un bassin large et profond, où les chiens puissent se baigner commodément; l'eau devra en être facilement renouvelable.

» La cuisine sera munie de deux chaudrons en fonte : un pour les légumes farineux, l'autre pour la viande, et elle devra être pourvue d'eau en abondance pour préparer la nourriture et la boisson, et pour les nettoyages. Chaque chambre à chiens devra avoir deux portes : l'une derrière, munie d'une petite lucarne placée à hauteur d'homme, par laquelle le valet pourra surveiller les chiens sans être vu, l'autre ouverte dans la façade et sur le préau, munie d'une large ouverture dans le bas par où les chiens puissent entrer et sortir à leur fantaisie. Les chambres à chiens doivent du reste communiquer entre elles pour permettre une aération facile et générale du chenil, soit par des portes à claire-voie, soit par un large espace ménagé entre les murs de séparation des chambres et le toit, ce qui est préférable. »

Les chambres à chiens, dont la moitié supérieure de la façade extérieure est à claire-voie, doivent être spacieuses et représenter un cube de trois mètres de chaque côté pour contenir de deux à six chiens au plus. Il faut proscrire surtout pour faire coucher les chiens ces boîtes ou tonneaux défoncés et couchés que l'on a assez l'habitude, aux environs de Paris, de consacrer à cet usage.

Les couchettes des chiens doivent être des bancs à claire-voie faisant le tour des chambres comme un divan, et couvertes de paille fraîche que l'on secoue tous les jours et que l'on renouvelle souvent.

Les chenils doivent être tenus très proprement et lavés fréquemment à grande eau, aussi bien le sol que les parois et les bancs ; c'est le seul moyen de détruire la vermine et d'empêcher les puces et les poux d'y pulluler.

Quel que soit le nombre des chiens de chasse que l'on ait à sa disposition, la distribution et l'hygiène des chenils que nous venons d'exposer doivent toujours être mis en pratique, et nous insistons surtout sur la nécessité d'un grand préau attenant au chenil, et où le ou les chiens qui habitent ce dernier doivent toujours avoir la latitude d'aller s'ébattre.

Quant au chien de garde, il a pour domicile la cour de la ferme ou de l'habitation qu'il défend contre les maraudeurs et les voleurs, et sa niche pour se reposer ou pour se préserver des mauvais temps.

Aux chiens de garde comme aux chiens de chasse, l'intérieur de l'habitation du maître et surtout les cuisines doivent être sévèrement interdites; nous verrons pourquoi au paragraphe suivant.

§ III. — De l'alimentation.

L'hygiène de l'alimentation est, sans contredit, comme dit M. Sanson dans son excellent ouvrage l'*Économie du bétail*, le point fondamental de l'hygiène des animaux, et il n'y a pas de point plus controversé que celui-là parmi ceux que regarde l'hygiène du chien. En effet, nous voyons les chiens manger, sans en être incommodés, tout au moins immédiatement, les mêmes aliments que l'homme, animaux ou végétaux, cuits ou crus; ils préfèrent cependant la viande, et pourrie plutôt que fraîche; quand ils peuvent s'en procurer, ils dévorent les charognes avec une véritable passion; les chiens les mieux élevés, les mieux nourris, avalent souvent avec avidité les déjections de l'homme. Parmi les aliments végétaux, ceux que les chiens aiment le mieux, ce sont les aliments féculents, surtout sucrés, ils préfèrent même les fruits doux aux fruits acides.

De toutes ces matières alimentaires, quelles sont celles qui conviennent le mieux à l'entretien de la santé chez le chien?

Nous avons vu, dans la première partie de ce travail, que les chasseurs, au moyen âge et avant la Révolution française donnaient volontiers à leurs chiens des « carnages » c'est-à-dire de la viande crue qui entrait pour environ moitié dans leur

ration, et si nous en jugeons par les renseignements fournis
par les vieux traités de vénerie, les chiens, à cette époque,
étaient sujets à un bien moins grand nombre de maladies
qu'actuellement ; la gourme, cette maladie des jeunes chiens
qui exerce surtout ses ravages depuis le commencement du
siècle et qui décime si souvent les chenils, était alors à peu
près inconnue. C'est que c'est précisément depuis le commencement du siècle, depuis l'invasion des doctrines prétendues
physiologiques, en médecine, que datent les idées si erronées
qui ont cours sur l'hygiène alimentaire du chien. En effet, il
n'y a que les partisans de la diète, des saignées et des purges
à outrance qui peuvent tenir le langage de Clater, l'auteur
anglais du *Chasseur médecin* publié vers 1830, et qui dit dans
les préliminaires de cet ouvrage : « On a parfois l'habitude,
» avant et pendant la saison de la chasse, de nourrir les
» chiens avec de la chair, afin de les rendre plus agiles et de
» leur donner plus de vigueur, afin de continuer longtemps cet
» exercice ; mais une telle nourriture contribue à développer
» leurs dispositions à avoir des chancres dans les oreilles et
» sur les côtés extérieurs de ces parties ainsi qu'à produire
» la gale et des maladies inflammatoires. Ces maladies se-
» raient moins fréquentes si, après la saison des chasses, les
» chiens étaient purgés et entretenus dans un exercice régu-
» lier, et surtout si, en diminuant la quantité de nourriture
» substantielle qu'on leur donne, on augmentait celle d'une
» pâture végétale en proportion de leurs fatigues et de l'état de
» leurs corps ! »

Voilà l'origine du préjugé sur les inconvénients de la nourriture animale pour les chiens, préjugé dont sont encore imbus tant de chasseurs et que le raisonnement aussi bien
qu'une expérience facile à faire démontrent parfaitement faux.
Que ces paroles de Clater sont loin de celles qu'écrivait, trente
ans auparavant, un auteur de la même nation, Delabère-
Blaine, dont l'ouvrage, « la *Pathologie canine* », est bien su-

périeur au précédent : « Le chien est évidemment un animal
» de proie destiné à vivre des autres animaux. Le plus fort
» chasse en troupe, le plus faible le fait isolément. Cependant
» il est clair que ses organes peuvent recevoir une nourriture
» végétale, et nous voyons qu'il s'en nourrit volontiers. Il
» n'est donc pas difficile de déterminer qu'un mélange de
» substances animales et végétales est la meilleure nourriture
» pour les chiens ; mais leurs proportions dépendront de l'exer-
» cice plus ou moins fort du corps ; comme les substances
» animales sont plus nutritives, alors on les donnera aux
» chiens qui, comme ceux de chasse, exercent beaucoup. Au
» contraire, on satisfera aux besoins de ceux qui sont tou-
» jours renfermés en leur donnant des végétaux qui, sous
» une grande masse, contiennent moins de substances nutri-
» tives. »

Nous sommes tout à fait d'accord avec Delabère-Blaine,
parce que cet éminent observateur est d'accord lui-même avec
les indications fournies par la structure des dents et par la longueur et les fonctions de l'intestin ; aussi adoptons-nous tout à fait les conseils pratiques qu'il donne pour la nourriture des chiens. Ainsi pour les

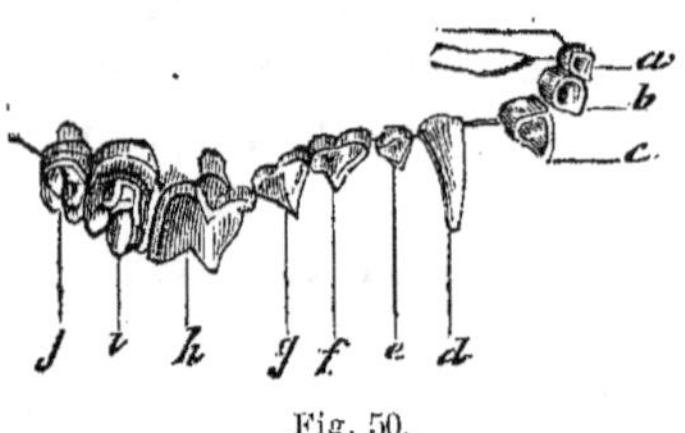

Fig. 50.

gros chiens de garde des villes, il conseille une soupe faite
d'une décoction de tripes et de panses de moutons bien lavées
et de pain rapé, à laquelle on ajoute ces parties animales dé-
coupées en petits morceaux. Cet auteur est porté à penser que
les tripes sont de toutes les substances animales celle qui peut
fournir la meilleure viande et conserver le mieux la santé au
chien.

Il regarde aussi le pain de creton [1] comme convenant aux

1. Ce sont les membranes et le tissu cellulaire dont on a extrait le

forts chiens surtout à ceux qui couchent dehors et qui font beaucoup d'exercice; cependant il conseille de ne l'employer qu'à défaut de tripes.

Enfin la chair de cheval est, d'après lui, très nutritive et fortifiante, et très convenable aux chiens qui travaillent beaucoup; dans ce cas elle n'est jamais nuisible.

Nous ajouterons que la variété dans l'alimentation est une règle de l'hygiène, car les expériences physiologiques de Magendie et autres ont prouvé qu'un chien ne vit pas plus de 20 à 30 jours s'il est nourri exclusivement avec une seule substance quelque nutritive qu'elle soit, comme la gélatine, par exemple.

Quant à la fixation des heures des repas, c'est encore à Delabère-Blaine que nous nous adresserons, car tout ce qu'il a dit est frappé au coin d'une remarquable exactitude, ainsi que nos propres observations nous l'ont prouvé. « Il est facile,
» dit-il, de déterminer quels sont les moments où il faut don-
» ner à manger aux chiens, et combien de fois par jour. Un
» repas par jour est très précaire pour les chiens sauvages,
» car très souvent ils ne peuvent trouver de substances végé-
» tales et il faut qu'ils se contentent du produit de leur chasse
» ou des restes et rebuts des autres animaux de proie. En
» conséquence, la nature a pourvu le chien d'un estomac
» dans lequel la digestion, surtout celle des substances ani-
» males, s'opère lentement, de sorte qu'un repas complet de
» viande n'est digéré qu'en vingt-quatre heures. C'est pour
» cette raison que ceux qui nourrissent entièrement leurs
» chiens de viande ne leur donnent à manger qu'une fois par
» jour et il n'est pas de chien auquel ce régime ne conserve la
» vigueur et la force. Mais il faut se rappeler que, sous l'in-
» fluence de la domesticité, qui affaiblit les fonctions surtout
» dans les chiens caressés et choyés, il vaut mieux leur don-

suif par la presse et la chaleur, et qui forment une espèce de gâteau.

» ner à manger deux fois par jour et peu à la fois. S'ils ne
» mangeaient qu'une seule fois ils deviendraient lourds et
» dormeurs et perdraient toute leur vivacité. L'on observe que
» les chiens soumis à un fort exercice, aussitôt qu'ils ont
» mangé vont se mettre à l'écart et dormir. La digestion s'o-
» père mieux pendant le sommeil que pendant l'exercice, et
» l'animal retire alors plus de bénéfice de la nourriture que
» lorsqu'on le fait courir après son repas. »

La conséquence à tirer de cette observation, c'est que les
jours de chasse il faut donner à manger aux chiens trois
heures au moins avant l'heure du départ et la quantité stricte-
ment nécessaire pour ne pas les alourdir. Il faut éviter de leur
donner à manger pendant la chasse, même quand elle dure
toute la journée, mais à la fin de la chasse ils ont droit à la
curée ou à un repas très substantiel qui en tienne lieu et composé en majeure partie de viande crue, de cheval de préférence
à toute autre.

Terminons en disant que le chien doit toujours manger froid
et avoir continuellement à sa disposition de l'eau toujours
propre.

§ IV. — Soins de la peau et exercice.

Les soins de la peau sont d'autant plus indispensables chez
le chien, que dans cette partie de l'organisme la vitalité y paraît moins active que partout ailleurs. Le chien, on le sait, ne
sue pas par la peau, et les affections cutanées, chez cet animal,
sont fréquentes et remarquables par leur tenacité, de là la nécessité de tenir la peau du chien dans un état constant de propreté; on y arrive par un pansage à la brosse de chiendent
qui est loin de déplaire aux chiens, car ils se prêtent volontiers à cette opération.

Les bains sont aussi très utiles pour tenir la peau propre,
et les chiens de certaines races vont spontanément à l'eau;
mais, hors le cas de maladie il ne faut jamais faire prendre de

bains *forcés* aux chiens, surtout en grande eau ; le bain forcé est souvent tellement désagréable à certains chiens que nous avons été témoins de plusieurs cas de jaunisse dus exclusivement à cette cause.

« La plus grande partie des maladies qui affectent l'espèce
» canine, dit Delabère-Blaine, sont occasionnées par le manque
» d'un exercice convenable, surtout lorsque le régime de leur
» nourriture n'est pas bien ordonné ; il faut se rappeler que le
» chien est un animal de proie destiné à poursuivre sa nour-
» riture et à sacrifier à son appétit des animaux plus faibles
» que lui dont les détours dans leur fuite le tiennent dans un
» exercice constant. Dans la vie sauvage il est rare que les
» chiens puissent faire deux repas réguliers par semaine ;
» combien donc est grande la différence lorsqu'ils sont ren-
» fermés dans une chambre chaude pendant vingt-deux ou
» vingt-quatre heures par jour ou qu'ils sont tenus à l'attache
» pendant plusieurs mois sans autre exercice que la longueur
» de leur chaîne. La gale ou le cancer sont les résultats de ce
» régime et si ce n'est pas par cette voie que se forme un
» exutoire à la superabondance des humeurs, il survient un
» embonpoint excessif qui se termine par l'asthme ou l'hy-
» dropisie. »

C'est surtout aux chiens de chasse qu'un exercice continuel est nécessaire si on ne veut pas s'exposer, lors du retour de la saison des chasses, à les trouver trop gras, sans haleine et prompts à se fatiguer ; il faut qu'ils soient continuellement entraînés pour pouvoir suivre les chevaux et remplir leur but.

§ V. — Reproduction.

Tout le monde sait que c'est par le choix des plus beaux individus que l'on parvient à former de belles races, mais on n'est pas également d'accord sur la manière de faire ce choix.

La plus grande partie des savants du commencement du

siècle, Buffon en tête, veulent que ce soit au loin qu'on aille chercher les mâles : ils prétendent que la dégénération suit promptement les races reproduites par les animaux élevés sur le même sol; à plus forte raison rejettent-ils toutes les unions du même sang, ce que les Anglais appellent *in and in*. Ce système, longtemps suivi pour l'élève des animaux et surtout des chevaux en France, compte encore beaucoup de partisans. Cependant l'expérience des Anglais, qui ont formé de si belles races de bestiaux exclusivement par les accouplements consanguins, a déjà ébranlé bien des convictions, qu'un petit bout de raisonnement suffirait pour détruire tout à fait, si en France on était moins routinier et plus observateur. En effet l'union consanguine de deux reproducteurs parfaits que peut-elle produire, sinon un produit doublement parfait, de même que l'union consanguine de deux facteurs imparfaits ne peut donner qu'un produit réunissant toutes les imperfections des deux auteurs. Toute la question de la consanguinité est là, et point n'est besoin de noircir des pages innombrables de papier pour l'expliquer. Il y a soixante-quinze ans que Delabère-Blaine expliquait déjà qu'aucune mauvaise influence ne pouvait résulter de la consanguinité en elle-même, que les défauts et les qualités étaient transmis au produit par ses ascendants également, qu'ils soient parents ou non. Il en résulte donc que le premier et le seul principe à suivre pour conserver une race est de prendre, dans chaque race, les individus les plus beaux pour servir à la reproduction en ayant soin de contrebalancer les défauts des uns par les beautés des autres.

Pour créer une race nouvelle il faut, par suite des mêmes principes, choisir les producteurs qui présentent au plus haut degré les qualités ou les aptitudes que l'on veut perpétuer, et c'est surtout par la consanguinité que l'on arrive à ce résultat, parce que c'est surtout chez les membres d'une même famille que l'on trouve les mêmes aptitudes et les mêmes qualités, qui sont en quelque sorte élevées au carré, c'est-à-dire doublées, dans le produit, quand elles existent à la fois chez les deux reproducteurs.

Passons maintenant à l'hygiène des reproducteurs, ou plutôt de la chienne qui a été couverte, car à ce point de vue nous n'avons pas à nous occuper du mâle.

L'hygiène des chiennes pendant leur plénitude, c'est-à-dire pendant neuf semaines, ou soixante-cinq jours au plus, ne diffère pas de celle des autres chiens. Quand elles deviennent trop lourdes il faudra se borner pour tout exercice à une promenade au pas, mais il est de toute nécessité que cette promenade soit répétée tous les jours jusqu'au terme extrême.

Les seuls soins à prendre au moment de la parturition, qui s'accomplit d'ordinaire facilement et toute seule, c'est la préparation du nid, au moyen d'un grand panier à fond plat garni d'un vieux tapis que l'on dispose dans une loge isolée et obscure.

Si l'accouchement est laborieux, ce qui n'arrive guère que quand l'appareillement a été mal compris et que le mâle a été de plus forte taille que la chienne, ou que l'accouplement a été le résultat du hasard, il faut alors recourir à l'homme de l'art.

La chienne produit habituellement de six à douze petits, quelquefois moins, rarement plus; l'intervalle de sortie entre chaque petit est ordinairement d'un quart d'heure. La chienne se suffit à elle même pour tout ce qui regarde la délivrance et les soins aux nouveau-nés.

Pendant les premiers temps de l'allaitement, il faut laisser la chienne dans le repos le plus complet; ne pas la visiter trop souvent, surtout ne pas laisser approcher les étrangers, car la chienne cherchera alors un endroit plus tranquille pour ses petits que celui où elle est si facilement dérangée. La nourriture, pendant ce temps, sera la même qu'avant, elle sera seulement plus abondante surtout en viande. En somme, une chienne en bonne santé donne peu d'embarras à cette époque, surtout si on a soin de ne pas lui laisser un trop grand nombre de petits, ce qui l'épuiserait, et si on lui en laisse assez pour que la sécrétion lactée soit suffisamment entretenue pour éviter les maladies consécutives à l'*empissement laiteux*, ou engorgement des mamelles, telles que : abcès, gangrène, tumeur, etc., etc.

Si la privation accidentelle de tous ses petits venait à provoquer chez une chienne l'apparition de cet accident, l'engorgement et l'inflammation des mamelles, lequel se reconnaît au volume énorme de ces organes qui sont, de plus, chauds et douloureux, on le combat en mettant la chienne à la diète, en lui donnant des purges répétées (30 grammes d'huile de ricin ou de sirop de nerprun), et en badigeonnant les mamelles avec un liniment oléo-calcaire, composé de craie triturée intimement dans l'huile jusqu'à consistance de pâte claire.

Nous allons passer à l'hygiène de l'élevage qui terminera le chapitre.

§ VI. — Élevage du chien.

Ce paragraphe est certainement un des plus importants de l'hygiène du chien, aussi lui donnerons-nous une certaine extension.

Nous avons dit que la chienne se suffit à elle même pour les soins à donner à ses nouveau-nés; il n'y a qu'à la laisser faire, lui fournir une loge tranquille et un peu obscure mais spacieuse, et ne pas la déranger par des visites trop fréquentes, car si elle vient à être ennuyée, elle prend le parti de porter ses petits ailleurs, — ce qu'elle fait très délicatement en les prenant par la peau du cou. Pendant les premiers jours de leur existence on n'a donc pas à s'occuper des petits chiens, leur mère s'en charge en les entourant de tous les soins dictés par l'amour maternel le plus vif : outre la nourriture, c'est-à-dire son lait, qu'elle leur fournit à bouche que veux-tu, elle les lèche, les nettoie, les réchauffe par son contact continuel, car elle ne les quitte pas un seul instant pendant la première semaine, enfin elle les garde avec un soin jaloux et se précipite témérairement au-devant du danger si la vie de ses chers petits vient à être menacée ou à lui paraître telle.

Certaines personnes croient que parmi les petits de chaque portée il en est un qui est le favori de la mère, que, pour le reconnaître, il suffit d'enlever les nourrissons de leur couche et d'observer quel est celui d'entre eux qu'elle y apporte le premier; celui-ci serait, dit-on, le préféré. Cela n'est pas vrai : il n'y a qu'à répéter l'expérience plusieurs fois et on verra que ce ne sera pas toujours le même.

On ne laisse ordinairement à une chienne que deux, trois, ou quatre petits au plus, d'une portée, afin de ne pas l'affaiblir. Il n'est pas nécessaire d'ajouter qu'il faut bien nourrir une chienne qui allaite; nous l'avons déjà dit.

Une chienne se laisse parfaitement aller à nourrir les petits d'une autre, et c'est à trouver une nourrice de même espèce, — et autant que possible de même taille — qu'il faudrait arriver si un accident venait à priver des petits chiens de leur mère; ce moyen serait infiniment préférable à l'élevage au biberon, moyen extrême que l'on peut employer, mais qui peut avoir, pour l'avenir du sujet, des conséquences que n'a jamais l'allaitement maternel, ou par une nourrice de la même espèce. Mieux vaudrait même une chatte que le biberon, d'autant plus que les chattes se prêtent très bien à nourrir des petits étrangers, mieux même, dit-on, que les chiennes qui, en pareille occurrence, ne répriment pas toujours un froncement de museau ou de légers grognements.

On laisse généralement les petits chiens teter leur mère pendant six semaines. Ce laps de temps est beaucoup trop court, et, en ceci, comme en toutes choses, il faut observer les règles posées par la nature et attendre le sevrage naturel qui est complet vers le troisième mois. A ce moment les petits chiens mangent déjà depuis près de deux mois; en ayant soin de ne plus donner à la mère que sa ration habituelle, son lait tarit promptement, et elle-même alors ne souffre plus que ses petits la tettent, on peut alors les séparer d'elle et les nourrir à part, si les circonstances l'exigent ; mais ce n'est guère qu'à six mois que les jeunes chiens deviennent spontanément indépendants de leur mère.

Les petits chiens, en naissant, sont aveugles, c'est-à-dire que leurs paupières sont adhérentes, et, elles ne s'ouvrent guère que vers le douzième jour. Par contre ils ont leurs incisives et leurs crochets de lait, qui dans tous les cas, apparaissent peu de jours après la naissance s'ils n'existent pas à ce moment là. Entre l'âge de deux à trois mois, et dans certaines races entre trois et quatre, s'opère le remplacement des dents de lait par des dents d'adultes ; ce n'est que quand ces dernières dents sont complètement poussées qu'on peut donner aux jeunes chiens la même nourriture qu'aux vieux ; jusque-là les soupes de viande et les laitages doivent former la base de leur nourriture dans laquelle on fera entrer de temps en temps de la viande crue.

Après neuf mois, les chiens pissent en levant la cuisse, et à un an ils sont adultes ; on peut alors commencer leur éducation ou leur dressage.

Jusqu'à présent nous n'avons parlé que de la nourriture des jeunes chiens, mais il est deux autres points de leur hygiène que nous ne devons pas oublier, car ils sont peut-être plus importants que le premier, nous voulons parler de l'habitation et de l'exercice.

Jusqu'à ce que le petit chien voie clair, il ne fait que ramper, se traîner sur le ventre pour atteindre les mamelles de sa mère ou se pelotonner contre elle ou contre ses frères et sœurs pour dormir, ce qui constitue sa grande occupation à cet âge. Petit à petit ses petits membres acquièrent de la force, et vers le 10ᵉ et le 12ᵉ jour, ils commencent à supporter le corps et à se prêter à la marche debout. Du 20ᵉ au 30ᵉ jour le petit chien court et folâtre. A partir de ce moment il faut que la loge de la chienne soit continuellement ouverte sur le préau, et celui-ci à la libre disposition des jeunes chiens, car, s'il est une chose essentielle à leur santé présente et à venir, c'est l'exercice et le grand air. Cela est si vrai qu'il est à peu près impossible d'élever *dans un appartement*, et *seul*, un chien de chasse, quels que soient les autres soins dont on l'entoure, du reste, et de l'amener à bien. Il faut, au jeune chien, des petits camarades pour jouer, car le jeu est sa vie pendant la première année et il lui faut le pré pour pouvoir se rouler sur l'herbe, prendre ses ébats, faire des niches et des surprises à ses frères, courir après eux à fond de train, et se faire courir ensuite après. Un chien élevé dans ces conditions et nourri comme je l'ai indiqué, ne présentera pas, *je le garantis*, la moindre trace de *la maladie*, véritable gourme des chiens, qui comme toutes les gourmes, que ce soit celle de l'enfant ou celle du jeune cheval, n'est autre qu'une protestation, une révolte de la nature contre l'inobservation de ses lois hygiéniques.

Du moment où les jeunes chiens sont séparés de leur mère et jusqu'à ce qu'ils soient adultes, ils doivent être logés ensemble dans un chenil séparé de celui des autres chiens. Ce local doit être surtout sec, bien abrité, mais nullement chaud, les chiens supportant très bien et à tout âge le froid. Il doit être aussi très spacieux, très vaste surtout en hauteur; une écurie à cheval de deux ou trois stalles et vide conviendrait parfaitement pour une loge à jeunes chiens, parce que là ils peuvent s'ébattre et s'amuser en attendant qu'on leur ouvre la porte de la cour ou du préau.

Si après le sevrage un jeune chien est séparé de ses frères, plutôt que de le laisser seul et isolé, et si on ne peut lui donner un camarade de son âge, mieux vaut le mettre avec des chiens adultes, car la société de ses semblables lui est absolument nécessaire; voilà pourquoi la pratique de mettre un jeune chien en pension chez un garde qui en possède d'autres est bonne, malgré le danger auquel on l'expose de contracter des maladies de peau contagieuses. Cela est toujours préférable pour lui à l'isolement et surtout au séjour dans un appartement, quelque luxueux qu'il soit.

Avant de terminer cet article, je veux encore revenir sur la question nourriture. En effet, c'est dans la nourriture que les animaux en général et les chiens en particulier puisent les éléments de leur développement, développement qui est favorisé par l'exercice, le grand air, et en un mot par tous les agents hygiéniques dont nous avons déjà parlé ; on comprend alors que j'insiste sur cette question.

Après le sevrage, la nourriture doit être présentée fréquemment aux jeunes chiens, environ toutes les quatre heures. Cette nourriture doit être composée, partie de bouillon et de viande de tête de mouton ou de tripes, partie de bouillie cuite de farine et de lait ; on peut ajouter à ce régime quelques restes de cuisine. La régularité des repas est très importante et favorise le développement du corps et le maintien de la santé, c'est un axiome qui est ressassé dans tous les traités d'hygiène. — Il est très nécessaire, après le repas des jeunes chiens, de ne pas laisser séjourner de restes dans leurs écuelles lorsqu'ils sont repus ; s'il y a des reliefs dans les vases, il faut les jeter, nettoyer scrupuleusement ces ustensiles et les remplir d'eau fraîche qui reste à la disposition des jeunes chiens (eau filtrée ou de fontaine pour éviter les vers intestinaux).

Au fur et à mesure que les jeunes chiens avancent en âge, on supprime progressivement la bouillie lactée que l'on remplace par de la soupe et quelques portions de viandes, de tripes ou de cheval cuite ou crue. Faute de viande ou de sang frais, on pourra donner du sang desséché à l'étuve et réduit en poudre, délayé dans la soupe ; une cuillerée à soupe équivaut à 100 grammes de viande fraîche ; cette poudre a l'avantage de se conserver de longs mois.

Enfin, quand le chien aura un an, c'est-à-dire aura atteint l'âge adulte, et commencera son dressage, son ordinaire sera surtout composé de la *mouée*, c'est ainsi que l'on appelle une soupe épaisse de tripes qui doit faire la base de la nourriture du chien de chasse ou du chien de garde de forte race. Cette *mouée* consiste dans une certaine quantité de tripes ou de panses de mouton, *bien lavées*, que l'on fait bouillir trente ou quarante minutes dans une petite quantité d'eau. Ce bouillon est versé sur des râpures de pain bis, de manière à former une pâtée consistante, comme une *soupe d'Auvergnats*, on mélange à cette pâtée les tripes cuites, refroidies et coupées en petits morceaux, et ce pouding d'un nouveau genre est servi au chien dans la proportion de 300 grammes environ par repas et par chien de moyenne taille. Le chien adulte ne doit faire que deux repas comme nous l'avons déjà dit.

A l'époque de la chasse, on ajoute à la *mouée* quelques tranches de viande de cheval crue. Hors de cette saison on n'en donnera que de temps en temps à titre de friandise. Au lieu de pain râpé ou émiété, on peut employer pour composer la mouée de la farine de froment et de seigle mélangés, ou même des pommes de terre cuites et écrasées, il est même bon de varier ces substances qui sont les seules du règne végétal devant entrer dans la ration du chien. Enfin, comme boisson, de l'eau propre à discrétion qui sera constamment à la portée du chien.

Pendant l'élevage des chiens, on a l'habitude, pour certaines races, de couper les oreilles, la queue et quelquefois les ergots. La queue et les ergots doivent se couper à l'âge de quelques semaines, mais pour les oreilles on doit attendre que ces organes soient complètement développés, c'est-à-dire l'âge de quatre mois. On coupe les oreilles aux terriers et à certains chiens de garde pour que les animaux qu'ils combattent ne puisse les saisir par cette partie. On donne alors à ces organes une forme pointue, qui pour être bien faite exige une certaine habileté. On arrondit quelquefois les oreilles aux chiens courants exposés à se les déchirer dans les fourrés et les ronces.

Enfin, pendant la période de l'élevage, on doit s'attacher à habituer le chien à l'obéissance, à répondre à son nom et à suivre son maître; c'est à cela que doit se borner l'éducation à cet âge, le véritable dressage se faisant après l'âge d'un an par des procédés et un art qu'il est difficile de traduire en préceptes et que nous n'aborderons pas.

Nous allons passer de suite à la médecine du chien.

DEUXIÈME PARTIE

MÉDECINE.

La Médecine a été si longtemps une *science de recettes* que je comprends pourquoi le vulgaire voit encore dans le remède un agent doué d'une puissance particulière, occulte, mystérieuse, ayant la propriété d'aller étrangler dans les profondeurs du corps une autre personnalité qu'on appelle la maladie, espèce de démon qui est allé se loger soit dans un organe, soit dans un autre, et déterminer ici l'épilepsie, là une fluxion de poitrine et plus loin une gastrite. Il est vrai que cette idée date de loin, qu'elle a sa source dans les idées religieuses anciennes qui voyaient dans la plupart des maladies internes une possession du démon, ou un châtiment du ciel; aussi pendant tout le moyen âge, la médecine, quand elle n'avait pas pour objet les soins à donner aux plaies et aux blessures, avait pour tout arsenal une série de prières à l'adresse de telle ou telle maladie; pour les maladies du Chien, à ces prières on ajoutait l'apposition, à chaud, de la clef d'une chapelle de saint Hubert, sur la partie extérieure du corps correspondant à l'endroit que l'on supposait malade. — Cette habitude des cautérisations avec des objets plus ou moins sacrés se retrouve chez les Arabes, qui, dans le cas de coliques, même chez l'homme, promènent le dos d'une faucille, ayant la forme d'un croissant et chauffée au rouge, sur le ventre du patient bipède ou quadrupède.

Depuis que les démons ont pris le nom de *fièvres* et que l'on a remplacé les prières par des remèdes, on n'en attribue pas moins aux uns et aux autres le même rôle, la même puissance qu'à leurs prédécesseurs ; rôle aussi ignoré de ceux qui appliquaient que de ceux qui recevaient ; aussi je comprends que la médecine ait été si souvent niée et tournée en ridicule par les Molière et les Beaumarchais passés et présents, et je m'associerais même volontiers aux boutades humoristiques d'Elzéar Blaze sur la médecine vétérinaire de son temps qui, hélas ! est encore pratiquée par les trois quarts et demi des praticiens actuels, et qui n'est qu'un grossier empirisme où la véritable science n'a que peu de part.

« Si la médecine appliquée à l'homme, dit Elzéar Blaze, est une science conjecturale sujette à de graves erreurs, elle le sera bien davantage, appliquée aux animaux, qui ne peuvent pas nous dire où se trouve le siège du mal, ni quelle espèce de mal ils éprouvent. Bien des maladies inconnues à l'homme sauvage attaquent l'homme civilisé. Les animaux domestiques s'éloignant de l'état de nature, par leur contact perpétuel avec nous, les habitudes que nous leur donnons, la nourriture qu'ils trouvent dans nos cuisines, ne peuvent éviter les inconvénients de la civilisation.

» Beaucoup d'hommes sages, quand ils sont malades, restent en repos, boivent de la tisane, se mettent à la diète, et laissent leur médecin dormir en paix. Je conseille aux chasseurs de faire pour leurs Chiens ce que les hommes sages font pour eux-mêmes. En effet, si votre médecin ne vous guérit pas lorsque vous expliquez de point en point tout ce que vous ressentez, comment voulez-vous qu'un vétérinaire réussisse pour votre Chien ? Obligé de deviner le mal d'abord, il doit se tromper deux fois plus que le médecin.

» Plusieurs de mes Chiens ont été malades : l'un fut pensionnaire à l'hôpital des chiens, l'autre à l'École d'Alfort, j'en fis soigner un autre chez moi par un vétérinaire qui connaît fort bien son état; je n'ai jamais obtenu de guérison; j'ai dépensé de l'argent pour faire tourmenter ces pauvres bêtes et voilà tout.

» La nature est un grand médecin, elle indique au Chien de manger de l'herbe à certaines époques; elle désigne l'espèce qu'il faut manger, et le Chien ne se trompe pas.

» Gastaldi, médecin d'une haute réputation méritée, disait à ses amis affligés de le voir mourir sans successeurs : « J'en » laisse deux bien plus savants que moi : la diète et l'eau. »

» Cependant il est des cas où l'expérience a démontré qu'il était bien de seconder la nature. »

Sans croire, avec Elzéar Blaze, que le diagnostic des maladies du Chien soit si difficile, en raison de la mutité de cet animal; sans croire surtout que le Chien guidé par la nature sait choisir les herbes qui conviennent à sa santé, et que la diète et l'eau soient les plus grands médecins, je n'en reconnais pas moins que ses plaintes contre la médecine conjecturale sont fondées.

Mais la médecine conjecturale est en voie de céder la place à une autre : la *médecine expérimentale,* la médecine vraiment scientifique inaugurée il y a quelque trente ans par Claude Bernard, l'illustre professeur du Collège de France, et quand elle sera entièrement constituée, nous serons en possession d'une médecine aussi positive que le sont la physique et la chimie. Je dis : quand elle sera entièrement constituée; car, hélas! elle ne l'est pas encore, elle ne fait que commencer. Seulement, ses jalons sont bien posés, et elle a déjà établi le mécanisme de bon nombre de maladies, et déterminé sûrement l'action de plusieurs médicaments.

La maladie, d'après l'École expérimentale, est le résultat du ralentissement ou de l'exagération de la fonction de certains

organes ou éléments organiques, soit par suite d'un défaut
d'action de l'influence nerveuse qui préside aux fonctions de
ces éléments organiques, soit par suite de la présence d'un
produit de déchet accumulé en trop grande quantité, d'un
ferment, d'un virus, ou d'un parasite. Le rôle de la nouvelle
thérapeutique, cette partie de la médecine qui s'occupe du
choix des agents médicamenteux, est de trouver un agent qui
active ou diminue l'action de certains nerfs, stimule certaines
fonctions éliminatrices, ou détruise les ferments, les virus ou
les parasites.

Je ne veux pas en dire davantage sur les nouvelles théories
médicales, théories fondées sur les résultats d'expériences rigoureuses et d'observations positives, réalisés au moyen des
instruments perfectionnés que la science a aujourd'hui à sa
disposition. Je sais que je m'adresse à un public qui tient
plus aux résultats pratiques qu'aux théories scientifiques,
aussi puis-je lui assurer que, dans les descriptions et traitements de maladies qui feront l'objet de cette deuxième partie
de mon travail, je ne dirai rien, je n'avancerai rien qui ne soit
le résultat de mes propres observations et de mes expériences
faites dans l'esprit de la nouvelle médecine expérimentale. Si
je cite quelquefois des auteurs, ce sera ceux que je connaîtrai
comme étant animés des mêmes sentiments que moi et sur les
assertions desquels je puis compter. C'est pourquoi le nom de
mon excellent ami, M. Camille Leblanc, se trouvera souvent
sous ma plume, non seulement parce qu'il a écrit quelques
articles remarquables sur certaines maladies du chien, mais
encore parce que j'ai pu faire, dans l'infirmerie qu'il dirige
d'une façon si rationnelle, des observations qui sont venues
compléter très heureusement celles que j'avais déjà faites et
me donner les moyens d'augmenter ainsi ma propre expérience.

Avant d'aborder l'étude des maladies du Chien chacune en
particulier, il est nécessaire d'indiquer les caractères géné-

raux communs à toutes les maladies, afin que l'amateur, même novice, puisse connaître quand son Chien est malade.

Nous avons énuméré, au chapitre IV, § 1, de la première partie, les signes généraux de la santé; les signes généraux de la maladie en seront la contre-partie.

Ainsi, au lieu d'avoir la physionomie gaie et éveillée, le regard vif, l'attention attirée par les moindres bruits du dehors, le Chien malade sera triste, abattu, il aura l'œil éteint, la démarche lente, la tête basse et ne fera pas attention à ce qui se passe autour de lui. La peau, au lieu d'être souple et douce, sera sèche, dure et chaude, et ses poils, au lieu d'être lisses et couchés seront rudes et en partie dressés, ce que l'on appelle *piqués*. Les muqueuses de la bouche et des yeux au lieu d'être d'un rose vif et fraîches, seront plus fortement colorées et brûlantes; le bout du nez, la *truffe*, au lieu d'être humide et frais, sera sec et chaud et quelquefois sa couleur noire deviendra marron. L'appétit sera supprimé ou nonchalent. La respiration, précipitée ou haletante, et les battements des flancs dépasseront 16 à 18 par minute, sans que cela puisse s'expliquer par la moindre fatigue. Enfin le *pouls* sera vite, tendu, ou petit, dépassant 90 à 100 pulsations par minute; nous avons déjà dit qu'on l'explore en palpant l'artère fémorale dont on sent très facilement les battements en dedans et en haut de la cuisse.

Après ces renseignements généraux sur les signes de la maladie chez le Chien, nous allons passer à la description de chaque maladie en particulier.

Les auteurs qui ont écrit sur les maladies du Chien les ont généralement classées par ordre alphabétique afin de faciliter les recherches. Nous ne suivrons pas cet ordre, nous en prendrons un qui nous paraît plus naturel : nous étudierons d'abord les maladies du jeune âge, puis celles de l'âge adulte, classées en autant de chapitres qu'il y a d'appareils fonctionnels, ensuite nous consacrerons des chapitres spéciaux à certaines catégories de maladies susceptibles d'être observées à tout âge et formant du reste des familles très naturelles comme les maladies de peau, les maladies virulentes ou contagieuses, etc. Nous laisserons, de cette façon, ensemble, des matières qui ne peuvent être séparées sans inconvénient, et la table, qui terminera notre travail, donnera toutes les facilités possibles pour les recherches.

CHAPITRE PREMIER

MALADIES DES JEUNES CHIENS.

Nous allons prendre le jeune Chien à sa naissance et passer en revue toutes les infirmités et maladies dont il peut être atteint jusqu'à l'âge adulte, c'est-à-dire jusqu'à l'âge de douze à quinze mois. Nous commencerons par les infirmités congénitales.

Infirmités congénitales et vices de conformation.

En naissant, le jeune Chien peut être *rachitique*, *goîtreux*, *monstrueux*, ou présenter simplement des arrêts de développement de certaines régions comme le *bec-de-lièvre* et la *gueule-de-loup*.

RACHITISME. — Les exemples de rachitisme, surtout chez les Chiens appartenant aux races d'appartement, se rencontrent assez souvent. On reconnaît qu'un Chien naît rachitique quand il se présente avec un certain état de maigreur et les articulations gonflées, tuméfiées et dures, sans être douloureuses, surtout l'articulation huméro-radiale ou rotulienne. Nous avons vu une Levrette présenter un vice en naissant, qu'on persista à élever quand même et on y parvint à force de soins, d'aliments très azotés, lait et viande crue pendant un an ; elle n'en persista pas moins à présenter des articulations volumineuses, et les deux articulations huméro-radiales ou du grasset restèrent ankylosées.

Il est évident que si des Chiens de races utiles, comme les

Chiens de chasse ou de garde, naissaient rachitiques, il faudrait les sacrifier impitoyablement quel que soit leur *pedigree*, car ils ne donneront jamais rien. Il faut même éviter à l'avenir de faire reproduire une lice qui a donné des Chiens rachitiques, car cela annonce ordinairement une altération grave de la constitution. Il est vrai qu'une Chienne, qui aura été mal nourrie pendant sa grossesse, peut accidentellement donner des Chiens rachitiques, mais le fait général n'en existe pas moins, et on doit toujours conclure qu'une portée de Chiens rachitiques accuse la mauvaise constitution de la mère.

Goitre. — Le goitre est le résultat de l'hypertrophie des glandes tyroïdes ; il se présente sous la forme de deux tumeurs symétriques et égales, du volume et de la forme d'une moitié d'œuf de pigeon ou plus, situées côte à côte au-devant du cou, près de la mâchoire inférieure.

Le *goître* est une variété de *rachitisme*, moins grave que la précédente, parce que la constitution paraît moins fortement atteinte, mais qu'il est à peu près impossible de faire disparaître ; heureusement que le goître se présente rarement chez le Chien, car nous n'en connaissons guère qu'un exemple.

Un jeune Chien qui naît goîtreux doit être sacrifié, car il y a peu d'espoir qu'il donne quelque chose de bon. Si l'on veut à tout prix l'élever, il faudra le sevrer très tard et le mettre immédiatement après le sevrage au régime de la viande de cheval crue. Si l'on ne peut se procurer cet aliment, on le remplacera par de la viande ou du sang desséché et en poudre, préparation qui se conserve fort bien pendant de longs mois parfaitement intacte. On fera en même temps sur les tumeurs goîtreuses des frictions avec la pommade iodurée suivante :

Iodure de potassium. . . . . 4 grammes.
Axonge benzoïnée. 30   id.

Bec-de-lièvre, gueule-de-loup. — Le *bec-de-lièvre* consiste

dans l'existence d'une fente de la lèvre supérieure correspondant à l'une ou à l'autre narine, et quand cette fente intéresse
non seulement la lèvre, mais encore l'os de la mâchoire qui est
en dessous, et se continue au palais qui présente alors une
solution de continuité plus ou moins grande ou même complète, cette infirmité se nomme *gueule-de-loup*.

Le *bec-de-lièvre* et la *gueule-de-loup* sont la conséquence
d'un arrêt de développement pendant la vie intra-utérine. On
sait que cette infirmité est assez fréquente dans l'espèce humaine. On n'en avait pas encore signalé d'exemple chez les
animaux quand nous en avons constaté un dans une nichée
de bull-terriers. La mère était blanche et délicate ; elle avait
mis bas cinq petits, trois mâles et deux femelles. Les mâles,
après s'être livrés à des efforts impuissants pour s'alimenter,
moururent le 3e jour de leur naissance après être restés mâigres
et chétifs ; les deux femelles au contraire étaient grasses et
dodues et s'élevaient parfaitement. A l'examen des cadavres de
leurs petits frères, nous constatâmes que tous les trois étaient,
non seulement *bec-de-lièvre*, mais bien *gueule-de-loup* complets ; ainsi s'expliquait l'inutilité de leurs efforts pour teter,
car la succion avec leur infirmité était impossible.

Comme nous avons pu suivre, pendant plusieurs générations, la descendance des deux Chiennes, sœurs des Chiens
infirmes en question, et que cette infirmité ne s'est pas repro-
duite, il y a toute raison de croire qu'elle n'est pas héréditaire
et qu'on peut avoir de bons produits d'une Chienne qui aura
mis au monde une fois des *becs-de-lièvre*.

Comme traitement de cette infirmité, il n'y a rien à faire,
bien entendu, qu'à sacrifier les petits Chiens qui en sont
affectés.

MONSTRUOSITÉS. — Les monstruosités sont très rares chez
les Chiens, bien que Isidore Geoffroy-Saint-Hilaire, dans son
Traité des anomalies, en signale quelques exemples qu'il a

classés parmi les *Hémitéries diverses*, les *Hermaphrodites*, les *Monstres unitaires*, les *Monstres doubles* et même les *Monstres triples*. Ces monstres, surtout des derniers groupes, peuvent rendre les accouchements laborieux et même compromettre la vie de la mère ; c'est en cela qu'il est bon de connaître la possibilité de leur existence, car ils ne sont intéressants qu'au point de vue exclusivement scientifique. Si la mère se tire saine et sauve de l'accouchement d'un monstre, rien n'empêche qu'elle ne fasse plus tard des petits parfaitement conformés et de valeur.

OCCLUSION PERMANENTE D'OUVERTURES NATURELLES. — On a signalé chez l'enfant et même chez quelques animaux, le porc par exemple, l'*imperforation de l'anus* ; nous ne sachons pas que pareil fait ait jamais été observé chez le Chien. Ce peut être dans ce cas une de ces causes de mort souvent obscure des petits à la mamelle ; en examinant bien les petits sujets morts ainsi, on arrivera peut-être à en rencontrer des exemples.

Nous avons vu, par exemple, sur toute une nichée de très petits Havanes, une occlusion presque complète de la bouche : il n'y avait en avant qu'un très petit trou de 2 millimètres de diamètre ce qui rendait impossible la préhension du mamelon et sa succion et amenait inévitablement la mort. Chose curieuse, tous les petits que mettait au monde la petite Chienne Havane en question, laquelle était grosse comme le poing, étaient conformés de la même façon et il fut impossible d'avoir de sa race qui était très prisée à cause de sa petitesse. La nature sans doute ne voulait pas pousser plus loin un degré d'abâtardissement qui était extrême.

HERNIE OMBILICALE. — Bien que la *hernie ombilicale* des jeunes Chiens ne s'aperçoive pas en général immédiatement après la naissance et qu'au contraire elle ne se montre que quelques semaines après, elle n'en doit pas moins être classée parmi les « *Infirmités congénitales* », car elle a pour cause la persistance de l'ouverture qui est percée à travers les tuniques abdominales pour le passage du cordon chez le fœtus. Normalement, chez les Chiens, le cordon est atrophié et la cicatrice de l'ouverture en question est faite en quelque sorte d'avance, un ou deux jours avant la naissance; c'est ce qui fait que chez le Chien, comme chez tous les animaux, la ligature du cordon, indispensable chez les enfants, est inutile chez eux. Par exception, il peut arriver que la cicatrice ombilicale n'intéresse que la peau et que l'ouverture des tuniques abdominales sous-cutanées reste béante; ceci ne se remarque que lorsque les intestins se sont développés et remplis par une alimentation lactée de quelques jours et même de quelques semaines et que le jeune animal commence à prendre quelques ébats, alors une petite portion d'intestin vient passer par l'ouverture ombilicale non fermée et produire sous la peau une petite saillie du volume d'une noisette ou d'une petite noix : c'est ce qu'on appelle une *hernie ombilicale*. On la distingue facilement en ce qu'elle s'efface par la pression, l'intestin rentrant alors dans l'abdomen.

La *hernie ombilicale* chez les jeunes Chiens est rarement suivie d'accident et même en général elle se guérit d'elle-même et disparaît vers l'âge adulte par suite d'une obturation lente et spontanée de l'ouverture ombilicale. Mais elle persiste quelquefois indéfiniment surtout chez les Chiens turbulents, entretenue qu'elle est par les mouvements désordonnés, et elle peut alors avoir des conséquences graves surtout chez des Chiennes pleines; il peut y avoir étranglement d'intestin mortel.

Un bandage compressif méthodiquement placé, maintenant une petite compresse un peu épaisse sur la hernie, aide à sa guérison spontanée. Si le bandage ne suffit pas, on est obligé d'en venir à une ligature du sac herniaire au moyen d'un cor-

don de caoutchouc bien placé autour de la base de ce sac dont
on a fait sortir avec soin l'intestin. On peut aussi faire la cautérisation du sac herniaire au moyen d'un badigeonnage, mais
d'un seul, d'acide azotique. La plaie qui résulte de la ligature
ou de la cautérisation, doit être préservée de l'action de la
langue du chien par un bandage maintenu jusqu'à cicatrisation complète.

Alimentation insuffisante.

Souvent, dans une nichée de jeunes Chiens, quelques-uns
restent maigres et souffreteux, ou même tous se présentent dans
cet état, et on les voit mourir successivement sans qu'on en
soupçonne la cause. Ces cas se présentent surtout quand le
nombre des produits est peu considérable, ou quand la mère
est très âgée, ou encore quand la mère est déjà d'un certain
âge et primipare. Si on fait l'autopsie des petits cadavres on
voit que tous les organes sont sains bien que tous les tissus
soient pâles et décolorés et le sang clair et tachant peu les
doigts, mais ce qui frappe c'est que les organes digestifs sont
flasques et vides ! Effectivement, les jeunes sujets sont morts
de faim. On en a la preuve bien évidente si on examine la
mère : ses mamelles sont peu gonflées, peu développées et on
a de la peine à faire sourdre du lait.

On peut sauver des jeunes Chiens qui souffrent de la faim
en leur trouvant immédiatement une autre nourrice ou même
en suppléant à l'insuffisance de la mère par du lait de vache
donné au moyen du biberon. Dans ce cas on peut donner le
lait pur et surtout bien frais, tout chaud s'il est possible, sans
le couper d'eau ou d'eau de gruau. Par ce procédé, les jeunes
Chiens s'élèvent parfaitement, bien mieux que les rejetons de
l'espèce humaine et ils acquièrent une santé robuste si ce genre
de nourriture est suffisamment prolongé, au moins deux mois

et demi à trois mois et si on le remplace ensuite par de bons bouillons de tête ou de tripes de mouton.

Asphyxie.

On trouve souvent le matin, dans le nid, un jeune Chien mort à côté de ses frères bien portants comme lui l'était la veille. Si on examine la mère, on voit que le lait est très abondant et que le jeune sujet ne peut être mort de faim. Mais si on fait l'autopsie, on trouve une congestion sous-crânienne, les poumons imbibés de sang et des caillots énormes dans le cœur, toutes lésions qui accusent l'asphyxie. C'est qu'effectivement, soit que le panier qui sert de nid aux chiots soit trop étroit, soit par inadvertance, la mère se sera couchée sur son petit et l'aura étouffé.

Le moyen de prévenir cet accident, c'est une surveillance de tous les instants surtout pendant les premiers jours où l'instinct maternel n'est pas encore complètement développé et n'a pas encore suggéré à la jeune mère tous les procédés qu'elle doit mettre en œuvre pour la conservation de la santé de sa progéniture.

Il faut veiller aussi à ce que le panier qui sert de lit soit large et peu profond, garni au fond de foin doux ou de regain très propre recouvert au besoin d'un vieux tapis.

Vers intestinaux.

Après la faim dont nous venons de parler, la première maladie qui peut tourmenter les jeunes Chiens, est celle que causent les vers intestinaux du genre *Ascaride*.

Les jeunes animaux et surtout les jeunes Chiens, sont un terrain de prédilection pour les vers et les parasites en général. Les Ascarides surtout se développent quelquefois de si bonne

heure chez les jeunes Chiens que l'on a pu les regarder, et
tout récemment encore, comme le résultat d'une génération
spontanée. En effet, nous avons vu des jeunes Chiens de trois
semaines qui n'avaient encore pris, semblait-il, d'autre aliment que le lait de leur mère, mourir les intestins bondés de
vers. Or, la science a démontré que les Ascarides ne se reproduisent que par des œufs, d'où sortent des embryons microscopiques qui vivent longtemps dans l'eau en attendant l'occasion
de s'introduire dans un organisme favorable à leur développement; c'est donc par l'eau crue spécialement que les jeunes
animaux s'infectent et cette eau crue ils la trouvent soit dans
les flaques ou ruisseau de la cour du voisinage de la niche
maternelle, soit dans la soupe même de leur mère à laquelle
ils essaient de goûter de bonne heure, soupe le plus souvent
faite *à froid*, d'un ramassis de croûtes de pain et de restes de
cuisine mouillés avec de l'eau du robinet.

Les exemples de jeunes Chiens déjà tourmentés par les vers
à trois ou quatre semaines, bien qu'authentiques, — nous en
connaissons deux exemples, — sont cependant rares; mais
ces parasites sont extrêmement communs vers l'âge de deux
mois.

La présence des vers s'accuse d'abord par un défaut d'embonpoint bien que le ventre soit gros, le mauvais poil, l'inappétence ou un appétit déréglé; quelquefois par des attaques
épileptiformes simulant la véritable épilepsie et même l'éclampsie dont nous parlerons plus loin et surtout par des vomissements dans lesquels on constate l'expulsion d'un certain
nombre de vers, nombre qui est allé chez une jeune Chienne
setter Gordon, de notre connaissance, âgée de 6 semaines,
jusqu'à une quarantaine ; les vers sont quelquefois aussi, mais
moins souvent, rejetés avec les excréments.

Les vers en question, que les naturalistes ont nommé *Ascaris
marginata*, sont cylindriques, atténués aux deux extrémités
blanchâtres ou jaunâtres, à peau finement striée en travers.

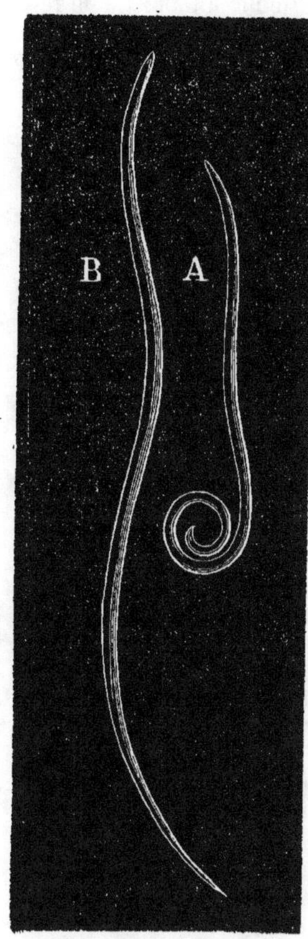
Fig 51. -- *Ascaris marginata.*

Les mâles (fig. 51, A), sont longs de 5 à 10 centimètres sur une épaisseur de 1 à 1 1/2 millimètres et se distinguent des femelles par leur plus petite taille et par leur queue enroulée et obtuse vers l'extrémité de laquelle on voit, à la loupe, deux fins spicules péniens quelquefois assez longs. La femelle B est longue de 6 à 12 centimètres, épaisse de 1 1/2 à 2 millimètres et a la queue droite et effilée ; la vulve peu apparente est située vers le tiers antérieur du corps ; les œufs, qui sont innombrables, sont excessivement petits, visibles seulement au microscope, ovoïdes et ont un diamètre de $0^{mm},078$ à $0^{mm},080$.

Ces vers, qui sont d'autant plus petits, quoique adultes, que l'animal qui les nourrit est lui-même plus jeune, habitent l'intestin grêle et souvent l'estomac des jeunes Chiens, c'est dans ce dernier cas qu'ils provoquent des vomissements et sont mêlés à la matière expectorée qui n'est ordinairement qu'une matière glaireuse. Dans l'intestin ils sont quelquefois si nombreux qu'ils remplissent entièrement certaines portions de cet organe, le distendent comme une saucisse et en abolissent complètement les fonctions ; aussi, dans ce cas, la mort arrive-t-elle rapidement.

Ce n'est souvent qu'à l'autopsie du jeune animal qu'on reconnaît qu'il a été tué par les vers, et c'est alors une précieuse indication sur l'état de santé de ses frères de la même nichée ; c'est ainsi qu'à la suite de l'autopsie d'un petit Chien de 3 semaines d'une belle portée de petits Braques français, à notre ami le capitaine C., nous avons pu sauver tous les autres au moyen de vermifuges donnés à temps.

On débarrasse un jeune Chien des ascarides qui le tourmentent par les mêmes moyens que ceux qu'on emploie chez les enfants ; le meilleur vermifuge dans ce cas est le *semen-contra* ou son principe actif la *santonine*. Le *semen-contra* peut être donné en nature à la dose de 10 à 15 grammes suivant la taille du jeune animal, en suspension dans du lait. La santonine se donne à la dose de 2 à 3 centigrammes, que l'on administre sous forme de poudre dans du lait, ou mieux encore en pastilles ou en biscuits que l'on trouve tout préparés dans les pharmacies.

Bien que l'on trouve souvent à l'autopsie de tous jeunes Chiens, un petit ténia filiforme, que l'on a nommé *Tænia cucumerina*, ce n'est qu'à l'âge adulte que les ténias tourmentent réellement les Chiens, et nous nous en occuperons dans le chapitre des *Affections du tube digestif*. Comme *ver intestinal* chez les jeunes Chiens, il n'y a donc que l'Ascaride qui joue un rôle important.

Puces.

Tout le monde sait combien les puces tourmentent les jeunes Chiens, qu'elles envahissent souvent peu de jours après leur naissance. Leurs piqûres répétées privent de repos ces jeunes animaux et finissent ainsi par amener l'épuisement.

Le vulgaire croit que la puce du Chien est la même que celle de l'homme et pourtant elle présente des différences appréciables à la loupe : elle porte en arrière de la tête et dans le bas des joues des rangées d'épines noires formant peigne qui n'existent pas chez la puce humaine ; elle attaque quelquefois l'homme, mais elle ne reste pas sur lui et retourne promptement à son habitat naturel.

Pour pouvoir en débarrasser facilement et promptement les jeunes Chiens, il est nécessaire de connaître la manière de vivre et de se reproduire de cet insecte.

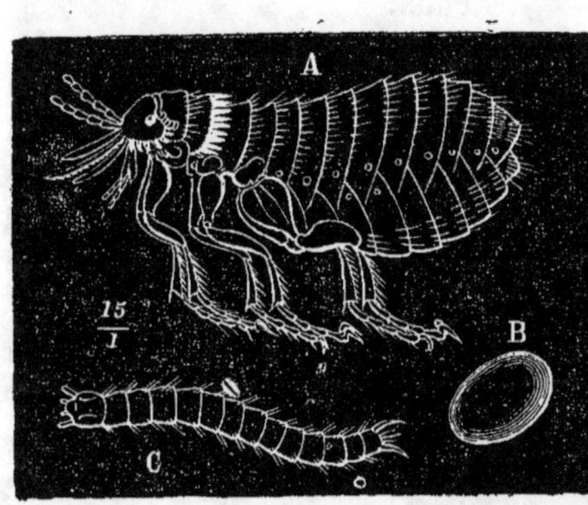

Fig. 52. — *Pulex canis.*

La puce du Chien, dont nous donnons la figure ci-contre (fig. 52, A), pond des œufs (B) qui ne s'attachent pas aux poils comme ceux des poux, mais qui roulent au fond du nid dans la poussière qui s'y trouve et qui est surtout constituée par les déjections desséchées des puces elles-mêmes. De ces œufs sortent des larves, sortes de petites chenilles très agiles (C), blanches, avec une raie foncée médiane, qui vivent en rongeant les globules de sang digérés et desséchés, rejetés par les puces adultes. Les larves de puces restent au fond du nid des jeunes Chiens et ne s'attachent pas à eux ; elles se changent en crysalides et de ces crysalides sortent de jeunes puces, qui n'ont plus qu'à se gonfler de sang pour ressembler à celles dont elles proviennent.

On comprend maintenant qu'il ne suffit pas de détruire les puces que les jeunes Chiens ont sur le corps pour les en débarrasser complètement, il faut surtout détruire la source, c'est-à-dire les larves et les œufs qui sont dans le nid, soit en les échaudant à l'eau bouillante, soit en brûlant la paille ou le foin du nid, enfin en nettoyant fréquemment la niche et en la lavant avec de l'eau chaude chargée de potasse ou de soude. Quant aux puces adultes qui sont sur le corps des petits Chiens, on les détruit en insufflant au fond du poil de la poudre de pyrèthre fraîche.

Poux.

Les poux peuvent envahir les jeunes Chiens presque en même temps que les puces car on en a constaté souvent en quantité à l'âge de un mois à six semaines, surtout sur des chiots de race à long poil comme les griffons d'arrêt, ce qui n'empêche pas qu'on en ait constaté aussi chez de jeunes beagles venant d'être sevrés.

Les poux amènent, comme les puces, le dépérissement par les tourments qu'ils provoquent et le manque de sommeil qu'ils amènent.

Les poux des Chiens sont de deux espèces.

La première, qui appartient au groupe des Pédiculidés, ou vrais poux, a été nommée *Hematopinus piliferus*; nous la représentons à la figure ci-contre (fig. 53), où elle est grossie 25 fois en diamètre. Ce poux, quoique très petit, plus que le suivant, car il ne dépasse guère un millimètre à un millimètre et demi de longueur, a une

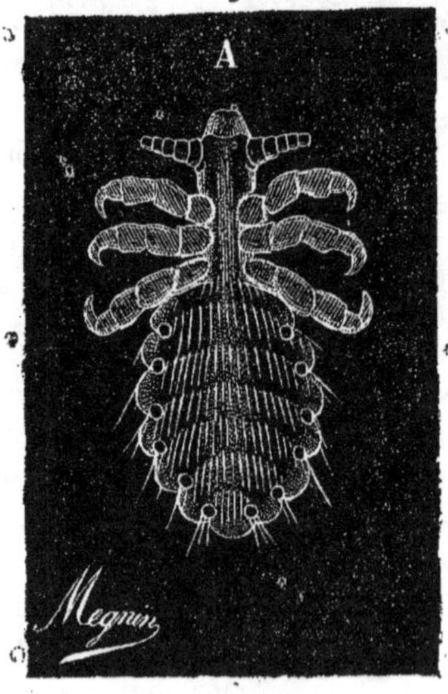

Fig. 53. — *Hematopinus piliferus*.

action bien plus irritante, car il pique à la façon des puces, au moyen d'un bec armé de petits dards aigus. Il se multiplie en pondant des œufs qu'il colle aux poils, et de ces œufs, ou *lentes*, sortent directement de jeunes poux qui agissent immédiatement comme leurs parents, en piquant la peau pour absorber le sang dont ils se nourrissent. Ils diffèrent par conséquent beaucoup des puces au point de vue de leur développement.

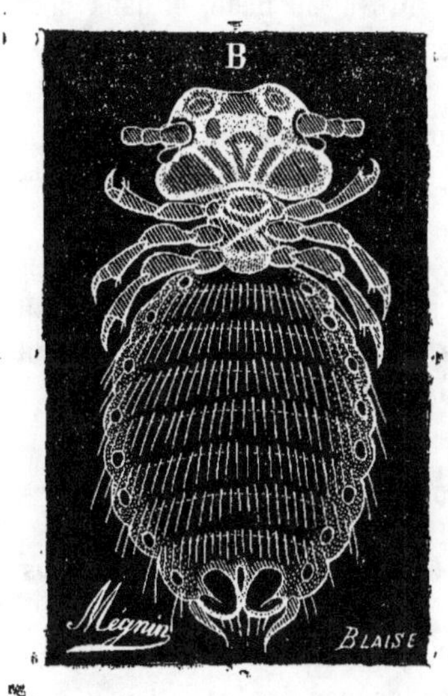

Fig. 54. — *Trichodectes latus*.

La deuxième espèce de poux du Chien est le *Trichodectes latus*, que nous représentons dans la figure 54 ci-contre, aussi grossie. Ce pou ne pique pas comme le précédent, car au lieu d'un bec à stylets, il a des mâchoires avec lesquelles il irrite la peau pour en faire sourdre la sérosité dont il se nourrit. Il provoque ainsi le développement d'un *eczéma prurigineux* qui a une grande analogie avec la gale et avec laquelle il peut être confondu. Le *Trichodectes latus* a, chez les jeunes Chiens, la même taille que le précédent, bien que chez les Chiens adultes il puisse arriver à une taille beaucoup plus grande que n'atteint jamais l'*hematopinus piliferus;* comme celui-ci, il pond des œufs ou *lentes* qu'il attache aux poils et d'où sortent des petits qui ressemblent immédiatement à leurs parents et qui grossissent progressivement.

C'est aussi chez les jeunes Chiens à longs poils ou à poil rude ou hérissé comme les griffons, que ce pou se multiplie avec plus de facilité.

On débarrasse les jeunes Chiens de leurs poux en introduisant au fond de leurs poils de la graine de staphysaigre réduite en poudre très fine. Si ce moyen ne suffit pas et si l'épaisseur ou le feutrage du poil ne permet pas d'aller au fond, alors il faut se résoudre à faire tondre les petits Chiens très près et à les laver *à fond* avec la solution suivante :

Carbonate de soude. . . . . 50 grammes,

qu'on fait dissoudre dans un litre d'eau tiède, et dans cette solution alcaline on fait infuser :

Poudre de staphysaigre. . . . . 10 grammes.

Avoir soin, bien entendu, après ce lavage, de bien sécher le jeune Chien et de le tenir au chaud en l'enveloppant dans des étoffes de laine.

Dans tous les cas, pour les Chiens grands et petits, jeunes ou vieux, qu'ils soient infectés de poux ou de puces, on doit toujours éviter les pommades ou solutions mercurielles, qui sont des poisons et que l'animal pourrait lécher.

La gourme.

Vulgairement : *la maladie, la grippe, la morve,* en anglais *distemper.*

Comme nous l'avons déjà dit, la gourme des Chiens n'existe pas sur l'espèce depuis de très longues années, attendu que tous les ouvrages de vénerie, parus avant le milieu du XVIIIᵉ siècle, sont muets à son endroit, bien que leurs auteurs s'étendent complaisamment sur toutes leurs autres maladies et sur les différents accidents qui peuvent leur survenir. Certainement si elle avait existé, et surtout si elle avait causé les ravages que nous lui voyons produire actuellement, les vieux veneurs ne l'auraient pas passée sous silence. Les causes, que nous énumérons plus loin, expliquent du reste pourquoi cette maladie est réellement moderne.

Quelques auteurs, Youatt en particulier, ont voulu lui chercher des origines très anciennes, et voir dans l'une des trois maladies qu'Aristote et Elien attribuent au Chien, savoir l'an-

gine, la *rage* et la *goutte*, l'affection qui nous occupe; mais
cette *angine* paraît avoir été une épidémie accidentelle, dont
les attaques étaient presque entièrement bornées à la gorge,
et y produisant des abcès, comme ceux de la gourme dans
les chevaux, ou l'esquinancie dans l'homme; mais le flux
continuel, par le nez, d'une matière muqueuse, principal caractère de notre gourme actuelle, manque complètement[1]. Le
même auteur anglais, ci-dessus cité, prétend aussi que Vir-
gile aurait parlé de la maladie des jeunes Chiens au 3e livre
des *Géorgiques*, mais nous n'avons pu retrouver le passage en
question.

Dans la seconde moitié du dernier siècle, des épizooties terribles frappèrent la plupart des animaux domestiques et les
Chiens ne furent pas épargnés : la maladie qui sévit sur leur
espèce occasionna une grande mortalité dans le Boulonnais
suivant le docteur Desmars; elle fut vue aussi dans la même
année aux environs de Paris par Audouin de Chaignebrun,
médecin pour les épidémies, et dans le Gâtinais par Duhamel
qui l'observa aussi sur les chats. Enfin elle reparut comme
une épizootie universelle en France en 1769 et 1770 et se re-
montra en 1719 et 1800.

La *Grande Encyclopédie méthodique* signale cette épizootie
de la manière suivante : « Il s'est jeté, il y a quelques années,
» une maladie épidémique sur les Chiens dans toute l'Europe,
» il en est mort une grande partie sans que l'on pût trouver
» remède au mal »[2], et voici comment M. de La Conterie la
décrit dans *la Vénerie normande* :

« Depuis vingt ans, les Chiens courants, plus que tous les
» autres, ont été affligés d'une maladie qui se communique
» aussi facilement que la gale ou la petite vérole, et qui,
» maintenant, est connue sous le nom simple de *la maladie*.

1. Aristote, *Hist. Animal.* libr. VIII, c. 22; et Elien *de Nat. Animal.*
lib. IV, c. 40.

2. *Encyclopédie méthodique*, livraison LIX. *Chasses.*

» C'est une sorte de peste parfaitement ressemblante à la
» gourme des chevaux. Si on me demande quel remède il faut
» employer contre cette maladie, je réponds qu'après en avoir
» fait cent pour un, je me suis convaincu qu'il n'en est aucun
» d'efficace quand elle gagne un certain degré[1].

» Ce n'est, dit M. Leconte des Graviers, ancien comman-
» dant des véneries du prince de Conti, que depuis la fin de
» 1763 que cette maladie est connue en France, *où elle a été*
» *apportée d'Angleterre*. M. Arniquet, vétérinaire, se plaignait
» en 1787 que, depuis une vingtaine d'années, elle faisait de
» grands ravages aux environs de Pézenas. On assure que,
» lors de son invasion, la plupart des Chiens de France en pé-
» rirent et que la moitié de la meute du roi en fut la victime.
» M. Barrier dit que, dans les hivers de 1782, 1783 et 1784,
» la plupart des chats périrent chez les fermiers des environs
» de Chartres qui en ont par vingtaines. Il assure aussi avoir
» vu deux perroquets qui en furent attaqués et dont un en
» mourut[2]. »

Cette *maladie* épizootique des Chiens, qui, d'après *Leconte
des Graviers, nous serait venue d'Angleterre* en 1763, et qui,
au contraire, d'après Delabère-Blaine, aurait été transmise aux
Anglais, après cette époque, « par leurs voisins du continent »,
est regardée par tous les auteurs, même les plus récents, qui
ont écrit sur cette question, entre autres notre ami C. Leblanc,
comme l'origine, comme la même maladie que celle que nous
voyons, sous le même nom, attaquer la plupart des jeunes
Chiens ; s'il en était ainsi, elle aurait singulièrement changé de
nature et de caractère.

En effet, d'épizootique, elle serait devenue tout à fait individuelle et aurait complètement perdu son caractère contagieux ; au lieu de s'attaquer à tous les Chiens indifféremment

1. *La Vénerie normande*, in-8º Rouen, 1780, pages 457, 500.
2. L'abbé Rozier. *Cours complet d'Agriculture*, Paris, 1809. T. IV,
p. 439.

et surtout aux Chiens adultes composant les meutes, elle réserverait maintenant son action aux jeunes Chiens et surtout à ceux qui entrent dans l'âge de la puberté, période critique après laquelle elle n'a plus d'action sur eux ; enfin elle aurait singulièrement perdu de sa gravité, car, bien qu'elle fasse encore beaucoup de victimes dans certains chenils où l'hygiène est mal entendue, il est facile, comme nous le montrerons plus loin, d'en préserver les Chiens et même de les en guérir. quand ils n'appartiennent pas à des races trop artificielles. La science n'a pas d'exemple d'une maladie changeant si complètement de caractère, et cela prouve qu'on a confondu deux choses distinctes : une maladie épizootique qui heureusement n'a pas reparu sur les Chiens depuis la fin du dernier siècle, et une maladie individuelle qui atteint depuis environ 80 ans tous les jeunes Chiens dont l'hygiène a été mal comprise, mal entendue, par suite de préjugés et d'idées physiologiques erronées qui datent précisément de la même époque. Nous n'avons à nous occuper ici que de cette dernière ; nous reviendrons sur l'autre au chapitre des maladies contagieuses.

DÉFINITION. — Nous définirons donc la *gourme des Chiens :* une maladie particulière aux jeunes animaux de l'espèce canine domestique, générale dans son principe, qui se localise plus tard dans les muqueuses, particulièrement dans celles des premières voies respiratoires, en en pervertissant les sécrétions, s'associant quelquefois à des phénomènes nerveux qui parfois prédominent.

CAUSES. — Les causes de la gourme des Chiens doivent être distinguées en prédisposantes et en déterminantes.

Les causes prédisposantes par excellence de cette maladie, nous l'avons déjà dit bien des fois dans cet ouvrage, sont, une hygiène mal entendue, et surtout une nourriture peu appropriée à la nature du Chien. Nous ne sommes pas le premier à le dire et bien des vétérinaires distingués ont proclamé avant

nous cette vérité, bien que d'autres aient cru devoir, comme
Clater, adopter les idées ayant cours sur les prétendus inconvénients d'une nourriture animale pour le Chien. « La princi-
» pale cause prédisposante de cette affection, dit Chabert, l'é-
» lève de Bourgelat, et son successeur à la direction de l'Ecole
» d'Alfort[1], est l'habitude que l'on a dans les chenils des
» grands seigneurs de ne nourrir les Chiens qu'avec de la
» soupe faite de pain grossier et de résidus de suif. Le Chien
» est essentiellement carnassier : il avale après un seul coup
» de dents des morceaux de chair assez gros ; il ronge les os
» avec plaisir ; il en avale de grosses portions que son estomac
» digère. Les Chiens élevés avec assez d'abondance et de li-
» berté pour suivre leur goût et manger des os, paraissent
» peu sujets à *la maladie*. Les Chiens des gens riches et des
» gens très pauvres en sont plutôt affectés parce que ces ani-
» maux sont soumis chez eux à un régime contraire à leur
» nature. Les Chiens de chasse sont surtout exposés à cette
» *maladie* parce que les chasseurs croient généralement que
» ceux qu'on nourrit de viande ne sont point susceptibles
» d'une grande finesse d'odorat. La suppression de la viande
» peut être nuisible aux petits Chiens, soit qu'on les en prive
» eux-mêmes, soit qu'on en prive leur mère pendant l'allai-
» tement. D'ailleurs, il est à observer que la maladie affecte
» principalement les jeunes Chiens, *surtout depuis l'âge de*
» *quatre mois jusqu'à celui de huit.* »

M. Bouley, le savant professeur vétérinaire, membre de
l'Institut, a démontré qu'une des causes principales de la
gourme chez les jeunes chevaux, c'est l'abus des farineux que
les maquignons leur prodiguent pour les préparer à la vente :
« l'inflammation, expression locale de la gourme, fait l'office
» d'une sorte de fonction pathologique qui a pour conséquence
» de dépouiller le sang d'éléments qui le surchargent, et que

---

1. L'abbé Rosier. *Dictionnaire d'agriculture*, T. IV, page 440.

» les combinaisons nutritives ne peuvent pas assez rapide-
» ment consommer. La sécrétion purulente qui s'établit avec
» une intensité plus ou moins grande à la surface des mu-
» queuses nasale, pharyngienne, bronchique, intestinale, pro-
» duit une action spoliatrice que les anciens appelaient avec
» raison *action dépuratoire*[1]. »

C'est identiquement la même chose qui se passe chez le
Chien : son sang étant surchargé d'éléments contraires à sa
constitution et provenant d'une nourriture trop végétale, la
nature fait un effort pour en débarrasser l'organisme par la
suppuration nasale, bronchique, par des éruptions à la peau
etc., enfin par tous les phénomènes pathologiques qui constituent *la gourme;* c'est là la justification pleine et entière du
choix que nous avons fait de ce mot et de sa substitution au
mot *maladie* beaucoup trop général pour être significatif.

Il y a d'autres causes prédisposantes qu'une nourriture impropre, il y a encore le manque d'exercice, de grand air et
d'air pur, toutes causes qui ralentissent les fonctions nutritives et par suite les fonctions éliminatrices. Ces causes avaient
déjà été reconnues par les premiers auteurs qui ont écrit sur
cette maladie, car, en remarquant, comme le fait Delabère-
Blaine « que les Chiens des endroits renfermés ont certaine-
» ment ce mal plus violemment que ceux de la campagne »,
ils ne faisaient que constater l'existence de cette série de causes
prédisposantes.

Enfin, il est des races de Chiens qui sont plus prédisposés
à *la gourme* que d'autres; ce sont surtout les Chiens d'appartement, *et parmi eux, ceux que l'on est convenu de regarder
comme les plus précieux,* les races aristocratiques. Parmi les
Chiens de chasse, les races les plus récentes, les Chiens étrangers importés, y sont beaucoup plus sujets que les Chiens du
pays appartenant à de vieilles races.

Comme causes déterminantes, c'est-à-dire comme causes
faisant éclore la maladie chez un Chien prédisposé, les refroi-

1. Bouley et Reynal. *Nouv. Dictionnaire vétérinaire.* T. VIII, p. 316.

dissements sont en première ligne, qu'ils soient dus à un bain pris intempestivement, à une exposition à la pluie, à un courant d'air, à un refroidissement de température ou à tout autre cause. On l'a vu aussi aboutir à la suite d'un changement de nourriture ; enfin, comme dit Delabère-Blaine, « tout changement grand et subit dans le système suffit pour mettre en activité la prédisposition. »

NATURE ET FORMES DE LA MALADIE. — Lors de l'apparition de l'épizootie qui frappa les Chiens de 1763 à 1780 et qui, paraît-il, s'accompagnait fréquemment d'abcès et d'éruptions à la peau, quelques auteurs voulurent y voir une maladie analogue à la variole de l'homme et en conclurent que l'inoculation de la vaccine devait en prévenir les terribles effets ; c'est là l'origine d'une idée qui a eu cours à différentes reprises relativement à la gourme des Chiens, et qui même règne encore aujourd'hui dans certains esprits. Jenner lui-même, l'inventeur de la vaccine, s'occupa de cette question et essaya la vaccine sur ces animaux, mais d'après le témoignage de Delabère-Blaine, il échoua complètement, bien qu'il prétendît le contraire. Ce dernier auteur expérimenta lui-même la vaccine et voici ce qu'il en dit :

« La vaccine, autant que me le prouve mon expérience,
» n'exempte point la race canine de l'attaque de *la maladie* et
» elle n'en paraît même mitiger aucunement la sévérité du
» mal. Je sais que c'est un point encore en discussion, et que
» l'on continue aussi à vacciner les chiens ; mais j'ai vu des
» cas si palpables et si souvent répétés où la vaccine a échoué,
» même opérée de la manière la plus soignée, et j'ai pu, dans
» les exemples cités de réussite, en indiquer la cause dans des
» circonstances accidentelles, ou au rapport de faits exagérés ;
» aussi, je n'hésite point de dire qu'elle est, quant à ce qui
» regarde les Chiens, absolument inefficace[1]. »

1. Delabère-Blaine. *Pathologie canine*. Traduction de Delaguette. Paris, 1828, p. 193.

Nous verrons plus loin que des expériences tout à fait modernes n'ont pas eu un meilleur résultat que celles de Delabère-Blaine. Du reste, eussent-elles réussi dans l'épizootie en question, que cela n'aurait pas prouvé la nature varioleuse de la gourme actuelle, affection toute différente de la première.

Plusieurs auteurs ont regardé la gourme moderne des Chiens comme contagieuse, probablement parce l'épizootie qu'ils lui donnent pour origine l'était. M. C. Leblanc réserve la propriété contagieuse aux maladies de peau qui accompagnent souvent cette gourme, et c'est ce qui l'a probablement engagé à voir dans les différentes formes de la gourme autant de maladies différentes, puisque, d'après lui, certaines sont contagieuses et d'autres ne le sont pas ; mais les éruptions propres' de la gourme ne sont pas plus contagieuses que le simple coryza qui est sa forme initiale ; ce qui a induit M. C. Leblanc en erreur c'est que les jeunes Chiens ont souvent, en même temps que des éruptions gourmeuses, une maladie parasitaire, la *gale folliculaire* qui, elle, est très contagieuse, et c'est cette gale que les jeunes Chiens gagnent mais non pas la gourme. On peut voir aussi plusieurs jeunes Chiens d'une même portée être en gourme en même temps, mais ce fait, sans qu'il soit nécessaire d'y insister, ne peut pas être non plus invoqué en faveur de la contagion. Et puis il y a une *grippe* souvent très grave, manifestement contagieuse, qui peut atteindre les Chiens à tout âge, que nous étudierons plus loin et que l'on a confondue aussi jusqu'à présent, et à tort, avec la *maladie gourmeuse* des jeunes Chiens.

L'opinion a été aussi émise que la maladie des Chiens est de nature vermineuse ; elle a sa source dans ce fait, que Brasdor, médecin des épidémies, trouva en 1764, à l'autopsie des Chiens morts de l'épizootie régnante, des vers dans le nez ; c'était probablement des *linguatules*, parasite dont nous parlerons plus loin ; dans tous les cas, c'était une maladie tout à fait distincte de l'épizootie régnante et surtout de la gourme moderne.

Nous ne parlerons pas de cette idée vulgaire, très répandue chez les garde-chasses, que la maladie des jeunes Chiens est causée par un ver qui part de la queue et qui va ronger la cervelle, ni du remède qui en est la conséquence et qui consiste à rogner la queue avec les dents, *seul moyen de pouvoir arracher le ver*. Un ignare, essayant de faire l'autopsie d'un Chien mort de cette affection, a certainement pris la moelle épinière pour un ver et a répandu cette idée parmi ses confrères.

Nous mettons au même niveau cette autre opinion sur la nature de la maladie des jeunes Chiens racontée très sérieusement par Elzéar Blaze dans sa *Chasse au Chien d'arrêt*, page 321 : « Un de mes amis, étant en 1833 chez M. le comte de » M***, dans les Ardennes, y fit connaissance avec un chas- » seur allemand au service de M. le comte. Ce chasseur est un » homme *tout recettes*, qui lui donna ce moyen pour empêcher » les Chiens d'avoir la maladie. A l'âge de quatre ou cinq mois » on commence l'opération suivante : on presse avec deux » doigts la colonne vertébrale du Chien à 18 ou 20 centimètres » de l'anus, et on suit en pressant fortement jusqu'à la nais- » sance de la queue ; on fait sortir une matière fétide par » l'anus. On recommence de temps en temps jusqu'à ce que » le Chien ait quatorze ou quinze mois. Le piqueur allemand » prétend que la matière fétide montant de l'échine à la tête, » cause toujours la maladie et souvent la mort de l'animal. » L'ami dont je parle affirme avoir fait trois fois l'opération » qui toujours a réussi. Quant à moi, je compte l'essayer à la » prochaine occasion : en attendant je ne garantis rien. »

La réserve est prudente, et, comme on voit, nous avions raison de mettre cette interprétation an niveau de la précédente. En effet, l'anatomie nous apprend que *tous les Chiens* ont près de l'anus, et en dedans, deux glandes toujours plus ou moins remplies de matière infecte ; on peut, par conséquent, toujours les vider en faisant l'opération préconisée ; mais puisque *tous les Chiens* les possèdent, la matière qu'elles excrètent n'est donc pas particulière à la *maladie des Chiens* ; quant à sa propriété de remonter au cerveau, elle suit pour cela probablement le même chemin que le ver fantastique dont il est question plus haut, c'est-à-dire un chemin inconnu à tous les anatomistes.

Mais laissons les sornettes de côté et revenons aux choses sérieuses.

Comme nous l'avons déjà dit, la gourme des Chiens est une maladie générale qui se juge par une crise catarrhale dont les muqueuses, et surtout la muqueuse des premières voies respiratoires, sont le siège, et qui, quelquefois, affecte les enveloppes cérébrales et médullaires, et même la peau. Suivant que la crise se porte plus spécialement sur une de ces régions ou sur une autre, il en résulte quatre formes différentes de l'affection qui semblent être quatre maladies différentes; cela a même été ainsi compris par notre confrère, M. C. Leblanc, dans l'excellent travail sur ce sujet qu'il a publié dans le *Nouveau Dictionnaire vétérinaire* de MM. Bouley et Reynal; mais la preuve que c'est bien une seule et unique affection, malgré ces différences apparentes, c'est que très souvent, on peut même dire ordinairement, l'une de ces formes complique l'autre, et on les voit se montrer, deux, trois, quelquefois les quatre ensemble. Or, il est une loi, surabondamment démontrée en médecine, d'après laquelle l'existence simultanée de deux affections de même nature, ne peut persister dans le même organisme, la plus forte faisant disparaître les autres; c'est même sur cette loi qu'est basé l'emploi des révulsifs externes, tels que vésicatoires et sétons, dont les effets ne sont autres que des maladies artificielles dont on provoque le développement pour qu'elles l'emportent sur une maladie interne que l'on veut combattre; le principe sur lequel leur action est fondée est si vrai que, quand l'affection interne est la plus forte, les révulsifs externes ne produisent aucun effet, restent inertes, et qu'on peut conclure à l'incurabilité de la maladie.

Donc, ainsi que l'ont compris la grande majorité des auteurs qui ont écrit sur la maladie des jeunes Chiens, cette affection est *une*, malgré les formes variées qu'elle présente. Nous allons maintenant étudier les symptômes que présente la gourme des Chiens dans ses diverses formes et dans l'ordre de leur fréquence.

SYMPTOMES. — *1° Forme bronchique.* — La *Gourme* débute ordinairement chez les Chiens âgés de quatre à huit mois, par un écoulement nasal d'abord clair, qui devient bientôt purulent; les yeux deviennent chassieux, et même présentent souvent une véritable inflammation de la conjonctive, une ophtalmie dont la sécrétion abondante agglutine le matin les paupières. Ces premiers symptômes persistent souvent longtemps sans autre complication et même peuvent disparaître par suite d'un traitement ou d'une hygiène mieux appropriés, ou même par suite des seuls efforts de la nature.

Si l'affection continue sa marche progressive, le Chien se met bientôt à tousser, d'abord à de rares intervalles, puis par quintes. La toux est douloureuse et semble provoquée par la présence d'un corps étranger dans le larynx. La fièvre, caractérisée par l'augmentation du nombre des pulsations, par la sécheresse du nez et par la diminution de l'appétit, s'accuse franchement; c'est le moment d'agir vigoureusement par un traitement approprié, ou sinon les symptômes s'aggravent : le jetage nasal devient si abondant qu'il obstrue les narines; l'augmentation de la fièvre se traduit par des frissons, l'accélération de la respiration et du pouls, et la tristesse; la toux est très fréquente, et si l'on ausculte le malade on constate que le bruit vésiculaire, très fort chez les jeunes Chiens, a diminué d'intensité, et qu'il y a du râle muqueux dans les bronches et leurs divisions. A ce degré, la maladie est encore parfaitement et facilement curable; alors, à la suite d'un traitement approprié, on voit tous les symptômes disparaître peu à peu, la toux diminuer et l'appétit renaître ainsi que la gaîté.

Si la maladie n'est pas enrayée et continue à faire des progrès, on voit à la bronchite succéder la pneumonie, caractérisée par l'augmentation de la fièvre et de l'abattement, la toux est moins fréquente, non pas que l'animal n'en éprouve plus le besoin, mais la douleur de la poitrine l'empêche de s'y livrer ; la toux est remplacée par un mouvement caractéristique des lèvres et des joues qui se boursoufflent à chaque expiration ; à l'auscultation de la poitrine on perçoit le râle bronchique des deux côtés et même un bruit de *souffle tubaire*. Le jetage devient épais, mêlé de stries sanguinolentes ; les yeux se cavent, la faiblesse et l'amaigrissement sont extrêmes, et la mort survient par suffocation ou épuisement précédée souvent de diarrhée, de convulsions et même d'éruption vésiculaire à la peau.

La *conjonctivite* suit ordinairement la même marche que la bronchite, c'est-à-dire qu'elle augmente d'intensité, la conjonctive se boursouffle et l'inflammation de cette muqueuse se propage même à la cornée qui devient laiteuse et s'ulcère à son centre ; si cette ulcération devient complète et que les humeurs de l'œil se répandent, cet organe est perdu, et si le chien guérit, il reste borgne ou aveugle. Ces ulcérations guérissent ordinairement sans laisser aucune trace. (Voyez le chapitre des *Maladies des yeux*.)

L'affection des yeux accompagne toujours la bronchite, mais elle existe souvent seule ; elle est alors une cinquième forme de la gourme. L'ulcération de la cornée se remarque surtout, dit M. C. Leblanc, chez les Chiens qui mangent beaucoup de sucre, et ce fait d'observation clinique vient à l'appui de l'opinion de M. Magendie sur l'influence nuisible que peut avoir l'usage excessif de certains aliments, opinion basée sur des expériences très rigoureuses.

2° *Forme intestinale*. — Cette forme peut exister seule, mais plus souvent elle complique la forme bronchique ou la forme nerveuse, c'est-à-dire les convulsions éclamptiques qu'elle précède souvent. Le catarrhe intestinal est une des formes les plus hâtives de la gourme, il coïncide souvent avec la seconde dentition; c'est-à-dire avec l'àge de 4 à 5 mois.

Le catarrhe intestinal peut présenter plusieurs degrés de gravité :

1° Les excréments sont jaune clair et fréquemment expulsés, mais l'animal conserve sa gaîté et son appétit et ne présente pas de fièvre; c'est la *diarrhée simple.*

2° Les excréments sont liquides, glaireux, jaunàtres, mélangés de quelques stries sanguinolentes, et peu abondants, malgré les efforts expulsifs fréquents de l'animal qui est triste, a le dos voûté, le ventre sensible, les yeux rouges et injectés; la gueule du malade répand une odeur infecte, et sa muqueuse est parsemée de taches violettes qui ne tardent pas à s'ulcérer et qui siègent, soit sur les gencives, soit sur le voile du palais, soit dans le pharynx, ce qui rend la déglutition impossible; enfin les dents se déchaussent et tombent souvent. C'est la forme *dyssentérique* ou *scorbutique,* qui est souvent causée par l'abus des purgatifs ou l'emploi de médicaments incendiaires tels que le tabac, les poudres de Hemel et de Watrin, administrés pendant la première période.

3° Les excréments, expulsés à de courts intervalles, prennent une teinte noirâtre, et souvent les épreintes provoquent la sortie spontanée du rectum, la chute et le renversement de cet intestin. Les yeux se cavent de plus en plus; la prostration est extrême et la mort est la terminaison obligée de cette période ultime.

5° *Forme nerveuse.* — Cette forme se présente rarement seule, elle est ordinairement une complication du catarrhe bronchique. Elle a souvent pour prodrome une faiblesse caractéristique du train postérieur, et les accès sont d'autant plus terribles que l'animal est plus près de l'àge adulte.

Voici les symptômes d'un accès convulsif qui ressemble à un véritable accès d'*éclampsie :* l'animal s'arrête, tremble sur ses membres ; les mâchoires s'agitent d'abord faiblement, puis claquent violemment, la salive apparaît mousseuse autour de la bouche ; les yeux deviennent hagards, pirouettent dans leur orbite et sont fréquemment recouverts par des mouvements convulsifs du corps clignotant ; puis le Chien tombe en proie à des attaques tétaniques violentes souvent accompagnées de cris perçants. Ces accès sont rémittents, ils se calment seuls, puis reparaissent à des intervalles dont la longueur diminue à mesure que les accès se reproduisent.

L'animal finit par tomber dans un état de prostration complète et les accès diminuent d'intensité, les mouvements deviennent vacillants et la paralysie se complète au bout de quelques jours, quelquefois de quelques heures. Un traitement approprié peut calmer les accès, en éloigner les périodes, après lesquelles ils redeviennent souvent plus violents et une paralysie complète vient terminer ces nouvelles attaques ; d'autres fois la paralysie n'est qu'incomplète, et le Chien marche en inclinant la tête de côté et tourne en cercle ; la guérison peut alors en être obtenue ; d'autres fois enfin aux accès convulsifs d'*Éclampsie* succède la *Chorée* ou *Danse de Saint-Guy,* ou de *Saint-With.*

La *Chorée* est une forme nerveuse de la gourme des jeunes Chiens qui, non seulement peut être une terminaison des convulsions éclamptiques, mais qui encore peut compliquer directement et être la terminaison de la forme bronchique ; elle apparaît surtout chez les animaux faibles et convalescents, de race distinguée, tels que les lévriers, les épagneuls et les braques, et rarement avant l'âge de six mois. Elle est caractérisée par une succession continue de contractions cloniques qui agitent tout le corps, empêchent l'animal de se reposer et lui permettent à peine de prendre ses aliments. Si elle complique la forme bronchique de la gourme, elle active la marche rapide et funeste de cette forme; si, au contraire, elle se montre pendant la convalescence, elle est moins violente et n'empêche pas la guérison; elle reste alors ordinairement localisée à un membre, dont elle contrarie les mouvements volontaires, et qui reste le siège de ces mouvements spasmodiques pendant plusieurs années et même pendant toute la vie. L'animal conserve du reste tous les signes extérieurs de la santé, la gaîté et l'appétit, le sommeil; et si l'on a la patience de garder le Chien, la maladie guérit souvent d'elle-même.

4° Forme cutanée. — Souvent pendant le cours de la forme catarrhale bronchique ou de la forme catarrhale intestinale, ou même entre deux accès de convulsions éclamptiques, on voit apparaître une éruption à la peau caractérisée par des vésicules plus ou moins grosses qu'on peut comparer à celle de la varioloïde des enfants et qui sont certainement la cause de l'analogie que certains auteurs ont voulu voir entre la petite vérole de l'homme et la gourme des chiens : on voit apparaître sous la poitrine, sous le ventre, à la face interne des cuisses, de grosses vésicules disséminées, à auréole rouge qui, d'abord aplaties, se remplissent rapidement d'un liquide clair et inodore, deviennent hémisphériques, puis, au bout de deux ou trois jours, crèvent et laissent échapper un liquide qui, à ce moment, est opalin; la petite ulcération qui succède à la vésicule sécrète un pus clair qui se dessèche en minces pellicules, puis elle se cicatrise du troisième au quatrième jour; quelquefois ces petites plaies persistent et deviennent atoniques, lorsque l'animal est épuisé par la maladie; quelquefois même ces ulcérations se réunissent et forment des plaies plus ou moins grandes sécrétant une matière à odeur repoussante; elles aident alors à l'épuisement et activent la terminaison fatale de la maladie.

Cette éruption vésiculeuse ou pemphigoïde peut exister seule et constituer alors, à elle seule, toute la crise gourmeuse ; dans ce cas, elle n'a pas de gravité et guérit sans aucun soin.

L'éruption vésiculeuse en question peut être remplacée par une éruption d'un autre caractère : ce sont des milliers de petites vésicules presqu'imperceptibles qui se développent sur un fond rouge ou rose vif et qui occupent les mêmes régions que les précédentes. C'est ce qu'on appelle vulgairement *le rouge des jeunes chiens*, qui se montre encore plus fréquemment seul que l'éruption précédente, au plus s'accompagne-t-il d'un léger coryza. Cet *eczéma rubrum* des jeunes Chiens s'étend sous le cou, à la face interne des membres, et même peut gagner le museau, le tour des lèvres et des yeux. Dans ses dernières périodes, la peau s'épaissit et se plisse ; il dure quelquefois très longtemps, s'éteint, se ravive, et finalement disparaît lorsque le chien a atteint l'âge adulte, c'est-à-dire vers l'âge de douze ou quinze mois. On peut le faire disparaître assez facilement, mais on ne l'empêche de revenir qu'en instituant le traitement interne applicable à la gourme des jeunes Chiens et que nous indiquons plus loin.

LÉSIONS CADAVÉRIQUES. — Une lésion constante que nous avons toujours trouvée dans toutes les autopsies que nous avons faites, quelle que soit la forme de la gourme à laquelle ait succombé le jeune Chien, c'est une altération particulière du sang caractérisée par une quantité prodigieuse de globules blancs dans ce liquide où ils vont jusqu'à être dans la proportion de *un* globule blanc pour *cinq* globules rouges, — la proportion normale est de un des premiers pour deux ou trois cents des seconds. — Cette lésion, qu'on appelle scientifiquement *leucocytémie*, et qui est encore peu étudiée, prouve bien que l'on a affaire à une maladie générale et que les phénomènes locaux ne sont que secondaires.

Les lésions locales que l'on trouve ensuite correspondent à la forme présentée par la gourme pendant la vie.

Dans la *forme bronchique*, on trouve la muqueuse des bronches rouge, injectée jusque dans leurs plus petites divisions, lesquelles contiennent soit un liquide mousseux rosé, sanguinolent, soit un liquide purulent; souvent cette muqueuse présente dans les plus grosses divisions bronchiques, dans la trachée, le larynx, le pharynx, les cavités nasales, des ulcérations plus ou moins grandes et plus ou moins profondes. Enfin, on trouve les lésions de la pneumonie quand cette affection a compliqué la bronchite. Dans ce cas, comme le dit M. C. Leblanc, la pneumonie est toujours lobulaire et disséminée dans tous les points du poumon : généralement, elle est peu étendue; la coupe qu'on fait de l'organe présente une couleur rouge brique, sur laquelle tranchent les divisions bronchiques dilatées, et le tissu cellulaire interlobulaire infiltré de sérosité. La partie la plus foncée en couleur et la plus dure, si on la sépare des autres portions du poumon, va au fond de l'eau quand on la plonge dans ce liquide, tandis que le poumon tout entier surnage toujours. Au centre des parties dures et foncées en couleur, on trouve souvent de petits abcès, gros comme des grains de millet ou de chènevis, remplis de pus épais.

Quand le Chien a succombé à la *forme dyssentérique*, on trouve la muqueuse intestinale épaissie, rouge, couverte d'un mucus jaune, épais, très adhérent; quand, par des lavages répétés, on a enlevé cette couche de mucus, on voit que la muqueuse est fortement injectée en rouge vif. M. C. Leblanc a vu quelquefois de petites ulcérations nettes entourées d'une auréole inflammatoire, et M. Jacquot, dans les mêmes circonstances, a constaté l'existence d'ulcérations sur les glandes de Peyer, comparables à celles de la fièvre typhoïde de l'homme. Nous les avons vues aussi sur des chiens qui avaient été longtemps malades et qui étaient morts d'épuisement.

Les lésions locales que l'on trouve chez les chiens morts à la suite de *convulsions éclamptiques* sont très peu apparentes :

c'est généralement une congestion des méninges ou enveloppes du cerveau; la substance de cet organe est souvent comme sablée de points rouges ou noirs, et les plexus choroïdes gorgés de sang, il y a aussi très souvent de l'hydropisie ventriculaire.

La chorée ne laisse pas de lésions visibles dans les organes cérébraux ou médullaires.

Si on incise la peau sur un animal mort de la gourme, et qui a présenté, concurremment avec d'autres symptômes, l'affection vésiculeuse de la peau, on voit que les vésicules n'intéressent que l'épiderme qui est soulevé ou détruit; la partie supérieure du derme est à nu, mais cette couche de la peau, non plus que le tissu cellulaire sous-cutané, ne présentent aucune autre lésion qu'un peu d'injection.

Traitement. — Nous l'avons déjà dit bien des fois dans le cours de ce travail, le traitement de la *gourme des chiens* est surtout préventif et hygiénique, et nous renvoyons à tout ce que nous avons dit à ce sujet au chapitre de l'élevage des jeunes Chiens, garantissant à tous ceux qui observeront scrupuleusement nos prescriptions un succès égal à celui de notre collaborateur à l'*Acclimatation*, l'éminent colombophile, M. de la Perre de Roo, qui élève tous ses Chiens de cette manière, sans en avoir jamais de malades.

Pour les Chiens qui, élevés suivant les anciens errements, viennent à tomber malades de la gourme, voici ce que nous conseillons :

Au début de la *forme bronchique*, lorsqu'il n'y a encore qu'un simple coryza, avec les yeux chassieux, un léger purgatif à l'huile de ricin ou au sirop de nerprun, à la dose de 15 à 30 grammes, suivant la taille du chien. — Donnons, en passant, la manière de faire prendre une potion à un chien : on le tient entre les jambes, la tête en avant, on lui porte le nez un peu haut, on tire à soi l'une des commissures ou coin des lèvres, ce qui forme une espèce d'entonnoir où un aide verse le liquide, soit avec une cuillère soit avec une fiole à goulot étroit et sans qu'il soit besoin de faire desserrer les mâchoires ; si le chien tousse, on interrompt afin de lui donner par intervalles le temps de se reprendre. — Si la toux apparaît, ou que le jetage augmente, vite, un séton, que le Chien gardera une quinzaine de jours ; si la toux devient fatigante, un petit vomitif, le matin à jeun, soit de *kermès*, à la dose de 10 à 20 centigrammes, ou d'*ipéca*, à la dose de 15 à 30 grammes, pétri dans un morceau de beurre que l'on fait avaler de force au Chien, soit enfin d'émétique à la dose de 5 à 10 centigrammes en dissolution dans un demi-verre d'eau.

Si la toux devient grave, appliquer un sinapisme, sous la poitrine qu'on laissera au moins trois heures.

Si les yeux sont malades, les lotionner avec de l'eau de mauve tiède à laquelle on aura ajouté quelques gouttes de laudanum ; et en cas de conjonctivite très prononcée et de tendance à l'ulcération, toucher légèrement la conjonctive avec un crayon d'alun.

Dans le cas où la gourme prend la *forme diarrhéique*, si l'appétit se soutient ainsi que la gaîté, il n'y a qu'à supprimer le lait dans l'alimentation, et le remplacer par du jus de viande et même de la viande crue, régime auquel on ajoutera une ou deux cuillerées à soupe de café noir sucré si la diarrhée persiste.

Pour la *forme dyssentérique*, il faut administrer cinq ou six lavements par jour, d'eau de riz, dans chacun dequels on versera *deux* gouttes de laudanum. Quand la dyssenterie est grave et date de quelques jours, faire prendre du thé auquel on ajoutera 10 à 15 centigrammes d'opium ou d'extrait de ratanhia : on peut remplacer l'opium par 10 à 15 gouttes de laudanum ; ces quantités représentent la dose qui doit être prise dans une journée. Même régime que plus haut, auquel on ajoutera pour boisson de l'eau de riz.

Lorsqu'il existe des ulcérations dans la bouche, des *aphtes*, la gargariser avec une solution de chlorate de potasse pouvant aller de 10 centigrammes à un gramme.

Le traitement local des *convulsions éclamptiques* doit consister en applications d'eau froide ou mieux de glace sur le crâne, en sinapismes aux membres ou sur la poitrine et un séton sur la nuque. Les calmants et les narcotiques n'ont pas une action favorable sur la maladie; quelques praticiens se sont pourtant bien trouvés de l'emploi de l'éther; nous avons obtenu aussi un peu de calme avec le chloral à la dose de deux à quatre grammes en dissolution dans un verre d'eau. S'il y a paralysie générale ou partielle, faire frictionner le crâne avec de la pommade ammoniacale (1 d'ammoniaque pour 2 d'axonge) tous les jours jusqu'à ce que l'effet d'un vésicatoire soit produit.

Enfin nous avons vu guérir un Chien de la *Chorée* ou *Danse de Saint-Guy*, par l'administration quotidienne de douches d'eau froide sur la tête et tout le long de l'échine, au moyen d'une bonne pompe de jardin, et cela en quelques semaines.

On peut combattre aussi la Danse de Saint-Guy au moyen du bromure de potassium à la dose de *un* gramme par jour en potion ou en pilules, et si le succès n'est pas complet, on soulage dans tous les cas le patient.

Comme on voit, la base de notre traitement est l'agent dépuratif par excellence de toute affection gourmeuse, le *séton*, combiné à des calmants ou des modérateurs de l'inflammation locale, ou à de légers dérivatifs sur l'intestin. Ce traitement est indiqué par la nature elle-même qui cherche à expulser au dehors, soit par l'appareil respiratoire, soit par l'appareil digestif, soit même par la peau, un principe qui vicie le sang; ce que, en un mot, le vulgaire appelle de *mauvaises humeurs*. Nous conseillerons encore, lorsque la crise aura été vaincue, et que le Chien sera entré en convalescence, ou lorsque l'état gourmeux aura pour manifestation extérieure l'*eczéma rubrum*, le vulgaire *rouge des jeunes Chiens*, d'administrer à l'intérieur, dans une demi-tasse de café, cinq à six granules d'acide arsénieux pendant huit jours, remplacés par 50 centigrammes d'iodure de potassium dans le même véhicule pendant huit autres jours. En reprenant cette médication dépurative tous les deux ou trois mois et en la combinant avec l'application des principes hygiéniques que nous avons posés, on atteindra ainsi sans encombre l'âge adulte à partir duquel les dangers de la gourme ne sont plus à craindre. Comme application locale dans le cas de *rouge des jeunes Chiens*, nous avons toujours obtenu d'excellents résultats en faisant faire des lotions sur toutes les parties malades avec une solution composée de :

Acide phénique . . . .   2 grammes.
Alcool..   10   —
Eau commune.   300   —

Ou encore du cooltar saponiné de Le Beuf, étendu de 5 à 6 fois son volume d'eau.

Discuterons-nous maintenant la valeur des divers traitements que le vulgaire applique dans le cas de *maladie des jeunes Chiens*, ou que l'on trouve conseillés par certains auteurs, ou ceux qui font l'objet de réclames à la quatrième page des journaux? Nous le ferons pour quelques-uns dont l'emploi est ou inutile ou dangereux.

L'emplâtre de poix noire que l'on applique sur la tête des jeunes Chiens dans certains pays est complètement inutile, parce qu'il ne fait pas plus d'effet que s'il était mis sur une jambe de bois.

Le bâton de soufre étant composé d'une substance complètement insoluble dans l'eau, son action sur l'eau des boissons, dans laquelle on a l'habitude de le mettre, est par conséquent tout à fait nulle. Si l'on tient au soufre, mieux vaut pétrir de la fleur de soufre avec du beurre et en donner gros comme une forte aveline au Chien, il agira ainsi comme purgatif léger et de plus comme expectorant.

La saignée est toujours nuisible dans la gourme des jeunes Chiens, il faut donc la proscrire, aussi bien que l'amputation des oreilles et de la queue, si on ne fait cette opération que dans le but d'obtenir une saignée locale.

L'inoculation du virus variolique, ou la *vaccine*, n'ont jamais produit de résultats palpables entre les mains des opérateurs sérieux : nous avons vu ce qu'en dit Delabère-Blaine, le remarquable médecin-vétérinaire anglais ; voici ce qu'en dit notre distingué confrère, M. C. Leblanc, dans le travail cité plus haut. « On a conseillé pour la prévenir (*la Maladie* des » jeunes Chiens) d'inoculer le Chien avec du virus variolique ; » j'ai fait des essais et n'ai rien obtenu, ni comme effet im- » médiat ni comme effet préservatif. » Nous avons pleine confiance dans cette appréciation.

Les prises de tabac et d'ellébore en poudre que l'on introduit dans le nez sous prétexte de le désobstruer, les injections que l'on fait dans les naseaux dans le même but, avec du vinaigre dans lequel on a mis du poivre, sont des pratiques absurdes et incendiaires qu'on ne saurait trop flétrir, aussi bien que le breuvage d'huile d'olive dans laquelle on a mis du tabac.

Enfin, il faut se méfier des poudres de Watrin et autres cynophiles, et en général de tous les médicaments prônés à grand renfort de réclames et dont la composition est tenue secrète. Nous ne leur avons jamais vu produire que des effets désastreux ; il faut bien que nos lecteurs sachent qu'il ne peut pas y avoir un traitement unique pour la gourme des Chiens pas plus que pour toute autre maladie, que ce traitement doit varier suivant la forme, suivant les symptômes, et être modifié souvent suivant la marche de l'affection. Il n'y a que ceux qui croient qu'une maladie s'enlève comme on arrache une dent, qui peuvent ajouter foi aux promesses des inventeurs plus ou moins patentés des poudres, des pilules et des gâteaux merveilleux qui ont surtout pour effet de faire les affaires des régisseurs d'annonces. La médecine sérieuse ne procède pas ainsi, c'est ce que nous avons cherché à faire comprendre à nos lecteurs pour le plus grand bien de leur meutes et de leur bourse.

Nous terminons ici le chapitre des « *Maladies des jeunes Chiens* » bien qu'ils puissent en présenter d'autres que celles que nous avons décrites et même assez fréquemment, comme la *gale folliculaire*, la *gale sarcoptique*, le *catarrhe auriculaire*, etc., etc.; mais comme ces affections ne sont pas spéciales à cet âge, nous les retrouverons aux chapitres des « Maladies de la peau », des « Maladies des oreilles » etc., auxquels nous renvoyons le lecteur.

CHAPITRE II

MALADIES DE LA PEAU.

Le Chien est l'animal domestique qui présente le plus fréquemment des maladies de peau; après lui vient le cheval, puis les petits ruminants et enfin les grands. Ce sont, en un mot les animaux sur lesquels l'influence de l'homme a le plus porté, ceux qui se sont le plus éloignés de l'état de nature, de l'état sauvage, qui en sont le plus fréquemment atteints, comme du reste de toutes les autres maladies, ainsi que nous l'avons déjà dit dans le cours de cet ouvrage.

Le vulgaire appelle *gales* à peu près toutes les maladies de peau du Chien, tandis qu'au contraire les *vraies gales*, c'est-à-dire les maladies de peau causées par des parasites de l'ordre des acariens sont beaucoup plus rares, toutes proportions gardées, que celles qui tiennent à la constitution, au tempérament. Il y a donc deux catégories de maladies de peau chez le Chien : une première qui comprend toutes celles qui sont dues à un vice de constitution, une deuxième qui renferme celles qui sont causées par des parasites végétaux ou animaux se développant et pullulant à la surface de la peau, dans les follicules pileux, dans le corps même du poil ou entre les feuillets de l'épiderme. Nous allons étudier successivement les unes et les autres, et nous terminerons par les lésions accidentelles de la peau.

§ Iᵉʳ. — MALADIES DE PEAU CONSTITUTIONNELLES.

Nous avons déjà vu que les jeunes Chiens affectés de *la*

gourme, c'est-à-dire travaillés par les efforts que fait la nature pour se débarrasser d'un principe malfaisant qui infecte le sang, principe qui a pour origine une alimentation trop exclusivement végétale, et qui emploie toutes les voies pour s'en débarrasser, particulièrement les voies nasales, bronchiques et intestinales, se sert quelquefois aussi de la voie cutanée dans le même but, de là ces rougeurs quelquefois ulcérées et accompagnées d'un suintement ou sécrétion filante comme miéleuse, mais à odeur infecte, comme toute excrétion du Chien, c'est le *rouget* ou *rouge* des chasseurs, affection que nous avons nommée *eczéma rubrum gourmeux*.

Il se passe quelque chose d'analogue chez le Chien adulte; seulement, ici, le vice de constitution est beaucoup plus tenace, beaucoup mieux ancré dans l'organisme, et les efforts de la nature seule sont toujours impuissants à en débarrasser l'animal; aussi, la maladie de peau qui en est la manifestation dure souvent pendant toute la vie. Ce vice du sang est analogue à ce que l'on a appelé, chez l'homme, le *vice dartreux*, ou l'*herpétisme*, et il est même poussé, dans certains cas, à un degré tel que ses manifestations cutanées, chez le Chien, ont une grande analogie avec le *lupus* et autres *scrofulides* de l'homme.

Nous avons montré ailleurs, dans notre *Étude sur la diathèse dartreuse chez les animaux*, que cette disposition maladive est la conséquence des écarts de régime et d'hygiène que depuis une longue suite de siècles l'homme impose à ses auxiliaires, et, comme lui-même s'impose et s'est imposé les mêmes écarts, il en est puni de la même façon. Les animaux sauvages du même genre que le Chien, tels que le loup, le renard et le chacal, et même les vrais Chiens sauvages ou à moitié domestiques des peuplades primitives de l'Océanie, n'ont jamais de dermatoses constitutionnelles, bien qu'ils soient souvent galeux.

Les *vices dartreux* et *strumeux*, outre la cause signalée ci-dessus, en ont une autre tout aussi évidente chez le Chien que chez l'homme : l'*hérédité*. Delabère-Blaine, qui, comme ses contemporains, confondait toutes les maladies de peau des Chiens sous le nom de *gales*, dit, dans l'ouvrage que nous avons souvent cité : « .... La gale du Chien est aussi héréditaire ; une Chienne couverte par un Chien galeux donnent souvent des petits Chiens galeux. » Plus récemment, M. Lafosse, professeur à l'école vétérinaire de Toulouse, rend compte comme il suit d'expériences directes qu'il a faites pour élucider la question de l'hérédité de certaines maladies de peau du Chien : « J'ai élevé un Chien et une Chienne nés de parents affectés de *psoriasis* (espèce de dartre), tous deux ont eu le psoriasis avant l'âge de quinze mois ; j'ai accouplé entre eux ces deux produits et les cinq Chiens qui en sont provenus ont tous été affectés de la même maladie qui récidivait souvent chez leur père. » Ainsi, voilà bien la démonstration claire et nette de l'existence chez le Chien, d'une maladie de peau héréditaire, récidivante, disparaissant sans laisser de traces et par conséquent méritant le nom de *dartres* comme celles qui ont le même caractère chez l'homme.

Le caractère des affections de peau du Chien de *nature dartreuse* ou constitutionnelles est donc d'être héréditaires, récidivantes, disparaissant sans laisser de traces, et, ajouterons-nous, de n'être point contagieuses ; aussi ne trouve-t-on, à l'examen de leurs produits épidermiques et cutanés, aucune trace de parasites animaux ou végétaux ni même de microbes appartenant en propre à l'affection.

Outre les affections de peau constitutionnelles, de nature dartreuse, chez le Chien, affections nombreuses et fréquentes, on en rencontre parfois d'autres tout aussi constitutionnelles, mais qui ont manifestement pour siège le réseau lymphatique sous-cutané ; ces affections, qui sont incurables, sont manifestement des *scrofulides* et par suite de nature strumeuse. Elles sont heureusement exceptionnellement rares ; nous les décrivons plus loin.

Rappelons, pour distinguer les affections dartreuses des Chiens adultes, des dermatoses gourmeuses des jeunes Chiens qui ont avec elles la plus grande analogie, que ces dernières se remarquent chez de jeunes animaux qui n'ont pas dépassé l'âge d'un an, qui présentent souvent en même temps les symptômes caractéristiques de la gourme ou viennent de les présenter, que les dermatoses gourmeuses sont plus éphémères et disparaissent définitivement à l'âge adulte, enfin que celles-ci sont quelquefois moins sèches, plus humides, se compliquent de pustules d'ecthyma et s'accompagnent ordinairement sur leurs surfaces ulcéreuses, d'une sécrétion glutineuse rappelant *l'eczéma impétigineux* des enfants, qui est aussi de nature gourmeuse.

Nous verrons plus loin que les affections dartreuses du Chien sont assez variées de forme, quoique toutes de même nature, ce qui implique un traitement unique pour toutes.

Traitement commun a toutes les affections dartreuses du Chien.

Rappelons que les affections dartreuses du Chien sont une protestation de la nature contre le régime absurde que l'on fait suivre aux Chiens depuis une longue série de siècles, et que, pour réparer les conséquences d'une faute commise avec tant de persistance, le traitement devra être surtout hygiénique et soutenu pendant longtemps, car ses effets seront nécessairement très lents puisqu'il y aura tout un tempérament à modifier. On réussira plus vite et mieux, nécessairement, avec un jeune Chien qu'avec un Chien âgé.

Le traitement des dartres du Chien sera prophylactif et curatif.

Le traitement prophylactique consistera à faire entrer dans l'alimentation du Chien un peu plus de principes animalisés, c'est-à-dire de viande crue [1], et un peu moins de soupe au suif rance qu'on ne le fait d'habitude, en un mot rapprocher un peu plus le Chien de l'état de nature, c'est-à-dire de l'état où il se trouvait au moment de son association à l'homme, moment où il chassait pourtant avec tout le nez, toute l'ardeur et toute l'intelligence désirable, bien que son régime fût entièrement animal. Le Chien est une victime des sots préjugés de l'homme et nous ne cesserons de les combattre malgré la résistance que nous savons rencontrer, car rien n'est tenace comme un préjugé, surtout quand il a pour base l'ignorance des lois les plus élémentaires de la physiologie et de l'hygiène. Combien de jeunes Chiens atteints de gourme grave n'avonsnous pas sauvés de la mort en les laissant manger à satiété de la viande crue ou du sang, ou en leur ingurgitant de force des pilules de viande hachée, remède cent fois préférable au vin de quinquina, au café et à tous les excitants toniques artificiels que peut fournir la pharmacie. Comme les dartres du Chien sont en quelque sorte une gourme de l'âge adulte, le même traitement prophylactique leur est applicable.

Les chasseurs, ou prétendus tels, échos de piqueurs plus ou moins anglais qu'on écoute trop en France, nous ont quelquefois dit très sérieusement : « Mais si nos Chiens mangent » de la viande crue tous les jours, ils ne voudront plus chas- » ser pour chercher dans les bois ou dans les plaines ce qu'ils

1. Faute de viande crue, que nous savons qu'il est difficile de se procurer dans les campagnes ou dans les châteaux éloignés des villes, on peut employer le sang et même le sang desséché à l'étuve jusqu'à siccité parfaite et réduit en poudre ensuite; on le donne à la dose de deux, quatre et même six cuillerées par jour, mêlé à la soupe, qui est alors très goûtée par les chiens. On peut de même dessécher la viande de cheval, coupée en tranches minces et réduite ensuite en poudre. Ces poudres se conservent parfaitement pendant de longs mois, renfermées dans des vases clos, en terre ou en fer-blanc, au sec.

» trouvent abondamment à la maison. » Il serait facile de leur répondre que le naturel du Chien, c'est-à-dire son instinct chasseur, n'acquerra son développement complet que si son régime est bien approprié à sa nature, et qu'un régime farineux ou au sucre leur fera, au contraire, perdre tous ces instincts, comme aux Chiens de salons ; mais, pour n'employer qu'un raisonnement à la portée de l'intelligence d'un vulgaire piqueur, nous dirons : est-ce qu'un Chien habitué à manger de la viande, laissé plus ou moins à jeun le jour de la chasse, n'aura pas plus d'ardeur à chercher sa pitance quotidienne que le Chien qui ne connaît même pas le goût de cette pitance? A bon entendeur, salut.

Le traitement curatif sera local et général.

Comme base du traitement local nous regardons comme des spécifiques anti-dartreux par excellence l'acide phénique étendu dans deux cent fois son poids d'eau alcoolisée ou encore le coaltar saponiné Le Beuf étendu de 5 à 6 fois son poids d'eau. Depuis longtemps nous nous servons de ces agents à l'exclusion de tout autre pour les lotions à faire aux Chiens dartreux, et même comme détersif pour les oreilles affectées de catarrhe, complication si fréquente des dartres et certainement de même nature. La solution phéniquée et le coaltar saponiné ont l'avantage de la propreté sur l'huile de cade et le goudron qui sont aussi indiqués dans le cas de dartre ; ils sont aussi à préférer aux pommades mercurielles que le Chien est exposé à lécher et qui sont des poisons.

Dans tous les cas nous recommandons expressément d'éviter l'emploi du pétrole, de la benzine, ou de l'essence de térébenthine qui produisent toujours des effets désastreux sur la peau du Chien.

Comme traitement interne, nous avons nécessairement recours aux modificateurs par excellence de la diathèse dartreuse : l'arsenic, quand le Chien a un tempérament manifestement et franchement nerveux, l'iodure de potassium quand le tempé-

rament du Chien est plutôt lymphatique et strumeux, et qu'il
y a tendance à l'engraissement. Nous venons de traiter, à un
de nos amis, une Chienne de chasse à poil ras, qui portait un
exzéma rubrum depuis deux ans, qui l'avait hérité de sa mère
morte à quinze ans avec sa maladie de peau ; nous l'avons
traitée, disons-nous, avec succès, par le seul emploi de l'iodure de potassium à l'intérieur pendant trois mois ; un catarrhe auriculaire concomitant est parti en même temps sans
autres soins.

La dose à laquelle nous donnons l'iodure de potassium au
Chien dartreux de forte taille, est *de cinq décigrammes* par
jour en solution, seulement, au bout de quinze jours, nous
faisons un repos de huit jours pour recommencer ensuite.
L'arsenic se donne au Chien à la dose de 5 à 6 milligrammes
par jour, aussi en solution, soit sous forme d'acide arsénieux,
d'arséniate de soude ou d'arséniate de potasse, en prenant les
mêmes précautions pour l'administration que pour l'iodure de
potassium, ou encore sous forme d'eau de la Bourboule à la
dose d'un verre par jour.

Nous allons maintenant étudier, chacune en particulier, les
diverses formes par lesquelles se manifeste la diathèse dartreuse et la diathèse strumeuse chez le Chien.

Dartre farineuse. (*Pityriasis.*)

Cette dartre, encore appelée *dartre furfuracée* (du mot latin
furfur, qui veut dire son, pellicule), ou *pityriasis*, mot grec
qui a la même signification, est assez rare et se remarque surtout chez les Chiens d'appartement qui mangent beaucoup de
friandises sucrées. Elle a généralement la tête, le cou, ou le dos
pour siège et se caractérise par une surface dépilée, assez bien
délimitée, laissant presque à nu la peau, qui est d'une couleur
rosée ou noire et couverte d'abondantes pellicules qui se re-
nouvellent incessamment et qui ressemblent à des particules

de son qui se détachent de la surface malade. Démangeaison modérée, presque nulle.

Plus le Chien est jeune et plus la dartre se guérit facilement ; par contre, elle est très tenace chez les Chiens âgés.

C'est surtout chez les Chiens âgés que le traitement spécifique, que nous avons donné plus haut pour combattre les dartres en général, est applicable ; si le Chien est jeune, avant d'en venir aux lotions phéniquées locales, on pourra employer les bains généraux alcalins, préparés en faisant dissoudre 30 grammes de bi-carbonate de soude ou de chlorhydrate d'ammoniaque par litre d'eau, et administrés tièdes ; quant au reste des prescriptions, les observer scrupuleusement.

Dartre humide. (*Eczéma, herpès.*)

La *dartre humide* du Chien ou encore *dartre vive*, est un véritable *eczéma* en tout semblable à celui de l'homme : elle est caractérisée par l'éruption des vésicules très petites, agglomérées en grand nombre sur des surfaces généralement larges et irrégulières, vésicules dont les unes disparaissent par la résorption du liquide, dont le plus grand nombre se déchire et sont suivies d'excoriations superficielles d'où suinte une abondante sécrétion séro-purulente très liquide, qui imbibe rapidement la couche du malade.

La dartre humide affecte surtout les Chiens adultes relativement jeunes, et éclot souvent sous l'influence des chaleurs génésiques ; elle occupe alors les mamelles chez la chienne, les parties correspondantes chez le Chien, et s'étend en s'irradiant au poitrail et à la face interne des membres. Elle s'étend rarement au cou et à la tête, ce qui la distingue de l'eczéma gourmeux des jeunes Chiens, avec lequel elle a assez d'analogie, bien que chez ces derniers la sécrétion soit bien moins abondante.

La démangeaison est souvent très vive surtout le soir et la nuit.

La dartre humide est quelquefois limitée à une surface large comme une ou deux pièces de 5 fr. en argent ; c'est alors un véritable *herpès* plus ou moins humide, et il se montre ainsi ordinairement sur le dos et quelquefois aux lèvres ; il est moins tenace que *l'eczéma*.

Le traitement doit être exactement celui que nous avons indiqué pour les dartres en général ; lorsque la démangeaison est très vive et surtout chez les chiennes dont les mamelles sont affectées et turgescentes, on peut remplacer, dans les premiers temps, les lotions phéniquées par des onctions de glycérolé d'amidon laudanisé et surtout par des lotions coaltarées (une partie de coaltar saponiné pour quatre parties d'eau).

Dartre rouge. (*Eczéma rubrum.*)

Cette espèce de dartre, qui est analogue à l'*eczéma rubrum* de l'homme, est appelée vulgairement le *rouge* ou *rouget*. Ce n'est à proprement parler qu'une variété de la précédente, beaucoup plus commune, se développant dans les mêmes régions et sous l'influence des mêmes causes, et n'en différant que par une coloration rouge beaucoup plus intense des parties malades et par une sécrétion beaucoup moins abondante, presque sèche. La démangeaison est aussi plus vive.

Même traitement que dans la précédente et mêmes modifications susceptibles d'y être apportées suivant les circonstances.

Si la dartre rouge affecte une chienne pleine, éviter avec soin les bains, dont l'administration peut être suivie d'avortement, et les remplacer par le glycérolé d'amidon laudanisé.

Dartre sèche ou roux-vieux. (*Lichen.*)

La *dartre sèche* du Chien, appelée généralement *roux-vieux,* ou encore *rogne*, *gale des vieux Chiens* ou *des Chiens gras*, a quelque analogie avec le lichen de l'homme sans être cependant complètement identique, car elle en diffère surtout au point de vue de l'aspect et de la coloration *rousse* que prennent les poils qui persistent sur la surface affectée, coloration qui est certainement l'origine du nom vulgaire sous lequel cette affection est généralement connue. On l'a comparé aussi au *psoriasis* humain, à tort, selon nous, car il ressemble beaucoup plus au lichen, dont il a la sécheresse, qu'au *psoriasis* dont il ne présente pas les croûtes épaisses composées de pellicules accumulées et stratifiées.

Le *roux-vieux* n'est pas précédé de plaques rouges comme les eczémas, et, de plus, il a une marche tout à fait inverse : tandis que les seconds débutent par les parties inférieures du tronc et progressent en quelque sorte de bas en haut, le roux-vieux au contraire débute par le dos ou plutôt par les reins et la base de la queue et s'étend en avant et latéralement ; sa marche est beaucoup plus lente, car il dépasse rarement la région du dos où il reste stationnaire et pendant un temps très long.

Le premier symptôme du *roux-vieux* est un hérissement particulier des poils de la partie affectée, laissant voir un fond de peau de couleur roux de brique ; les poils eux-mêmes participent, à leur base, à cette coloration. Si on examine la région malade à cette période, on voit que la peau est épaisse, rugueuse et crevassée.

Après cette première période, les poils de la partie affectée tombent en grande partie et la peau se montre à nu avec les caractères déjà indiqués ci-dessus, c'est-à-dire qu'elle est épaisse, rugueuse et d'un roux sale. La démangeaison, à cette période aussi bien qu'à la première et aux suivantes, est très modérée, presque insensible chez certains sujets.

La sécheresse de la peau augmentant, il arrive un moment où elle se gerce et se fendille en tous sens ; de ces crevasses s'écoule un produit séro-sanguignolent qui se concrète et s'ajoute aux pellicules épidermiques, ce qui donne lieu à des croûtes brunâtres, rabotteuses qui changent l'aspect de la surface malade. C'est à ce moment aussi, et certainement provoquée par les gerçures, que la démangeaison s'avive et qu'elle a quelquefois des accès d'exacerbation très pénibles.

Arrivé à ce point, le *roux-vieux* peut persister indéfiniment tout en restant localisé à la ligne de l'échine, car nous ne l'avons jamais vu gagner la tête ni les parties latérales et surtout inférieures du corps.

Le *roux-vieux* est très facile à reconnaître et est certainement l'affection de peau du Chien dont le diagnostic est le plus facile.

Comme cette maladie est l'expression la plus manifeste de la diathèse dartreuse chez le Chien, c'est surtout contre elle que le traitement que nous avons indiqué dans les généralités est applicable et doit être scrupuleusement employé. Nous y renvoyons le lecteur.

Comme topique externe il nous est arrivé de remplacer avec succès la solution phéniquée ou coaltarée par la solution de perchlorure de fer à 30 degrés. Nous remarquons, dans les traités de Delabère-Blaine et de Clater, que ces deux praticiens se rencontrent pour conseiller l'acide sulfurique très mitigé contre le roux-vieux du Chien. Voici leurs formules :

Onguent de Clater contre le roux-vieux du Chien :

Acide sulfurique. . . . .   15 grammes.
Axonge.   250   —
Mêler et frotter au moins pendant trois jours.

Pommade de Delabère-Blaine contre la même maladie :

Acide sulfurique . . . .   1 gr. 77.
Axonge. . . . .   168 grammes.

Goudron . . . .   56 grammes.
Chaux en poudre.   28   —

Nous ne les avons pas expérimentées, car nous nous sommes toujours bien trouvé des lotions phéniquées ou coaltarées pour l'usage externe.

Acné pilaris.

L'acné est une affection dartreuse du follicule pileux ou plutôt des glandes sébacées qui viennent s'ouvrir à la racine du poil. Elle est constituée par une foule de petits boutons ayant chacun un poil au centre, et est surtout caractérisée par une sécrétion pulvérulente noirâtre, onctueuse, très abondante. Nous en avons observé un seul cas chez une petite Chienne havanaise, ce qui nous prouve que cette espèce de dartre est très rare chez les Chiens.

Le traitement général que nous avons indiqué contre la diathèse dartreuse est parfaitement applicable ici; et, comme traitement local, des bains de Barèges naturels ou artificiels après tonte préalable si le Chien est à longs poils.

Les bains de Barèges artificiels se préparent en faisant dissoudre du sulfure de potasse, 10 grammes par litre d'eau tiède.

Dartre des coudes et des jarrets. (*Psoriasis.*)

Une des formes de la dartre assez commune chez les Chiens de chasse et de garde est la *dartre des coudes et des jarrets* qui suit la marche suivante : les régions en question se dénudent d'abord, puis la peau s'épaissit et devient rouge, enfin elle se couvre sur toute la surface d'une croûte blanche très adhérente, semblable à du plâtre et qui s'épaissit ensuite insensiblement. Cette croûte est formée de stratifications épidermiques nombreuses.

Cette variété de dartre est très tenace bien qu'elle ne fasse pas beaucoup souffrir l'animal, et exige un traitement général antidartreux extrêmement prolongé avec le régime animalisé obligé. Localement, on fera tous les jours des frictions avec la pommade suivante :

Iodoforme . . . . 2 à 4 grammes.
Cérat . . . . 30 —

Eczéma inter-digité et peri-ongulé.

L'eczéma inter-digité est très fréquent chez les Chiens de chasse chez lesquels le tempérament dartreux est malheureusement très commun. Nous l'avons observé principalement chez des Chiens courants et chez des Bassets ; une fois aussi chez un jeune Setter rouge qui avait eu des eczémas gourmeux généralisés graves.

C'est surtout à la chasse que l'affection se déclare ; on voit le Chien qui a vivement mené la chasse pendant quelques heures revenir boiteux, et si on examine ses pattes, — ce sont ordinairement celles de devant, — on voit que la peau d'entre les doigts est saignante et à vif par places. La peau de la plante du pied dans ce cas est intacte.

Un jour de repos suffit à la guérison, et le surlendemain le Chien part avec la même ardeur sans boiter, mais quelques heures de chasse le rendent boiteux de nouveau. Les jours où la menée est lente, parce que le temps n'est pas favorable, le Chien revient souvent sans boiter, ce qui prouve qu'un exercice violent est la cause déterminante.

Chez d'autres Chiens le mal est plus constant, et chez le Setter rouge dont il est parlé plus haut, l'eczéma était permanent et donnait écoulement à une sécrétion nauséabonde, infecte ; cela rendait la marche très difficile.

Enfin dans un autre cas nous avons vu le mal localisé exclusivement à la racine des ongles dont la peau était rouge, tuméfiée. Cette variété de l'eczéma inter-digité est nommée, dans certains pays, *ondille*. La longueur trop grande des ongles en est quelquefois la cause déterminante, aussi doit-on d'abord les couper avant tout autre traitement.

Le traitement de cette affection consiste en application locale d'un mélange par parties égales d'huile de cade et d'huile d'olive, ou bien de la pommade à l'iodoforme, dont nous avons donné la formule plus haut. Mais ce qui est indispensable pour empêcher les récidives qui sont fréquentes dans cette affection, c'est le traitement général et le régime anti-dartreux dont nous avons parlé dans les généralités sur les maladies de peau constitutionnelles; il est bien plus important encore que le traitement local.

Dartre plantaire. (*Psoriasis de la plante du pied.*)

Tous les chasseurs savent que les Chiens qui courent, vont et viennent pendant longtemps sur des terrains durs et caillouteux, dans les temps secs et par les grandes chaleurs, sont souvent atteints de l'*aggravée*, maladie qui a beaucoup d'analogie avec la fourbure des chevaux, et sur laquelle nous reviendrons dans le paragraphe des affections accidentelles des membres.

Mais il est une autre affection de la plante du pied du Chien, que l'on pourrait confondre avec l'*aggravée*, parce qu'elle a son siège aussi à la plante du pied, mais qui est de toute autre nature et qui exige un tout autre traitement : c'est une véritable *dartre* et qui se présente avec les caractères suivants : On sait que le Chien fait son appui sur cinq tubercules, un arrondi sous chaque doigt et un gros trilobé sous la peaume ou la plante du pied. Ces tubercules sont recouverts d'une peau noire, épaisse, chagrinée et néanmoins souple. Dans la *dartre plantaire*, la peau des tubercules est plus mince, lisse, sèche, parcheminée; cette peau est fissurée en divers sens par des crevasses comme du verre craquelé; le fond des crevasses des bords, près du poil, présente des granulations rou-geâtres, et si l'on gratte avec l'ongle des parties cornées de la peau des tubercules, on la détache avec assez de facilité et l'on voit la chair à vif couverte de granulations rouges assez volumineuses.

Le Chien souffre nécessairement beaucoup lorsqu'il est debout et reste le plus souvent couché.

On a attribué quelquefois le développement de cette dartre à la chasse au marais pendant les mois de février et de mars, ou au séjour sur du tan dont on garnit quelquefois le sol du chenil. Ces causes peuvent être déterminantes mais la cause prédisposante, la cause par excellence, est le tempérament dartreux ; ce qui le prouve, c'est que, le plus souvent, les Chiens qui présentent la dartre plantaire ont eu des eczémas sur le corps quelque temps auparavant.

Aussi doit-on insister particulièrement sur le traitement général que nous avons indiqué et en particulier sur l'eau de la Bourboule en boisson et un régime très azoté. Comme traitement local, la pommade d'iodoforme dont nous avons donné la formule ci-dessus, ou l'huile de cade soit pure, soit mélangée par moitié à l'huile d'olive.

Dartre de la queue. (*Chancre caudal.*)

Les chasseurs connaissent, sous le nom de *chancre de la queue*, une maladie de la peau de l'extrémité de cet organe, qui est une véritable *dartre*, comme le chancre de l'oreille.

Cette affection a son siège soit à l'extrémité du fouet seulement, soit sur sept à huit centimètres de cette extrémité qui est alors dénudée de poils, soit en totalité, soit en partie, ce qui est très disgracieux, surtout chez les épagneuls. Là, la peau est le siège d'un véritable eczéma, c'est-à-dire que l'épiderme a disparu et que le derme se présente à nu, rosé et légèrement tuméfié. Quelquefois à une phase d'eczéma aigu succède une phase de pityriasis ; la surface devient comme farineuse et reste sans poils.

Lorsque le Chien chasse et agite beaucoup sa queue, la surface devient saignante et l'animal se couvre les flancs de sang.

La cause prédisposante de cette affection est le tempérament dartreux, et la cause déterminante et surtout celle qui entretient le mal, c'est l'animation de la chasse, le frottement et les déchirures des buissons épineux ; nous ajouterons encore l'action de la langue et des dents de l'animal qui se ronge quelquefois la queue pour tâcher de calmer le prurit qui y règne.

Le traitement consistera d'abord dans le repos et on en comprend la raison ; puis dans le régime azoté et le traitement général antidartreux arsenical, soit au moyen de granules d'arsenic à un milligramme (6 à 8 par jour), soit au moyen d'eau de Bourboule, à un verre par jour. Le traitement local consistera en lotions fréquentes avec une solution de coaltar saponiné étendu dans 4 fois son poids d'eau, et de temps en temps, si le mal persiste, en cautérisation avec la teinture d'iode. Nous avons remarqué que les cautérisations au nitrate d'argent ou aux autres caustiques potentiels violents est plus nuisible qu'utile. En dernier ressort, on aura recours à l'amputation de la partie malade, mais on ne recourra qu'à la dernière extrémité à ce moyen qui défigure les Chiens de certaines races.

Lymphadénie cutanée. (*Mycosis fongoïde.*)

Cette maladie de la peau du Chien est excessivement rare ; on n'en connaît encore qu'un exemple qui a été présenté à la Société centrale de médecine vétérinaire, dans sa séance du 8 décembre 1881, par M. le professeur Nocard. Elle est évidemment de nature strumeuse ou scrofuleuse puisqu'elle a pour siège le système lymphatique sous-cutané. Voici l'aspect que présentait ce Chien que nous avons pu examiner : Sa peau était couverte d'une multitude de plaques *saillantes* ulcérées, d'une couleur rose vif, régulièrement arrondies, de dimensions variables, depuis celle d'une lentille jusqu'à celle d'une pièce de deux francs. Les plus petites de ces lésions avaient une surface plane, très finement granuleuse ; sur les plus grosses, au contraire, ces granulations étaient devenues de véritables bourgeons, très fermes, arrondis, également saillants, paraissant provenir d'une hypertrophie régulière des papilles de la peau dépouillées de leur revêtement épidermique, Toutes ces lésions siégeaient dans l'épaisseur de la peau qui paraissait avoir subi un épaississement notable à leur niveau, le tissu conjonctif sous-cutané n'y participait en rien. Chacune d'elle exudait à sa surface une petite quantité de liquide filant qui exhalait une odeur très fétide.

Si l'on passait le doigt dans les points où la peau ne présentait pas de ces altérations saillantes, on percevait la sensation d'une myriade de petits corps durs semblant enchâssés dans l'épaisseur du derme ; ces tumeurs étaient fermes, insensibles, du volume d'un petit pois, et étaient le point de départ des tumeurs plates ulcérées voisines. Ainsi que l'a constaté M. Nocard, qui a suivi le Chien pendant quelque temps, toutes les tumeurs sous-cutanées n'aboutissaient pas à l'ulcération, et beaucoup conservaient indéfiniment leur caractère primitif.

L'examen microscopique, fait par le même professeur, de quelques-unes de ces tumeurs, a montré qu'elles étaient composées entièrement de tissu adénoïde ou lymphatique, recouvert de nombreux éléments embryonnaires, ce qui justifie le nom qu'il a donné à cette affection.

Elle paraît incurable, car le sujet est mort quelque temps après, et cela se comprend avec une maladie aussi généralisée — car toute la peau était envahie. — A un degré moins avancé et avant que la constitution soit aussi gravement affectée, il y aurait peut-être à tenter un traitement à base d'iodure de potassium, aidé d'une alimentation la plus reconstituante possible.

Verrues, loupes et tumeurs cutanées.

Comme c'est évidemment sous l'influence d'une prédisposition constitutionnelle que se développent les *verrues*, les *loupes* et autres tumeurs cutanées, nous venons en dire quelques mots à cette place.

Les *verrues* sont de petites tumeurs rondes ou coniques rosées ou blanches qui se développent sur la peau, le plus souvent à la tête dans le voisinage des lèvres et des paupières, plus rarement sur le corps, bien que nous en ayons vu un exemple chez un caniche qui en avait sur toute la surface du tronc.

Les verrues ne s'abcèdent jamais ; quelquefois elles s'écorchent et saignent, et même s'arrachent sous l'action des frottements de l'animal.

Ce sont les verrues aux lèvres qui sont coniques et quelquefois digitées, et elles s'accompagnent ordinairement de semblables tumeurs au dedans des lèvres et même au palais où elles sont alors très nombreuses.

Le traitement des verrues est surtout chirurgical : au moyen d'une pince, dite à couper le fil de fer, on les amputera d'un seul coup en saisissant le pédicule le plus près possible de la peau. Si les verrues étaient étalées en surface de manière à ne pouvoir être saisies avec la pince ou si elles étaient situées en un point où l'emploi de cet instrument soit impossible, on les cautérisera alors au moyen d'un pinceau chargé d'acide azotique, en ayant soin que le liquide corrosif n'atteigne pas les parties voisines saines.

On fera bien, pour éviter la réapparition des verrues, de soumettre l'animal à un traitement général antidartreux.

Les *loupes* diffèrent des verrues en ce qu'elles restent recouvertes par la peau et ses poils et en ce qu'elles sont en général plus volumineuses et beaucoup moins nombreuses.

Le meilleur moyen de les faire disparaître est de les étreindre à leur base avec un cordon de caoutchouc bien serré; l'action du caoutchouc étant continue, la mortification de la loupe sera promptement obtenue, ainsi que sa chute; la petite plaie qui succédera à la loupe se guérira toute seule.

Les *tumeurs cutanées* seront traitées comme les loupes.

Furoncles, abcès et kystes cutanés.

Les *furoncles* et *abcès cutanés* se montrent assez souvent chez les jeunes Chiens comme une des formes de la gourme et constituent souvent la seule manifestation de cette affection critique : c'est ce que nous avons vu chez un jeune Chien qui présenta successivement de volumineux abcès sur les joues, sur le cou et dans d'autres parties du corps.

Chez un autre Chien, nous avons vu des abcès semblables être suivis, après leur guérison, d'une véritable éruption d'eczéma impétigineux gourmeux.

Chez d'autres Chiens plus âgés, mais toujours relativement jeunes, se développent quelquefois des *abcès* sans cause connue, comme chez un épagneul de nos amis, qui en présenta un sur la cuisse gauche. Il se pourrait que, dans ces cas, un ancien coup de dent, n'ayant pas intéressé la peau, mais ayant lésé des muscles ou le tissu conjonctif sous-cutané, en fût la cause première.

Quelle que soit la cause de l'*abcès* ou du *furoncle*, leur traitement consistera dans un débridement au moyen d'une incision avec le bistouri, et leur pansement avec de l'alcool étendu d'eau; la guérison arrive rapidement à la suite de cette petite opération. Si le Chien est jeune et si les abcès et les furoncles se suivent par série, un traitement général dépuratif à l'eau de la Bourboule uni à un régime très azoté, sont indiqués.

Les *kystes cutanés* sont des tumeurs fluctuantes qui se développent, soit à la tête, — ce sont alors des tumeurs *mélicériques*, — soit sur des points saillants comme les coudes et surtout les pointes des fesses ; ce sont des poches sous-cutanées contenant soit de la sérosité, soit une matière huileuse ou miéleuse (de là le nom kystes mélicériques donné à ces dernières). Les kystes sont indolents et ne gènent en rien les mouvements de l'animal qui n'y fait pas attention. Si on veut les traiter, il faut, soit les amputer, comme nous l'avons indiqué plus haut pour les loupes, s'ils sont bien détachés, comme le sont ordinairement les kystes mélicériques, soit les inciser et iriter l'intérieur de la poche au moyen de teinture d'iode, ou même d'un fer rouge afin de donner lieu à une inflammation suppurative qui amènera l'adhésion des parois du kyste.

Exagération de l'odeur de la peau du Chien.

Le Chien a une odeur *sui generis* qui est donnée par les glandes sébacées de la peau, glandes qui existent à la base de chaque poil et dont le produit de sécrétion qui est gras et huileux sert à entretenir le poil brillant et la peau souple. Ces glandes sont plus abondantes dans certaines régions que dans d'autres, comme les aines. Ce sont des glandes analogues qui sécrètent le *cérumen* ou cire des oreilles.

Certains Chiens ont quelquefois cette odeur de la peau tellement exagérée qu'elle devient insuportable et on nous a signalé, entre autres, des Caniches et des Chiens de Terre-Neuve qui étaient dans ce cas ; les lavages répétés au savon noir ne parvenaient pas à faire disparaître cette odeur.

Les lavages au *coalar saponiné* de Le Bœuf, étendu dans dix fois son poids d'eau tiède donneront un résultat excellent et immédiat, mais pour qu'il soit constant, il faut en même temps, par un traitement général, obtenir une régularisation des fonctions de la peau sans laquelle l'odeur reviendrait bien vite après les lavages au coaltar. Le meilleur agent pour cela est l'arsenic à la dose de 6 à 8 milligrammes par jour, suivant la taille de l'animal, et cet arsenic doit être associé à un régime à base de viande crue, de cheval ou autre, ou de sang frais, ou de sang ou de viande desséchés réduits en poudre et donnés à la dose de 2 ou 4 cuillerées par jour, délayés dans une soupe de tripes de mouton.

§ II. — Maladies de peau parasitaires.

Les téguments du Chien, comme ceux des autres animaux et même de l'homme, sont susceptibles de donner implantation ou de servir de refuge et d'habitation à des êtres microscopiques — végétaux ou animaux — qui, soit par leur simple présence, soit par les travaux de mine qu'ils pratiquent sous les couches épidermiques, soit enfin par leurs morsures venimeuses, déterminent des maladies de la peau plus ou moins graves, susceptibles de s'étendre en tous sens à mesure qu'augmente la population microscopique qui la cause, et même de se communiquer à des animaux de même espèce, ou d'espèces différentes, par le passage d'une colonie de ces parasites d'un animal qui en est affecté à un animal sain.

Voilà donc deux caractères propres aux maladies de peau de nature parasitaire, savoir : Leur extension plus ou moins rapide sur le même animal et leur puissance contagieuse relativement à d'autres. Ce dernier caractère appartient même exclusivement aux maladies de peau parasitaires, et sert à les faire distinguer d'autres avec lesquelles elles ont beaucoup d'analogie d'aspect. Donc, à propos des maladies de la peau du Chien, nous pouvons poser cet axiome : *Toute maladie de peau qui est contagieuse est parasitaire* et réciproquement, *toute maladie parasitaire est contagieuse.* Le fait seul de la propriété contagieuse d'une maladie de peau chez le Chien, nous suffira pour diagnostiquer la présence d'un parasite, même lorsque, privé du secours du microscope, ou inhabile à nous servir de ce précieux instrument, nous ne pourrions voir et reconnaître le susdit parasite.

Les maladies cutanées parasitaires se divisent en deux sections : A la première appartiennent celles qui sont causées par les parasites végétaux ; à la seconde celles qui sont causées par les parasites animaux.

A. *Dermatoses causées par des parasites végétaux.*

Quatre genres de cryptogames microscopiques ont été rencontrés sur l'homme et les animaux domestiques, mais il n'y en a bien positivement que trois espèces qui, jusqu'à présent, aient été vues sur le Chien, ce sont : l'*achorion* de la teigne faveuse, le *trichophyton tonsurant* de la teigne tonsurante, et le *microsporon* de la teigne pelade. Nous ne nous étendrons pas sur la description botanique de ces champignons microscopiques ; qu'il suffise de savoir qu'ils sont voisins des plus fines moisissures et qu'il faut un excellent microscope et un grossissement de trois à quatre cents diamètres pour les bien voir. Ce sont des végétaux extrêmement simples, composés exclusivement de minces filaments, qui jouent à la fois le rôle de racine et de tige (*mycélium*), et de graines ou *sporules* extrêmement petites puisqu'elles n'ont guère que 3 à 4 millièmes de millimètres de diamètre, qui se développent soit dans les plus gros rameaux, soit à leur extrémité, soit sur leur longueur. Souvent les graines sont si abondantes qu'on ne voit plus ni racines, ni tiges, ni rameaux. — C'est le cas du *trichophyton* et du *microsporon*.

Les champignons parasites de l'homme et des grands animaux se développent soit sous les poils, entre les fibres desquels ils s'insinuent et dont ils finissent par provoquer ainsi

la rupture et la destruction, soit dans les follicules pileux dont
ils déterminent l'inflammation et par suite la chute du poil qui
y était sécrété, soit enfin entre les lames de l'épiderme et
même sur le derme qu'ils irritent et en exagèrent les fonctions.
De là les maladies de peau auxquelles les médecins de l'homme
ont réservé le nom de *teignes* et que le vulgaire appelle encore
dartres, par confusion avec les vraies dartres, — lorsqu'elles
se montrent ailleurs qu'à la tête. — Nous savons maintenant
que les *dartres* sont des maladies de peau constitutionnelles,
nullement parasitaires et par suite nullement contagieuses;
les *teignes* et la *gale* leur ressemblent beaucoup en apparence,
mais elles en diffèrent essentiellement en ce qu'elles sont contagieuses, c'est-à-dire parasitaires, et qu'un traitement exclusivement externe leur suffit, tandis que les premières exigent
impérieusement un traitement interne.

Nous allons étudier les trois sortes de teignes qui peuvent
se présenter sur le Chien et qui, nous devons l'avouer, sont
assez rares.

Teigne faveuse.

La teigne faveuse du Chien peut se montrer sur toutes les
parties du corps; mais, dans les rares cas que l'on a observés,
c'est surtout à la tête, sur le crâne et à la base des oreilles
que la maladie siégeait.

Quand cette affection est un peu ancienne, — et c'est généralement le cas lorsqu'elle a attiré l'attention et qu'on a appelé
un vétérinaire,—elle se montre sous forme d'amas de croûtes
irrégulières, un peu poisseuses, crevassées, d'une belle couleur
jaune soufre et présentant une structure finement grenue. Ces
amas de croûtes sont ordinairement parfaitement circulaires,
ou sont le résultat de la réunion de plusieurs petits cercles;
chacun de ces petits cercles, qui a un diamètre de un à deux
millimètres seulement jusqu'à un centimètre ou même plus,
forme une élevure au-dessus de la peau environnante et pré-

sente un creux à son centre, de sorte qu'il figure un véritable godet. Chacun de ces godets est ce qu'on appelle un *favus*, et les *favi* sont plus ou moins nombreux et plus ou moins grands. A la surface libre de ces croûtes, on voit souvent des poils hérissés, secs et ternes qui traversent toute l'épaisseur du *favus* et qui s'arrachent facilement.

Chaque *favus* est logé dans une dépression de la peau, analogue à celle qu'aurait laissée un pois qui aurait comprimé longtemps cette membrane ; tout autour la peau est rouge, enflammée et épaissie.

Lorsqu'on examine les croûtes de *favus* au microscope, on les trouve entièrement composées du champignon élémentaire que l'on a nommé *Achorion Schœnleinii*, et qui est constitué par un lacis de fibres tibulaires (*mycélium*) dont les plus grosses contiennent des sporules en voie de formation, fibres qui sont comme feutrées et mélangées à un grand nombre de sporules sphériques ou ovalaires, libres ou réunies en chapelet, quelques-unes même en voie de germination et ayant un diamètre de 3 à 7 millièmes de millimètres.

La teigne faveuse s'accompagne, chez le Chien, d'un prurit assez vif ; elle ne paraît pas cependant exercer aucune influence fâcheuse sur la santé de cet animal, car il mange, boit, joue et conserve sa gaîté comme dans l'état de santé le plus parfait.

Cause. — La teigne faveuse, comme toutes les dermatoses parasitaires, est toujours le résultat de la contagion, et, chose curieuse, ce sont les rats et les souris qui sont les agents de la propagation de cette maladie ; aussi sont-ce les Chiens ratiers qui sont le plus exposés à la contracter. Les Chiens, en jouant avec les chats, peuvent aussi gagner la teigne faveuse de ces derniers animaux, qui, eux, la doivent aussi aux petits rongeurs.

Les souris et les rats teigneux paraissent plus nombreux dans certains pays que dans d'autres : il en est ainsi aux environs de New-York, en Amérique, et à Lyon; par contre ils sont rares aux environs de Paris. Nous possédons cependant une souris teigneuse empaillée qui a été prise au n° 23 de la rue de la Monnaie et nous savons qu'en 1876, M. Nocard, qui appartient au corps enseignant de l'école d'Alfort, a observé un cas de teigne chez un Chien ratier qui l'aurait contractée en faisant la chasse aux rats.

La teigne faveuse du Chien est exactement la même que l'affection du même nom que présentent souvent les enfants pauvres et mal tenus; et celle-ci a exactement la même origine à savoir : soit la contagion par les différents animaux dont nous venons de parler, chats ou chiens, soit la contagion par d'autres enfants déjà affectés.

Traitement.—La teigne faveuse du Chien est heureusement beaucoup moins grave et bien plus facile à guérir que celle des enfants. Le traitement consiste à faire tomber les croûtes avec un couteau de bois ou un instrument analogue en ayant soin de ne pas faire saigner; puis, sur la peau ainsi nettoyée, faire des lotions quotidiennes avec une solution de sublimé corrosif de 1 gramme par 50 grammes d'eau distillée. Cinq ou six lotions sont ordinairement suffisantes. La guérison se constate par le retour de la peau à l'état normal et la non réapparition des croûtes faveuses, qu'on doit s'efforcer d'enlever à chaque tentative de réapparition.

Teigne tonsurante.

La *teigne tonsurante*, comme la précédente, peut se montrer sur toutes les parties du corps, mais c'est surtout aux parties par lesquelles le Chien se frotte le plus facilement aux autres Chiens qu'elle se montre, car c'est aussi exclusivement à la contagion qu'elle est due.

La *teigne tonsurante* est appelée vulgairement *dartre grise* à cause de son aspect : en effet, elle se présente sous forme d'une éruption furfuracée, à surfaces arrondies comme des pièces de monnaie et isolées les unes des autres, sur lesquelles les poils agglutinés par des croûtes grises et molles à leur base se cassent à peu de distance de la peau; celle-ci, débarrassée de la couche de croûtes grises et farineuses qui la recouvrent, se présente avec une teinte ardoisée caractéristique. La démangeaison causée par cette teigne est modérée.

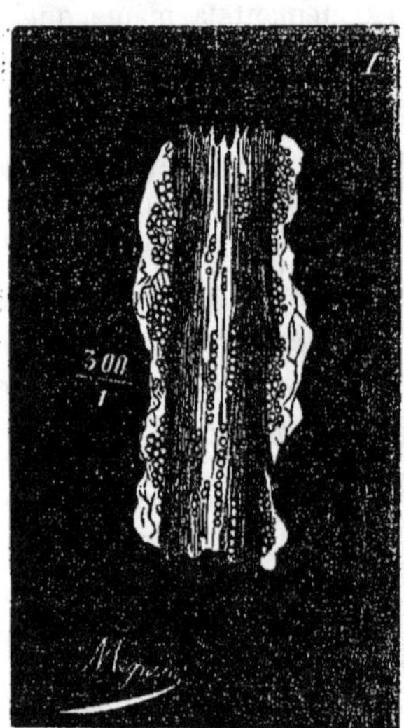

Fig. 56. — Trichophyton tonsurans.

Lorsqu'on examine au microscope les croûtes et surtout les poils brisés qui y sont mélangés, on voit ces poils et les pellicules épidermiques qui constituent en grande majorité ces croûtes, être recouverts et comme infiltrés de corpuscules arrondis ayant de 3 à 4 millièmes de millimètres de diamètre et réfractant assez fortement la lumière. Ces corpuscules ne sont autres que les sporules du champignon microscopique, qui en est presque entièrement constitué, et que l'on a nommé *Trichophyton*, c'est-à-dire, plante des cheveux, parce qu'elle semble vivre aux dépens des cheveux ou des poils qu'elle désagrège et dessèche au point de les faire mourir.

Bien que ce champignon, et la teigne qu'il cause, se présente assez fréquemment sur les chevaux de Normandie et dans les hôpitaux de Paris consacrés au traitement des maladies de peau de l'homme, il est cependant rare chez le Chien dans le nord de la France; par contre il est assez fréquent sur ces animaux dans le midi, où l'on a constaté à différentes reprises qu'ils avaient transmis leur maladie à l'homme. Trois faits de

cette transmission ont été constatés aux hôpitaux de l'École
vétérinaire de Toulouse en 1838 (LAVERGNE, *Journal des vétérinaires du Midi*, — août 1838); et dans la séance du 26 mai
1876, de la Société médicale des hôpitaux, M. le docteur Lail-
ler lisait, au nom de M. Lespiau, médecin militaire à Amélie-
les-Bains, un travail sur un mode de traitement de la teigne
tonsurante, dans lequel l'auteur rapportait qu'en 1875, il vit un
grand nombre de Chiens—entre autre les deux siens—atteints
de cette affection, qui la communiquèrent à 34 personnes sur
lesquelles 28 enfants et 6 adultes. Le traitement qu'employa
M. Lespiau et qui lui réussit à guérir tous ces malades, con-
sista en badigeonnages avec le glycérolé suivant :

Tannin.	1 gramme.
Teinture d'iode	10 —
Glycérine.	20 —

On peut employer le même traitement; à deux badigeonnages
par jour, quatre jours de traitement suffisent.

Nous avons réussi aussi en employant la teinture d'iode
pure.

Teigne pelade.

Cette affection est une autre maladie des poils causée par un
petit champignon microscopique, un *microsporon*, qui végète
sur le poil et, sans le faire tomber, le rend plus maigre, plus
court, et ternit sa couleur, aussi se présente-t-elle sur le corps
du Chien sous forme de taches où le poil est court, mince et
décoloré, sans qu'il y ait de croûtes d'aucune sorte.

Cette maladie est très difficile à guérir, on y parvient à force
de temps et de patience en faisant des lotions locales avec la
solution suivante :

Chlorydrate d'ammoniaque. . .	30 gr.	
En solution dans eau distilée. .	1.000	— ou un litre.
Puis on ajoute : Teinture d'iode . .	30	—
Teinture de cantharide.	50	—

B. *Dermatoses causées par des parasites animaux.*

Prurigos causés par les puces et les poux.

Nous avons vu, dans les « Maladies des jeunes Chiens » que ces jeunes animaux sont toujours tracassés par les puces et quelquefois par les poux. Les mêmes parasites peuvent se rencontrer chez les adultes, mais moins fréquemment : ainsi les *puces* ne se rencontrent que chez les Chiens malpropres, mal soignés, souffrant de la faim ou valétudinaires. Quant aux poux, ils pullulent dans les mêmes conditions mais presque exclusivement chez les Chiens à long poil, comme les griffons courants ou d'arrêt, les épagneuls, les caniches, certains terriers et leurs dérivés. Chez ces derniers, il arrive même que le meilleur état d'embonpoint, les meilleurs soins, ne les empêchent pas d'être envahis par les poux, surtout les trichodectes, et le prurigo qu'ils déterminent est quelquefois assez grave pour simuler la gale.

Les moyens que nous avons indiqués, page 177, pour débarrasser les jeunes Chiens de leurs puces ou de leurs poux peuvent parfaitement être appliqués aux Chiens adultes, en observant que la tonte est à peu près indispensable surtout quand il s'agit de poux.

Piqûres d'Ixodes. (*Tiques*).

Les ixodes, qu'on connaît vulgairement sous le nom de *tiques*, ou *poux de bois*, sont de grands acariens, les géants du groupe, qui s'attachent aux Chiens, plantent leur bec barbelé dans la peau et se gonflent du sang de leur victime au point de décupler de volume et de prendre la forme d'un gros pois un peu allongé, de couleur livide, ou plutôt d'une graine de ricin, de là le nom d'*Ixodes ricinus*, donné à la tique la plus commune.

Nous avons en France plusieurs espèces d'ixodes ayant les mêmes mœurs et présentant les mêmes particularités. Elles présentent assez d'analogie de taille et d'aspect pour que l'on ait confondu plusieurs espèces sous le même nom linnéen d'*Ixodes ricinus*; pour les caractères distinctifs de ces espèces, la distinction des sexes et des différents âges, et les détails

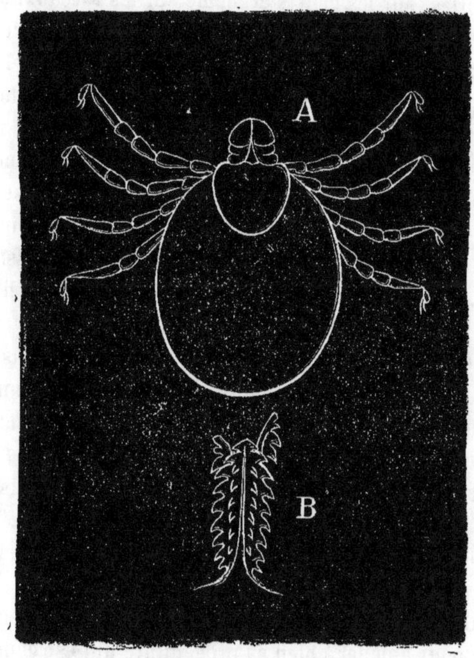

Fig. 57. — Ixode ou Tique.

complets de leur organisation; nous renvoyons à notre ouvrage : « *Les Parasites et les Maladies parasitaires*[1]. » Nous nous contenterons de donner au simple trait la figure d'une femelle de l'ixode de Duges grossie 8 fois en diamètre (fig. 57 A)

1. Chez G. Masson; Paris, 1880.

et à côté (B), encore plus grossie, la figure de son bec barbelé sur lequel glisse une paire de mandibules en harpon dont on voit seulement les extrémités dépassant légèrement le bec, surtout celle de droite.

Les ixodes, ou tiques, ou poux de bois, vivent dans les bois aussi bien par terre que sur les buissons, sur les arbrisseaux de toutes sortes, sur les genêts et même sur les roseaux. Malgré leurs organes de locomotion assez fortement constitués, ces animaux n'ont pas la démarche vive, au contraire leurs mouvements sont lents et pesants, mais ils ont une grande facilité à s'attacher avec leurs pattes aux objets qu'ils rencontrent, même au verre le plus poli. Quand ils sont posés sur les végétaux ils se tiennent suspendus, accrochés seulement avec deux de leurs pattes de derrière et tiennent les autres étendues; un animal quelconque vient-il à passer à leur portée, ils s'y accrochent avec les pattes qui restent libres et quittent la branche à laquelle ils étaient fixés.

Les ixodes s'attachent non seulement aux Chiens mais encore aux autres animaux des pâturages et même à l'homme; c'est toujours la femelle que l'on trouve fixée à la peau par son bec qui y est implanté et occupée à sucer le sang et à se gonfler comme nous l'avons dit. — On la trouve quelquefois accouplée à son mâle qui est beaucoup plus petit qu'elle, tout noir et collé contre sa face ventrale; il a l'air d'une petite tique occupée à en sucer une plus grande.

La quantité énorme de sang qu'absorbe un ixode femelle est nécessaire pour amener à bien sa progéniture qui est considérable, car elle pond plusieurs milliers d'œufs et les larves qui sortent de ces œufs ne mangent pas avant d'être adultes : elles portent en naissant une provision de nourriture qui leur servira jusqu'à ce qu'elles soient adultes, c'est-à-dire en âge d'élever elles-mêmes une famille.

La piqûre des ixodes est quelquefois si peu sensible que quand on s'aperçoit de la présence du parasite, il est déjà énorme, aussi les Chiens ne s'en tourmentent-ils pas ; cependant il est nécessaire de les en débarrasser car s'ils étaient nombreux ils finiraient par les épuiser. Il faut bien se garder de chercher à arracher les ixodes, leur bec se romprait infailliblement et resterait dans la plaie d'où il ne sortirait que par un petit travail de suppuration et ferait plus mal que si l'animal était resté tout entier attaché à sa proie. Il suffit de toucher le parasite avec une goutte d'essence de thérébentine ou d'huile empyreumatique pour provoquer sa chute spontanée.

Une tique femelle, apportée du bois par un Chien, et qui se sera détachée spontanément après s'être repue peut infester un chenil de sa nombreuse progéniture et cela pour longtemps

Nous connaissons des chenils, et même des infirmeries de Chiens, qui sont infestés de cette façon et qu'on n'a pu parvenir encore à débarrasser de ces hôtes incommodes. Le moyen est pourtant bien simple : il suffit d'échauder le chenil à l'eau bouillante, en faisant attention que les larves d'ixodes ont toujours de la tendance à s'élever dans les régions supérieures, et que ce sont ces régions, parois et plafonds, qu'il faut asperger particulièrement d'eau bouillante.

Prurigo du Rouget.

Les *Rougets*, véritables petites tiques microscopiques, sont ainsi appelés parce qu'ils ressemblent à un petit grain de sable rouge ; ce sont des acariens à six pattes (fig. 58), c'est-à-dire des larves, dont les parents sont ces jolies petites araignées, d'un si beau rouge cramoisi velouté, connues des naturalistes sous le nom de *Trombidion soyeux*, et qui se montrent dans les jardins, ou dans les champs, au printemps.

Les Trombidions adultes vivent exclusivement de sucs végétaux qu'ils se procurent en piquant les feuilles ; leurs larves au contraire sont sanguinaires, et on les voit (si toutefois ou a de bons yeux), à la fin de l'été et surtout en automne, errer par milliers sur les végétaux dont elles ne tirent aucune nourriture. Capables de supporter un jeûne de plusieurs mois, mais toujours altérées de sang, elles saisissent l'occasion de s'attacher à l'homme ou à l'enfant qui se promène, à la fille des champs qui s'est endormie sur l'herbe, au lapin qui broute, au Chien qui va furetant à travers les bois et les prés.

On trouve souvent les rougets groupés par douzaines au pied d'un poil, ayant tous le bec enfoncé dans le follicule pileux

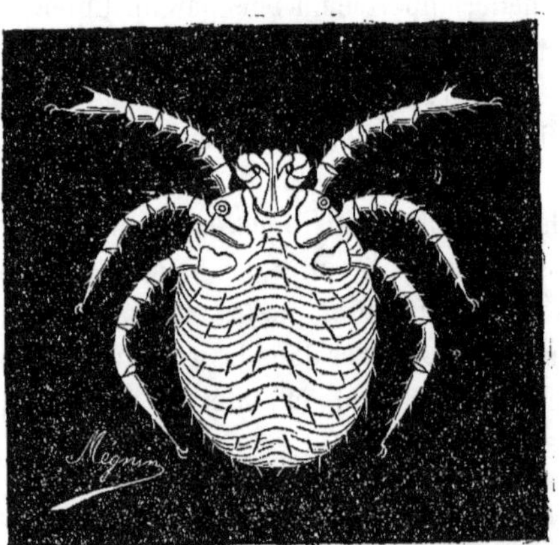

Fig. 58. — *Rouget* grossi 80 fois en diamètre.

ou dans l'épiderme. C'est surtout autour des yeux et sur les oreilles des Chiens que l'on trouve les rougets ; malgré leur petitesse, ils causent une démangeaison plus forte que celles des ixodes, et l'on voit ces pauvres animaux se gratter quelquefois avec fureur.

Il suffit, pour tuer les rougets et en débarrasser un Chien qui en est infesté, de toucher les parties qu'ils occupent avec un peu de benzine ou d'infusion de tabac, comme s'ils s'agissait de faire la chasse à des poux.

Nous allons maintenant passer à l'étude d'affections de la peau causées par les acariens beaucoup plus dangereux que les précédents, c'est-à-dire, à l'étude des vraies *gales*, maladies terribles qui causent souvent la mort des Chiens. Elles sont au nombre de deux : la *gale folliculaire* et la *gale sarcoptique*. Nous allons commencer par la première qui est la plus grave et la plus commune.

Gale folliculaire.

La gale folliculaire est la maladie de peau la plus grave du Chien et malheureusement une des plus fréquentes ; ce qu'elle a déjà tué de Chiens ne peut se compter, et ses propriétés éminemment contagieuses la rendent doublement terrible. Après la rage, dans l'ordre d'importance, c'est certainement l'affection qui vient immédiatement après. Cependant elle est guérissable, bien que nous ayons entendu proclamer, par un professeur vétérinaire, que la science est impuissante contre elle ; nous avons par devers nous, et nous avons vu à l'infirmerie canine de notre ami M. C. Leblanc, assez de succès complets dans le traitement de la gale folliculaire, pour pouvoir dire qu'elle est assez facilement guérissable ; seulement, comme nous le montrerons plus loin, le traitement qu'elle exige doit être appliqué avec tant de persévérance et de zèle, et les prescriptions si scrupuleusement observées que nous nous expliquons parfaitement que ceux qui sont chargés, dans certains établissements, des soins à donner aux Chiens galeux, se rebutent et n'exécutent pas les prescriptions voulues : il n'y a que le propriétaire amoureux de ses bêtes et l'homme de l'art amoureux de son métier, capables de s'astreindre à appliquer pendant des mois et rigoureusement le traitement qu'exige la gale folliculaire du Chien.

La cause de la gale folliculaire est un parasite de l'ordre des acariens, appelé *Demodex folliculorum*, d'apparence ver-

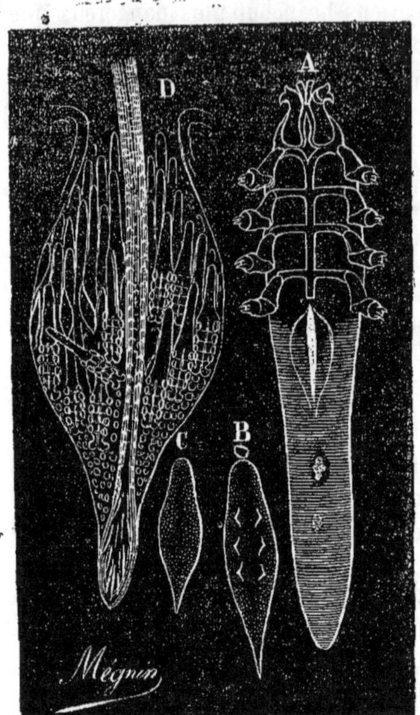

Fig. 59. — *Demodex folliculorum.*

miforme (voyez la figure 59 ci-contre), dont la longueur est de 27 centièmes de millimètre chez la femelle adulte (A), de 25 chez le mâle et qui pond de petites larves sans pattes sous forme de petites soles (C) qui grandissent, acquièrent 3 paires de petits tubercules de reptation (B) qui tiennent lieu de pattes, et finissent, après avoir grandi encore et mué une dernière fois, par prendre la forme adulte caractérisée par la présence d'un thorax rigide portant quatre paires de pattes triarticulées et bi-ongulées, d'un abdomen allongé finement strié en travers, et d'un rostre, situé à l'extrémité antérieure du corps dans lequel on distingue : une paire de palpes terminés par des ongles et très mobiles, une paire de mandibules soudées et immobiles qui constituent une véritable bêche à deux dents ; c'est entre ces mandibules, qui forment le plancher supérieur du rostre, et une paire de mâchoires soudées et immobiles qui en forment le plancher inférieur, que se trouve la cavité buccale, organe d'aspiration et d'absorption. Nous bornons là la description anatomique de ce parasite, renvoyant pour de

plus amples détails et pour la physiologie de cet être curieux
et malfaisant, au Mémoire très complet que nous avons publié
sur ce parasite dans le *Journal d'anatomie et de physiologie*
de M. le professeur Robin, n° de mars 1877, ou à notre Traité
des *Parasites* cité plus haut.

Il y a plusieurs espèces ou variétés de *Demodex* : une qui
vit sur l'homme, une autre sur le mouton, une troisième sur
le chat et enfin celle du Chien ; cette dernière seule est dangereuse, les autres sont à peu près inoffensives. Les *Demodex*
vivent et pullulent dans les follicules pileux ou sébacés : la
variété du Chien habite indifféremment les follicules pileux de
toute la surface du corps ; celle du chat particulièrement les
glandes sébacées de l'intérieur de l'oreille ; celle du mouton
seulement les glandes de Meibomius ou du bord des paupières,
et la variété de l'homme les follicules pileux des poils follets
du visage et les glandes sébacées de la même région, particulièrement du nez et du front.

Quelle que soit la variété que l'on observe, on voit toujours
les demodex disposés dans les follicules, le rostre dirigé vers
le fond et en plus ou moins grand nombre (fig. 39, **D**) ; quand
ils ne sont pas plus de deux ou trois, rien au dehors ne trahit
leur présence ; mais quand ils sont au nombre d'une douzaine
environ, le follicule dilaté donne lieu à une élevure conique
de la peau, à un *bouton* qui a un poil follet à son sommet et qui
a reçu le nom de *comédon* ; enfin lorsque les parasites sont
au nombre de deux ou trois douzaines (fig. **D**), les parois du
follicule dilatées et irritées par la présence de ces nombreux
hôtes, s'injectent aussi bien que le bulbe sécréteur du poil,
celui-ci se détache et une véritable pustule d'*acné* se développe.
C'est dans les pustules d'acné, dont le centre contient quelquefois de quarante à cinquante Demodex, que l'on rencontre particulièrement les individus adultes et leurs larves et c'est la
population de ces pustules qui, en essaimant littéralement, va
peupler les follicules voisins du trop plein de leur contenu.

C'est pourquoi l'extension de la gale folliculaire chez le Chien se fait ordinairement en rayonnant et produit souvent de véritables cercles simulant parfaitement des plaques d'herpès circiné ; nous disons ordinairement, car il y a un autre moyen de propagation, le grattage, par lequel le Chien porte sur les différentes parties de son corps où il peut atteindre les animalcules qu'il a arrachés avec ses ongles en déchirant des pustules d'acné.

La rapidité de propagation des Demodex est moins grande que celle de certains autres acariens psoriques, les différentes variétés du *Sarcoptes scabiei* par exemple, dont quelques-unes peuvent en quinze jours couvrir le corps entier d'un cheval de leurs colonies, mais elle n'est pas moins sûre. Nous avons vu la gale folliculaire du Chien, débutant par le tour des yeux et l'extrémité des pattes, mettre environ deux mois à envahir le reste du corps. Elle s'accompagne aussi d'une démangeaison d'autant plus vive que l'affection est plus générale, c'est-à-dire que la population parasitaire est plus nombreuse.

M. le Dr Gruby, qui a beaucoup étudié le Demodex de l'homme, croyait que c'était la même espèce que celle qui vit sur le Chien, aussi recommandait-il de prendre de grandes précautions pour éviter la contagion de la gale folliculaire du Chien à l'homme. Cette crainte est illusoire : nous avons démontré, dans le Mémoire dont nous avons parlé plus haut, que des différences anatomiques appréciables séparent ces deux espèces ; de plus, nous avons manipulé bien des Chiens atteints de gale folliculaire et nous n'avons jamais rien contracté, non plus que nombre de nos collègues et d'élèves vétérinaires qui se sont trouvés aussi exposés que nous. Nous avons cependant vu, il y a quelque temps, le propriétaire d'un Chien affecté de cette gale bien constatée, être atteint sur la face dorsale de chaque main, d'un prurigo regardé par son médecin comme dû au contact de son Chien, prurigo qui a cédé facilement à quelques soins appropriés. Si l'acclimatation des Demodex avait été complète, ce n'est pas quelques jours de soins seulement qui auraient été nécessaires pour les détruire, mais des mois, car, nous le répétons, il n'y a pas d'affection psorique plus grave que la gale folliculaire du Chien.

Formes, symptômes. — La gale folliculaire du Chien est une dermatose réellement protéique, qui diffère essentiellement d'aspect suivant qu'elle est au début ou dans son plein.

Au *début*, elle se montre sous forme d'un léger pityriasis occupant les paupières et les sourcils, et l'extrémité des pattes ou seulement les poignets et les jarrets : là les poils apparaissent d'abord clairsemés, puis tombent, et le Chien a comme des lunettes autour des yeux, sans que les parties dénudées présentent autre chose qu'une peau souple et douce, un peu *farineuse* par suite d'une exagération de sécrétion épidermique. A ce moment, la démangeaison est très faible et le Chien a conservé toute sa gaîté et sa vivacité.

Au fur et à mesure que la maladie progresse, les parties dénudées s'élargissent, gagnent du terrain, et on voit apparaître aux premiers points atteints de très petits boutons clairsemés, qui n'ont d'abord aucune coloration, mais qui finissent par avoir leur sommet, qui est aigu, un peu rouge : ce sont de véritables boutons d'*acné* débutant.

La démangeaison, progressant avec la maladie, devient plus fréquente et plus pénible ; dans les parties malades qui sont surtout le siège des grattages, la peau s'épaissit, se ride, devient rouge, les boutons d'acné augmentent en nombre, enfin l'affection se montre dans différentes parties du corps surtout aux points où le Chien se gratte facilement.

A ce moment, la maladie peut être considérée comme étant arrivée à la *période d'état :* la peau, surtout à la face et aux pattes, est rouge, enflammée, chaude, épaisse, rugueuse, dépilée et sillonnée de rides profondes, ce qui donne aux animaux cette physionomie étrange que l'on a nommée *léonine.*

En examinant de près on voit une multitude de boutons pleins, gros comme un grain de millet ou de chènevis, plus clairsemés dans les points récemment affectés, plus nombreux et se touchant dans ceux où la maladie existe depuis longtemps ; ce sont, comme nous l'avons dit, des boutons d'*acné*. Ces boutons sont, les uns durs, *papuleux*, les autres purulents au sommet, c'est-à-dire *pustuleux;* les uns et les autres ont pour siège un follicule pileux et quand on les prend, on voit sortir par un orifice qui existe à leur sommet une matière blanchâtre qui n'est autre que de la matière sébacée dans laquelle le microscope fait voir une foule de parasites. On voit souvent, surtout sur les flancs et sur le dos, les boutons d'acné groupés sur une petite surface de la largeur d'une pièce de un à deux francs, souvent plus, de manière à simuler une véritable plaque d'herpès circiné que les grattages mettent à vif. Ces plaques pourraient être prises pour de l'*herpès tonsurant* que nous avons décrit plus haut et qui est dû à un parasite végétal, le *Trichophyton tonsurant;* le microscope permet de distinguer ces deux affections ; du reste l'examen objectif permet de faire cette distinction sans le secours de l'instrument en question : dans le cas d'*herpès tonsurant*, les plaques d'herpès se présentent seules sur le corps du Chien, tandis que, dans le cas de gale folliculaire, les plaques herpétiques se trouvent mélangées à des surfaces d'eczéma psorique, de boutons d'acné éparpillés qui les accompagnent toujours et qui peuvent exister seuls et constituer toute la maladie.

Dans la période d'état de la gale folliculaire, le prurit est assez intense et presque continu ; cependant il n'existe pas encore de trouble bien notable dans l'exercice des fonctions physiologiques ; les malades conservent leur appétit, leur gaîté, et un état général assez bon. Cette période peut durer d'un mois à six semaines.

La *terminaison* de la gale folliculaire abandonnée à elle-même est toujours fatale : la privation de sommeil, les tourments continuels, l'arrêt des fonctions de la peau, l'épuisement amené par les sécrétions finissent par apporter une telle perturbation dans les fonctions physiologiques que l'appétit se perd et la mort arrive rapide et sûre, après avoir réduit le pauvre animal à l'état d'un squelette porté sur des poteaux, car dans les derniers temps les pattes s'engorgent et sont souvent énormes comme étant le siège d'une véritable anasarque.

A propos du *traitement* de cette terrible maladie, voici ce que disait M. Saint-Cyr, professeur à l'École vétérinaire de Lyon, dans une leçon de clinique consacrée à cette affection et faite aux élèves de cette École en juillet 1876 :

« Reste à trouver maintenant un remède capable de triompher du mal, mais ici, Messieurs, vous comprenez, presque sans qu'il soit besoin de le dire, combien doivent être grandes les difficultés. Pour guérir, il faut tuer le parasite sans causer de désordres ; mais le moyen de remplir cette indication ? Voilà ce qui est difficile à trouver. Situés profondément dans l'intérieur du follicule pileux, protégés par le pus et la matière sébacée au milieu desquels ils sont comme empêtrés, les *Demodex* semblent défier tous les agents thérapeutiques à l'aide desquels on serait tenté de les attaquer. Il faut trouver un insecticide doué d'une force de pénétration assez grande pour arriver jusqu'à eux, assez puissant pour tuer sûrement, assez inoffensif pourtant pour ne pas attaquer profondément la peau du malade et ne pas mettre en danger sa vie, s'il vient à être absorbé, et vous comprenez sans peine combien ces conditions sont difficiles à réunir.

» Nous avons essayé un grand nombre de remèdes différents sans arriver à des résultats bien satisfaisants.

» M. Hippolyte Tisserant, de Nancy, a *presque* guéri un Chien avec le mélange de Schaack (essence de térébenthine et huile de cade, parties égales).

» Un seul remède nous a paru avoir jusqu'ici une efficacité réelle contre cette affection, mais il est dangereux : c'est le sublimé corrosif. Il tue certainement le Demodex, mais il faut l'employer avec persistance, et si la maladie est étendue, si, comme cela arrive presque toujours en pareil cas, la peau présente des excoriations, l'absorption mercurielle est inévitable, et, longtemps avant d'avoir guéri l'affection cutanée, on voit se produire une infection mercurielle presque fatalement mortelle. Après de nombreux essais, nous nous sommes arrêtés à la formule suivante :

> Sublimé corrosif . . . . 30 à 80 grammes.
> Glycérine . . . . 30 grammes.

(Il y a certainement ici une faute d'impression dans la leçou imprimée de M. Saint-Cyr, ce doit être 30 à 80 centigrammes.)

» On dissout le sublimé dans un peu d'alcool et on l'incorpore dans la glycérine.

» Depuis quelque temps, nous essayons un autre remède, la teinture d'iode qui, à ce qu'il nous a semblé, n'offre pas à beaucoup près autant de dangers pour le malade et paraît jouir d'une certaine efficacité ; voici la formule que nous avons employée :

> » Teinture d'iode . . . . 10 grammes.
> » Glycérine. . . . . 50 grammes. »

Nous avons tenu à rapporter en entier cette partie de la leçon de M. le professeur Saint-Cyr pour montrer où en est la question du traitement de la gale folliculaire dans les établissements vétérinaires officiels ; nous ajouterons que, à l'École d'Alfort, on regarde cette affection comme totalement incurable.

Eh bien, nous ne sommes pas si pessimistes, et nous savons par notre expérience personnelle et par celle de notre distingué confrère, M. Camille Leblanc, que, *par de simples bains de Barèges, mais administrés avec persistance, soigneusement et quotidiennement, pendant un mois au moins, puis de huit jours en huit jours pendant deux ou trois autres mois, on vient sûrement à bout de cette affection.* Nous nous expliquons l'action de ce traitement de cette façon : les Demodex migrateurs trouvant constamment la mort hors du follicule (car le bain ne pénètre certainement pas dans cette cavité, fermée par un bouchon graisseux de matière sébacée), les nouvelles colonies deviennent impossible à constituer; les anciennes disparaissant forcément par la mort naturelle de leurs fondateurs et la population parasitaire disparaît ainsi ; car nous ne croyons pas qu'un médicament inoffensif pour la peau et en même temps parasiticide puisse pénétrer dans la profondeur des follicules pileux ou sébacés ; nous avons par devers nous des expériences qui nous le prouvent et qui nous donnent la raison des insuccès des nombreuses préparations proposées contre la gale folliculaire du Chien et les dangers de la plupart d'entre elles.

Nous avons aussi employé avec succès le *sulfure de chaux,* préparé de la manière suivante :

On fait bouillir   100 grammes de soufre sublimé.
      Avec   200   —   de chaux vive.
      Dans   1.000   —   ou un litre d'eau.

Quand le liquide est refroidi on décante la partie claire qu'on conserve dans une bouteille bien bouchée. Pour l'employer on l'étend de 4 ou 5 fois son poids d'eau tiède, et au moyen d'une éponge imbibée de cette solution on fait des lotions ou plutôt des tamponnements répétés tous les jours jusqu'à guérison. Celle-ci se reconnaît lorsqu'on voit les poils repousser sur les parties malades.

Comme dans toutes les maladies de peau du Chien, il faut éviter dans celle-ci l'emploi du pétrole, de la benzine ou de l'essence de térébenthine, qui produisent toujours, sur la peau des Chiens et de tous les autres animaux domestiques des effets désastreux.

Gale sarcoptique.

La *gale sarcoptique* est très rare chez le Chien ; elle l'est au point que M. Lafosse, de Toulouse, a pu dire qu'il ne l'avait jamais vue pendant sa longue carrière de professeur de clinique, c'est-à-dire pendant plus de vingt ans, et que les nombreux cas de gale qu'il avait observés chez le Chien étaient toujours des cas de gale folliculaire[1]. Cependant cette maladie existe, car, dans les quelques centaines de cas de maladies de peau que nous avons étudiées, tant à l'infirmerie de notre ami et distingué collègue M. C. Leblanc, que dans notre clientèle particulière, il nous est arrivé d'en rencontrer deux ou trois cas, causés par un *Sarcopte scabiei* qui figure dans notre collection et qui constitue une variété en tout semblable, pour la taille et les détails anatomiques, à celui de l'homme.

Delafond, professeur à l'École d'Alfort, avait aussi eu l'occasion de voir sur le Chien un cas de cette sorte de gale qu'il avait même contracté en manipulant l'animal qui en était affecté ; et le sarcopte qui en était la cause déterminante, d'après la description qu'il en donne, paraît être complètement identique à celui qui provoque sur le mouton le développement de la gale du chanfrein, appelée vulgairement *noir-museau*.

D'un autre côté, Gurlt et Furstenberg auraient rencontré chez un Chien galeux une variété de sarcopte de grandes dimensions, identique à celle qui cause la gale du sanglier.

De tous ces faits nous concluons que, si le chien est souvent affecté d'une gale qui lui appartient en propre, la *gale folliculaire*, il peut être exceptionnellement atteint de *gale sarcoptique* qu'il contracte très probablement au contact des animaux qu'il chasse ou qu'il garde, ou au contact de son maître ou de personnes galeuses qui l'auraient caressé ou fait coucher près d'elles.

1. Lafosse, *Traité de pathologie des animaux domestiques.* — Toulouse, 1880.

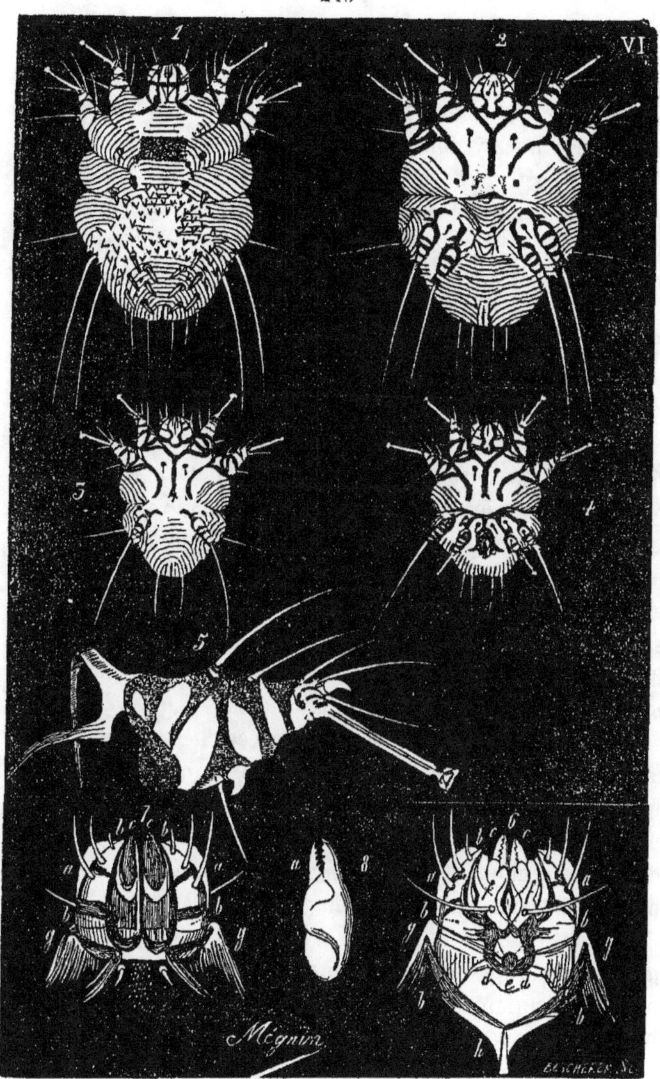

Fig. 60. — *Sarcoptes scabiei* grossi 100 diamètres; 1, femelle vue de dos;
2, la même vue de ventre; 3, larve à six pattes; 4, mâle; 5, une patte; 6, le
rostre, face inférieure; 7, le rostre, face supérieure; 8, une mandibule.

La cause de la gale sarcoptique du Chien est donc l'une des cinq ou six variétés de *Sarcoptes scabici* qui existent, et qui arrive à être transplantée sur sa peau dans une des circonstances que nous venons de rapporter, et à y pulluler.

Symptômes, marche et terminaison. — La gale sarcoptique peut apparaître indifféremment sur toutes les parties du corps, mais c'est généralement par la tête qu'elle débute. Elle se montre d'abord sur le chanfrein et autour de la gueule, puis gagne rapidement le front, le tour des yeux et des oreilles, enfin s'étend au reste du corps en suivant une marche beaucoup plus rapide que la gale folliculaire.

Elle se présente d'abord sous forme d'eczéma, ou de surface rouge, qui devient rapidement lichénoïde par suite de l'apparition d'une grande quantité de petits boutons à sommet rouge. On ne remarque jamais, comme dans la gale folliculaire, ces agglomérations de boutons, sous forme de plaques herpétiques rondes qui sont un caractère de cette dernière gale. La démangeaison qui accompagne le début de la gale sarcoptique est aussi beaucoup plus vive que dans la gale folliculaire : les grattages sont continuels et ils ne contribuent pas peu à l'extension rapide de la maladie.

A la suite des grattages, les boutons écorchés laissent suinter un liquide ichoreux, d'une odeur infecte, qui enveloppe le malheureux Chien d'une atmosphère repoussante beaucoup plus marquée que dans la gale folliculaire. Cette sécrétion se concrète en croûtes mollasses, granuleuses, adhérentes aux poils clairsemés, car ils sont en grande partie tombés, et dont l'abondance donne à la gale sarcoptique une apparence de gravité beaucoup plus grande que celle de la gale folliculaire, ce qui est pourtant le contraire, non pas que la gale sarcoptique ne soit très grave, car elle arrive à tuer facilement un Chien en deux ou trois mois, mais c'est qu'elle est bien plus facilement curable que la précédente.

C'est en recueillant ces croûtes par un grattage jusqu'au

sang et en les examinant avec soin au microscope qu'on s'assure de la présence du corps du délit, c'est-à-dire du *Sarcopte*, et qu'on établit avec sûreté le diagnostic, ce qu'il est très important de faire avec certitude, car le traitement n'est pas le même que pour la gale folliculaire ni pour les nombreuses formes de la dartre dont quelques-unes peuvent parfaitement simuler la gale sarcoptique.

Traitement. — Le traitement consiste en frictions de pommade d'Helmeric, composée suivant la formule :

Carbonate de potasse purifié . . . . . 10 grammes.
Fleur de soufre 20   —
Axonge 80   —

Au moyen de cette pommade on opère une friction bien générale, sans oublier le plus petit coin, le moindre repli de la peau préalablement bien tondue. Pour un Chien de chasse de taille moyenne, il faut employer pour la première friction au moins 100 grammes de pommade. Après 24 heures de séjour de la pommade sur le corps du Chien, on l'en débarrasse par un bon lavage au savon vert, puis on recommence le lendemain quand le Chien est bien sec.

Il est rare, quand deux frictions ont été bien faites, quand aucun point du corps n'a été oublié, qu'on soit obligé d'en venir à une troisième friction, car le Chien est généralement guéri et bien guéri. Par précaution on peut faire une troisième et même une quatrième friction. Comme pour les autres maladies de Chien, il faut avoir bien soin d'éviter l'emploi du pétrole ou de la benzine, car ces substances font plus de mal que de bien.

Un complément indispensable au traitement de la gale sarcoptique — aussi bien, du reste, qu'à celui de la gale folliculaire, — c'est la désinfection du local habité par le Chien, car il peut y être resté des œufs ou des parasites qui peuvent devenir la cause d'une nouvelle invasion de la maladie soit sur l'animal qui en a déjà été affecté, soit sur d'autres animaux de la même espèce ou autres. Le meilleur désinfectant dans ce cas est l'*eau bouillante* au moyen de laquelle on échaude tous les coins et recoins du chenil et des niches; mais, nous le répétons, il faut que l'eau soit projetée *bouillante*, et pour cela, chauffée sur un réchaud mobile qu'on aura installé, à cet effet, dans l'intérieur même du chenil.

C'est, du reste, le même moyen à employer pour débarrasser un chenil des parasites qui l'infectent, tels que puces, tiques, etc.

§ 3. — *Maladies de peau accidentelles.*

Dans ce paragraphe nous avons à examiner les affections accidentelles de la peau qui résultent de l'action directe d'agents extérieurs sur le tégument, agents appartenant à l'ordre physique, tels que les corps durs, piquants, coupants et contondants, la chaleur et le froid, certains agents chimiques tels que les acides et enfin certains agents physiologiques tels que les venins.

Contusions, écorchures, déchirures, coupures, piqûres.

La définition de ces accidents est inutile attendu que tout le monde connaît la signification des mots employés comme titre de cet article.

Un coup de pied, un coup de bâton, un coup de corne de cerf ou autre ruminant cornu, un pincement de la peau du dos par les dents d'un cheval, une patte prise entre deux barreaux, etc.; toutes ces causes peuvent déterminer une *plaie contuse*, genre de lésion qui se guérit très facilement et le plus souvent spontanément chez les Chiens, mais à la résolution de laquelle on aide par des lotions d'une solution d'arnica préparée en versant une cuillerée à café de teinture d'arnica dans un

verre d'eau. Il faut éviter d'employer l'eau blanche dite de
Goulard, préparée avec l'extrait de Saturne, car ce sel de
plomb est un poison, et il pourrait être absorbé par les Chiens
qui ont une grande propension à se lécher.

Les Chiens s'écorchent fréquemment à la chasse en traver-
sant des buissons épineux. Quand les *écorchures* ont la peau
du tronc pour siège, il n'y a pas à s'en occuper, car elles guérissent spontanément, très rapidement ; mais il faut veiller aux
écorchures des oreilles surtout à celles qui occupent le bord
libre de la conque, car elles peuvent dégénérer en *chancres*,
ainsi que nous le verrons au chapitre des Maladies des oreilles.
Les lotions d'arnica ou de coaltar saponiné étendu, sont le
meilleur moyen pour faire cicatriser rapidement les écorchures.

Les *déchirures* de la peau peuvent avoir les mêmes causes
que les écorchures, et de plus, peuvent être causées par des
coups de dents d'autres Chiens ou d'autres animaux. On dit
qu'un Chien est *décousu* quand un coup de dent de sanglier
lui a non seulement fait une grande déchirure dans la peau
du ventre, mais encore divisé les muscles, les tuniques de
l'abdomen et mis les intestins à nu ; nous parlerons des Chiens
décousus dans les affections du *péritoine* et autres organes
accessoires des organes digestifs ; ici nous ne nous occuperons que des *déchirures* qui n'intéressent que la peau.

Si la déchirure n'a pas séparé violemment les parties de la
peau qui est le siège de la lésion, si ces parties, en un mot,
sont restées dans leurs rapports respectifs, il n'y a qu'à chercher à modérer l'inflammation et la tuméfaction ou enflure qui
en sont la conséquence, par des lotions très fréquentes de la
solution d'arnica ou de coaltar saponiné dont nous avons souvent donné la formule.

S'il y a des lambeaux de peau pendants et déplacés, il faut
les rapprocher et les maintenir par quelques points de suture
faits avec une aiguille chargée de fils retors et ciré qu'on in-

troduit toujours de dedans en dehors pour faire ce qu'on appelle la suture des pelletiers.—Il faut éviter de faire la suture chevillée au moyen d'épingles et de fil à cause de l'indocilité de nos malades qui finiraient par s'arracher les épingles et les morceau de peau déchirés. — On maintient ensuite sur les parties lésées des compresses imbibées de la solution d'arnica ou de coaltar, ou bien on fait des lotions très fréquentes avec ces solutions.

Les *coupures* de la peau sont bien plus faciles à guérir que les déchirures. Si la coupure est petite, il faut se contenter de la tenir propre; si elle est grande on en rapproche les lèvres par une suture de pelletier, comme nous avons dit ci-dessus pour la déchirure.

C'est surtout la peau des pieds qui est le siège de coupures, soit par des morceaux de verre sur lesquels le Chien aurait marché, soit par tout autre corps tranchant.

C'est aussi le pied qui est ordinairement le siège des *piqûres* causées le plus souvent par des épines, des épingles ou tout autre corps pointu sur lequel le Chien a marché.

La première indication, dans le traitement de la piqûre, c'est d'extraire le corps vulnérant; il n'y a plus ensuite qu'à entretenir la petite plaie propre et à en activer la cicatrisation par des lotions arniquées ou coaltarées.

Échaudure, brûlures, engelures, aggravée.

L'eau bouillante versée sur la peau produit l'*échaudure* quand elle n'entraîne d'autre résultat qu'une douleur passagère avec tuméfaction de la peau et chute des poils et de l'épiderme; cette lésion devient la *brûlure* quand le derme s'enflamme violemment et surtout quand il est détruit plus ou moins profondément. L'eau bouillante ne produit le plus souvent que de l'*échaudure;* la brûlure peut être produite par le contact du feu, du charbon ou du fer rouge.

Sur le tronc, et surtout quand la surface touchée est limitée, l'*échaudure* et même la brûlure sont bien moins graves que sur les membres et surtout sur leur extrémité, les pattes : ici une simple échaudure peut faire tomber les ongles et tenir le Chien boiteux pendant très longtemps.

L'échaudure sur le tronc se guérit spontanément, on peut aider à la guérison par des lotions d'alcool étendu d'eau.

On soignera la brûlure des mêmes régions par l'application d'un liniment alcalin ou calcaire, préparé en mélangeant intimement de l'huile avec de l'ammoniaque ou avec de la chaux éteinte pulvérisée très fin et tamisée.

Quand la patte vient d'être échaudée ou même brûlée, on calme immédiatement la douleur en plongeant la partie dans de l'eau froide alcoolisée ou en versant sur les parties offensées de l'éther par petits filets, puis on étend du beurre ou du saindoux sur un morceau de papier brouillard ou sur des feuilles de poirée, on en couvre les surfaces dénudées, ou bien l'on entoure toute la patte d'un cataplasme dont on fixe le linge par des points de suture.

L'on continue ce pansement une fois par jour jusqu'à guérison, ce qui ne se fait pas longtemps attendre.

Les *engelures* véritables sont extrêmement rares chez le Chien ; quand il a séjourné longtemps dans la neige, ou chassé longtemps en temps de neige ou de verglas, c'est une variété de l'*aggravée* qui se montre et qui ne diffère pas de l'*aggravée ordinaire*, causée par la marche soutenue dans des terrains rocailleux et secs : toute l'extrémité est chaude, un peu gonflée et douloureuse ; le Chien souffre à l'appui, a de la fièvre et reste couché.

Le repos suffit seul à le guérir, mais on le soulagera beaucoup et on activera la guérison en soignant le malade comme s'il avait eu les pattes échaudées. (Voyez ci-dessus.)

Morsures de serpents.

Si les parties chaudes de l'Asie, de l'Afrique et de l'Amérique sont peuplées de nombreuses espèces de serpents très dangereux, dont la morsure peut tuer les plus gros animaux et l'homme en quelques minutes, l'Europe est heureusement moins favorisée; nous n'avons qu'un serpent dangereux, la vipère (*Vipera berus* L), et ses cinq ou six variétés, dont la morsure est même rarement mortelle soit à l'homme soit au Chien.

C'est en juin, juillet et août, par les jours de chaleur, dans les contrées sèches et pierreuses tournées au midi, que les Chiens de chasse sont exposés aux morsures des vipères. Cependant cette année (1882), qui a été exceptionnellement froide et humide, a été remarquable pour le nombre des morsures que l'on a observées chez les Chiens de chasse : on a constaté de ces accidents arrivés à 7 heures du matin et aussi plusieurs cas de mort chez ces animaux.

Le Chien est généralement mordu aux jambes de devant, souvent aussi au museau et cet accident s'annonce généralement par un cri de douleur et par un recul brusque de l'animal. En explorant, immédiatement après la morsure, la région touchée, on trouve une petite plaie semblable à deux piqûres d'épingles contiguës. Elle est produite par les dents ou crochets venimeux du serpent qui n'existent qu'à la mâchoire supérieure et en avant; c'est donc à tort que Hertwig dit que l'on trouve deux plaies opposées l'une à l'autre comme si chaque mâchoire était munie de ces sortes de dents. Au bout de très peu de temps il se produit à l'endroit mordu un engorgement œdémateux très douloureux qui s'étend rapidement sur tout le membre et même sur le corps; la peau soulevée par cet œdème est souvent rougeâtre ou marbrée de rouge; le membre devient froid, faible, sans mouvement, l'animal lui-même s'affaiblit et devient comme paralysé ; le pouls est très petit, des vomissements se montrent, la paralysie s'accentue et le Chien meurt au bout de 36 à 48 heures, ou bien revient progressivement à la santé s'il est convenablement traité.

En cas de morsure par un serpent venimeux, il faut, immédiatement après la morsure, appliquer, si la région lésée le permet, au moyen d'une ficelle, une ligature bien serrée au-dessus de la plaie ; puis, sans perdre de temps, laver celle-ci avec n'importe quel liquide, de préférence, si on en a sous la main, du vinaigre, de l'eau-de-vie, de l'eau de savon, de lessive, de chaux, de chlore et surtout de l'ammoniaque liquide étendu de 5 à 6 fois son poids d'eau, ou une solution phéniquée au centième. Il est bon d'agrandir la plaie avec un canif ou un couteau et de la faire saigner en comprimant et exprimant fortement le pourtour, puis la laver plusieurs fois avec les liquides ci-dessus indiqués. A l'intérieur on donne de l'eau chlorurée, une demi à une cuillerée à bouche, ou bien 30 à 40 gouttes d'ammoniaque dans une cuillerée d'eau. Quand la paralysie est déjà survenue, on donne des infusions de menthe poivrée ou de la valériane.

D'après une note présentée le 11 novembre 1881, à l'Académie des sciences de Paris par M. de Lacerda, de Rio-Janeiro, la solution aqueuse de permanganate de potasse, injectée sous la peau, au voisinage du point mordu par le serpent le le plus venimeux, neutralise sûrement l'effet du venin. Les expériences ont été faites de la manière suivante, avec le venin du bothrops, serpent terrible du Brésil, dont la morsure est toujours mortelle.

« Le venin recueilli dans du coton, et correspondant à de nombreuses morsures des serpents, était d'abord dilué dans une petite quantité d'eau distillée, soit 8 à 10 grammes d'eau ; ensuite nous remplissions une seringue Pravaz de cette solution et nous en injections la moitié dans le tissu cellulaire de la cuisse ou de l'aine des Chiens. Une ou deux minutes après, quelquefois plus tard, nous injections à la même place une quantité égale d'une solution filtrée de permanganate de potasse à 1/100e. Les Chiens, examinés le lendemain, ne montraient aucun signe de lésion locale, tout au plus il y avait une très petite tuméfaction localisée aux environs de la piqûre de la seringue, sans irritation ni infiltration d'aucune espèce. Cependant, ce même venin qui avait servi à ces expériences, étant injecté sans contre-poison sur d'autres Chiens, a produit toujours de grandes tuméfactions locales, des abcès plus ou moins volumineux avec perte de substance et destruction des tissus. »

Le même résultat fut obtenu par l'injection d'un centimètre cube de la solution de permanganate de potasse dans les veines une demi-minute après qu'on avait injecté dans la veine 50 centigrammes de venin au 1/10. Lorsqu'on attendait que les accidents d'empoisonnement fussent bien établis, quand déjà il y avait des contractures, des troubles respiratoires et cardiaques, l'injection dans la veine de 3 à 4 grammes de la solution de permanganate de potasse au 100e, arrêtait les accidents et prévenait la mort. Celle-ci avait toujours lieu quand on n'injectait pas de permanganate. Ces expériences ont été répétées un grand nombre de fois et ont toujours donné les mêmes résultats. C'est à essayer en France contre le venin de la vipère.

CHAPITRE III

MALADIES DES OREILLES ET DES YEUX.

§ 1ᵉʳ. — MALADIES DES OREILLES.

**Blessures, plaies, abcès, tumeurs, démangeaisons
de la conque auriculaire.**

Nous avons déjà signalé, au chapitre précédent et à l'article des **blessures**, les *déchirures de l'oreille* par des coups de dents d'autres Chiens, dans les batailles qu'ils se livrent entre eux ; nous ne voulons pas y revenir attendu que nous n'avons pas d'autres conseils à donner que ceux consignés dans l'article susdit pour soigner ces sortes d'accidents.

La conque peut être aussi le siège d'engorgements chauds ou de tumeurs qui finissent par donner lieu à des *abcès* lorsque l'oreille, sans avoir été déchirée, a été fortement pincée entre deux mâchoires ; les soins à donner dans ce cas consistent en lotions émollientes avec une décoction de graines de lin, ou une infusion de mauves ou de guimauves ; puis, si l'abcès se forme, ce qu'on reconnaît à l'existence de la fluctuation dans la tumeur, on l'incise largement d'un coup de bistouri et on tient très propre la plaie qui en résulte. La guérison suit ensuite très rapidement.

Les oreilles sont particulièrement le siège de l'implantation des *Ixodes*, ou Tiques, dont nous avons déjà parlé aussi ; quelquefois les jeunes Ixodes pénètrent entièrement sous la peau et donnent lieu alors à des tumeurs et même des abcès dont on ne reconnaît la cause qu'après l'incision qui met à nu le corps du délit, c'est-à-dire la jeune tique, qu'on voit flotter dans le pus. Ces petites tumeurs se traitent comme de simples abcès et se guérissent de même.

Très souvent on voit des Chiens, particulièrement des braques à poils ras, présenter une *dépilation en arrière des oreilles;* cette dépilation a pour cause des grattages que le Chien exécute avec les pieds de derrière. Il ne faut pas croire que, dans ce cas, le mal soit à l'endroit qu'atteint le Chien, car si on examine la conque de l'oreille à l'endroit dépilé, on ne voit ni croûtes ni rougeurs; c'est qu'en effet le mal n'est pas là, il est dans l'intérieur de l'oreille : le Chien est affecté d'un catarrhe qui cause de vives démangeaisons que le Chien cherche à calmer par des grattages, seulement il ne peut pas atteindre le point malade et ne gratte que la conque. — Voyez plus bas l'article catarrhe auriculaire, pour les soins à donner à cette affection. — Quant à la lésion tout artificielle produite par les grattages du Chien, elle se passe d'elle-même une fois que le Chien ne se gratte plus, et les poils ne tardent pas à repousser.

Quelquefois le collier, chez les Chiens courants couplés, produit aussi une *dépilation* et une *irritation* s'accompagnant de sensibilité derrière les oreilles. On calme cette irritation par des lotions au chlorhydrate d'ammoniaque, que l'on prépare en faisant dissoudre 30 grammes de ce sel dans un litre d'eau ; ces lotions font repousser le poil aussi vite que possible, après avoir calmé l'irritation.

Enfin, nous avons observé une fois, chez un petit basset allemand, à la face interne de la conque auriculaire et près de l'extrémité, une curieuse lésion dont nous n'avons pu remonter à la cause : peut-être était-ce une manifestation de la diathèse dartreuse. D'un côté existait un groupe de boutons pustuleux réunis au même point et à l'autre oreille au point correspondant une petite plaie ronde, résultant évidemment de l'ulcération d'un groupe de pustules semblables à celles qui existaient de l'autre côté. Le Chien souffrait depuis un mois environ, poussant des cris de temps en temps en secouant les oreilles qui ne présentaient alors rien d'anormal. Depuis l'apparition de l'éruption, il continuait à pousser par fois des cris et à secouer les oreilles.

Des cautérisations de la plaie et des pustules au moyen de teinture d'iode pure eurent raison de cette affection. Nous ignorons si elle a reparu.

Chancres aux oreilles et catarrhe auriculaire dartreux.

Bien que presque tous les amateurs de Chiens et même la plupart des ouvrages consacrés aux maladies de ces animaux, appellent du même nom les deux affections qui vont faire l'objet de ce paragraphe, c'est-à-dire emploient le mot *chancre* pour désigner l'une et l'autre, ce mot n'est applicable qu'à celle du bord de la conque auriculaire parce que, rappelant l'idée de quelque chose qui ronge et qui détruit, celle-là seule laisse des traces indélébiles de son passage et est suivie de cicatrices avec perte de substances ressemblant à de véritables entailles plus ou moins profondes; l'autre guérit toujours sans laisser de traces. Malgré cette différence de conséquences, nous les regardons comme devant toutes deux se rattacher à la diathèse dartreuse quand elles se font remarquer par leur ténacité, leur résistance aux simples moyens de traitement qui suffisent pour toute plaie ou lésion simple, et leur concomitance ou leur alternance avec des manifestations dartreuses de la peau du tronc.

Ces deux affections se rencontrent rarement ensemble; au contraire, le *chancre* paraît particulier aux Chiens à poils ras et le *catarrhe* aux Chiens à longs poils ; cependant le catarrhe se rencontre aussi assez souvent sur les premiers et sur les Chiens d'appartement, tandis que le chancre est bien spécial aux Chiens de chasse, braques ou courants ; c'est qu'il a généralement pour cause initiale une blessure, une écorchure contractée au passage des buissons épineux, qui guérirait spontanément et sans soins si le Chien n'avait pas le tempérament dartreux, mais qui prend le caractère de chronicité et de persistance sous l'influence de cette prédisposition.

A. Le *chancre à l'oreille* se présente sous forme d'une petite entaille du bord libre de l'oreille, généralement au point le plus déclive, à bords un peu épais et chauds, recouverte d'une petite croûte, laissant à nu, quand on l'enlève, une petite plaie rose, un peu humide, s'accompagnant d'une vive démangeaison que le Chien satisfait en se secouant fréquemment les oreilles. Les secousses réitérées que se donne le Chien font souvent tomber la croûte, saigner la petite plaie et augmenter la tuméfaction de ses bords ; celle-ci gagne, non pas en largeur, mais en profondeur, et finit par représenter une encoche angulaire d'un centimètre ou deux de profondeur comme faite d'un coup de ciseau.

On a conseillé contre cette affection un petit séton fait d'un brin de laine passé avec une aiguille à repriser à travers le cartilage de l'oreille en face et près du fond de l'encoche du chancre, la cautérisation avec la pierre infernale ou le fer rouge, et même l'amputation de la partie de l'oreille qui est le siège du mal ; ce dernier moyen serait encore le meilleur s'il n'entraînait après lui une mutilation grave chez un Chien dont la forme et la longueur des oreilles constituent la principale beauté. Mais il y a moyen d'arriver au même résultat sans défigurer le Chien.

Appliquez sur le chancre et sur ses bords une petite parcelle de la pommade suivante, surtout si la démangeaison est très forte.

Précipité rouge . . . . 1 partie.
Baume tranquille. . . . . 10 —

ou une goutte d'huile de cade si la partie n'est pas trop irritée.

Mais, *condition indispensable*, mettez la tête du Chien dans un béguin en filet pour éviter les secousses qu'il imprime à ses oreilles, en ayant soin de les placer l'une sur l'autre sur le sommet de la tête, et administrez le traitement interne que nous avons indiqué pour toutes les affections dartreuses.

B. Quand on voit le Chien se secouer fréquemment les oreilles et chercher à se les gratter avec les pattes de derrière, bien qu'il n'y ait pas trace de chancre au bord libre de ces organes, c'est l'indice d'une affection interne au début, d'un *catarrhe*, qu'on reconnaît à la rougeur de la peau fine qui tapisse l'intérieur du conduit auriculaire, à l'abondance du cérumen ou cire brune que cette membrane sécrète et, enfin, à l'odeur forte qui s'en dégage.

Quand la maladie est plus avancée, au lieu d'une abondance de cérumen, c'est une véritable suppuration noirâtre, fétide, que le conduit sécrète et la démangeaison est extrême, continue.

Enfin, de véritables ulcérations peuvent se produire avec leur fond rougeâtre et granuleux, saignant au moindre frottement.

Le *catarrhe auriculaire* est toujours chronique, c'est-à-dire tenace, et de nature dartreuse chez les Chiens adultes, chez lesquels il est si commun ; nous avons vu plus haut que, chez les jeunes Chiens, il y a un catarrhe gourmeux bien moins persistant et qui cède en même temps que les autres manifestations de la gourme par le traitement général de cette affection et par de simples injections émollientes.

Chez les Chiens adultes, le catarrhe chronique dartreux peut être confondu avec l'*otite parasitaire* qui fait l'objet de l'article suivant ; cette confusion ne peut avoir lieu qu'en station, c'est-à-dire au chenil ou au repos, car le Chien en pleine chasse, qui est atteint de cette dernière affection, présente, comme nous le verrons, des symptômes tellement extraordinaires, qu'on ne peut les confondre qu'avec ceux de l'épilepsie. Au repos, au contraire, le Chien présente quelquefois des démangeaisons de l'oreille comme s'il avait un catarrhe; l'examen de l'intérieur de l'oreille fait voir seulement une abondance exagérée du cérumen, mais si on examine ce cérumen à la loupe on voit de petits points blancs qui se meuvent lentement, et si on remplace la loupe par le microscope, on voit que ces points blancs sont des acariens d'une espèce spéciale qui ne se rencontre pas dans le catarrhe dartreux, et c'est là la cause de l'*otite parasitaire*.

Le traitement du catarrhe auriculaire dartreux consiste en injections, soit d'eau de Barèges tiède, soit de gros vin rouge tiède additionné de sulfate de zinc (deux grammes par litre), soit mieux d'eau tiède additionnée de 5 grammes d'alun et de 5 grammes de laudanum par litre. En même temps que ce traitement local on doit appliquer le traitement général et l'hygiène alimentaire indiquée plus haut contre la diathèse dartreuse.

Otite parasitaire.

(*Épilepsie contagieuse des Chiens de meute.*)

Héring, professeur vétérinaire à Stuttgard, est le premier qui, en 1843, ait observé une maladie parasitaire de l'intérieur de l'oreille du Chien; c'était sur un petit Chien d'appartement, qui présentait, dit cet auteur, un ulcère du conduit auditif; au milieu du pus de cet ulcère il vit des acariens qu'il prit pour des Sarcoptes d'une nouvelle espèce et qu'il nomma *Sarcoptes cynotis*. Des injections dans les oreilles malades, d'huile empyreumatique étendue dans de l'eau tiède ayant tué les acariens et la guérison s'en étant suivie, Héring attribua avec raison la maladie de l'oreille du petit Chien à la présence des parasites.

En 1847, le même acarien fut retrouvé dans l'oreille d'un
Chien, en France, par M. Lucas, aide-naturaliste au Muséum,
qui le montra à la Société entomologique de France, mais
sans en déterminer l'espèce, et sans savoir qu'il avait déjà été
vu en Allemagne.

Dans ces dernières années (1860 et 1874), il a été revu en
Allemagne par les docteurs Hubert, d'Augsbourg, et Schirme,
de Potzdam, qui ont reconnu que cet acarien appartient au
genre *Symbiotes* de Gerlach, mais qui n'ont néanmoins pas fait
avancer beaucoup l'étude des mœurs de ce parasite ni celle de
la maladie qu'il détermine.

En 1876[1], nous observions le même acarien sur deux chats,
chez lesquels ils déterminaient des accès phrénétiques terribles
et nous en faisions une récolte assez abondante pour pouvoir
l'étudier sur toutes les faces et à tous les âges; nous en avons
publié une description complète avec figures à l'appui dans
notre traité des « *Parasites et maladies parasitaires*[2] » sous le
nom de *Chrorioptes ecaudatus*. Nous nous contenterons ici
d'en donner une figure (fig. 61 ci-contre), représentant en A le
mâle et en B la femelle grossis 100 fois en diamètre, car le
premier mesure 0^{mm},30 de long sur 0^{mm},20 de large et la seconde, quand elle a des œufs dans l'abdomen, 0^{mm},45 de long
sur 0^{mm},25 de large. Ces acariens, vus au microscope, ont la
même couleur que les autres acariens psoriques, c'est-à-dire
qu'ils sont d'un blanc de perle brillant, avec les pièces du
squelette tégumentaire rousses. Ce qui caractérise ces acariens, ce sont d'abord les larges ventouses à court pédicule qui
les font ranger dans le genre CHORIOPTES de Gervais (*Symbiotes*
de Gerlach) et l'absence de lobes caudaux chez le mâle, ce
qui distingue cette espèce des autres du même genre et ce qui
lui a valu le nom de *Chorioptes ecaudatus* que nous lui avons
donné.

1. *Bull. Soc. centr. vétérinaire* in *Recueil vétérinaire*, 1876, page 978.
2. Un volume et un atlas; chez Masson. Paris, 1880.

Peu de temps après avoir observé ce parasite chez le chat, nous le rencontrions en abondance chez le furet et même chez le Chien, et, depuis nous l'avons retrouvé très souvent chez ces différents animaux et nous avons pu étudier, le premier, la singulière affection qu'ils déterminent et dont nous avons entretenu la Société de Biologie dans sa séance du 5 février 1881. Voici dans quels termes nous faisions cette communication que

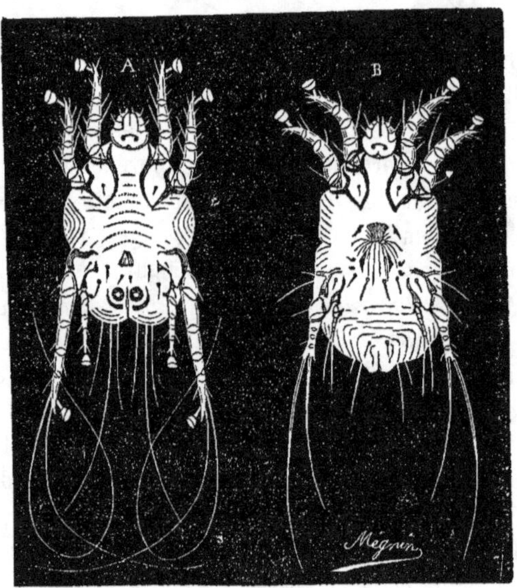

Fig. 61. — *Chorioptes ecaudatus.*

je transcris mot à mot du *Bulletin* de cette Société scientifique :

« J'ai été témoin ces jours derniers d'une maladie bien extraordinaire chez le Chien. Un riche propriétaire des environs du Havre, abonné à l'*Acclimatation*, journal d'éleveurs auquel je collabore, me soumettait, il y a une quinzaine de jours, le cas suivant : Il y a plusieurs Chiens de chasse chez son garde, qui tous, bien que de races différentes (il y a des Chiens d'arrêt, des griffons, des courants, des bassets), sont affectés d'une maladie épileptiforme qui les amène à l'étisie puis à la mort après plusieurs mois de souffrances; cet état de choses existe depuis plusieurs années et tous les Chiens qu'il achète pour remplacer les Chiens perdus finissent, au bout de trois ou quatre mois, par prendre la maladie et par en subir les conséquences inévitables. Son garde est au désespoir, car, bien qu'il ait désinfecté sa cour et blanchi les murs à la chaux plusieurs fois, le mal ne disparaît pas.

« Ayant manifesté le désir d'avoir à ma disposition un des sujets malades, afin de pouvoir étudier de visu cette singulière affection, j'ai reçu, il y a une quinzaine de jours un beau terrier griffon que son maître se disposait à tuer pour faire cesser ses souffrances.

» Pendant huit jours je l'ai soumis à une observation de tous les instants; j'ai été témoin des accès épileptiformes qui le prenaient de temps en temps, particulièrement après un exercice un peu violent, et surtout des secousses qu'il imprimait à ses oreilles presque continuellement. Ayant examiné l'intérieur de ces organes, j'ai constaté que le conduit auditif était tapissé d'une abondante couche de cérumen couleur de suie. Ce cérumen, recueilli et examiné au microscope, s'est trouvé habité par une nombreuse population acarienne dans l'espèce de laquelle j'ai reconnu mon *Chorioptes ecaudatus* que j'avais déjà rencontré chez d'autres Chiens, chez des chats et chez des furets.

» Cette espèce acarienne fait son habitat exclusif du conduit auditif des carnassiers en question. Je savais que chez le chat ce parasite provoque par ses titillations, de véritables accès vertigineux, mais j'ignorais que chez le Chien ces accès pussent aller jusqu'à simuler l'épilepsie.

» Dans tous les cas, la présence de ce parasite, qui appartient au groupe des *psoriques*, explique le caractère contagieux présenté par l'affection des Chiens de M. S..., caractère assez extraordinaire dans une affection épileptiforme.

» La preuve, du reste, que ce parasite était bien la cause de l'affection en question, c'est que des injections répétées chaque jour d'une solution au vingtième de sulfure de potasse ont fait cesser complètement les accès épileptiformes chez le Chien que j'ai en observation et je ne doute pas un instant que le même traitement ne fasse disparaître l'épidémie qui règne dans la meute de M. S.....

» Pour mettre les membres de la Société à même de juger des effets que peuvent produire les acariens qui prennent pour habitat spécial le conduit auditif de certains animaux, je fais passer sous les yeux les deux oreilles d'un lapin mort d'une affection tout à fait semblable à celle dont je viens de parler; seulement, chez ce rongeur, l'acarien qui la cause n'est pas de la même espèce que celui du Chien : c'est le *Psoroptes longirostris*, espèce qui est commune au cheval et au lapin et que j'ai aussi décrite et figurée dans mon livre « *Les Parasites* ».

Les lésions en question sont, d'abord, une oblitération du conduit auditif, puis une irritation violente du tympan, une rupture de cette membrane, une inflammation de l'oreille interne et une carie du *rocher*, l'os du crâne dans lequel est creusée l'oreille interne et ses dépendances, le limaçon et les canaux demi-circulaires. Si toutes ces lésions se rencontrent chez le lapin, mort des suites de la présence des parasites acariens dans son oreille, nous ne les avons pas encore rencontrées toutes chez le Chien, nous n'avons même encore rencontré qu'une violente irritation du tympan au fond duquel les *Chorioptes* s'accumulent; nous n'avons même pas vu d'ulcérations avec suppuration comme celles signalées par Héring; mais, chez un animal aussi nerveux que le Chien, les titillations de centaines de parasites dans le fond de l'oreille sont suffisantes pour produire l'agacement et les accès épileptiformes que l'on observe. Certains Chiens de chasse ne présentent même ces accès qu'au beau milieu d'une chasse bien menée et paraissent tout à fait à leur état normal hors de l'excitation produite par l'ardeur de la chasse. Nous avons même vu des Chiens, entre autre un beau pointer noir, qui ne présentent jamais de symptômes épileptiformes, et qui n'ont que des démangeaisons comme en provoquerait un léger catarrhe. La différence des tempéraments explique la différence des symptômes que présente l'otite parasitaire.

Le traitement, nous l'avons dit, consiste exclusivement dans des injections parasiticides dans les oreilles, que l'on emploie l'huile empyreumatique étendue d'eau tiède qu'a employée Héring, ou l'eau de Barèges artificielle, c'est-à-dire la dissolution tiède de sulfure de potasse au 1/50 ou même au 1/20, qui nous a si bien réussi.

§ 2. — Maladies des yeux.

Ophtalmie gourmeuse et post-gourmeuse.

Nous avons vu, à l'article « *Gourme* ou *Maladie des jeunes Chiens* », que cette affection critique débute souvent par une maladie des yeux caractérisée par une sécrétion abondante de *chassie* et par la rougeur des conjonctives. Cette « *conjonctivite* » accompagne ordinairement la *gourme* dans toutes ses périodes et souvent même constitue à elle seule toute la crise gourmeuse par suite de l'absence de tout autre symptôme, soit du côté des voies respiratoires, soit du côté des voies digestives, soit même du côté de la peau ou du système nerveux; on voit alors souvent la cornée lucide se couvrir d'une large taie, devenir laiteuse, opaque, épaissie par un véritable *staphylôme*, sorte de bouton central, et même s'ulcérer à son centre et se creuser d'une cavité à y loger un grain de millet, un grain de chènevis et même un pois. Chose curieuse : à mesure que la crise gourmeuse s'éteint et disparaît, l'ulcération de la cornée se comble et l'œil reprend son état d'intégrité sans présenter aucun vestige de cicatrice. Le traitement général antigourmeux, que nous avons indiqué, est celui qui convient le mieux pour combattre cette ophtalmie, en se contentant de faire localement des lotions d'eau tiède presque chaude.

Les jeunes Chiens de 12 à 20 mois, bien qu'ayant déjà subi la crise gourmeuse, ou bien ayant passé indemnes toute la période critique de la jeunesse, présentent souvent une ophtalmie, ou plutôt une « *conjonctivite* », — parce que l'affection est bornée à la conjonctive, — qu'on peut regarder comme *une suite*, ou *un reste de gourme*. Dans ce cas, l'ophtalmie est toujours seule et ne s'accompagne d'aucun autre symptôme général ou local, à l'exception d'un *catarrhe auriculaire* avec lequel elle est souvent concomitente. Elle est caractérisée par une rougeur de la conjonctive ou une vive injection des vaisseaux de cette membrane[1] et par une sécrétion abondante de *chassie* qui s'accumule aux angles de l'œil, ou sur le bord libre des paupières dont elle provoque l'adhérence pendant la nuit. La cornée lucide, dans cette affection, reste ordinairement intacte, et la santé générale ne paraît pas intéressée.

Cette *ophtalmie* post-gourmeuse, bien qu'un peu moins persistante que celle que nous étudierons ci-après et que nous faisons dépendre de la diathèse dartreuse, l'est cependant plus que l'ophtalmie franchement gourmeuse, c'est-à-dire que celle qui apparaît vers l'âge de six à huit mois, et elle est surtout sujette à récidive. Elle réclame un traitement à la fois général et local. Comme traitement général, qui sera prolongé plusieurs mois, nous indiquerons, soit l'eau de la Bourboule à la dose d'un verre par jour en deux fois, soit 4 à 6 granules d'acide arsénieux, moitié le matin et l'autre moitié le soir, associées à

---

1. La *conjonctive* est la fine membrane muqueuse rosée qui tapisse le dedans des paupières et qui se continue sur le globe de l'œil jusqu'à la limite de la *cornée lucide*; elle a été nommée *conjonctive* parce qu'elle *joint* les paupières au globe de l'œil.

un régime reconstituant à base de viande crue de cheval,
(500 grammes par jour) ou de sang de bœuf frais (même quantité), ou de poudre de sang desséché, 2 à 3 cuillerées par jour
dans une soupe de tripes de mouton. Comme traitement local,
des lotions d'eau aussi chaude que la main peut la supporter,
eau phéniquée au millième, ou infusion de thé noir, ou de
sureau, ou de camomille.

Le catarrhe auriculaire, ordinairement concomitant à *l'ophtalmie post-gourmeuse*, se traite de la même manière.

Ophtalmie dartreuse.

Cette ophtalmie ne diffère guère de la précédente que parce
qu'elle ne se montre qu'à l'âge complètement adulte et même
plutôt vers l'âge de six à huit ans. Elle présente les mêmes
caractères, c'est-à-dire une injection vive de la conjonctive
s'accompagnant d'une sécrétion muco-purulente qui encroûte
les paupières, seulement ici elle est quelquefois, et même assez
souvent, localisée au bord libre des paupières dont elle fait tomber les cils et même qu'elle dénude en dehors jusqu'à deux ou
trois millimèt. du bord. C'est alors une véritable « *blépharite* ».

La cornée lucide reste ordinairement nette dans cette affection ; cependant nous l'avons vu se ternir et obstruer presque
la vue, à la suite des frottements réitérés auxquels l'animal se
se livre avec ses pattes de devant, en raison de la démangeaison
qu'il éprouve aux paupières.

En raison de la tenacité de cette affection qui résiste à un
traitement exclusivement externe ou qui reparaît aussitôt
qu'on le cesse, en raison de son alternance ou de sa concomitance ordinaire avec un catarrhe auriculaire, en raison
de son alternance ou de sa concomitence fréquente aussi
avec des maladies de la peau de nature manifestement dartreuse, nous rattachons cette maladie, évidemment constitutionnelle, à la diathèse dartreuse, et notre opinion est justifiée

par les résultats d'un traitement antidartreux interne et externe qui est celui qui nous a le mieux réussi.

Certaines races de Chiens sont particulièrement sujettes à l'ophtalmie dartreuse et au catarrhe auriculaire qui l'accompagne ordinairement, et de ce nombre nous citerons particulièrement les setters Gordon. C'est une observation que nous avons faite personnellement sur de nombreux spécimens de cette race à différents âges.

Enfin, cette ophtalmie, aussi bien que l'eczéma dartreux généralisé qu'elle accompagne souvent, complique ordinairement des affections diathésiques graves, comme l'*anémie essentielle* et surtout l'*anémie pernicieuse des Chiens de meute* qui est la conséquence d'une entérite chronique amenée par un parasite, l'*ankylostome*, et que nous étudierons plus loin. Dans ces cas, elle est particulièrement tenace et à peu près invétérée.

Le traitement interne antidartreux sera appliqué, contre cette affection, avec une grande sévérité et une persistance soutenue pendant de longs mois. Localement, les lotions chaudes stimulantes phéniquées, ou d'infusion de camomille ou de sureau, lesquelles pourront servir aussi pour les injections dans les oreilles contre le catarrhe auriculaire, à condition de les rendre légèrement astreingentes par l'addition de 5 ou 6 grammes d'alun par litre.

On remarquera que, dans le traitement de cette ophtalmie aussi bien que de la précédente, nous nous abstenons complètement de l'emploi du séton, qui peut être utile seulement dans le cas d'ophtalmie gourmeuse, et de l'usage des collyres à base de sels métalliques (d'argent, de zinc, de plomb); c'est que l'expérience aussi bien que les leçons que nous avons puisées dans la pratique d'ophtalmologistes distinguées, comme MM. les docteurs Fieuzol et Abadie, nous ont fait reconnaître le danger de ces agents qui sont plus nuisibles qu'utiles.

Tout au plus, dans des cas très rebelles et anciens, emploierons-nous comme modificateur de l'inflammation chronique de la conjonctive, une pommade au précipité rouge de mercure qu'on introduit sous les paupières en petite quantité et composée comme suit :

> Précipité rouge. . . . . 1 gramme.
> Cérat . . . . 4 —

Ou quelques insufflations ou projections au moyen d'un pinceau, et à sec, de calomel à la vapeur, sur le globe de l'œil, les paupières étant écartées avec les doigts.

Ophtalmie traumatique.

Cette ophtalmie, qui a toujours une cause externe, comme un coup de griffe de chat, le froissement par des branches d'arbrisseaux, épineux ou non, ou même une contusion par des plombs de chasse, comme nous l'avons vu une fois, a une gravité et une intensité qui varie avec celle de la cause; c'est toujours une inflammation de la conjonctive plus ou moins violente, s'accompagnant de larmoiement, puis de sécrétions muco-purulente. La douleur ici est beaucoup plus grande que dans l'ophtalmie constitutionnelle et le Chien ferme l'œil et fuit la lumière.

Les conséquences de cette ophtalmie peuvent être très graves, car si les corps vulnérants ont pénétré dans les chambres de l'œil, la perte de l'organe en est la conséquence à peu près inévitable.

Le traitement est très simple et consiste, après avoir bien exploré l'œil pour en extraire tous les corps étrangers, en affusions chaudes, sur l'œil *fermé*, d'infusion de thé, de camomille ou de sureau (30 grammes de ces deux dernières fleurs par litre). On sera quelquefois obligé d'entraver le Chien pour éviter qu'il se frotte les yeux; on le fait avec une cordelette en laine qui unit les deux pattes de devant lâchement ensemble.

La guérison de l'ophtalmie traumatique est rapide, mais elle laisse quelquefois après elle des *taies* plus ou moins persistantes, quelquefois indélébiles.

Nuages, taie ou albugo, et leucoma.

Les *nuages*, *taies* ou *albugo* sont des opacités blanches plus ou moins étendues et épaisses de la cornée lucide, conséquence des ophtalmies ci-dessus décrites et représentant leur dernière période. On active leur résolution, quand elles ne sont pas des cicatrices indélébiles, par des projections sur la cornée de sulfate de soude en poudre fine, alternant avec des projections de poudre de calomel.

Le *leucoma* est une taie cicatricielle consécutive à une blessure ou à un ulcère de la cornée et par suite invétérée et indélébile pour laquelle il est inutile d'essayer aucun traitement.

Ophtalmie interne.

Cette ophtalmie est une variété, la plus grave, de l'ophtalmie traumatique, ou du moins nous ne connaissons pas chez le Chien d'autre ophtalmie interne que celle qui résulte de coups violents appliqués à la surface de l'œil, ou un coup de feu dont plusieurs plombs ont frappé, en glissant, le globe de l'œil ; le contre-coup se fait sentir dans toutes les parties internes de l'œil, et surtout sur le cristallin et la rétine ; des hémorragies internes en sont ordinairement la conséquence, aussi bien qu'une opacité progressive du cristallin, c'est-à-dire la cataracte, et la paralysie de la rétine et du nerf optique, c'est-à-dire l'amaurose.

L'ophtalmie interne sera soignée comme l'ophtalmie traumatique, en y ajoutant des dérivatifs sur l'intestin sous forme de légers purgatifs et même une saignée à la jugulaire si la fièvre est intense.

Cataracte.

La *cataracte* est l'opacité du cristallin, c'est-à-dire de la
lentille, placée derrière la pupille et qui concentre les rayons
lumineux dans le fond de l'œil, sur la rétine. On la reconnaît
en ce que l'ouverture pupillaire, au lieu de dessiner un petit
rond noir, montre ce rond de couleur ardoisée, puis blanc,
grisâtre, et enfin tout à fait blanc.

La vision est complètement perdue dans l'œil à cataracte, et
une opération seule — opération qui consiste à extraire ou à
abaisser le cristallin épaissi—pourrait rendre la vue à l'animal,
mais comme cette opération entraîne forcément après elle l'u-
sage des lunettes spéciales qui ont pour effet de remplacer le
cristallin et de rendre la vue nette, on conçoit qu'on ne puisse
faire utilement l'opération de la cataracte chez les animaux.

La cataracte spontanée s'observe souvent chez les vieux
Chiens et est la cause ordinaire de la cécité senile; elle peut
être, comme nous l'avons vu, la conséquence de l'ophtalmie
interne.

Amaurose.

L'*amaurose* est une infirmité dans laquelle il y a perte de
vue, bien que l'œil ait conservé une apparence de parfaite intégrité, mais avec dilatation et immobilité de l'iris ou de la
pupille; elle est le résultat de la paralysie du nerf optique et
de son expansion membraneuse, la *rétine*. On la reconnaît à
l'indifférence du Chien aux menaces du doigt contre l'œil.

Nous ne connaissons d'autre exemple d'amaurose chez le
Chien que ceux qui sont la conséquence d'une ophtalmie interne et traumatique, et ils sont invariablement incurables,
voilà pourquoi nous n'indiquerons aucune espèce de traitement contre cette affection.

Onglet et encanthys.

Le Chien, comme beaucoup d'autres animaux domestiques, présente à l'angle interne de l'œil un repli de la muqueuse qui joue le rôle d'une troisième paupière et peut s'avancer sur le globe de l'œil et le couvrir en partie. — Cette troisième paupière est bien plus grande, toute proportion gardée, chez le cheval, chez lequel elle a une base cartilagineuse. — Ce repli de la muqueuse peut devenir le siège d'une tumeur qui, sans gêner beaucoup aux fonctions de l'œil, n'en est pas moins d'un effet désagréable : c'est ce qu'on appele l'*onglet*.

A l'angle interne de l'œil se trouve aussi la caroncule lacrymale qui est susceptible d'augmenter beaucoup de volume et de donner lieu à une tumeur qu'on appelle *encanthys*.

L'*onglet* et l'*encanthys* étant placés au même point, il est assez difficile de distinguer l'un de l'autre ; le premier est plus lisse, moins coloré, le second a l'apparence d'une petite framboise ou fève rougâtre. Généralement ils n'affectent qu'un œil.

Si nous nous en rapportions à notre propre expérience, l'*encanthys* serait bien plus fréquent chez les Chiens que l'*onglet* ; nous l'avons observé chez un carlin, chez un ratier et chez plusieurs Chiens de chasse ; chez ceux-ci il était permanent, chez les premiers il était intermittent, c'est-à-dire que la tumeur de l'angle de l'œil disparaissait spontanément pour reparaître surtout à l'époque des chaleurs (c'était des chiennes) et persister pendant tout le temps de la conception et de l'alaitement, malgré des cautérisations répétées au nitrate d'argent ; ce qui prouve qu'elle était de nature érectile.

La cause de l'*onglet* et de l'*encanthys* est bien obscure ; dans certaine circonstance il a paru héréditaire, ainsi, nous donnons ci-contre (fig. 62) la figure d'un

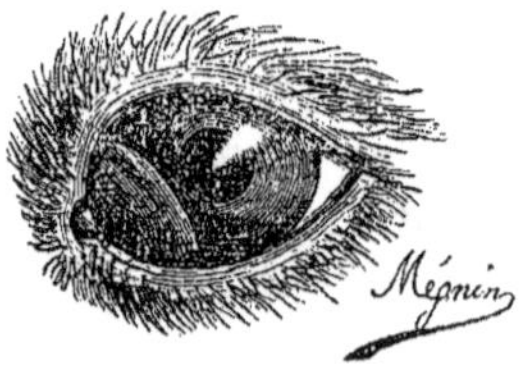

Fig. 62. — Œil atteint d'*Onglet*.

encanthys qui s'est montré l'année dernière sur six jeunes bâtards de l'âge de sept mois ; d'une portée de sept, un seul, par conséquent, en était exempt ; quelques-uns avaient la tumeur aux deux yeux, la plupart ne l'avaient qu'à un œil. Un oncle de ces jeunes Chiens, vieux alors, avait présenté la même affection. Ces Chiens faisaient partie de la meute de M. le vicomte d'I..., dont le château est dans l'Orne.

Que l'on ait affaire à un *onglet* ou à un *encanthys*, le traitement est le même : il ne faut pas s'amuser à employer des collyres ou des cautérisations, ce serait du temps perdu, il faut recourir immédiatement à l'opération qui est très simple, très efficace et parfaitement inoffensive.

Si l'*encanthys* est pédiculé, c'est-à-dire très rétréci à la base, disposition que présente rarement l'*onglet*, on étreindra cette base d'un fil de soie bien serré et on verra au bout de peu de temps la tumeur se flétrir, se dessécher et tomber d'elle-même. Si cette ligature ne peut être facilement appliquée, on a recours alors à l'amputation. Pour cela, on se munit d'une pince dite à *dents de souris* et de ciseaux courbes sur plat à lames minces et allongées. On saisit l'extrémité libre de la tumeur, en exerçant dessus une légère traction en l'éloignant du globe, on glisse une branche de ciseaux vers la base entre la tumeur et le globe de l'œil et on ampute cette tumeur d'un seul coup ; la petite hémorragie qui suit s'arrête spontanément peu après. Quelquefois, et assez longtemps après, la tumeur reparaît, mais jamais aussi volumineuse que la première fois ; on en est quitte pour recommencer l'opération.

Prolapsus de l'œil.

Certains Chiens aux yeux ronds et très saillants sont exposés, dans les batailles avec d'autres Chiens, à avoir un œil plus ou moins complètement arraché. Si l'organe n'est pas endommagé et que son pédicule n'ait pas été trop tiraillé, on peut,

après l'avoir bien lavé avec de l'eau tiède bien propre, le faire
rentrer dans son orbite et l'y maintenir par un bandage approprié, ou même en fermant l'œil pendant quelques jours avec
des bandelettes de diachylon. Mais si le nerf optique a été tiraillé et les muscles arrachés en partie, il ne reste qu'une
chose à faire, c'est l'ablation complète de l'œil, qu'on opère
facilement en détachant à coups de ciseaux les liens qui tiennent
encore. La plaie orbitaire se guérit ensuite facilement avec
de simples soins de propreté.

Renversement en dedans des paupières. (*Entropion.*)

Le Chien est fréquemment sujet à une infirmité de cause
assez obscure, bien qu'on ait invoqué, pour l'expliquer, des
blessures ou des ulcérations de la face interne des paupières ;
nous voulons parler du renversement en dedans de la paupière, soit inférieure, soit supérieure, — le premier cas nous
a paru le plus fréquent, — défectuosité qu'on nomme encore
entropion ; en effet, bien que nous l'ayons souvent observée, il
nous a été impossible d'en reconnaître la cause.

Le renversement en dedans des paupières n'est pas dangereux par lui-même, mais il entraîne forcément le développement d'une ophtalmie, avec larmoiement et trouble de la cornée
lucide par suite des frottements continuels du globe de l'œil
par les cils et les poils de la paupière renversée.

Le traitement de cette disposition anormale des paupières
est entièrement chirurgical ; il consiste à enlever un lambeau
de peau, en forme de côte de melon, à la face externe de la
paupière, en ayant la précaution de calculer la portion de peau
à enlever d'après le degré de renversement, car c'est la tension
de la cicatrice de la plaie ainsi obtenue qui redressera la paupière.

L'opération en question se fait de la manière suivante : On
saisit, avec le pouce et l'index, la peau qui recouvre le milieu

de la paupière déviée, on la tire à soi légèrement de manière à
former un pli transversal, puis, la main droite armée de ciseaux
courbes ou plats, on ampute ce pli d'un seul coup de ciseaux.

On réunit ensuite les lèvres de la plaie ainsi obtenue par
quelques points de suture et l'opération est terminée, car la
cicatrisation suit rapidement, et la paupière rentrée est relevée.

Verrues.

La peau des paupières et même la membrane muqueuse qui
la tapisse en dedans peuvent être le siège de ces végétations
qu'on nomme *verrues* et qui se voient alors en même temps
aux lèvres, dans la bouche et sur différentes parties du corps.
Leur forme et leur étendue sont variables, tantôt coniques et
pointues, tantôt arrondies en grains de riz, groupées ou isolées.

On traite les verrues soit en les cautérisant délicatement
avec un pinceau peu chargé d'acide azotique, soit en les coupant avec une pince à mors tranchants obliques ou perpendi-
culaires, comme celles dont on se sert pour couper le fil de fer,
soit en les arachant par raclement quand le lieu où elles sont
placées le permet.

Piqûres des paupières.

Les piqûres superficielles des paupières sont fréquentes
chez les Chiens de chasse ; on les rencontre plus rarement
chez les autres. M. Leblanc père a vu plusieurs Chiens, au retour de la chasse, avoir les paupières extrêmement enflammées
par suite de piqûres d'épines dont souvent les pointes restent
au fond de la plaie. Le mal disparaissait ordinairement avec
des lotions d'eau de mauve.

Dépilations des paupières.

On remarque quelquefois une dépilation des paupières formant un cercle autour des yeux ; c'est un symptôme très grave qui appartient à la *gale folliculaire*, cette terrible dermatose parasitaire que nous avons décrite au chapitre des Maladies de la peau. Souvent cette dépilation *en lunettes* est le seul symptôme frappant de cette gale au début, et nous le signalons encore ici pour clore ce chapitre des *Maladies des yeux*, renvoyant à l'article qui traite de cette gale pour de plus amples renseignements.

CHAPITRE IV

MALADIES DES ORGANES RESPIRATOIRES

Les organes qui constituent l'appareil respiratoire, dont nous allons successivement examiner les maladies, sont : la *truffe* dans laquelle sont percées les *ouvertures nasales*, les *cavités nasales ;* le *larynx*, la *trachée* et les *bronches*, les *poumons* et la *plèvre*.

Changement de coloration de la truffe.

On nomme la *truffe*, chez le Chien, cette partie de peau nue chagrinée, de couleur noire, généralement humide et fraîche à l'état de santé, qui coiffe le bout du nez et dans laquelle sont percées les narines.

Chez quelques Chiens, surtout chez quelques petites races d'appartement, la *truffe* est d'un blanc rosé, mais c'est l'exception ; la truffe est généralement noire et cette coloration ainsi que son aspect chagriné lui donne assez d'analogie avec le tubercule cryptogamique dont elle a emprunté le nom.

Tant que le Chien est en bonne santé, la truffe reste invariablement de la même couleur, mais s'il devient malade et surtout *anémique*, la couleur change : chez les petits Chiens à *truffe rosée*, cette truffe devient d'un blanc mat, chez les Chiens à *truffe noire*, la couleur noire devient brun marron et la coloration noir d'ébène revient quand l'état de santé s'améliore. Ce changement de coloration est donc un signe précieux indiquant l'état général de l'animal, et c'est à ce point de vue qu'il y avait intérêt à le signaler.

Eczéma de la truffe.

Nous avons constaté quelquefois une affection singulière de la *truffe*, surtout chez des Chiens chassant au marais : le bout du nez est excessivement sec et les narines se crevassent; il est tuméfié, enflé, à tel point souvent qu'une des narines est complètement bouchée, et cette partie est tellement sensible qu'il devient impossible au Chien de continuer la chasse.

Cette affection est exactement la même que celle que nous avons déjà décrite sous le nom d'*eczéma des pieds* : c'est une des nombreuses manifestations de la diathèse dartreuse et qui réclame surtout le traitement général que nous avons indiqué contre cette diathèse, c'est-à-dire, 5 à 6 milligrammes par jour d'acide arsénieux ou l'équivalent en liqueur de Fowler ou eau de la Bourboule et un régime fortement azoté. Localement des onctions de glycérine iodée, ou mieux de pommade d'iodoforme. (Iodoforme, 1 partie; axonge, 10 parties.)

Saignement de nez. (*Epistaxis*.)

L'émission de sang par le nez est assez fréquent chez les Chiens de chasse, mais il peut avoir diverses causes : il peut être : 1° soit un symptôme de maladies internes très graves que nous décrivons au chapitre des MALADIES DU SANG ET DE L'APPAREIL CIRCULATOIRE, au paragraphe de l'**Anémie**, et au chapitre des MALADIES DE L'APPAREIL DIGESTIF, au paragraphe de l'**Anémie pernicieuse des chiens de meute**; 2° soit un indice de la présence d'un parasite vermiforme dans les cavités nasales, la linguatule (*Pentastoma tænioïdes*); 3° soit enfin un signe de pléthore qui s'accuse par une petite hémorragie à la surface de la membrane nasale, et à laquelle on donne spécialement le nom d'*épistaxis*.

Dans les premiers cas, le saignement de nez est peu abondant et ne consiste souvent qu'en quelques stries sanguines dans le mucus nasal; ceci se remarque spécialement dans les anémies graves, ce qui, avec les autres symptômes que nous décrivons dans les paragraphes susdits, permet de distinguer assez facilement ce saignement de nez symptomatique du simple saignement de nez ou *épistaxis* dont nous nous occupons spécialement ici.

Dans l'*épistaxis*, le sang coule aussi en petite quantité, mais pur et sans mélange de mucus, et par une seule narine. Dans un cas de cette affection que nous avons observé sur un Chien courant, c'était exclusivement pendant qu'il mangeait sa *mouée* et par la narine gauche que ce Chien perdait du sang; du reste il était gai, avait de l'entrain et mangeait bien. L'affection dura une quinzaine de jours et fut arrêtée par des injections nasales d'eau froide contenant dix pour 100 de perchlorure de fer.

C'est le traitement que nous conseillons dans l'*épistaxis* simple, et s'il ne suffisait pas pour arrêter le saignement de nez, on n'aurait qu'à augmenter la proportion de perchlorure de fer.

Affection vermineuse des fosses nasales par la linguatule.

(*Pentastoma tænioïdes.*)

Le parasite qu'on a nommé *Pentastoma tænioïdes* ou *Linguatula*, bien qu'ayant l'apparence d'un ver (voyez la fig. 63 d'autre part) a été reconnu par les zoologistes pour un Crustacé du groupe des Lernéens, parce que, dans son premier âge, au sortir de l'œuf, il a quatre petites pattes avec crochets, comme les jeunes Lernées: ces pattes disparaissent chez la nymphe

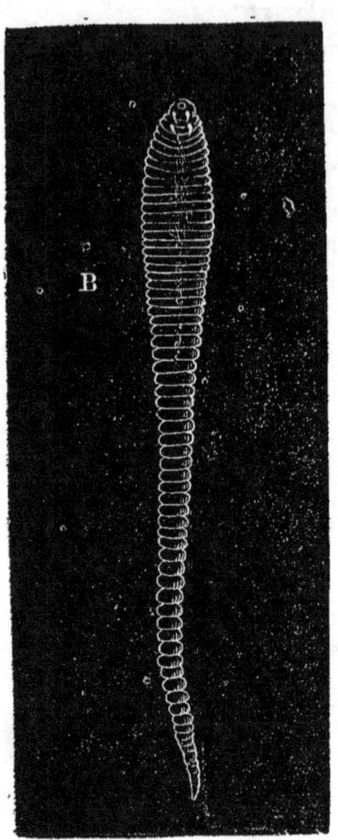

Fig. 63. — *Linguatule.*

et l'adulte et sont rempla-
cées par deux paires de crochets disposés symétrique-
ment de chaque côté de la
bouche qui est une petite ouverture ronde en forme de
suçoir. Cette linguatule est
plate en forme de petite langue allongée, longue de 6 à
8 centimètres dans son plus
grand développement, striée
en travers et plus large vers
la tête qu'à l'extrémité opposée qui est rétrécie insensiblement en forme de queue.
Ce ver opère des migrations
qui rappellent celles des ténias ; en effet sa nymphe se
rencontre ordinairement en-
kystée dans l'épaisseur des
parois du mésentère de certains moutons ou lapins, et
si le chien vient à dévorer
les entrailles de ces animaux,
la nymphe du pentastome,
mise en liberté par la digestion de son kiste, remonte des
organes digestifs au pharynx, puis dans les cavités nasales, se
fixe à la muqueuse par ses crochets et accomplit là les dernières phases de son développement. Quand elle se détache et
est expulsée au dehors dans un éternuement ou extraite à la
main, la linguatule est ordinairement remplie d'œufs fécondés. Où s'est fait la fécondation, l'accouplement? où a-t-elle
rencontré un mâle? — car on ne trouve ordinairement qu'un
pentastome dans les cavités nasales. — Ces questions n'ont

pas encore de réponse jusqu'à présent. Et il se pourrait même que les pentastomes aient quelquefois une autre origine que celle qu'on leur assigne ordinairement, car nous possédons des portions de mésentères d'un chien, qui sont remplies de nymphes de pentastomes enkystés, et l'hôte qui les loge a dû les absorber à l'état d'œufs ou de très jeunes embryons [1].

On a dit aussi que le pentastome tœnioïde se rencontre particulièrement dans les sinus frontaux ou maxillaires du Chien. Nous ne l'avons jamais vu dans les sinus, mais toujours dans les cavités nasales, et une fois dans le pharynx où il était attaché à la face postérieure du voile du palais; sa queue, qui dépassait le bord inférieur de cet organe, permit de le voir et de l'arracher; nous en avons trouvé aussi un jeune de deux centimètres de long dans l'intestin grêle d'un chien dont nous faisions l'autopsie.

Un professeur vétérinaire, M. Colin, qui a fait, après Leuckart, des expériences sur les migrations du pentastome, a prétendu aussi qu'il ne déterminait jamais d'accident et que rien ne décelait sa présence dans les cavités nasales, ni écoulement sanguinolent, ni gêne, ni prurit. Nous avons pourtant observé un cas où ce parasite a provoqué le développement d'un véritable coryza artificiel, avec gêne extrême de la respiration, écoulement purulent se desséchant à l'entrée des narines sous forme de croûtes noirâtres et s'accompagnant d'éternuements fréquents et de toux. Tous ces accidents disparurent après l'extirpation du pentastome, dont la queue s'était montrée à l'entrée des narines.

On a signalé quelquefois chez le Chien des ulcérations sur la muqueuse pituitaire; nous sommes fort porté à les regarder comme la conséquence du séjour plus ou moins prolongé d'un pentastome sur cette membrane et de l'action de ses crochets.

1. Voyez notre traité des « Parasites et maladies parasitaires », chez Masson, Paris, 1880, page 440 et suiv.

On débarrasse un Chien des pentastomes qu'il peut avoir dans les cavités nasales par des injections d'huile empyreumatique (15 grammes) triturée avec un jaune d'œuf et étendue dans 100 à 150 grammes d'eau tiède : ce vermicide tue le pentastome qui est ensuite expulsé dans un éternuement.

Pour prévenir le développement du pentastome chez le Chien, il faut éviter de lui donner des entrailles de moutons qui ne soient bien cuites et surtout éviter qu'il ne dévore, dans les tas d'ordures, des entrailles de lapins qui contiennent ordinairement aussi des germes de ténias.

Coryza chronique.

Nous avons vu que, chez les jeunes Chiens, un des symptômes de début de la *gourme* est un *jettage* ou *coryza* plus ou moins fort, mais toujours aigu, c'est-à-dire, à marche rapide et qui disparaît avec les autres signes de l'affection.

Le coryza aigu est très rare chez les Chiens adultes et nous devons dire que chaque fois que nous avons vu du *jettage* chez un Chien malade, à cet âge, c'était généralement un symptôme accessoire d'une angine ou d'une bronchite et il était toujours accompagné de *toux* qui était le symptôme dominant.

Nous avons cependant observé une fois un cas de *coryza chronique*, c'est-à-dire, persistant et à marche lente, chez un Chien braque Saint-Germain de cinq ans qui jettait depuis huit mois, souvent très abondamment, et chez lequel les fumigations de goudron n'avaient amené aucune amélioration. L'animal était très maigre, toussait un peu et écumait beaucoup quand il sortait.

Un régime très reconstituant à la viande crue et quelques capsules de baume de Tolu (une par jour) amenèrent la guérison en quelques semaines.

Angine. (*Esquinancie.*)

L'angine est caractérisée par une gêne de la respiration avec douleur à la gorge qui se manifeste surtout à la pression de la région. Elle se montre quelquefois par accès, ainsi que nous l'avons observé chez un basset de 17 mois : quand la crise le prenait, il se campait sur les quatre jambes comme s'il avait voulu vomir et faisait de violents efforts pour aspirer et expirer l'air ; en même temps ses flancs et sa poitrine se dilataient et se contractaient successivement, comme si le Chien avait voulu vomir et cependant il ne vomissait pas ; le bruit de l'air dans la gorge ressemblait à celui d'une personne qui cherche à cracher, mais il n'expectorait pas.

La cause de l'angine est généralement un refroidissement ou le séjour à l'humidité.

On traite l'angine d'abord par des vomitifs (5 à 10 centigrammes d'émétique dans un demi-verre de lait tiède que l'on fait prendre de force au Chien si l'animal ne le prend pas spontanément.)

On entoure la gorge d'une cravate chaude en laine, puis on continue à administrer le lait tiède comme boisson et seule nourriture pendant quelques jours. Aussitôt que les aliments solides passent sans causer de douleur, on remet le Chien à son régime ordinaire. Si la maladie est tellement grave qu'il y ait danger de suffocation, on a recours à la *trachéotomie* et à l'application d'un tube *ad hoc* pendant quelques jours. La trachéotomie est une opération qui consiste à faire une incision au devant du cou entre deux cerceaux de la trachée et à placer dans cette incision le tube en question qui est le même que celui qu'on met aux enfants après la même opération dans le cas de *croup*.

Bronchite, toux de diverses natures.

La *bronchite* qui, avec le coryza, se montre chez les jeunes Chiens comme un des principaux symptômes du début de la *gourme*, se voit aussi chez les jeunes Chiens qui ont passé l'âge critique, c'est-à-dire ayant plus d'un an, et chez les Chiens adultes. Son principal symptôme est la *toux* sans jettage, se montrant souvent par quintes et ces quintes se terminent ordinairement par un vomissement de glaires.

La bronchite simple a ordinairement pour cause un refroidissement, comme l'angine, et cède aux mêmes moyens de traitement, auquel on ajoute comme calmant de la toux 10 à 12 gouttes d'alcoolature d'aconit dans du lait ou un à trois granules d'aconitine à 1/2 milligramme, par jour.

Elle peut être confondue avec plusieurs autres affections qui ont aussi la *toux* pour principal symptôme.

Chez les jeunes Chiens il y a une *toux nerveuse* qui a beaucoup d'analogie avec la *coqueluche* et que l'on combat avec succès au moyen de doses de deux grammes d'oxyde de zinc que l'on mêle à la soupe deux fois par jour jusqu'à guérison. Chez les jeunes Chiens il y a aussi une *toux* symptomatique de la présence des vers dans l'estomac ; c'est ce qu'on reconnaît lorsque, dans les glaires vomies à la suite des quintes, on constate la présence d'ascarides ; dans ce cas la toux cesse après l'administration de vermifuges, comme nous le verrons au paragraphe des affections vermineuses du tube digestif.

Chez les vieux Chiens il y a une véritable toux chronique, de nature asthmatique que l'on traite avec succès par l'aconit aux doses indiquées plus haut, combiné à l'eau de la Bourboule, un verre par jour.

A la suite d'accident, comme nous en avons vu un exemple chez un chien sur lequel une roue de voiture avait passé, il reste quelquefois une toux persistante, indice d'une lésion interne passée à l'état chronique. On ne peut dans ce cas que calmer la toux au moyen de l'aconit et attendre du temps la guérison ou l'amélioration de la lésion interne.

Enfin il y a une toux qui accompagne une sorte de grippe réellement épidémique et dont nous allons nous occuper ci-dessous.

Grippe ou toux contagieuse.

Nous avons constaté à différentes reprises l'existence, chez les Chiens de meute, d'une espèce de bronchite, parfaitement contagieuse, que nous comparons à la *grippe* de l'homme et qui est quelquefois assez grave pour entraîner la mort.

Cette maladie commence ordinairement par les jeunes Chiens et se communique successivement à tous les autres habitant le même chenil, et quel que soit leur âge. Les Chiens conservent leur embonpoint et même leur appétit, mais sont tourmentés par une toux très fatigante, s'accompagnant parfois de jettage, quinteuse, revenant par accès et se terminant par un crachement ou un vomissement. Le Chien malade présente souvent une faiblesse caractéristique des membres et marche en titubant.

Cette affection se passe souvent spontanément après avoir duré deux, trois ou quatre semaines sur chaque Chien; mais elle peut avoir une terminaison fatale : dans ce cas le chien cesse de manger et meurt comme étouffé. Dans les autopsies que nous avons faites, nous avons trouvé la muqueuse des bronches fortement injectée, et dans les tubes bronchiques une abondante sécrétion mousseuse et rosée. Les poumons sont seulement un peu congestionnés et on voit que l'animal est évidemment mort par asphyxie.

D'autres fois, la maladie a une forme plus grave, et ce n'est pas d'une simple bronchite mais d'une véritable pneumonie que les Chiens sont atteints; alors il y a grand accablement, tristesse, inappétence, poil hérissé, fièvre prononcée et enfin toux profonde et jettage constant. Dans ce cas les terminaisons fatales sont bien plus nombreuses que dans la forme première.

Cette maladie, dont le caractère contagieux ou infectieux ne peut être mis en doute, et qui peut être confondue avec la forme bronchique ou pneumonique de la *gourme*, est certainement la cause de l'opinion si répandue de la nature contagieuse de cette dernière et de sa transmissibilité possible aux Chiens adultes. C'est cependant ce dernier caractère qui doit la faire distinguer de cette dernière, car les affections gourmeuses ne se montrent plus chez les Chiens après l'âge de douze à quinze mois et ne sont pas contagieuses ; et puis jamais la grippe ne se complique d'accidents intestinaux, cutanés, ou ophtalmiques, et même le jettage est quelquefois une exception ; tous ces caractères permettront de distinguer les deux affections.

Dans le traitement de la grippe, on devra éviter les révulsifs externes : sétons, vésicatoires, liniments irritants qui ne font qu'aggraver le mal au lieu de le calmer. Nous nous sommes très bien trouvé de l'administration de potions calmantes combinées avec les balsamiques.

La potion calmante de la toux, à laquelle nous avons eu recours, est la suivante, que nous faisions donner le matin à jeun.

10 à 12 gouttes d'alcoolature d'aconit dans du lait ou un à trois granules d'aconitine à 1/2 milligramme dans de la viande.

Puis dans la journée,

2 ou 3 capsules de Tolu ou de Copahu, de 50 centigrammes, dissimulées dans des morceaux de viande.

Pas de diète, ou diète lactée, et l'animal tenu au chaud et au sec.

Asphyxie, bronchite chronique consécutives à l'administration de breuvages.

Nous avons indiqué plus haut la manière d'administrer les

breuvages aux Chiens, qui permet d'éviter tout accident : elle consiste, en tenant la tête un peu élevée au-dessus de l'horizontale, et sans faire desserrer les mâchoires, à verser le breuvage avec une bouteille dont on introduit le goulot dans la poche que fait chaque commissure des lèvres ; le liquide passe entre les dents et est avalé par l'animal par petites portions qui prennent une bonne direction ; si l'animal vient à tousser on lui baisse la tête et on le laisse tousser à son aise.

Si on ne prend pas les précautions que nous venons d'indiquer, si on ouvre largement les mâchoires et qu'on verse à flot le breuvage dans la bouche comme dans un vaste entonnoir, le liquide prend presque à coup sûr une fausse direction, pénètre dans la trachée et peut causer l'asphyxie immédiate de l'animal après d'horribles souffrances. Si l'animal parvient, après cet accident, à se débarrasser par la toux du liquide qui obstrue ses bronches, il peut se sauver, mais si ce liquide est irritant, il peut conserver une bronchite chronique avec toux persistante, caverneuse et très fatigante, qui persistera longtemps et finira par amener l'épuisement complet de l'animal.

Nous en avons vu un exemple chez un Chien affecté du ténia et pour lequel on avait prescrit un breuvage à l'essence de térébenthine ; ce breuvage, pénétrant dans les bronches, provoqua une asphyxie dans laquelle l'animal se roulait dans d'horribles souffrances, et de laquelle on le tira à force de frictions énergiques et prolongées ; mais il conserva une toux caverneuse et déchirante que ni le goudron, ni le réglisse, ni le kermès ne purent faire passer et qui enlevait au chien tout appétit.

Nous conseillerons, dans ce cas, de traiter l'animal comme dans le cas de grippe et de lui donner une nourriture très substantielle et tonique (viande crue, sang frais, etc.)

Congestion pulmonaire, pneumonie.

Toute cause de refroidissement brusque peut être suivie

d'une *congestion* d'un ou des deux poumons, congestion qui n'est que le premier degré de l'inflammation, laquelle inflammation prend le nom de *fluxion de poitrine* ou de *pneumonie*.

La *congestion* est l'engouement, la distension extrême par le sang des vaisseaux pulmonaires dans lesquels la circulation se trouve, par suite, arrêtée. La partie du poumon congestionnée devient impropre à la respiration, et cette fonction se trouve par suite exagérée dans les parties encore saines, non congestionnées, car il est rare que la congestion envahisse à la fois les deux poumons dans toute leur étendue. Cela peut arriver cependant et nous en avons eu deux exemples cette année (1882) chez des Chiens de chasse qui, après avoir chassé vigoureusement et bien mangé au retour, ont présenté tout à coup une grande tristesse, une respiration anxieuse et accélérée et sont morts quelques heures après presque subitement. A l'autopsie nous avons trouvé une congestion complète des deux poumons et cette congestion était tellement violente que le sang avait rempli les bronches et s'écoulait par le nez. C'était une véritable apoplexie pulmonaire.

Le traitement, dans ce cas, doit être d'abord une saignée de 150 à 200 grammes suivant la taille du Chien [1]. C'est une des

1. On saigne communément le chien à la veine du cou (*veine jugulaire*), au moyen de la lancette employée en médecine humaine. Pour faire gonfler la veine et la rendre plus visible, on a soin de serrer la partie du cou la plus voisine des épaules avec une forte ficelle ou avec un ruban, et bientôt elle se montre gonflée au-dessus de la ligature des deux côtés du cou en arrière de la trachée. — On peut remplacer ce lien par une forte pression du pouce. — On ouvre alors la veine à l'aide d'une personne qui tient la tête du chien élevée, ce qui, en donnant de la tension au cou développe plus évidemment la veine, et donne plus de facilité pour la piquer. Il est bon d'être prévenu que la peau du chien est très résistante et qu'il faut inciser d'abord la peau et ensuite la veine. Lorsqu'on a tiré une quantité suffisante de sang, on ôte la ligature, le sang s'arrête et l'opération en reste là. On peut encore saigner le chien en lui coupant le bout de la queue ou en faisant des incisions à la face interne de l'oreille, mais ces procédés sont peu pratiques et peu efficaces.

rares circonstances où nous conseillons encore cette opération ;
— puis l'animal sera tenu à une diète sévère, n'ayant pour
tout aliment que du lait contenant 10 grammes par litre de bi-
carbonate de soude en solution. Ce n'est que quand la poitrine
sera redevenue libre et que les poumons auront récupéré leur
perméabilité à l'air, — ce qu'on reconnaît à l'aisance de la
respiration, — que l'on pourra remettre le Chien à son régime
ordinaire.

A la congestion pulmonaire, surtout quand elle est partielle,
peut succéder l'inflammation, c'est-à-dire, la *pneumonie* qui
se reconnaît aux symptômes suivants quand elle est grave : la
respiration est difficile et accélérée, et à chaque inspiration
les babines, les joues rentrent presque dans la gueule; l'animal
est très abattu et insensible aux excitations extérieures, la tête
tremble, et il y a inappétence complète pour les aliments et
même pour les boissons, bien que la soif se conserve assez
longtemps. Il est rare qu'un Chien survive à une pneumonie
dont les symptômes sont aussi accentués; à l'autopsie, on
trouve la plus grande partie des poumons *hépatisés*, c'est-à-
dire durcis, ayant perdu leur élasticité, par suite de l'interpo-
sition dans leur trame d'un produit inflammatoire fibrineux;
aussi ces parties de poumons malades ne flottent-elles plus
quand on les jette dans l'eau, elles se précipitent au fond, ce
que ne font pas les portions saines des mêmes poumons.

La pneumonie au début, ou n'ayant pas atteint plus d'un
poumon ou la moitié des deux, peut être traitée avec succès de
la manière suivante :

On appliquera un séton sur la poitrine ou bien on fera sur
les côtes et de chaque côté si la pneumonie est double ou seulement du côté malade et sur une surface large comme la main
et préalablement tondue si le poil est long, une bonne friction
avec le liniment suivant :

> Huile de croton tiglium. . . . . . . 6 gouttes.
> Huile d'olives. . . . . 15 grammes.

On fera prendre ensuite au Chien la poudre tempérante suivante dont la formule est due à Delabère-Blaine :

Digitale en poudre. . . . . 1 gramme.
Émétique pulvérisé. . . . . 20 centigram.
Nitre pulvérisé . . . . 20 grammes.

Mêlez, divisez en 20 paquets, dont on fera prendre un toutes les deux heures, dissous dans un verre d'eau ou pétri dans un morceau de beurre du volume d'une aveline.

Quand le Chien montrera de l'appétit, on pourra lui donner du bouillon de carottes cuites avec une tête, des pieds ou des tripes et panses de mouton bien lavées.

La pneumonie peut passer à l'état chronique, c'est-à-dire qu'après un semblant de marche vers la guérison, la respiration restera embarrassée, courte, accompagnée d'accès de toux qui se répètent par quintes ; l'animal reste aussi très maigre. Dans ce cas, nous conseillons le régime à base de viande crue de cheval, de sang frais de bœuf, uni à un traitement arsenical longtemps prolongé, soit au moyen d'eau de la Bourboule (un demi-verre par jour) soit au moyen de liqueur de Fowler, 10 à 12 gouttes par jour, ou de granules d'acide arsénieux à un milligramme, 5 à 6 par jour.

Asthme.

L'*asthme* peut être la conséquence d'une pneumonie chronique, mais il y a aussi chez les Chiens, surtout chez les Chiens d'appartement, un asthme de vieillesse moins sec que le précédent, plus catarrheux et qui est spontané. L'*asthme* se reconnaît à une difficulté plus ou moins grande de la respiration qui est comme périodique, c'est-à-dire, se montrant particulièrement à certaines heures de la journée.

Blaine combat cette affection avec succès, dit-il, par l'emploi de la poudre composée suivante :

Émétique. . . . .   1 gramme.
Nitre.   10   —
Digitale.   2   —

Mêlez pour faire 40 paquets et en donner un par jour dans
du beurre ou du fromage mou.

Nous nous sommes bien trouvé de l'emploi du régime à la
viande crue et des arseniaux, tels que nous les conseillons
plus haut pour combattre la pneumonie chronique.

Pleurésie, pleuro-pneumonie.

Les mêmes causes qui déterminent la pneumonie peuvent
amener la *pleurésie*, c'est-à-dire, l'inflammation de la *plèvre*,
membrane séreuse qui enveloppe les poumons et qui tapisse
les parois de la cavité de la poitrine; il peut même arriver que
l'inflammation des poumons se propage à la plèvre et qu'il y a
alors *pleuro-pneumonie*.

La *pleurésie*, et surtout la *pleuro-pneumonie*, a exactement
les mêmes symptômes que la *pneumonie;* la seule chose qui
les distingue, c'est une certaine sensibilité de la poitrine à la
pression, un certain mouvement de torsion des côtes quand
l'animal respire, puis la présence de l'eau dans la cavité de la
poitrine. On constate la présence de cette eau épanchée à
l'auscultation et surtout à la succussion : quand on prend le
Chien debout entre les deux mains et qu'on le secoue avec
précaution d'un côté à l'autre, on entend manifestement le
bruit du clapotement de l'eau dans la poitrine.

L'épanchement dans la poitrine peut survenir d'une manière
insidieuse et lente, c'est-à-dire que la pleurésie peut être
chronique d'emblée: c'est alors une véritable hydropisie de
poitrine analogue à l'hydropisie abdominale ou ascite; elle a
aussi la même gravité, c'est-à-dire qu'elle est à peu près constamment mortelle.

Quant à la pleurésie aiguë, qui est aussi très grave, on la traite exactement comme la pneumonie par le même révulsif externe, mais on donne immédiatement la poudre indiquée par Delabère-Blaine pour la pneumonie chronique et qui est ici parfaitement indiquée, savoir :

Digitale en poudre. . . . .   1 gramme.
Émétique. . . . .   20 centigrammes .
Nitre. . . . .   20 grammes.

Mêler en 20 paquets. On en donne un toutes les deux heures trituré dans du beurre.

Même régime que pour la pneumonie.

Phtisie vermineuse.

La phtisie tuberculeuse, qui est malheureusement si fréquente chez l'homme, et qui est la cause la plus ordinaire de la mort des animaux sauvages tenus en captivité comme ceux de ménagerie, n'a jamais été observée chez le Chien, quel que soit le degré de misère auquel il ait pu tomber ; mais depuis le commencement de cette année (1882), plusieurs cas d'une phtisie particulière, due à la présence d'embryon vermineux dans les lobules pulmonaires, ont été observés chez cet animal.

L'observation du premier cas est due à M. Laulanié, professeur à l'école vétérinaire de Toulouse, et a fait l'objet d'une communication à l'Académie des sciences dans sa séance du 2 janvier 1882. Nous extrayons des *comptes rendus* de cette académie les passages suivants :

« J'ai eu l'occasion récemment d'observer dans les poumons d'un Chien des altérations provoquées par les œufs d'un Nématoïde, le *Strongylus vasorum* (Baillet) auxquelles leur identité avec celles de la tuberculose me paraît prêter un grand intérêt.

» Mais avant de faire connaître les faits qui font l'objet

principal de cette note, il est, je crois, indispensable d'esquisser
en quelques mots les phases principales des migrations du
strongle des vaisseaux, telles qu'on les connaissait ou telles
qu'il est possible de les présumer d'après mes observations.

» Les strongles des vaisseaux vivent à l'état adulte dans le
ventricule droit et les grandes divisions de l'artère pulmonaire
du Chien où ils se réunissent en pelotons plus ou moins volumineux composés de mâles et de femelles [1]. Ces amas provoquent infailliblement, dans les points du vaisseau où ils sont
immobilisés, une endartérite dont les végétations affectent la
forme de cordages ou de lames anastomosées qui maintiennent
le peloton parasitaire et l'empêchent de remonter le courant
sanguin. C'est dans ces parties centrales de la circulation que
les strongles s'accouplent ; les œufs fécondés sont transportés
au fur et à mesure de leur émission dans les divisions les
plus fines et les plus éloignées du territoire vasculaire de l'artère où sont établis les adultes, c'est-à-dire, dans les artérioles
à une seule couche de fibres musculaires, ou dans les capillaires. C'est là qu'ils parcourent les diverses phases de leur
développement. Les embryons éclosent à l'intérieur des artérioles ou des capillaires et ne tardent pas à émigrer vers les
bronches de petit calibre où on les retrouve en grand nombre
sur les coupes examinées au microscope.

» La présence des embryons dans les bronches, qui n'avait
pas été signalée encore, permet légitimement de supposer qu'ils
sont expulsés par les voies respiratoires pour être ensuite accidentellement introduites dans l'appareil digestif d'un autre
Chien. Je poursuis d'ailleurs la vérification expérimentale de
cette hypothèse que les faits précédents suggèrent naturellement.

» Les poumons dont les vaisseaux sont remplis de strongles
sont criblés de fines granulations grises demi-transparentes,

1. Les caractères de ce ver sont donnés page 301 ci-après.

saillantes, qui donnent un aspect perlé ou chagriné aux coupes de sections, et réalisent, par leurs caractères physiques et leur nombre considérable, toutes les apparences de la granulie. Il faut signaler cependant une particularité importante relative à la localisation des granulations parasitaires que l'on voit s'accumuler à la base des lobes du poumon et qui deviennent de plus en plus rares en se rapprochant du sommet où elles disparaissent à peu près complètement. Cette localisation inverse de celle des lésions de la tuberculose, jointe à l'immunité bien connue des animaux de la race canine à l'endroit de la phtisie spontanée, suffit à empêcher toute confusion.

» J'ai étudié attentivement le caractère histologique de cette fausse tuberculose, jusqu'ici passée inaperçue, et les résultats auxquels je suis arrivé s'introduisent naturellement dans le débat soutenu en ce moment sur la spécificité anatomique du tubercule et sa pathogénie. Je retiendrai seulement de mes observations les faits les plus généraux et les conclusions qui s'en dégagent naturellement.

» Les œufs ou les embryons arrêtés dans les fines artérioles deviennent le point de départ d'une *artérite noduleuse*, *réunissant dans sa structure tous les caractères que l'on assigne, depuis Köster, aux follicules élémentaires de la tuberculose*. On trouve en effet au centre de chaque foyer noduleux *un œuf. ou un embryon niché dans une cellule géante*. Cette dernière est entourée d'une couronne plus ou moins abondante de cellules épithélioïdes et d'une zone externe embryonnaire qui tend fréquemment à la formation fibreuse. » . . . .

Le deuxième cas de *tuberculose vermineuse* chez le Chien a été observé par le Dr Courtin, à Bordeaux, à peu près à la même époque que le précédent et nous en avons fait, au nom de l'observateur, une communication à la société de Biologie, communication qui se trouve résumée dans le Bulletin de cette société savante du 28 avril 1882.

Le sujet de l'observation était un Chien de chasse du poids

de 15 kilos, jeune, fourni par le service de l'équarrissage de
la ville à la faculté de médecine de Bordeaux, en excellent
état de santé. Ce Chien, après avoir servi à des expériences
ayant pour but d'étudier l'action de l'extrait de *veratrum al-
bum* administré soit par la voie gastrique, soit par la voie
sous-cutanée, soit par la voie veineuse, commença peu à peu
à maigrir et fut sacrifié le 25 décembre 1881. Voici la description des poumons d'après l'auteur :

« Légère congestion constatée dans toute l'étendue des deux
poumons.

» A la partie postérieure des lobes inférieurs, îlot de substance blanchâtre indurée ayant l'apparence de la substance
amyloïde. Ces îlots qui ne font aucune saillie sous la plèvre,
sont, les uns de la grosseur d'un pois, d'autres au contraire
atteignent le volume d'une grosse noix. Cette substance gagne
profondément le tissu pulmonaire auquel elle se substitue.

» Je pratique une incision, il ne s'écoule aucune sérosité,
aucun liquide purulent, par les points ramollis.

» J'essaye en vain les réactifs de la substance amyloïde
(iode et acide sulfurique), je n'obtiens aucune coloration.

» C'est alors que je fais durcir les pièces et que, sous le
champ du microscope, je découvre la présence de petits vers,
les uns à l'état libre dans les alvéoles pulmonaires, les autres
au contraire enkystés.

» Exudat inflammatoire répandu dans le parenchyme pulmonaire circonvoisin. »

Nous avons pu vérifier l'exactitude de la description des lésions trouvées à l'autopsie de son Chien par M. Courtin, au
moyen des morceaux de poumon qu'il nous a envoyés ainsi
que quelques préparations microscopiques et nous avons pu,
d'après celles-ci, faire un dessin qui est reproduit dans la gra-
vure ci-contre (fig. 64).

Du reste, nous en avons observé nous-même un troisième
cas tout à fait semblable, quelque temps après lui, sur un

basset que M. P. de Manchouville nous avait envoyé pour en faire l'autopsie, et mort étique.

Mais nous remarquons plusieurs différences très importantes entre les lésions du Chien de M. Laulanié et celles du Chien de M. Courtin, aussi bien que celles de notre basset. Dans le premier les lésions sont *miliaires* et au centre des nodules on trouve soit des embryons, *soit des œufs*. Dans les seconds les tubercules sont du volume d'un pois à celui d'une noix et ne contiennent que des *embryons* (fig. 65), soit libres soit enkystés,

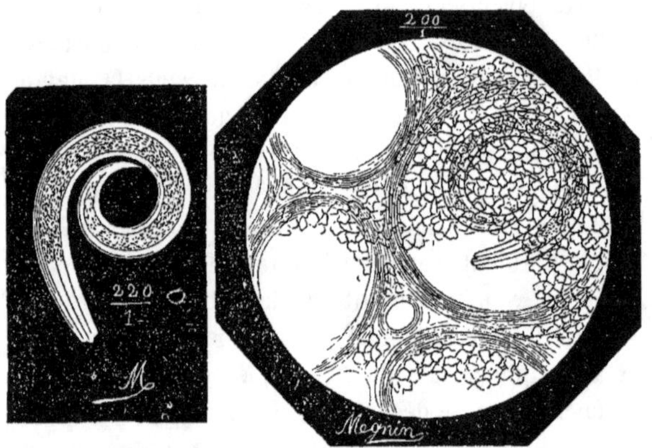

Fig. 65. — Embryon de
Spiroptera sanguinolenta.

Fig. 64. — Phtisie vermineuse
du Chien.

et *pas d'œufs*. Et puis les embryons sont-ils les mêmes? Malheureusement, M. Laulanié ne décrit pas les siens et il se borne à dire que ce sont des œufs et des embryons du *strongylus vasorum*. Nous verrons plus loin, au chapitre des **Maladies du sang et des organes circulatoires**, que trois espèces au moins de vers vivent dans le cœur ou les vaisseaux et produisent des embryons, et nous avons toutes raisons de croire que ce sont des embryons du *Spiroptera sanguinolenta* qui ont produit la phtisie du Chien de M. le Dr Courtin et celle de notre basset.

La phtisie vermineuse du Chien pourrait donc être produite par des embryons d'espèces différentes.

Quoi qu'il en soit, la phtisie vermineuse du Chien, comme toute maladie parasitaire, est contagieuse, et, s'il n'est pas possible d'aller détruire au fond des lobules pulmonaires les parasites qui la causent et qui, expectorés par les sujets malades, sont les agents de la propagation de la maladie, on arrivera à préserver les Chiens bien portants en éloignant avec soin du chenil ou mieux en sacrifiant impitoyablement tout sujet reconnu atteint de phtisie, — ce que l'auscultation (en faisant reconnaître la diminution ou l'absence de murmure respiratoire en certains points du poumon), l'état de maigreur du sujet, une toux chronique sans quinte, permettront de reconnaître. — C'est là l'enseignement pratique que l'on peut retirer de cette étude.

CHAPITRE V

MALADIES DE L'APPAREIL CIRCULATOIRE

sanguin et lymphatique.

---

§ Ier. — MALADIES DU SANG, DE SES VAISSEAUX ET DU CŒUR

A. *Maladies parasitaires.*

Les maladies parasitaires du sang, des vaisseaux et du cœur du Chien étudiées avec certitude, sont, jusqu'à présent, à peu près exclusivement des maladies vermineuses. Quand la science sera plus avancée, il y aura probablement à joindre aux affections vermineuses du sang du Chien, des maladies microbiotiques, c'est-à-dire, causées par ces êtres infiniment petits qui, comme la *bactéridie* du charbon, ont été reconnus être la cause exclusive de certaines affections contagieuses de l'homme et surtout des herbivores domestiques, et qui pullulent dans le sang ou dans la lymphe des éléments desquels ils vivent et qu'ils rendent rapidement impropre à la vie. On a reconnu que les carnassiers sont généralement réfractaires aux affections microbiotiques du sang; cependant, la vie artificielle que l'on a faite au Chien lui a fait perdre plus ou moins cette heureuse qualité; en devenant omnivore, il est devenu plus ou

moins apte, comme le porc, à contracter certaines affections
typhiques dont on a constaté de loin en loin quelques cas,
mais qui sont encore trop mal connues et qui ont été trop peu
étudiées scientifiquement pour que nous puissions en parler
avec certitude. Dans une prochaine édition, si d'ici là les éléments d'étude nous sont fournis, nous parlerons des *affections
typhiques* du Chien, maladies épidémiques ou endémiques des
grands chenils, dont nous soupçonnons l'existence, mais jusque-là nous nous abstiendrons, ne voulant parler que de ce
que nous connaissons bien.

Les affections parasitaires du sang, des vaisseaux et du
cœur du Chien sont donc exclusivement celles qui sont dues à
des *helminthes* ou à des vers développés dans le liquide vital
ou les organes qui le contiennent.

Vers du sang. (*Hematozoaires.*)

Jusqu'en 1840, les annales de la science n'ont enregistré
que quelques cas très rares d'helminthiase de l'appareil circulatoire du Chien et encore les vers trouvés dans le sang ou
dans le cœur sont restés indéterminés.

En 1843, Gruby et Delafond découvraient dans le sang du
Chien des myriades de petits vers microscopiques, tellement
ténus et tellement abondants qu'un Chien pouvait en avoir
plus de 220,000 dans le sang, et cependant avoir toutes les
apparences de la santé ; ces vers, dont le diamètre transversal
ne dépassait pas celui d'un globule sanguin, pouvaient être
transmis de la mère à ses petits, dans l'utérus. En 1852, ces
observateurs découvrirent chez un Chien qui avait des vers
microscopiques dans le sang de grands vers filiformes dans
les cavités droites du cœur et dans l'artère pulmonaire, longs
de 15 à 25 centimètres, les plus courts mâles, les plus longs
femelles et pleines d'embryons miscroscopiques en tout semblables à ceux qui circulaient dans le sang ; ces grands vers

filiformes étaient effectivement les auteurs des vers microscopiques du sang.

En 1877, MM. Galeb et Pourquier firent, à Montpellier, la
même découverte que Gruby et Delafond, rectifièrent quelques
erreurs de ces derniers et décrivirent scientifiquement les
grands vers du cœur qu'ils nommèrent *filaires ématiques*.

Les deux cas de Gruby et Delafond, de Galeb et Pourquier
sont les seules observations faites en France et même en Europe sur les filaires du cœur, bien qu'un grand nombre d'observateurs aient vu dans le sang les embryons microscopiques
signalés par les premiers auteurs ; mais en Asie et en Amérique les observations du même genre ont été beaucoup plus
nombreuses. Dans l'Amérique du Nord, Leydy et deux ou trois
autres observateurs ont constaté des faits de l'existence de filaires dans le cœur du Chien, filaires que Leydy a reconnu
constituer une espèce spéciale qu'il a nommée *Filaria immitis*.
Au Brésil, la même espèce a été vue par le Dr Aranjo, de Bahia.
Dans l'Inde, le même parasite a été retrouvé par le Dr Lewis et
en Chine plusieurs observateurs, entre autres le Dr Manson,
l'ont reconnu être très abondant ; dans l'extrême Orient, de
véritables épidémies décimant les Chiens sont causées par la
Filaria immitis, à laquelle s'adjoint un autre ver qui cause
des tumeurs anévrismales de l'aorte et qui n'est autre que le
Spiroptera sanguinolenta de Rudolphi, que les médecins anglais de l'Inde et de la Chine nomment, à l'exemple de l'ento-
mologiste Schneider, *Filaria sanguinolenta*.

Ce ver des tumeurs anévrismales de l'aorte avait été vu au
siècle dernier par l'éminent anatomiste italien Morgagni, mais
n'avait pas été rencontré depuis, malgré les recherches du
Dr Rayer et d'autres dans ce but ; nous l'avons revu tout récemment ainsi que nous le rapportons plus loin.

Enfin un autre ver du genre Strongle, long de 15 millimètres
environ pour les mâles et 20 millimètres pour les femelles qui
pondent des œufs de 0[mm],07 à 0[mm],08 de long sur 0[mm],04 à 0[mm],05

de large, a été trouvé en 1854 en grande abondance, dans le cœur d'un Chien par M. Serres, professeur adjoint à l'école vétérinaire de Toulouse. M. Baillet, qui l'avait d'abord pris pour le *Dochmius* ordinaire du Chien, l'a reconnu plus tard pour une espèce différente qu'il a nommée *Strongylus vasorum*, c'est probablement la même espèce que celle trouvée aussi dans le cœur par un observateur allemand Leisering, qui l'a nommée *Strongylus subulatus*. D'après M. Laulanié, professeur aussi à l'école de Toulouse, ce serait les embryons du *Strongylus vasorum* et même ses œufs, arrêtés dans les capillaires du poumon, qui donneraient lieu à la phtisie vermineuse du Chien, dont nous avons parlé au chapitre précédent; mais comme d'autres embryons, ceux de la *Filaria immitis* et du *Spiroptera sanguinolenta*, et même d'autres œufs, ceux de ce dernier hématozoaire, circulent aussi dans le sang du Chien; il est très probable que la phtisie vermineuse du Chien n'est pas exclusivement le fait des embryons et des œufs du *Strongylus vasorum* et que les autres hématozoaires concourent à la production de cette affection.

Pour plus de détails sur l'historique des hématozoaires du Chien, nous renvoyons au mémoire complet que nous avons publié sur ce sujet, au commencement de cette année (mars 1883), dans le « Journal de l'Anatomie » de M. le professeur C. Robin, et nous allons aborder les observations qui nous sont propres sur les vers du cœur et des vaisseaux du Chien et sur les affections qu'ils déterminent.

FILARIA IMMITIS (Leydy). — C'est à un de nos collègues de la société entomologique de France, M. Collin de Plancy, interprète de la Légation française en Chine, que nous devons d'avoir pu étudier complètement cet intéressant parasite dans ses deux sexes et dans ses larves. En effet, bien que nous ayons fait des centaines d'autopsies de Chiens, nous n'avons pas eu, comme Delafond et Gruby, Galeb et Pourquier, les seuls qui l'aient rencontrée en France, et chacun une fois seulement, l'occasion d'étudier sur le vivant les filaires adultes du cœur du Chien et de voir l'affection qu'elles déterminent qui, d'après les témoins oculaires amène promptement les animaux à l'étisie et à la mort après une série d'accès épileptiformes, simulant parfois des accès de rage; nous avons fait l'étude de cet inéressant parasite avec un cœur de Chien vermineux recueilli en Chine et rapporté de ce lointain pays bien conservé dans l'alcool, le 28 juillet dernier (1882) par notre collègue M. Collin de Plancy, à qui nous offrons ici nos plus chaleureux remercîments.

L'affection vermineuse du cœur du Chien, réellement très fréquente en Chine, d'après M. Collin de Plancy, y fait de nombreuses victimes aussi bien sur les Chiens étrangers que sur les Chiens indigènes; elle est donc beaucoup plus meurtrière que ne le pensait M. Manson. C'est un Terre-Neuve qui a fourni la pièce intéressante dont nous donnons ci-contre la figure au quart de grandeur naturelle (au demi-diamètre), et qui est une des plus belles de notre collection (fig. 66). L'animal avait succombé avec tous les symptômes d'une affection grave du cœur qui l'avait amené progressivement à l'étisie : palpitations, accès épileptiformes fréquents, consomption

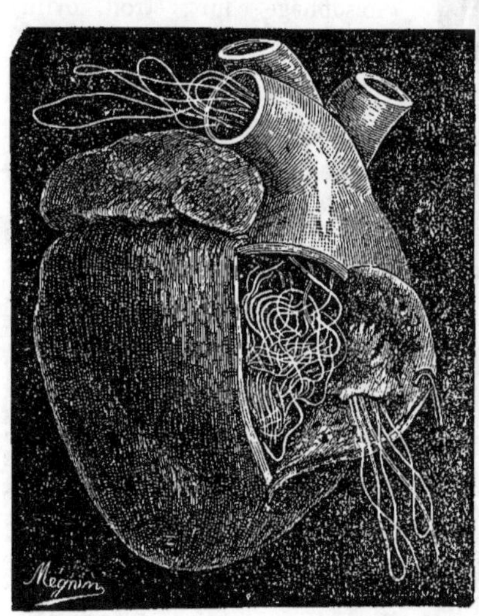

Fig. 66. — Cœur de Chien rempli de filaires
(au quart de grandeur naturelle).

et mort. On comprend, en voyant ce cœur, littéralement farci de filaires, combien ses fonctions devaient être empêchées. Nous n'avons pas compté le nombre des parasites, afin de ne rien déranger à l'aspect présenté par la pièce au moment de l'incision de la paroi externe du ventricule droit, mais il s'élève certainement à plusieurs centaines, et le caillot dans lequel ils étaient empêtrés en partie renfermait des embryons par myriades ; nous avons simplement extrait quelques sujets mâle et femelle pour l'étude, ainsi que la plus grande partie du caillot qui masquait la vue des filaires.

Voici les caractères de la *Filaria immitis* (Leydy), d'après notre étude :

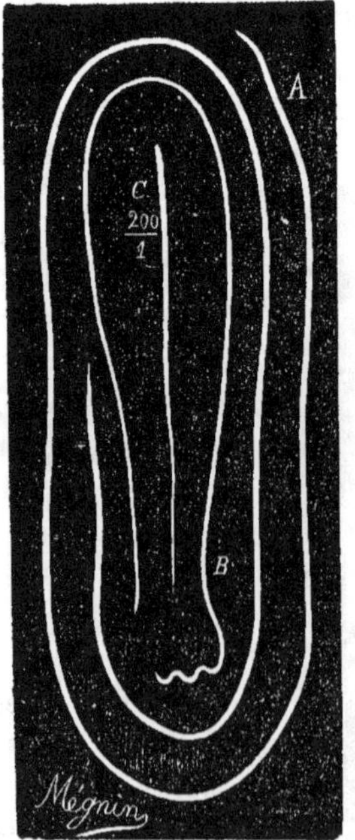

Fig. 67. — *Filaria immitis* ♂ et ♀ grandeur natur. et embryon grossi.

« Corps cylindrique, arrondi » postérieurement, légèrement at- » ténué antérieurement ; bouche » petite, ronde, inerme, se conti- » nuant immédiatement par un » œsophage court, étroit, cylin- » drique long de 0^{mm},120 plus étroit » que l'intestin. *Mâle* (fig. 67 B) » long de 12 à 15 centimètres sur » une épaisseur de 0^{mm},50 ; extré- » mité caudale en spirale présen- » tant de chaque côté de la termi- » naison une aile étroite et courte » soutenue par cinq papilles allant » en décroissance d'avant en ar- » rière ; entre ces deux ailes sort le » pénis composé de deux spicules » inégaux et courts ayant, le plus » grand, 0^{mm},30 et le plus petit, » 0^{mm},15 de longueur. *Femelle* » (fig. 67 A), longue de 24 à 26 cen- » timètres sur 1 millimètre d'é- » paisseur, à vulve s'ouvrant près » de la terminaison de l'œso- » phage, se continuant par un va- » gin de 2 millimètres de long, qui » se divise ensuite en deux utérus

» volumineux, prolongés par deux ovaires plus étroits, le tout
» longeant l'intestin ; dans ces utérus se développent des ovules
» puis des œufs qui restent très petits et à enveloppe simple et
» membraneuse, et dans ces œufs des embryons qui éclosent
» dans l'intérieur de la femelle car elle est vivipare. *Embryons*
» (fig. 67 C), longs de 0^{mm},25 à 0^{mm},45 sur 0^{mm},005 d'épaisseur
» antérieurement, très atténués et effilés dans le tiers postérieur.

L'anatomie de ces vers nous a montré que le *tégument* est
composé de deux couches : une cuticule de 0^{mm},01 d'épaisseur
qui paraît, surtout près de la surface, composée de strates très
minces ; une couche profonde de 0^{mm},015 d'épaisseur ; ces deux
couches sont incolores, très résistantes et sans stries transversales ; elles paraissent striées longitudinalement, mais ce sont

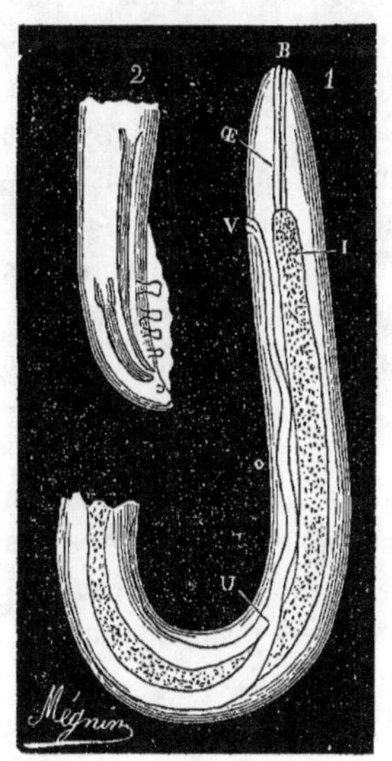

Fig. 68. — *Filaria immitis*, extrémités antérieure ♀ et postérieure ♂
grossies.

les fibres musculaires sous-
tégumentaires et toutes longitudinales et très longues,
formant une couche par trans-
parence, qui causent cette illu-
sion. La *bouche* (fig. 68, 1-B),
contrairement à ce qu'avance
Manson qui l'a dit un peu
oblique, est complètement terminale ; elle n'a pas non plus
un *pharynx* distinct comme le
dit aussi cet observateur, mais
elle se continue sans délimita-
tion par l'*œsophage* (OE) dont
l'entrée est un léger infundibu-
lum ; cet œsophage, qui est peu
musculeux, reste cylindrique
jusqu'à sa terminaison.

L'*intestin* (I), plus large de
près du double que l'œsophage,
est presque rectiligne jusqu'à l'anus qui s'ouvre en avant de

l'extrémité terminale; il est composé aussi de fibres longitudinales et tapissé à sa face interne par quelques cellules hépa-
thiques.

L'*organe génital femelle* est, comme nous l'avons dit, un
utérus à deux longues cornes qui se réunissent en un vagin
commun dont l'ouverture ou *vulve*, se voit près de l'extrémité
antérieure de l'intestin (V). Les *cornes utérines* (U) sont deux
longs cylindres aussi larges que l'intestin, c'est-à-dire, ayant
un diamètre de $0^{mm},35$ environ; elles se rétrécissent ensuite et
se continuent chacune par un *ovaire* tubulaire qui n'a plus
que $0^{mm},08$ à $0^{mm},12$ de diamètre; dans ces ovaires se forment
des *ovules* qui ont la forme de petites sphères de $0^{mm},010$ de
diamètre avec un noyau très distinct; elles arrivent ensuite
dans les utérus, augmentent de volume, s'allongent et deviennent des œufs qui se remplissent de granules sous lesquels
disparaît le noyau; ils continuent à grossir jusqu'à $0^{mm},03$ de
diamètre; une enveloppe membraneuse apparaît, puis l'*embryon* se forme et se montre enroulé trois fois sur lui-même;
enfin l'embryon rompt son enveloppe et se montre libre dans
la cavité utérine. Il est remarquable par sa forme en aiguille,
la partie antérieure étant la plus large, et par sa queue longue
et effilée qui occupe près du tiers postérieur du corps; il mesure en largeur $0^{mm},004$ à $0^{m},005^{m}$, c'est-à-dire que cette largeur est un peu inférieure au diamètre d'un globule sanguin
ce qui indique qu'il peut passer dans tous les capillaires où
passent ces globules; sa longueur est de $0^{mm},20$ et lorsqu'il est
libre dans le sang, il augmente de longueur jusqu'à la doubler,
sans augmenter sensiblement d'épaisseur.

L'*organe génital mâle* (fig. 68, 2) est constitué par un long
tube représentant le testicule, dont les méandres entourent
l'intestin et qui se termine près de son extrémité antérieure;
les spermatozoïdes que contient ce testicule sont, sous forme
de fins globules, fortement réfringents. Le *pénis* est composé
de deux spicules courts et inégaux, le plus court est plus sail-

lant que l'autre dont l'insertion est plus profonde et mesure 0^{mm},45. Le pénis sort d'un pertuis qui est percé au milieu d'un tubercule situé un peu en avant de l'extrémité de la queue. Ce tubercule est bordé de chaque côté par une aile étroite et courte soutenue par une rangée de cinq papilles ovoïdes pédonculées, diminuant de hauteur d'avant en arrière.

Les mâles et les femelles mêlés et remplissant les cavités droites du cœur ainsi que l'artère pulmonaire, étaient dans la proportion d'un mâle pour trois femelles, autant que nous avons pu en juger sans déranger le peloton intriqué qu'ils constituent dans notre pièce.

L'action de la *Filaria immitis* est bien différente suivant qu'il s'agit des embryons ou des adultes.

Les embryons, quelque nombreux qu'ils soient, ne paraissent pas avoir d'influence sur la santé, tant qu'ils circulent dans le sang. Les conditions qui leur permettent d'arriver à l'âge adulte dans le même animal ne paraissent pas se réaliser régulièrement ni même fréquemment, puisque Gruby et Delafond ont pu constater la présence de ces embryons sur une foule de Chiens dont quelques-uns ont été gardés pendant des années sans qu'ils aient pu voir ces embryons devenir adultes. Quant aux expériences de ces auteurs sur la transmissibilité de ces embryons, on comprend qu'elle puisse se faire de la mère à ses fœtus puisque les embryons de filaires peuvent passer par tous les capillaires que suivent les globules sanguins; mais qu'ils puissent être communiqués par le père à ses descendants, c'est là un fait extrêmement douteux puisqu'il y a impossibilité matérielle relativement à cette transmission.

Ces embryons ne pourraient-ils pas s'accumuler dans les capillaires des poumons et donner lieu à une phtisie vermineuse comme celle que M. Laulanié a observée à Toulouse et qu'il attribue exclusivement aux embryons et aux œufs de *Strongylus vasorum* de M. Baillet? Ce sera à vérifier, ce qui

sera facile en raison de la forme et des dimensions caractéristiques des embryons de la *Filaria immitis.*

Quant à l'action des adultes de cette espèce, si elle est insi-
gnifiante quand ils sont peu nombreux, comme dans le cas observé par Gruby et Delafond, elle est par contre terrible quand,
par leur nombre, ils en viennent à gêner les fonctions du cœur
et la circulation pulmonaire et même à causer l'obstruction
plus ou moins complète du tronc vasculaire qui alimente les
poumons. Malheureusement, la science est complètement dé-
sarmée en présence de pareils accidents, elle ne peut que conseiller des moyens prophylactiques en évitant de consacrer à
la reproduction des Chiennes infestées d'embryons de filaires
et en détruisant avec soin les cadavres des animaux qui ont
succombé à l'infection vermineuse en question.

Ces précautions sont d'autant plus importantes à prendre
que, dans les pays où les cas d'infection par les filaires du
sang sont nombreux chez les Chiens, on constate en même
temps des affections très graves et probablement de même nature chez l'homme. Ainsi, au Brésil et dans l'Inde, l'affection
connue sous le nom d'*Hématochilurie* a été reconnue causée
par des myriades d'embryons de filaires microscopiques existant non seulement dans l'urine sanguinolente et lactescente
des malades, mais encore dans les vaisseaux de la vessie [1].
Dans le même pays, on a retrouvé le même entozoaire microscopique dans l'écoulement spontané de tumeurs éléphantia-
siques du scrotum ou de jambes [2]; il a même été retrouvé par
Lewis dans le sang et la lymphe des éléphants de l'Inde. Enfin,
une affection cutanée pustuleuse du Brésil et des Côtes Occi-
dentales d'Afrique, nommée *craw-craw*, est aussi causée par
un embryon de filaire qu'on retrouve dans chaque pustule [3].

<hr>

1. Lewis, *loco citato* sur la *Filaria sanguinis hominis*, et Wucherer,
Gazeta medica de Bahia, 15 décembre 1868.
2. Félix Santos, *Gazeta medica* de Bahia, 1877.
3. O'Neill in *Lancet,* 1875.

Dans tous ces cas, sont-ce-là les mêmes embryons hématozoaires, et appartiennent-ils tous à la même espèce? C'est ce que de nouvelles études permettront seules d'élucider.

Spiroptera sanguinolenta (Rudolphi).—Le spiroptère ensanglanté n'est pas un ver exclusivement hématozoaire, on le rencontre même beaucoup plus fréquemment dans des tumeurs de l'œsophage et de l'estomac, ou libre dans l'intérieur de ces organes. Il est même si rare dans les tumeurs de l'aorte, où il a été signalé pour la première fois par Morgagni, que Davaine met en doute l'existence de ces tumeurs vermineuses aortiques, et que M. Baillet, dans son remarquable travail sur les helminthes, passe tout à fait sous silence ce dernier habitat. Et cependant, non seulement Lewis et Manson l'ont constaté dans l'Inde et en Chine, mais nous en avons observé un très bel exemple qui a fait l'objet d'une communication à la société de Biologie le 17 décembre 1881 ; nous la reproduisons ici :

« J'ai l'honneur de présenter à la société une pièce pathologique qui est d'une extrême rareté. Elle provient d'un Chien de la meute de M. le comte de L..., grand veneur de l'Ouest, lequel chien est mort subitement il y a quelques jours en revenant d'une chasse au loup. Le propriétaire, craignant un empoisonnement, l'ouvrit lui-même, trouva la cavité abdominale pleine de sang et découvrit que l'hémorragie s'était faite par une tumeur rupturée dépendant d'un gros vaisseau près des reins. Il détacha le vaisseau avec les tissus qui y adhéraient et m'envoya le tout pour en faire l'étude.

» J'ai disséqué le vaisseau qui n'est autre que l'aorte postérieure et on peut voir que, outre la grosse tumeur, du volume d'une noix, par où s'est faite l'hémorragie, elle présente encore sur toute sa surface des tubercules qui ne sont autre que des tumeurs plus petites, de même nature que la première, en

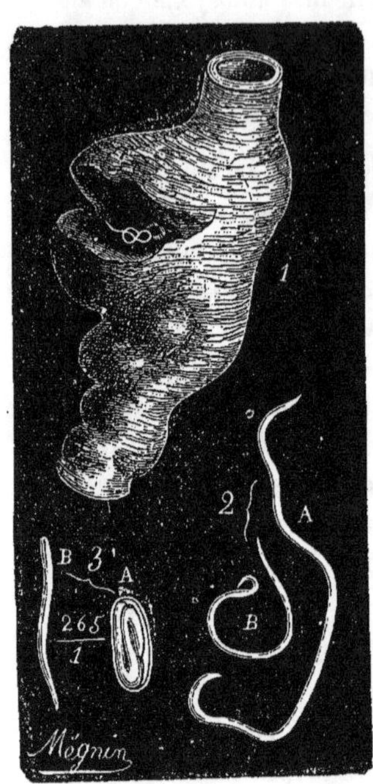

Fig. 69. — Tumeur anévrismale de l'aorte produite par le *Spiroptera sanguinolenta.*

voie d'évolution ou avortées. (Voyez la figure 69 ci-contre.)

» Cette tumeur, qui a pour revêtement la tunique externe de l'artère, très amincie, est une sorte d'anévrisme communiquant avec le vaisseau par un pertuis de 3 ou 4 millimètres, à peu près, de diamètre: elle est remplie d'un magna fibrineux rouge, au milieu duquel on distingue très nettement plusieurs vers enroulés. J'ai trouvé deux de ces vers qui avaient percé la paroi externe de la tumeur et qui avaient la moitié du corps dehors. Ce sont certainement des ouvertures ainsi faites qui ont amené la rupture de la poche anévrismale et déterminé l'hémorragie mortelle.

» Ces vers, dont j'ai fait plusieurs préparations et que j'ai étudiés, sont une espèce de spiroptère, le *Spiroptera sanguinolenta* de Rudolphi. On les rencontre assez souvent dans des tumeurs de l'œsophage; mais, en Europe, un observateur, un seul, du siècle dernier, le célèbre anatomiste Morgagni, avait vu des tumeurs de l'aorte causées par un ver semblable qu'il avait reconnu être identique à celui qui cause les tumeurs de l'œsophage et qu'il regardait comme l'analogue de celui qui cause les tumeurs anévrismales de l'artère grande mésentrique du cheval. Rayer, qui a bien étudié les tumeurs vermineuses

de l'œsophage du Chien ainsi que le ver qui les cause, a dit
avoir ouvert plus de trois cents Chiens dans le but de chercher
les tumeurs vermineuses de l'aorte signalées par Morgagni,
sans avoir réussi à en voir. Il les cherchait dans le but de vérifier si c'étaient réellement des tumeurs anévrismales, ce dont
il doutait, et surtout pour connaître l'espèce de ver qui les pro-
voquait. On peut voir par la pièce que je présente que les
tumeurs vermineuses de l'aorte du Chien sont bien une variété
d'anévrismes communiquant avec le vaisseau par un étroit pertuis, et que le ver qui en provoque le développement est bien
le même que celui des tumeurs de l'œsophage, c'est-à-dire le
Spiroptera sanguinolenta. »

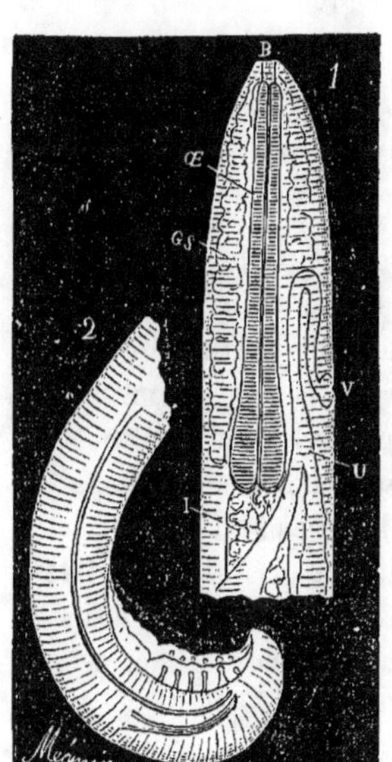

Fig. 70. — *Spiroptera sanguinolenta,* extrémités antérieure ♀ et
postérieure ♂ grossies.

Voici les caractères zoolo-
giques du *Spiroptera sanguinolenta* Rud, que Schneider[1], et
Lewis à son exemple[2], ont
classé dans les filaires sous le
nom de *Filaria sanguinolenta :*

Corps rougeâtre, cylindrique,
quatre-vingt fois environ plus
long que large, obtus à ses deux
extrémités, un peu plus mince
en avant; bouche terminale, nue
à bord ondulé, précédant un
pharynx bien distinct au fond
duquel s'ouvre l'œsophage; celui-ci est long, charnu, renflé en
massue en arrière, ce qui lui
donne à ce point un diamètre
presque égal à celui de l'intestin
qui est droit; tégument à stries
transverses écartées de 0^{mm},0025
(fig. 70-1).

Mâle (fig. 69, 2-B), long de

1. Schneider, *Monographie der Nematoden*, 1866.
2. Lewis, *loco citato.*

40 à 54^{mm}, large de 0^{mm},57 à 0^{mm},75, à queue formant un ou deux tours de spire, terminée en pointe obtuse (fig. 70-2), munie de deux ailes membraneuses étroites soutenues chacune par une rangée de six papilles, la 5e plus grande que les autres qui sont sensiblement égales ; deux spicules, un long et mince de 2^{mm} de long, un plus court, de 0^{mm},50 plus épais et à extrémité arrondie ; un groupe de huit petites papilles à la face antérieure de l'extrémité de la queue.

Femelle (fig. 69, 2-B), longue de 54 à 80^{mm}, large de 1^{mm} à 1^{mm},50, à queue obtuse non enroulée, à vulve s'ouvrant en avant de l'extrémité antérieure de l'intestin, à 4^{mm} de la bouche (fig. 70-1-V.), se continuant par un vagin ou utérus simple qui se bifurque en deux grandes cornes aussi larges que l'intestin, toruleuses, se continuant par des ovaires tubuleux beaucoup plus étroits.

Cette femelle est *ovipare* et les œufs pondus qui sont très petits (fig. 69, 3-A) et ne mesurent que 0^{mm},04 sur 0^{mm},02 de large et 0^{mm},01 d'épaisseur, sont aplatis et contiennent des embryons tout formés prêts à éclore (fig. 69, 3-B), qui mesurent 0^{mm},09 de longueur sur 0^{mm},005 d'épaisseur.

On peut remarquer que les embryons de cette espèce, tout en ayant à peu près la même épaisseur que ceux de l'espèce précédente, sont beaucoup plus courts et à extrémité bien moins filiforme : ces caractères différentiels permettront facilement de les distinguer et de vérifier l'assertion de Cobbold et de Lewis, qui regardent les embryons du *Spiroptera sanguinolenta* comme étant ceux qu'on rencontre le plus fréquemment dans le sang des Chiens. On les distinguera aussi facilement de ceux du *Strongylus vasorum* de M. Baillet, qui ont une épaisseur double, les œufs de ce dernier étant eux-mêmes deux fois plus grands que ceux du *Spiroptera sanguinolenta*.

ACTION DES HÉMATOZOAIRES.—Malgré l'assertion de M. Laulanié, qui attribue exclusivement aux embryons du *Strongylus vasorum*, arrêtés dans les capillaires des poumons du Chien, la tuberculose vermineuse de cet animal, il est probable que ceux des deux autres espèces d'hématozoaires que nous venons d'étudier peuvent y concourir et produire les mêmes résultats.

Il faudra donc, dans le cas de pneumonie ou de tuberculose du Chien, bien comparer les dimensions et la forme de la queue des embryons vermineux qu'on trouvera dans les nodosités pulmonaires, avec celles que nous donnons ci-dessus des différents hématozoaires embryonnaires du Chien.

On a aussi signalé des embryons de filaires ou de strongles enkystés dans le foie et dans la muqueuse intestinale du Chien ; on pourra vérifier, de la même manière, s'ils appartiennent à l'une quelconque des trois espèces d'hématozoaires du Chien, ou même si ce ne sont pas des embryons d'ankylostomes ou dochmies.

Voilà pour l'action des embryons d'hématozoaires ; quant à celle des hématozoaires adultes, nous avons déjà signalé celle de la *Filaria immitis* et nous n'y reviendrons pas.

L'action du *Spiroptera sanguinolenta* dans les parois aortiques est de déterminer la formation d'un anévrisme qui finit par se rupturer et produire une hémorragie mortelle, comme dans l'exemple que nous avons rapporté.

Enfin l'action du *Strongylus vasorum* est analogue à celle de la *Filaria immitis*, lorsque les parasites sont nombreux, c'est-à-dire que la mort arrive par obstruction des vaisseaux par des pelottes de parasites de l'espèce en question.

Traitement. — Le traitement ne peut malheureusement, comme nous l'avons déjà dit, être que préventif, car il n'est pas possible d'introduire dans l'intérieur de l'appareil circulatoire des substances médicamenteuses susceptibles de tuer les parasites qui y vivent et qui soient en même temps inoffensives pour l'organisme ; tous les essais tentés dans ce sens ont échoué. Comme c'est généralement, on peut même dire à peu près exclusivement, par les aliments et surtout par les boissons que se fait l'infection vermineuse, on s'attachera à ce que ces aliments, par une cuisson convenable, soient débarrassés de toute espèce d'embryon vermineux, et à ce que l'eau de boisson soit de source ou filtrée, ce qui, nous le savons.

est difficile à obtenir des personnes chargées de soigner les Chiens ; il est surtout difficile d'empêcher les Chiens de boire aux ruisseaux des rues, réceptacles de toutes sortes de germes vermineux. Enfin on mêlera fréquemment aux aliments et même aux boissons des vermifuges comme quelques prises de semen-contra en poudre, ou son principe actif, la santonine, à la dose de quelques centigrammes (de 6 à 10), ou encore du kamala en poudre une ou deux prises par jour.

B. *Maladies organiques du cœur ou des vaisseaux.*

Les maladies organiques du cœur sont rares chez les animaux domestiques en général et chez le Chien en particulier, et un professeur vétérinaire, nullement clinicien, il est vrai, a même nié leur existence ; cependant MM. Leblanc père et fils en ont observé plusieurs cas dont l'authenticité ne peut être mise en doute. M. Leblanc père, dans le remarquable article, sur les *Maladies du cœur* chez les animaux domestiques, qu'il a publié dans le nouveau Dictionnaire vétérinaire de MM. Bouley et Reynal, t. IV, pages 128 à 228, rapporte cinq cas d'endocardite chronique avec épaississement et raccourcissement des valvules du Chien, et M. C. Leblanc fils en a communiqué trois nouveaux cas à la Société centrale vétérinaire dans sa séance du 12 mai 1864 ; M. Leblanc père a aussi enregistré un cas de péricardite chronique avec atrophie du cœur et un cas d'ossification de l'aorte à son origine. Nous allons rapporter, en le résumant, un cas d'endocardite, celui dont M. C. Leblanc a fait l'histoire devant la Société centrale, dans sa séance du 12 mai 1864, en montrant les pièces fournies par l'autopsie.

Péricardo-endocardite, avec épaississement valvulaire.

« Chien lévrier de moyenne taille, sous poils jaunes et blancs, souffrant depuis longtemps d'oppression ; la respiration était

courte, haletante. Huit jours avant sa mort il existait un
œdème sous le ventre et sous la poitrine, au fourreau et aux
quatre membres ; le chien était incapable de faire une course
même peu prolongée, et, à plus forte raison..., de monter le
cinquième étage qu'habitait sa maîtresse ; le pouls était lent et
faible ; la respiration pénible et à peine sensible ; le décubitus
en rond ne pouvait s'effectuer, l'animal se couchait sur le sternum, les membres antérieurs étendus et restait dans cette position le plus possible. A mesure que l'affection augmenta, les
instants de repos furent plus courts et le Chien finit par ne
plus se coucher ; on peut dire qu'il est mort debout. A l'auscultation, on n'entendait pas le murmure respiratoire, les battements du cœur étaient sourds et on ne percevait qu'un seul
bruit, celui désigné par les pathologistes sous le nom de bruit
de cuir neuf. L'animal mangeait encore.

» Le traitement, quel qu'il fut, ne devait amener aucun résultat.

» Quelques instants avant sa mort, des bulles transparentes
s'étaient formées sur les pattes au-dessus des ongles, et s'étaient
crevées, laissant écouler une sérosité claire, ce qui avait amené
un peu de diminution dans les engorgements œdémateux des
pattes.

» A l'autopsie il s'écoula, à l'ouverture de la poitrine, environ un litre de liquide sero-purulent. Le péricarde fortement
distendu occupait à lui seul les deux tiers de la cavité pecto-
rale ; sa substance était fortement amincie et, incisé, il laissa
écouler une grande quantité de sérosité citrine et claire
sans fausses-membranes. Les poumons étaient écrasés par
cet organe ainsi distendu. Le cœur avait son volume ordinaire,
bien que plus pâle et à tissu musculaire moins ferme qu'à
l'état normal ; il représentait en poids la soixante-dix-neuvième
partie du poids total de l'animal, ce qui n'a rien d'anormal. Le
ventricule était rempli de caillots noirs de nouvelle formation,
mais le lavage mit à jour des caillots blancs très adhérents

aux cordages et à la valvule mitrale dont ils empêchaient le jeu ; cette valvule était elle-même très épaissie, triplée d'épaisseur et les nodules de ses bords hypertrophiés ; le jeu de cette valvule était, par suite, très limité et elle ne fermait qu'incomplètement l'ouverture auriculo-ventriculaire. Les mêmes altérations, mais à un degré moindre se remarquaient sur les valvules sigmoïdes de l'orifice aortique. La valvule tri-cuspide présentait les mêmes altérations que la valvule mitrale et la même insuffisance, mais les valvules sigmoïdes de l'artère pulmonaire étaient intactes.

» L'ouverture de la cavité abdominale ne présenta rien de remarquable et les organes y contenus étaient sains. »

Dans d'autres cas d'affections organiques du cœur, analogues à celui que nous venons de rapporter, Leblanc père a rencontré aussi de l'ascite, c'est-à-dire, de l'hydropisie abdominale en même temps que de l'hydrothorax et de l'anazarque des membres.

On n'a pas non plus rencontré de péricardite ou d'hydropéricardite chronique existant seules ; elles étaient généralement une complication de l'endocardite, ou de l'adénopathie thoracique, comme nous le verrons ci-après en étudiant les maladies de l'appareil lymphatique. Par contre, nous avons rencontré une fois un cas de péricardite aiguë que nous signalons ci-dessous.

Les affections organiques du cœur sont fatalement incurables ; on peut, au début, en calmer les manifestations par un traitement à base de digitale, mais on n'obtiendra pas de guérison radicale. La digitale se donne, soit en poudre à la dose de 5 à 50 centigrammes suivant la taille du Chien, soit en teinture à la dose de 10 à 30 gouttes, soit en sirop à la dose d'une demi à deux cuillerées par jour.

Péricardite aiguë.

Le 18 de mars de cette année (1882), nous recevions pour en faire l'autopsie, d'envoi de M. R. du B..., de Rouen, le cadavre d'une petite Chienne de 15 mois, morte très rapidement.

A cette autopsie, nous avons trouvé le péricarde rempli d'une sérosité citrine et sa séreuse fortement injectée et couverte d'arborisations. La plèvre était de même violemment congestionnée et contenait un épanchement d'au moins un litre de sérosité sanguinolente; le poumon gauche était aussi congestionné de même que le foie.

Ces lésions et la marche rapide de l'affection nous portent à regarder cette dernière comme une manifestation rhumatismale aiguë, contre laquelle, si on était à temps, il y aurait à essayer le salicylate de soude, à la dose de 1 à 2 grammes par jour, combiné aux révulsifs externes.

Apoplexie.

Les cas d'apoplexie sont rares chez le Chien, cependant nous en avons constaté un cas au mois de janvier dernier (1882). C'est sur un petit Chien anglais à poil ras noir marqué de feu aux pattes, âgé et en bon état d'embonpoint, dont le cadavre nous a été envoyé par son propriétaire M. J. de B...

Ce petit Chien n'était pas malade, mais très gai, à ce que nous écrivait son propriétaire, seulement il toussait; tout à coup, en moins de deux minutes, il mourait après avoir poussé un long gémissement aigu. A l'autopsie, nous avons trouvé un vaste épanchement cérébral qui s'était fait par les artérioles périphériques du cerveau manifestement athéromateuses. — Le petit animal était très gras et nourri exclusivement de farineux et de friandises.

Affection indéterminée du système circulatoire sanguin.

Une curieuse affection nous a été signalée par M. d'A... sur un de ses chiens, il y a quelques mois seulement. C'est un Chien à poils ras, âgé de 22 mois en ce moment, qui avait eu la gourme l'année dernière (1881), dont il semblait parfaitement remis. Il avait eu aussi des vers, ainsi que ses camarades et avait été soigné pour cela.

Ce Chien seul reste encore malade et présente un singulier phénomène : sa peau au repos est de couleur rouge de sang, et il suffit qu'il fasse vingt pas pour qu'elle reprenne sa couleur naturelle. Et toujours ainsi : au repos couleur générale violacée; et en exercice couleur naturelle; il a en même temps les yeux et les oreilles très sales, c'est-à-dire qu'il est affecté d'une ophtalmie et d'un catarrhe auriculaire dartreux.

Est-ce un cas de dilatation variqueuse de tout le système circulatoire capillaire cutané, ou bien la cause de cette curieuse affection est-elle au centre même de l'appareil circulatoire c'est-à-dire, au cœur? Je pencherai plutôt pour la première opinion, et je suis porté à voir là une paralysie incomplète des nerfs vaso-moteurs des capillaires cutanés, qui reprennent un peu d'énergie au moment de l'exercice. L'application de l'électricité, ou des frictions avec la brosse électrique, auraient peut-être quelque efficacité; c'est ce que nous avons conseillé et nous attendons encore les résultats.

C. *Lésions accidentelles du cœur et des vaisseaux.*

Ce n'est guère qu'à l'autopsie que l'on a constaté des lésions accidentelles du cœur, chez les Chiens, lésions qui consistent en déchirure des parois et surtout en rupture des oreillettes; on reconnaît ainsi les causes de la mort par accident.

C'est ainsi qu'à l'autopsie d'une Chienne morte à la suite d'une chute d'un point élevé, Rodet fils constata une violente hémorragie dans le péricarde qui s'était faite par une vaste déchirure intéressant les deux oreillettes. (*Journal de médecine vétérinaire et comparée*, 1826, page 101.)

Une lésion du péricarde, à la suite d'un coup de couteau frappé en pleine poitrine d'un Chien, et ayant intéressé les parois thoraciques, les poumons et le péricarde, a été enregistrée par Delafond. Cette grave blessure fut suivie de guérison, mais le Chien conserva une haleine courte et une respiration très fatigante par suite des adhérences qui se produisirent après la guérison de cette grave blessure.

Les lésions accidentelles des vaisseaux peuvent se montrer aussi dans le cas de blessures par armes blanches ou par les défenses d'un sanglier. On reconnaît qu'une artère est lésée lorsque le sang qui s'écoule forme un jet saccadé dont les intermittences sont isochrones avec les mouvements du cœur ou du pouls ; lorsque au contraire une veine est blessée, le sang s'en écoule uniformément sans saccades. Une artère blessée doit être liée de chaque côté de la blessure si l'on veut éviter une hémorragie mortelle, à moins qu'elle ne soit très petite, auquel cas, comme pour les veines, un pansement à l'étoupe ou à la charpie un peu compressif et surtout imbibé de perchlorure de fer, suffit pour arrêter l'hémorragie et prévenir les accidents.

D. *Maladies propres du sang.*

Le sang peut être malade soit par suite de la diminution de l'un de ses éléments constituants, soit par suite de l'abondance exagérée de l'un de ces mêmes éléments ou de la présence d'éléments étrangers.

On sait que le sang est un liquide séreux contenant en dissolution de la fibrine, de l'albumine et des sels, et dans lequel

flottent des globules rouges et quelques globules blancs. Ce
sont les globules rouges qui donnent au sang la couleur vermeille qu'on lui connaît. Les *globules rouges* ou *hématies* ne sont
pas sphériques, comme on le croit généralement, mais en forme
de disques à bords arrondis, en sorte qu'ils peuvent s'empiler
comme des piles d'écus; ils sont très petits et ont 5 à 6 millièmes de millimètre de diamètre; leur quantité dans un animal en santé est de 7 millions environ par millimètre cube.
Ce sont les globules rouges qui retiennent l'oxygène dans
l'acte de la respiration, et leur rôle est, par suite, des plus
essentiel à la vie, puisque c'est au moyen de l'oxygène que les
actes intimes de la nutrition interstitiels s'accomplissent.

Les *globules blancs*, encore nommés *leucocytes*, sont un peu
plus grands que les globules rouges, sphériques, granuleux à
leur surface et incolores; pendant la vie ils sont doués de mouvements amiboïdes et rampent sur la paroi des vaisseaux; ils
sont beaucoup moins nombreux que les globules rouges à l'état
de santé puisqu'il n'y a qu'un *leucocyte* pour trois cents globules rouges environ.

Le sérum du sang charrie, sous forme d'*urée* et d'une foule
d'autres principes immédiats, les produits de déchets ou
d'usure des tissus qui seront saisis au passage par les reins,
la peau, le foie, les glandes en général et expulsés au dehors
soit sous forme de produits *excrétés*, soit sous forme de produits *sécrétés*.

La quantité des éléments qui entrent dans la composition
du sang est à peu près constante chez l'animal en santé; le
sang est alors malade si l'un quelconque de ses éléments vient
à diminuer ou à augmenter en quantité d'une façon exagérée,
et il peut, par suite de ce manque d'équilibre dans ses éléments, devenir impropre à la vie.

L'excès de *globules rouges* ou d'*hématies* constitue la *pléthore*
et expose l'animal aux *apoplexies*, c'est-à-dire, aux hémorra-

gies cérébrales, gastriques, pneumoniques, par rupture des vaisseaux trop pleins.

La diminution des globules rouges à la moitié, au tiers ou même au quart de la quantité normale, constitue l'*anémie*, maladie d'autant plus grave que la quantité des *hématies* est plus diminuée.

L'exagération de la quantité des globules blancs constitue la *leucocythémie*, maladie toujours compliquée d'anémie, qui est encore peu connue dans ses causes initiales, mais qui n'en est pas moins d'une extrême gravité, car elle entraîne à peu près fatalement la mort.

L'abondance exagérée de certains produits de déchets dans le sérum du sang, constitue un véritable empoisonnement du liquide vital par ces substances : ainsi l'accumulation de l'urée dans le sang, par suite d'un empêchement des fonctions des reins, constitue l'*urémie* maladie fatalement mortelle. L'abondance des *urates de soude* dans le sang entraîne le dépôt de ces urates dans le voisinage des articulations et donne lieu à des tumeurs connues sous le nom de *tophus* qui sont une des caractéristiques de la goutte. Les tumeurs rhumatismales articulaires, quoique de composition différente, ont une origine analogue.

Enfin, les éléments de la bile peuvent, par suite d'une obstruction des canaux biliaires, être déversés dans le sang et donner lieu à la jaunisse, dont le principal caractère est la coloration *jaune* dont sont imprégnés les tissus blancs, surtout les muqueuses apparentes comme celle de l'œil, celle des gencives, etc., et même la peau non colorée par le pigment.

Celles de ces affections, dans lesquelles l'altération du sang est consécutive à la maladie d'un organe sécréteur ou excréteur dont les fonctions sont par suite perverties, comme la *jaunisse*, l'*urémie*, etc., seront étudiées à l'article des Maladies du foie, des reins, etc., dont elles ne peuvent pas être séparées. La leucocythémie sera étudiée dans les affections de l'appareil lymphatique et dans celles de la rate. Ici nous allons nous occuper des maladies essentielles du sang, si l'on peut dire, c'est-à-dire, de la *pléthore* et de l'*anémie*.

La Pléthore.

L'état pléthorique est plutôt un excès de santé qu'une maladie, mais il prédispose à des accidents si graves et si terribles qu'il doit être combattu avec soin.

La pléthore est beaucoup plus rare chez les Chiens que la maladie opposée, c'est-à-dire l'anémie ; elle se remarque principalement, on peut même dire exclusivement, chez les Chiens d'appartement qui prennent peu d'exercice et qui sont abondamment nourris.

L'état pléthorique est caractérisé par un embonpoint plus ou moins prononcé et surtout par une coloration rose vif presque rouge de toutes les muqueuses ; le pouls est plein, accéléré, c'est-à-dire de 120 pulsations environ à la minute.

Ce sont toujours des Chiens à tempérament pléthorique qui sont victimes de ces hémorragies graves et soudaines, rapidement mortelles, soit sur le cerveau, soit dans les poumons, soit même dans l'estomac comme nous en avons constaté déjà d'assez nombreux exemples.

Il y a donc indication à combattre chez ces animaux la prédisposition aux apoplexies, c'est-à-dire l'état pléthorique. On y arrivera en soumettant l'animal à un régime spécial, surtout en supprimant complètement la graisse de l'alimentation et en diminuant les farineux, tout en laissant dominer les principes azotés qui existent surtout dans le sang et la viande maigre.

C'est que nous avons remarqué que, chez les Chiens pléthoriques et par suite gras, il y a presque toujours des lésions athéromateuses des artères, lésions qui ne sont qu'une forme de la dégénérescence graisseuse ; l'abus des graisses et des farineux y prédispose donc les Chiens. Aux moyens hygiéniques ci-dessus indiqués on joindra aussi un exercice sagement réglé et progressif.

Anémie essentielle.

Si la pléthore est l'apanage de beaucoup de Chiens d'appartement, l'anémie est, par contre, celle de beaucoup de Chiens de meutes, car elle est la conséquence forcée des principes hygiéniques dont sont imbus tant de piqueurs et de propriétaires de meutes, en ce qui concerne la nourriture des Chiens de chasse, et contre lesquels nous nous sommes déjà élevés avec tant de force dans la partie de cet ouvrage qui traite de l'hygiène et à laquelle nous renvoyons nos lecteurs.

C'est cette hygiène irrationnelle, unie aux fatigues de la chasse, qui est la cause de l'anémie essentielle des Chiens de meute, anémie qui se développe insensiblement, insidieusement et qui, par suite, est très difficile à guérir et même souvent incurable quand les symptômes caractéristiques deviennent bien apparents, car alors, à ce moment, la maladie est déjà ancienne.

Le premier symptôme de l'anémie est la pâleur des muqueuses, qui, au lieu d'être d'un rose vif, sont d'un rose pâle. Comme à ce moment le Chien a encore toute sa gaîté, tout son appétit, a le nez frais et un bon poil, cette première période de la maladie passe généralement inaperçue.

A la deuxième période, la pâleur des muqueuses s'accentue; des engorgements des membres, du fourreau, des testicules apparaissent par intermittence, mais le poil reste bon, le nez frais, et l'appétit est conservé.

A la troisième période, les engorgements des membres sont plus persistants; des œdèmes se montrent dans d'autres parties du corps, comme à la tête et même sur le nez; les muqueuses sont très pâles et des ulcérations ou des aphtes se montrent aux gencives. Le poil perd son brillant, la peau sa souplesse, et une maigreur caractéristique se montre. Dans cette période, l'appétit persiste ou bien est capricieux, et nous avons vu une chienne, à cette période, préférer le pain sec et les pommes de terre cuites à tout autre aliment, même à la soupe.

A la quatrième période tous les symptômes ci-dessus s'accentuent et l'on voit les yeux devenir chassieux et un eczéma, véritable eczéma de misère, envahir toute la peau après avoir débuté aux plis des articulations. Le nez laisse écouler un liquide muqueux et filant, souvent rougi par du sang très pâle et lavé, formant quelquefois des bulles. Ce *saignement de nez* n'est qu'un symptôme de l'anémie, il ne constitue pas une maladie spéciale et se voit aussi dans une autre affection que nous étudierons plus loin, dans les Maladies de l'intestin, sous le nom d'*Anémie pernicieuse des Chiens de meute* et qui est causée par un parasite, l'*ankylostôme*.

Nous insistons sur ce détail que le *saignement de nez* de l'anémie apparaît, — non pas constamment et sûrement, — aussi bien dans l'*anémie essentielle* que dans l'*anémie pernicieuse* causés par l'*ankylostôme;* il a les mêmes caractères dans les deux cas, c'est-à-dire que le sang qui s'écoule du nez avec les mucosités est pâle et souvent spumeux, mousseux; il diffère essentiellement du sang qui s'écoule dans l'*épistaxis* et qui est rouge rutilant et beaucoup plus abondant.

Notons aussi que le saignement de nez de l'anémie apparaît quelquefois avant la quatrième période de la maladie; on l'a vu à la troisième et quelquefois même à la deuxième, les Chiens étant en pleine chasse; et c'est le premier symptôme qui frappe le chasseur, bien que les Chiens fussent malades déjà depuis longtemps, car la maladie est très lente dans sa marche et chaque période a ordinairement plusieurs semaines d'étendue.

L'*anémie essentielle* des Chiens de chasse ne peut guère être confondue qu'avec l'*anémie pernicieuse parasitaire*, et ces deux affections ont même une telle analogie que les résultats des traitements, ou même l'autopsie, permettent seuls de distinguer les deux maladies : l'administration de vermifuges très actifs fait rendre des ankylostômes dans la dernière de ces maladies, et ces vers brillent par leur absence dans les crottes des Chiens atteints de la première ; c'est là le principal caractère différentiel.

L'eczéma de misère, qui se remarque généralement à la quatrième période de l'anémie essentielle, est facile aussi à distinguer de l'eczéma dartreux : le premier ne s'accompagne pas de démangeaisons et disparaît assez rapidement aussitôt que le malade est soumis au régime de la viande crue.

Le Pronostic de l'anémie essentielle est très grave surtout quand cette affection est arrivée à ses dernières périodes, moment où elle est généralement incurable. Il est plus grave aussi chez certaines races de Chiens qui y paraissent spécialement prédisposés, comme les bâtards ; les croisements des Chiens français avec les anglais ont-ils modifié d'une manière défavorable le tempérament de nos bons Chiens courants indigènes? Cela paraît être, car l'anémie essentielle des Chiens de chasse n'est guère apparue en France, sous une forme grave et presque épidémique, que depuis l'introduction dans notre pays des Chiens bâtards.

TRAITEMENT.—L'*anémie essentielle des Chiens de chasse* étant généralement incurable à sa dernière période, le traitement ne peut pas être appliqué trop tôt, et même un traitement préventif sera toujours plus efficace qu'un traitement curatif.

Le meilleur traitement préventif est une hygiène plus rationnelle que celle à laquelle on soumet généralement les Chiens de chasse ; il faut absolument que les chasseurs et les piqueurs, qu'une longue expérience n'a pas éclairés, soient bien convaincus que le *pain de creton*, que les vieilles et mauvaises graisses rances, résidus des fabriques de chandelles et de saindoux, introduites ou non dans des biscuits plus ou moins patentés, sont une alimentation déplorable pour les Chiens et qu'elle les amène sûrement à l'*anémie*; il faut en un mot qu'on applique sévèrement les règles sur l'alimentation des Chiens que nous avons posées au chapitre de l'hygiène de ce présent ouvrage, c'est-à-dire que la viande, ou le sang frais, cuits ou desséchés entrent pour les *trois cinquièmes* dans la ration d'un Chien.

C'est généralement à la fin d'une saison de chasse que se remarque l'anémie et sous ses formes les plus graves; cela se comprend puisque à une alimentation insuffisante vient se joindre une dépense excessive de forces. On forcera donc la ration pendant cette période surtout en éléments fortement animalisés, et ici la viande crue sera indispensable. Je ne m'arrêterai pas à discuter certaines raisons avancées par des piqueurs ou chasseurs, à savoir que la viande fait perdre le nez, enlève l'ardeur à poursuivre le gibier, etc., etc.; nous en avons déjà fait justice ailleurs et nous ne descendrons pas à discuter de nouveau ces insanités qui auraient fait sourire et hausser les épaules aux vieux veneurs des derniers siècles.

Voici pour le traitement préventif qui, dans ce cas, comme en beaucoup d'autres, a infiniment plus d'importance et de valeur que le traitement curatif.

Le *traitement curatif* sera encore et avant tout hygiénique : l'alimentation aura pour base la viande crue, 4 à 600 grammes par jour suivant la taille du Chien; pour boisson on donnera du lait à satiété. Le meilleur stimulant de la nutrition interstitielle étant l'arsenic, on l'administrera soit sous forme de granules à un milligrammme (5 à 10 par jour progressivement) soit mieux en solution sous forme d'eau de la Bourboule (un verre par jour en deux fois). On fera alterner, de quinzaine en quinzaine, la médication arsenicale avec la médication ferrugineuse. (Le fer Rabuteau est le plus convenable comme étant le plus facilement absorbable; on le donne à la dose de quelques centigrammes).

Les stimulants extérieurs : air pur exempt d'humidité, expositions et courtes promenades au soleil, bouchonnages vigoureux, étant des adjuvants indispensables au traitement susindiqué, on veillera à ce qu'ils ne fassent jamais défaut.

Ce traitement nous a réussi chez des Chiens anémiques à la première et à la deuxième période, encore assez rapidement ; il a fallu le prolonger pendant de longues semaines pour tirer d'affaire des Chiens atteints d'anémie à la troisième période ; mais nous avouons avoir toujours échoué avec des Chiens anémiques au dernier degré, quelque variété et quelque assiduité que nous apportassions à ce traitement. Aussi regardons-nous cette maladie à ce degré comme complètement incurable. C'est aux propriétaires à veiller, par une hygiène bien entendue, à ce que cette terrible affection ne se développe pas dans leurs cheniis.

§ 2. — Maladies du système lymphatique.

Le *système lymphatique* est l'ensemble des organes qui concourent à la formation de la *lymphe* et qui servent à sa circulation, savoir : les *glandes* et les *vaisseaux lymphatiques* encore nommés *vaisseaux blancs* parce que le lymphe qui circule dans ces vaisseaux est un liquide incolore formé d'un sérum contenant en dissolution de l'albumine, de la fibrine et des sels, et en suspension des globules blancs, sphériques, granuleux, connus sous le nom de *leucocytes*.

Les vaisseaux lymphatiques prennent naissance dans tous les organes, à la surface de la peau et des muqueuses, et surtout de la muqueuse intestinale, par des réseaux très serrés de fins capillaires ; puis ils se distribuent dans les *glandes* ou *ganglions lymphatiques* où ils se subdivisent dans l'intérieur de ces glandes pour se réunir de nouveau à leur sortie. Ils finissent, après être entrés encore une fois au moins dans des ganglions, par se déverser dans deux troncs principaux, dont l'un, le *canal thoracique*, situé dans le côté gauche du thorax, reçoit les lymphatiques de l'abdomen, des membres postérieurs, du côté gauche de la poitrine, et du côté correspondant de la tête et du cou, et s'ouvre, par une ampoule nommé *réservoir de Pecquet* dans la jugulaire gauche près de sa réunion avec la droite. L'autre, qui s'appelle *grand vaisseau lymphatique*, reçoit ceux du membre thoracique droit, de la tête, du cou, de la poitrine et s'ouvre près du réservoir de Pecquet, après avoir envoyé un tronc anastomotique au canal thoracique.

Les *glandes* ou *ganglions lymphatiques* sont des organes du volume d'une lentille à celle d'une petite noisette, de consistance charnue et friable, de couleur grisâtre rosée et placés sur le trajet des lymphatiques, surtout au pli des grandes articulations et dans le voisinage des organes parenchymateux de grand volume, poumons, foie, rate, reins.

Ce troisième appareil circulatoire, quoique beaucoup moins apparent que les deux autres — on peut même dire invisible à l'œil nu, à l'exception de ses gros troncs, et encore faut-il, pour que ceux-ci soient bien visibles, qu'ils soient pleins de lymphe nouvellement fabriquée, car alors elle est lactescente — cet appareil des vaisseaux blancs, disons-nous, est aussi important à la vie que les deux autres, puisque c'est la *lymphe*, qu'il prépare, qui sert au renouvellement du sang et à son entretien. Ses maladies sont encore peu connues, et celles que l'on a étudiées sont jusqu'à présent incurables ; c'est ce que nous avons déjà vu dans cette maladie de la peau qui a son siège dans les glandes lymphatiques cutanées et que l'on a nommée *lymphadénie*; c'est aussi ce qui existe pour une maladie encore à l'étude, la *leucocythémie*, et dont nous allons nous occuper.

Leucocythémie.

On a distingué, en France, deux espèces de *leucocythémies*, une *leucocythémie ganglionaire* et une *leucocythémie splénique*, caractérisées : la première, outre l'abondance anormale des leucocytes dans le sang, qui est commune aux deux variétés de leucocythémies, par une hypertrophie des ganglions lymphatiques et en particulier de ceux de la base du cou ; la seconde par de nombreuses tumeurs (lymphomes) dans la rate. Cette distinction ne paraît pas avoir de grandes raisons d'être maintenue, car, d'après O. Bollinger, professeur vétérinaire suisse, la leucocythémie splénique serait le premier degré de l'autre, et il se fonde sur de nombreuses observations pour établir ce fait. D'après lui, la leucocythémie splénique peut exister avec toutes les apparences extérieures de la santé, et il cite à l'appui de cette opinion le fait d'un vieux Chien qui n'était pas malade et jouissait d'un bon appétit, que l'on sacrifia pour son embonpoint démesuré ; chez ce Chien la rate était bouclée sur toute sa surface par des tumeurs lymphatiques (lymphomes) et la proportion des leucocytes était de 1 pour 30 ou 40 globules rouges dans la circulation générale, et de 1 à 10 ou 15 dans la veine splénique. Comme type de leucocythémie au dernier degré, Bollinger cite un gros et vieux bouledogue dont le symptôme principal, pendant la vie, était un gonflement des ganglions lymphatiques à la base du cou avec perte de l'appétit, le nombre des globules blancs était dans la proportion de cinq pour un globule rouge, avec hypertrophie de la rate et des ganglions lymphatiques, infiltration leucocythémique des poumons et du foie.

Un exemple très complet de *leucocythémie* chez le Chien a été rapporté par M. C. Leblanc et communiqué à la Société centrale vétérinaire à laquelle il a montré le Chien en vie, puis toutes les lésions fournies par l'autopsie après la mort, dans ses séances du 25 octobre et 8 novembre 1877. Le sujet de cette observation était un Chien braque sous poil marron clair, âgé de sept ans. Le propriétaire, lorsqu'il l'amena à la consultation de M. Leblanc, lui déclara que, de-

puis six semaines, ce Chien était malade sans du reste présenter des symptômes bien nets ; il maigrissait, paraissait toujours fatigué, devenait triste et incapable de faire une course.
M. Leblanc fut frappé par la vue de tumeurs sous-cutanées
disséminées sur diverses parties du corps correspondant aux
ganglions lymphatiques ; à la partie supérieure du cou, de
chaque côté, une tumeur double roulant sous le doigt, s'é-
tendait en arrière de la parotide et le long de la trachée ; de
chaque côté de l'entrée de la poitrine deux masses ganglionnaires formaient une sorte de collier ; dans l'aine, de chaque
côté du fourreau et au-dessus du jarret, dans la portion postérieure de la jambe, d'autres tumeurs dures et mobiles se
faisaient sentir. Les muqueuses buccales, gingivales et conjonctives étaient d'une couleur rose pâle ; la respiration, calme au
repos, s'accélérait au moindre mouvement et devenait de suite
pénible ; le pouls était faible et vite, fuyant par moment sous
le doigt, les pulsations, comptées à diverses reprises, variaient
en nombre de 132 à 141.

La température, prise dans le rectum, s'était maintenue pendant les deux derniers mois entre 38 et 39 ; dans la dernière
semaine elle s'élevait à 40,6 et arriva à 41 la veille et le jour
de la mort, 30 octobre.

Le pouls a toujours dépassé 130 ; vers la fin de la vie les pulsations ont varié de 120 à 110.

La respiration a dépassé le chiffre 50 et montait jusqu'à 60
par minutes lorsqu'on agitait le sujet.

En résumé l'état du malade, du 1ᵉʳ septembre au 30 octobre,
n'a pas varié d'une manière sensible ; l'appétit était capricieux ;
au début il était presque nul, il est revenu le 20 septembre
pour diminuer dans les derniers jours. Des ulcérations se sont
montrées autour des dents, mais elles ont diminué en suivant
un traitement convenable. L'existence ne s'est prolongée que
grâce au repos absolu et au régime fortifiant suivi depuis la
fin du mois d'août ; le traitement consistait dans l'administra-

tion d'iodure de fer en pilules et d'huile de foie de morue ; la
viande et la pâtée avec peu de pain formaient la base de la
nourriture ; les digestions étaient régulières et on n'a jamais
observé ni constipation ni diarrhée ; l'auscultation n'a fourni
aucun indice d'affections du cœur ou des poumons.

L'examen du sang, au moyen des compte-glubules de
M. Malassez et de M. Hayem, a accusé environ 2,600,000 globules rouges par millimètre cube (à l'état de santé ce chiffre
est de 5 à 6,000,000) ; quant aux globules blancs, il y avait
1 globule blanc pour 85 globules rouges. (On sait que la proportion normale est de 1 pour 300 environ.)

A l'autopsie, les ganglions lymphatiques du cou et de l'entrée de la poitrine se sont présentés avec leurs dimensions
très exagérées, ceux du cou pesaient 90 grammes et ceux de
l'entrée de la poitrine 100 grammes. Dans l'intérieur de la cavité thoracique les ganglions bronchiques étaient aussi hypertrophiés. Dans l'abdomen les ganglions mésentériques formaient des chapelets de tumeurs grosses comme des haricots
ou des amandes ; les ganglions voisins des reins et ceux du
bassin avaient aussi subi une semblable augmentation de
volume. Le foie avait triplé en poids car il pesait 1,600 grammes ;
il était infiltré d'une quantité considérable de globules lymphatiques, interposés surtout en grandes masses autour des
lobules hépatiques qu'ils isolaient considérablement les uns
des autres en les écrasant pour ainsi dire. La rate avait doublé
de volume et de poids et pesait 390 grammes, ce qui était
dû, comme dans les ganglions lymphatiques, à l'hypertrophie
de tous les éléments de l'organe, seulement la pulpe splénique
était beaucoup plus riche en globules lymphatiques et la proportion des globules rouges y était beaucoup moins élevée.
Les reins étaient le siège de lésions analogues à celles du foie,
c'est-à-dire qu'ils paraissaient atteints de néphrite interstitielle, mais ce n'était qu'une transformation et une infiltration
lymphatique, une sorte de transformation en tissu adénoïde.

Cette observation de **M. C. Leblanc** donne la physionomie complète de la *Leucocythémie* du Chien, même dans son incurabilité, car, malheureusement, quand cette affection est reconnaissable sur le Chien vivant, elle est tellement avancée que la science est complètement impuissante à l'arrêter dans sa marche vers une terminaison fatale.

Affection farcino-morveuse.

L'affection dont il va être question dans ce paragraphe ne peut pas naître spontanément chez le Chien, elle ne peut que lui être transmise, car il s'agit de la *morve* du cheval, maladie terrible qui a déjà fait de trop nombreuses victimes dans l'espèce humaine, mais à laquelle on croyait le Chien réfractaire.

Cette opinion vient d'être détruite par une observation que M. Saint-Yves Ménard, sous-directeur du Jardin d'acclimatation, vient de communiquer à la Société centrale vétérinaire (séance du 14 décembre 1882).

Au Jardin d'acclimatation, les Chiens sont nourris en partie à la viande crue de cheval. Les Chiennes nourrices reçoivent même tous les jours cet aliment qui donne les meilleurs résultats au point de vue de la santé et de la force de leur progéniture. Une lice, qui venait de mettre bas et était isolée dans le local *ad hoc* nommé pour cela *maternité*, recevait donc tous les jours sa portion de viande de cheval, quand on la vit, au bout de quelques jours présenter un jettage sanieux par le nez et des boutons qui ne tardèrent pas à s'ulcérer sur le trajet des vaisseaux lymphatiques. Examinée de très près, on constata l'existence d'ulcérations chancreuses dans le nez et de tous les symptômes caractéristiques de la morve, ce qui nécessita son abatage.

Une enquête fit connaître que de la viande provenant d'un cheval morveux lui avait été servie et avait été consommée par la Chienne quelque temps auparavant. Ce qui prouve que l'état sanitaire des chevaux, dont la viande doit être consommée par les Chiens, doit toujours être irréprochable, si l'on ne veut s'exposer à pareil accident.

Nous terminons ici ce que nous voulions dire des affections du système lymphatique chez le Chien et nous allons passer à l'étude des affections de l'appareil digestif.

CHAPITRE VI

MALADIES DE L'APPAREIL DIGESTIF ET DE SES ANNEXES.

§ 1er. — MALADIES DE LA BOUCHE, DU PHARYNX
ET DE L'OESOPHAGE.

Fracture des mâchoires.

Les fractures des mâchoires sont un accident assez fréquent chez le Chien; nous l'avons vu arriver chez un animal appartenant à un de nos amis, lequel animal s'était laissé prendre entre les roues de deux voitures marchant très rapprochées l'une de l'autre. On l'a vu aussi survenir chez des Chiens renversés par des voitures et sur la tête desquels une roue était passée. Enfin, un coup de pied de cheval atteignant la mâchoire peut la fracturer.

Dans ces accidents, c'est toujours la mâchoire inférieure qui est atteinte et la fracture a lieu soit à une branche soit à une autre, et, le plus souvent les deux branches sont séparées en même temps, en avant, au milieu de la partie où sont implantées les incisives.

Malgré la gravité de l'accident, et à moins que la fracture ne soit pas trop compliquée et que la mâchoire n'ait été littéralement écrasée et réduite en un très grand nombre de fragments,

cet accident est assez facilement réparable au moyen de liga-
tures en fil métallique appliquées à la base des dents. On a
conseillé d'employer du fil d'argent; nous nous sommes simplement servi de fil de laiton assez fin, lequel est très souple,
et voici comment nous avons opéré sur le Chien dont nous
parlons plus haut et qui avait le maxillaire inférieur divisé au
menton et de plus présentait une fracture simple dans la longueur de sa branche droite à cinq centimètres de l'extrémité :
après avoir remis en place l'extrémité du maxillaire qui était
branlante, nous avons entouré les deux canines à leur base de
deux tours de fil métallique, dont les extrémités, arrêtées sur
le devant, ont été réunies au moyen d'une pince à torsion et
serrées en les tordant cinq ou six fois. La partie fracturée de
la branche droite du maxillaire s'est trouvée ainsi fixée à sa
congénère de gauche d'une manière tellement solide que nous
n'avons pas eu besoin de nous occuper de la fracture postérieure dont les abouts étaient parfaitement en rapport. Nous
n'avons mis aucun bandage autour du museau pour en empêcher les mouvements et la fracture était consolidée au bout
de quinze jours, après avoir pris la précaution de nourrir le
Chien exclusivement au lait. Nous n'avons néanmoins enlevé
la ligature métallique qu'au bout d'un mois, et, deux mois
après, le Chien croquait des os avec sa mâchoire comme si
elle n'avait jamais été brisée.

Cet exemple peut suffire pour inspirer l'opérateur, dans des
cas différents ou plus compliqués, à varier le procédé suivant
les besoins.

Maladies des dents.

Les vraies maladies des dents sont très rares chez les Chiens
et c'est sans doute la raison pour laquelle les auteurs des
Traités sur les maladies des Chiens sont muets sur ce point;
cela est si vrai que, après plus de vingt ans de pratique, nous
en sommes encore à voir un vrai cas de *carie dentaire*. Ce qui

se voit assez souvent par exemple, soit chez les jeunes Chiens soit chez les Chiens âgés, c'est une coloration jaune ou noirâtre qui s'accompagne ordinairement d'un dépôt de *tartre* à la base des dents, qui les rend difformes et qui provoque une inflammation ulcéreuse des gencives, laquelle simule jusqu'à un certain point le *scorbut*. La cause de cette affection c'est une nourriture trop exclusivement farineuse ou l'abus des friandises, et la preuve c'est qu'il suffit de soumettre l'animal pendant quelque temps au régime de la viande crue pour voir les dents perdre leur vilaine coloration, redevenir blanches et les gencives se guérir et reprendre leur fermeté et leur coloration rosée normale. Le *tartre* disparaît plus difficilement : on est souvent obligé de l'enlever avec un grattoir ou une rugine. Nous savons bien qu'on craint de donner de la viande aux Chiens sous prétexte que leur haleine en devient fétide; c'est un préjugé fondé sur une erreur d'observation, car c'est précisément chez les Chiens à dents sales, couvertes de tartre et à gencives saignantes, par suite d'une hygiène contre nature et d'une nourriture à base de farineux, qu'on constate la mauvaise haleine, et, nous le répétons, il suffit, pour s'en convaincre, d'appliquer pendant quelque temps le régime que nous indiquons.

Chez les vieux Chiens les dents deviennent branlantes et disparaissent successivement. Quand il n'en reste plus que quelques-unes, ces dents, dépolies, jaunes et laides sont plus nuisibles qu'utiles et on doit les enlever, ce qui se fait du reste facilement. Avec un régime convenable, un Chien privé de ses dents peut vivre en parfaite santé encore très longtemps : Nous connaissons un Chien toy-terrier, qui a actuellement près de dix-huit ans et auquel nous avons arraché sa dernière dent il y a trois ans. Il mange environ 100 grammes de viande de bœuf crue divisée en petits morceaux, par jour, et c'est là sa nourriture à peu près exclusive. Non seulement il jouit d'une santé parfaite et d'une haleine très fraîche, mais ce régime l'a débarrassé complètement d'une affection dartreuse qui apparaissait à chaque changement de saison et le faisait beaucoup souffrir.

Surdents.

Les *surdents* sont de petites dents supplémentaires qui se trouvent à côté et en dehors des dents normales; ce n'est autre chose que les dents de lait qui ne sont pas tombées à trois mois, comme c'est la règle, en dedans desquelles ont poussé les dents d'adulte qui les ont refoulées en dehors. Nous connaissons un petit terrier écossais d'un an qui a aussi, à la mâchoire inférieure, une double arcade dentaire en avant constituée par deux rangs d'incisives et de canines; les dents externes, qui sont les dents de lait, sont nécessairement plus petites que les dents internes. Il ne paraît nullement gêné par cette dentition anormale, et s'il arrivait que les lèvres en fussent blessées, on n'aurait qu'à arracher les *surdents*, c'est-à-dire, la rangée externe de petites dents, ce qui est très facile, au moyen d'une petite pince plate ou d'un petit davier, car ces dents n'ayant pas de racines tiennent très peu et n'adhèrent guère qu'à la gencive.

Polype des gencives.

Les tumeurs charnues qui se développent sur les membranes muqueuses, et qui sont connues sous le nom de *polypes*, sont très rares dans la bouche des Chiens, où l'on voit cependant, assez fréquemment, en dedans des lèvres, des *verrues* quelquefois nombreuses et dont nous avons parlé au chapitre des Maladies de la peau. Nous connaissons cependant un cas de polype des gencives présenté par un setter âgé de 3 ans, pour lequel on vient de nous consulter et qui présente une excroissance à la gencive de la mâchoire inférieure près des incisives, excroissance ayant grandi très vite et présentant le volume et la forme d'un gland.

On fait tomber facilement ces excroissances en étreignant la base avec un fort fil de caoutchouc ou mieux en coupant cette base par écrasement avec des pinces à couper le fil de fer ou des tricoises de maréchal si la tumeur est volumineuse.

Grenouillette.

La *grenouillette* est une tumeur molle qui se développe sous la langue et s'étend sur le côté jusqu'à prendre le volume d'un œuf de pigeon ou même plus. Cette tumeur est due à la dilatation du conduit salivaire, dit de Warthon, par le liquide qu'il charrie et qui ne peut s'écouler par suite de l'obstruction ou de l'inflammation de son ouverture.

Cette affection est très rare; nous n'en avons vu qu'un exemple et nous en connaissons un autre publié par M. Wiart, vétérinaire, dans le *Recueil de médecine vétérinaire* de M. Bouley, année 1870, page 599.

Le traitement de la *grenouillette* est très simple : il suffit d'inciser largement la tumeur pour donner issue au liquide qu'elle contient, et elle disparaît immédiatement.

Coupure de la langue.

Nous connaissons un cas de coupure de la langue survenue à un Chien, à la chasse, et sans doute causée par une ronce. La plaie cicatrisait difficilement et se rouvrait chaque fois que l'animal retournait à la chasse. La guérison ne fut obtenue que par un repos complet et quelques gargarismes vinaigrés.

Pharyngite.

La *pharyngite* n'est autre chose que l'inflammation de la muqueuse du pharynx, ou l'*angine*, ou l'*esquinancie*. Comme nous avons déjà traité cette affection dans le chapitre des *Maladies des organes respiratoires*, page 283, — puisque le pharynx appartient à la fois à l'appareil respiratoire et à l'appareil digestif, — nous y renvoyons le lecteur.

Corps étrangers dans l'œsophage.

La gloutonnerie des Chiens, et, nous ajouterons l'imprévoyance des personnes chargées de leur distribuer la nourriture, expose souvent ces animaux à l'accident dont nous allons parler dans ce pararaphe. Nous allons en rapporter deux exemples.

Le 12 décembre 1881, nous recevions, pour en faire l'autopsie, une chienne à M. D..., du Mans, morte dans les circonstances suivantes : La chienne avait été très gaie dans la journée; au soir, le piqueur, en lui donnant à manger (du riz et de la viande crue de cheval), trouva la chienne aussi bien portante que dans la journée, mais, à peine avait-elle commencé à manger qu'elle se mit à tousser, à écumer et que, le temps de venir prévenir le propriétaire (pas trois minutes), on trouva la chienne morte en retournant au chenil. L'autopsie nous montra un morceau de viande du volume du poing arrêté à l'entrée de l'œsophage et qui avait étouffé la bête; on aurait pu très bien, pendant la vie, le retirer avec la main. Il y avait ici de la faute du piqueur qui avait laissé la viande en trop gros morceaux. Le volume d'un petit œuf est le maximum que doivent avoir les morceaux de viande, car le Chien les avale ordinairement tout ronds sans les mâcher.

Le 22 juillet 1871, on apporta à l'École vétérinaire de Lyon un petit chien dogue croisé, âgé de 3 mois. D'après les renseignements fournis par le propriétaire, cet animal avait avalé, deux jours auparavant, un os qui s'était arrêté dans le gosier. En examinant le trajet de l'œsophage on trouvait, vers le milieu du cou près de la trachée, une tumeur dure, irrégulière,

du volume d'une grosse noix, qu'il était impossible de déplacer. Quand on présentait de l'eau à ce Chien, il la buvait
tout d'abord avec avidité, mais bientôt il la rejetait par le vomissement, car la déglutition est rendue impossible par la
présence d'un corps étranger dans l'œsophage. L'état général
du sujet était mauvais et c'est à peine s'il pouvait se tenir debout; le *facies* exprimait l'anxiété et la douleur.

Dans l'impossibilité de faire remonter le corps étranger, le
chef de service, M. Peuch, se décida pour l'opération de l'*œsophagotomie*, malgré les insuccès dont cette opération est fréquemment suivie. Il incisa les tissus couche par couche en
évitant soigneusement d'intéresser les vaisseaux; l'œsophage
fut lui-même incisé sur une longueur de 4 centimètres, et le
corps étranger, qui était un morceau d'os de veau, fortement
enchatonné dans la muqueuse, fut retiré avec des pinces à
dents de souris.

Pour éviter les suites toujours graves de l'œsophagotomie et
l'action des aliments infiltrés dans les tissus, M. Peuch eut
l'idée d'introduire dans l'œsophage un tube de caoutchouc
long de sept centimètres et large d'un centimètre et placé de
telle sorte que les aliments puissent être déglutis sans s'é-
chapper par la plaie œsophagienne; puis il fit la suture de
celle-ci en entourant le tube par les points de suture afin de
l'empêcher de se déplacer. En huit jours, cette plaie était ci-
catrisée, ce qui permit d'enlever les points de suture. Le tube
de caoutchouc, qui n'était plus retenu, fut dégluti et rendu le
lendemain dans un vomissement sans présenter aucune trace
d'altération.

Ce succès doit engager les vétérinaires à répéter cette opération avec l'innovation qu'y a introduite M. Peuch.

La nourriture dans ce cas et jusqu'à guérison complète de
l'œsophage doit être exclusivement composée de laitages ou
de bouillons de viande.

§ 2. — MALADIES DE L'ESTOMAC ET DES INTESTINS.

Indigestion.

Le Chien est assez rarement sujet aux indigestions et aux coliques consécutives; nous en avons cependant observé quelques exemples, et, comme cette affection est toujours grave, nous allons rapporter avec détails le suivant parce qu'il est typique.

Il s'agit d'un coker, à M. B..., aux Moutiers-les-Maufaits, lequel s'étant échappé un jour chez un paysan où on lui avait donné à manger de la soupe, présenta, peu après son retour, des crises répétées pendant deux jours, à la fin desquelles il succomba après une crise de quatre heures. Les premières crises étaient courtes, et présentaient les caractères suivants : subitement il ouvrait la gueule comme s'il étranglait et la secouait violemment, il en sortait une écume abondante et blanche; il tombait alors, les mâchoires à demi-ouvertes, écumant toujours, pendant que ses quatre pattes étaient convulsivement agitées d'avant en arrière; en même temps il lançait des jets d'écume et évacuait un peu de matière fécale qui n'avait point de mauvaise couleur. Ces crises duraient une ou deux minutes au plus, puis l'animal se relevait chancelant surtout sur ses membres postérieurs qui paraissaient le porter à peine et il marchait à droite et à gauche comme égaré, se heurtant parfois aux objets qui l'entouraient. Cela durait une demi à une heure, puis il n'y paraissait plus et la crise revenait une ou deux heures après. Dans l'intervalle des crises le Chien mangeait et buvait, était caressant, en un mot ne paraissait pas malade. A la fin du second jour une grande crise de quatre heures l'a emporté.

Ce Chien nous ayant été envoyé pour en faire l'autopsie, voici ce que nous avons trouvé :

L'estomac était bondé d'une purée aux pommes de terre et les intestins par une purée couleur chocolat, indiquant une hémorragie intestinale, consécutive à l'indigestion et qui a entraîné la mort.

Comme traitement, en cas d'indigestion par surcharge alimentaire, nous conseillerons d'abord un vomitif (5 à 10 centigrammes d'émétique dans un demi-verre d'eau ou de lait, pris spontanément ou de force), puis une infusion chaude de camomille additionnée de quelques gouttes de laudanum, donnée par demi-verre de quart d'heure en quart d'heure; enfin quelques lavements d'eau tiède dans laquelle on aura délayé un peu de savon blanc.

Dilatation stomacale.

L'abus des farineux et des pommes de terre dans la nourriture des Chiens amène souvent une infirmité qui consiste en une dilatation énorme de l'estomac. Dans cet état, cet organe ne fonctionne plus en tant qu'organe sécrétant les sucs gastriques; par contre les fonctions du foie sont exagérées et ce dernier organe augmente aussi de volume et devient énorme. Cette perturbation dans les fonctions digestives a pour conséquence une diarrhée infecte, presque continuelle, et une maigreur qui s'accentue tous les jours malgré un appétit dévorant et la mort arrive presque subitement.

Dans les deux ou trois cas de cette affection que nous avons observés, on croyait les Chiens empoisonnés, et ce n'est qu'à l'autopsie que nous avons reconnu l'existence de l'affection que nous décrivons.

Il est plus facile de prévenir cette maladie que de la guérir, et on la prévient en renonçant au régime absurde qui l'amène presque sûrement.

Quand cette affection est ancienne et qu'elle est accusée par un état de marasme très prononcé, elle est incurable, car nous avons vu, dans cet état, le régime de la viande crue, amener une cessation passagère de la diarrhée et de l'exagération de l'appétit, mais sans empêcher la mort. Au début de l'affection, au contraire, le régime de la viande crue, ou du sang frais et du lait est toujours suivi de guérison.

Gastrite chronique, pica.

La gastrite chronique est assez fréquente chez le Chien et se manifeste, soit par vomissements fréquents, surtout après les repas, soit par un appétit déréglé pour des objets inertes, de l'herbe, du charbon, de la terre, etc., manie que l'on nomme le *pica*. Cette affection s'accompagne toujours d'un état de maigreur plus ou moins prononcé et de rudesse de la peau et des poils. Dans quelques cas, il y a du balonnement du ventre et de très forts borborygmes, ou bruits de glouglou dans les intestins, et à l'autopsie on trouve des amas de terre dans le gros colon.

La gastrite chronique du Chien peut être causée par un régime mal approprié à la nature carnassière de l'animal, mais surtout par l'abus des purgatifs ou des vermifuges. Beaucoup d'éleveurs de Chiens ou de piqueurs croient que le Chien doit être purgé très fréquemment, surtout dans sa jeunesse ; c'est encore un de ces préjugés tenaces comme il en existe beaucoup chez les piqueurs et dont les malheureux Chiens sont trop souvent victimes. On ne doit jamais droguer un animal que quand il y a nécessité et indication formelle.

Le traitement de la gastrite chronique doit être entièrement hygiénique, et avoir pour base exclusive une nourriture composée de viande crue, de sang frais et de lait. Qu'on joigne à cela un exercice modéré au grand air et au soleil et on arrivera, avec un temps forcément un peu long, à la guérison de la gastrite chronique.

Gastrite aiguë hémorragique.

La gastrite aiguë hémorragique du Chien est une affection qui ne paraît pas rare chez le Chien si j'en juge par les exemples déjà assez nombreux que j'ai pu observer depuis une dizaine d'années. Dans tous ces exemples, elle s'est toujours montrée chez des Chiens très bien portants et même gras, soit à la suite d'une gastrite simple soit brusquement après l'administration d'un violent purgatif : nous avons vu un Chien foudroyé par cette affection à la suite de l'administration d'une forte poignée de sel.

Comme exemple de cette maladie, nous allons relater un cas observé sur un carlin appartenant à Mme la comtesse d'E...

Ce Chien, âgé d'environ 12 ans, était en très bon état d'embonpoint et même gras, comme doit l'être tout beau carlin. L'animal, au début de l'affection (un mois avant la mort) était gai, sautait sur les genoux, mais vomissait les aliments solides et liquides après les avoir conservé un temps variable de une à deux heures. L'eau seule était quelquefois conservée.

Après plus de trois semaines de cet état, un jour au matin la petite bête est trouvée triste, restant couchée en rond, mais sans se plaindre et agitant encore la queue quand on lui parlait. Ses vomissements sont continuels, d'abord glaireux, puis mousseux. Le soir, les matières expectorées sont teintes de sang. Les excréments, qui ont toujours été un peu diarrhéiques, ne sont pas mélangés de sang. Le lendemain une grande faiblesse de train postérieur ne lui permet plus de se traîner que difficilement. Enfin l'animal meurt vers huit heures du soir sans se plaindre et sans expectorer ni par devant ni par derrière.

A l'autopsie, on trouva tous les organes cérébraux, circulatoires et respiratoires parfaitement sains. L'estomac seul est rouge, dans un état de turgescence particulier : il est à moitié rempli d'un sang noir, non coagulé ; on en trouve aussi dans les premières portions de l'intestin ; les vaisseaux de l'estomac sont dans un état de dilatation remarquable. L'examen microscopique du sang contenu dans l'estomac nous a montré un liquide coloré, sans globules, mais contenant une grande quantité de cristaux roux en aiguilles, réunis en faisceaux coniques et opposés, ou en soleils, qui ne sont autre chose que de l'*ématine*.

Nous regardons cette affection comme étant de nature apoplectique, et si l'estomac en est particulièrement le siège, c'est qu'il y est prédisposé par un état gastropathique antérieur, ou par une irritation violente et récente comme nous l'avons observé dans un deuxième cas où l'on avait essayé de purger l'animal avec une poignée de sel ; cet animal était châtré et aussi très gras. Nous avons vu aussi l'hémorragie gastrique être consécutive à une indigestion, et alors ce sont de véritables *tranchées rouges*, comme celles qui se montrent quelquefois chez le cheval et qui ont les gros intestins et le cœcum pour siège. Dans tous les cas, il y a une cause prédisposante, c'est l'état pléthorique ou de grand embonpoint du sujet.

Traitement. — L'hémorragie gastrique étant toujours mortelle, c'est au traitement préventif qu'il faut s'attacher. S'il existe une gastrite accusée par des vomissements fréquents, on la combattra par le régime lacté, et si l'état pléthorique du sujet inspire de la crainte au point de vue d'une prédisposition aux congestions, on ne craindra pas de faire une saignée de deux ou trois onces (60 à 100 grammes).

Entérite hémorragique.

Cette affection ne diffère de la précédente que par le siège : au lieu de l'estomac, ce sont les intestins qui sont violemment congestionnés et qui contiennent du sang en nature dans leur intérieur.

Les symptômes sont très obscurs : après quelques jours d'inappétence, le chien meurt sans souffrance et la mort est même souvent précédée d'un semblant de mieux.

C'est généralement aussi sur des Chiens très gras que cette affection s'observe et c'est aussi une véritable apoplexie intestinale.

Même traitement prophylactique que pour la gastrite hémorragique.

Constipation, diarrhée, entérite.

La *constipation* et la *diarrhée* sont deux manifestations à des degrés différents d'une irritation d'intestin; la constipation représente le premier degré et la diarrhée le second, et on les voit quelquefois alterner et se succéder.

La constipation est ordinairement la conséquence d'une nourriture échauffante, à base de sucreries ou de pâtisseries, ou de l'abus d'une grande consommation d'os ; elle se reconnaît à l'expulsion difficile de crottes sèches et noirâtres ou blanches et crayeuses; ce sont ces dernières qui proviennent de l'ingestion d'une grande quantité d'os.

On combat la constipation soit par des lavements tièdes, huileux ou mucilagineux (décoction de graine de lin ou de racines de guimauves), ou par de légers purgatifs laxatifs (sirop de nerprun ou huile de ricin, une ou deux cuillerées à soupe).

La *diarrhée* accuse un état d'irritation de la muqueuse intestinale, très voisine de l'inflammation ; elle se manifeste par des déjections liquides ou semi-liquides d'une couleur jaune d'ocre émises le plus souvent sans douleur, quelquefois accompagnées d'épreintes, mais avec tous les signes extérieurs de la santé et de la gaîté quand l'affection est récente ; s'accompagnant au contraire de maigreur, de sécheresse de la truffe et des poils quand elle est ancienne et persistante, auquel cas elle accuse une entérite on inflammation d'intestins chronique.

La *diarrhée* est causée soit par une mauvaise alimentation, soit par certaines influences extérieures. Ainsi, nous l'avons vue survenir chez des Chiens nourris avec des soupes au suif et persister jusqu'au changement de ce régime irrationnel et son remplacement par la viande crue et des soupes à la poudre de sang desséché.

Nous l'avons vue se déclarer chez des Chiens de chasse, chaque fois qu'ils allaient à l'eau ou qu'ils chassaient sous des couverts mouillés. Enfin nous l'avons vue arriver chez une Chienne à qui l'on avait supprimé ses petits, dès leur naissance, ce qui l'épuisait et la faisait maigrir considérablement.

On arrête la diarrhée par un régime exclusif à la viande crue et à la soupe de poudre de sang desséché ; si, malgré ce régime elle persistait, on aurait recours à des boissons d'eau de riz, et au besoin à des potions gommeuses contenant en suspension un gramme de sous-nitrate de bismuth et quatre ou cinq gouttes de laudanum. On pourrait joindre encore à ce traitement des lavements d'eau de riz laudanisés (ne jamais dépasser dix gouttes par jour.

L'*entérite* est l'inflammation de l'intestin. Elle s'accuse encore par de la diarrhée, soit jaune d'ocre, avec des taches ou des stries sanguines, soit et plus souvent muqueuse ou muco-purulente ; de plus il y a de la fièvre, de l'inappétence, une respiration accélérée, un facies triste et anxieux et la truffe sèche et chaude ainsi que la bouche.

L'entérite peut succéder à la simple irritation d'intestin avec diarrhée, si celle-ci est négligée ; elle peut être aussi la conséquence d'une constipation opiniâtre, surtout si cette constipation a été causée par l'ingestion d'os incomplètement mâchés qui, dans les intestins font office de corps vulnérants et provoquent, par leur passage dans les intestins, des érosions

et même de véritables plaies. Nous avons vu en août 1884 un
exemple remarquable d'entérite, alors réellement traumatique
et due à cette cause, chez une belle chienne de chasse à
M. L. B..., de Paris, en pension chez un garde à Mitry-Clayes.
Un régime exclusivement lacté et quelques pilules ferrugi-
neuses pour combattre l'anémie, qui se développait avec une
grande rapidité par suite de l'arrêt presque complet des fonctions d'absorption de l'intestin, amenèrent la guérison en trois
semaines.

Dans tous les cas d'entérite franche et aiguë nous ne conseillerons pas d'autre traitement et nous recommanderons de
faire prendre le lait par force si l'inappétence est complète (la
quantité de lait sera de un litre par jour donné en trois ou
quatre fois); et nous y joindrons au bout de quelques jours le
jus exprimé de viande et même le sang frais, qui agiront à la
fois comme substances nutitives et comme cataplasme intestinal.

Prolopsus anal.

Une affection assez rare, chez le Chien, c'est le *prolopsus
anal* ou *renversement du rectum* : l'extrémité de l'intestin,
anale ou rectale, se retourne comme un doigt de gant et sort
de plusieurs centimètres d'une manière permanente. Cette affection s'observe surtout chez les jeunes Chiens nourris trop
tôt d'aliments volumineux et grossiers, ou à la suite de constipation, ou encore à la suite d'un purgatif violent. L'intestin
renversé se tuméfie, s'enflamme et arriverait à la longue à se
gangréner.

Pour combattre cette affection, il faut d'abord s'attacher à
faire rentrer l'intestin et à le maintenir dans sa position normale; pour cela, s'il est trop tuméfié, il faut faire sur la muqueuse des mouchetures avec la pointe d'un bistouri ou d'une
lancette, et donner ainsi écoulement à une certaine quantité
de sang, puis l'oindre d'huile douce ou de lait tiède; l'intestin

rentre ensuite facilement. Pour le maintenir, on organise un bandage avec un ruban, passant autour du cou comme un collier, venant s'enrouler à la base de la queue, passant entre les jambes de derrière et venant se rattacher sur les reins ; la pression qu'exerce ce bandage sur l'anus l'empêche de se renverser de nouveau sans nuire à la défécation.

Pour empêcher les efforts expulsifs, le régime sera entièrement lacté pendant une quinzaine de jours au moins.

Corps étrangers dans l'estomac et les intestins.

Les Chiens, soit par voracité, soit pour jouer, avalent souvent des corps volumineux qui s'arrêtent dans leurs organes digestifs et compromettent irrémédiablement leur existence. Il a déjà été question plus haut de corps arrêtés dans l'œsophage ; nous allons parler de ceux qui s'arrêtent dans l'estomac et les intestins.

Ces corps sont soit des substances alimentaires non mastiquées et avalées toutes rondes, soit des corps complètement inertes que les animaux ingurgitent en jouant. Les accidents qui suivent ces ingestions sont ordinairement terribles et simulent soit des accès de rage soit des crises d'empoisonnements. Le nombre des autopsies que nous avons faites de Chiens qu'on supposait empoisonnés et qui avaient succombé à l'ingestion de corps étrangers est déjà considérable. Nous allons en rapporter quelques exemples :

1er *cas*. — Jeune Chienne irish setter à M. G. F..., d'Arcachon, envoyée pour autopsie avec les renseignements suivants : La Chienne était très gaie la veille de sa mort et n'a été malade que cinq à six heures. A l'autopsie, nous avons trouvé un volumineux morceau de carotte engagé dans le pylore et l'obstruant complètement.

2e *cas*. — Chacal à M. de G..., au château de Fours. L'animal était enchaîné comme d'habitude. On l'a vu à un moment

donné s'agiter brusquement, tourner avec une rapidité verti-
gineuse, la bave à la bouche, les yeux atones, aboyer pendant
une heure et enfin se débattre pour ne plus se relever. A l'autopsie, nous trouvons un os obstruant le pylore.

3e *cas*. — Chien à Mlle T..., à Omécourt. L'animal est mort
après des souffrances atroces. A l'autopsie, nous trouvons une
pelotte de laine dévidée dans toute la longueur des intestins,
ainsi qu'un bouchon de liège obstruant complètement l'organe : ces corps étrangers avaient sans doute été déglutis en
jouant avec sa maîtresse.

4° *cas*. — Jeune chienne bassette à M. S..., au château de
Bellecour, morte en deux jours d'une maladie inconnue, pendant laquelle on a essayé de lui faire avaler du bouillon, du
lait, du café noir, du quinquina, de l'eau de Vichy, de l'eau
pure, sans qu'elle ait pu rien garder. A l'autopsie, nous avons
trouvé deux noyaux de pêche, arrêtés dans l'intestin à quelque
distance l'un de l'autre et obstruant l'organe.

Nous bornons là ces citations; mais nous pourrions les augmenter encore en rapportant celles que MM. Trasbot, Bouley,
Signol, Weber et Nocard ont signalées à l'attention de la Société centrale vétérinaire de Paris à diverses époques. En général, dans tous ces cas, les animaux, après avoir présenté
durant quelques jours des symptômes de malaise et de tristesse, une grande irritabilité et comme un besoin irrésistible
de mordre (ce qui les avait fait considérer comme suspects
de rage), ont fini par succomber après quelques jours. L'intestin grêle contenait, dans un cas, un décime ou double sous,
et dans un autre, un marron d'Inde avec un caillou ayant le
volume d'une pomme de terre. Un autre Chien, atteint, comme
les précédents de la manie d'avaler les corps étrangers, après
avoir présenté les mêmes symptômes qu'eux durant quelques
jours, avait fini par *rendre* une grosse bille de verre, de 3 centimètres de diamètre, puis il avait été pris d'une diarrhée
abondante, et finalement il avait guéri.

L'enseignement à tirer de ces faits, c'est qu'il ne faut pas jouer avec les Chiens, en leur faisant attraper des objets qu'ils pourraient avaler, que quelques-uns ont même la manie d'avaler, et qui pourraient causer des accidents mortels ; c'est, enfin, qu'il y a des cas de rage simulés dus à des corps étrangers avalés, ce que l'autopsie peut toujours démontrer.

Quant au traitement de cette affection, il est à peu près nul, puisque ce n'est que dans le cas où le corps étranger est très poli, comme du verre, qu'il peut être rendu sans provoquer d'accident mortel.

§ 3. — Affections vermineuses des organes digestifs.

Le Chien est très souvent tourmenté par les vers, non seu-lement quand il est jeune, comme nous l'avons déjà vu, pages 173 et suivantes, mais encore quand il est adulte.

Le nombre des espèces de vers que l'on peut rencontrer dans les organes digestifs du Chien est au nombre d'une quin-zaine, tant vers ronds que vers plats ; il est vrai que parmi ces derniers plusieurs espèces portent des noms spéciaux, quoiqu'il soit impossible de les distinguer les uns des autres à l'âge adulte ; ainsi les naturalistes reconnaissent l'existence d'un *tænia cænurus* ; d'un *tænia cysticerci tenuicollis*, d'un *tænia serialis*, d'un *tænia serrata* qu'il est à peu près impos-sible de distinguer les uns des autres ; c'est pourquoi, au point de vue pratique, nous les comprendrons tous les quatre sous le nom unique de ténia commun du Chien.

En somme, voici la liste des vers intestinaux du Chien qui sont importants à connaître en France, au point de vue des maladies qu'ils peuvent déterminer :

1° Une ascaride : l'*ascaris marginata* (Rud.) que les natura-listes allemands réunissent à l'*ascaris mystax* du chat, comme une seule espèce et sous ce dernier nom ;

2° Un ankylostome : l'*ankylostoma duodenalis* (Dubini), qui a été pris longtemps pour un *strongle* ou un *dochmius* sous le nom de *D. trigonocephalus* Rud :

3° Un trichocéphale : le *Trichocephalus depressiusculus* Rud ;

4° Un spiroptère : le *Spiroptera sanguinolenta* Rud ;

5° Trois ténias : le *Tænia serrata* Gœze ou ténia commun, le *Tænia echinococcus*, v. Siebold, et le *Tænia cucumerina* Bloch ;

6° Un bothriocéphale : le *Bothriocephalus latus* Bremser.

Nous allons passer en revue les accidents que peuvent causer ces vers et donner les moyens de les détruire.

L'Ascaride du Chien.

Nous avons décrit l'ascaride du Chien et donné sa figure page 175 ; nous ne reviendrons pas sur ses caractères ; nous dirons seulement que ce ver est plus rare chez les Chiens adultes que chez les jeunes Chiens. On l'y rencontre cependant encore quelquefois en compagnie des ténias et il contribue pour sa part à amener la maigreur, les alternatives de diarrhée et de constipation, et les perversions d'appétit qui sont la conséquence ordinaire de la présence des vers dans les organes digestifs.

On ne reconnaît guère l'existence des ascarides que quand, dans un vomissement, on voit rendre quelques-uns de ces vers qui s'agitent au milieu des glaires expulsées. Nous ne les avons jamais vu être expulsés par l'anus spontanément.

On débarrasse un Chien des ascarides qui le tourmentent par les mêmes moyens que ceux que nous avons déjà indiqués pour les jeunes Chiens ; on peut employer le *semen-contra* soit en grains, soit en poudre, en suspension dans du lait, à la dose de dix à vingt grammes suivant la taille du Chien. On peut employer les biscuits vermifuges et les pastilles de santonine pour les petits Chiens d'appartement à la même dose que pour les petits enfants. L'essence de térébenthine et l'huile empyreumatique sont d'excellents vermifuges, à la dose de quinze à trente grammes, émulsionnés dans un jaune d'œuf, qu'on fait avaler de force comme nous l'avons indiqué bien des fois déjà pour les breuvages. Pour plus de sûreté, on doit faire suivre l'administration du vermifuge par celle d'un purgatif léger administré cinq ou six heures après le premier ; ce purgatif sera une ou deux cuillerées d'huile de ricin ou de sirop de nerprun.

Tumeurs vermineuses de l'œsophage.

Il existe quelquefois, mais bien rarement, chez le Chien, des tumeurs du volume d'un œuf de pigeon, situées entre la couche musculeuse et la muqueuse de l'œsophage, plus rarement sous la muqueuse de l'estomac, lesquelles contiennent des vers d'une espèce dont nous avons déjà parlé page 310, le *Spiroptera sanguinolenta*, et qui sont souvent au nombre d'une quinzaine dans la même tumeur. Ces parasites sont certainement une cause d'épuisement pour le Chien ; mais comme il est à peu près impossible de reconnaître leur présence pendant la vie du Chien, et encore plus impossible de l'en débarrasser, nous ne citons ce parasite que pour mémoire. C'est particulièrement à l'autopsie de Chiens soupçonnés enragés qu'on a trouvé les tumeurs vermineuses en question.

Ténia commun du Chien.

Le ténia en scie (*Tænia serrata* Gœze) est un ver plat, rubanné, pouvant atteindre et même dépasser un mètre et composé de plus de deux cents anneaux. La tête est quelquefois un peu plus large ou de même largeur que la partie du corps qui vient immédiatement après ; à son sommet elle porte une double couronne de trente-quatre à quarante-six crochets et quatre ventouses (fig. 1 *bis*). Les premiers anneaux commencent à apparaître à 2 ou 3 millimètres en arrière de la tête, ils sont

larges et étroits ; les anneaux suivants devenant carrés à une
distance de 25 ou 30 centimètres en arrière de la tête, ont alors
5 à 6 millimètres de long. Les derniers anneaux sont longs de
10 à 12 millimètres et larges de 5 à 6 millimètres. Le tuber-

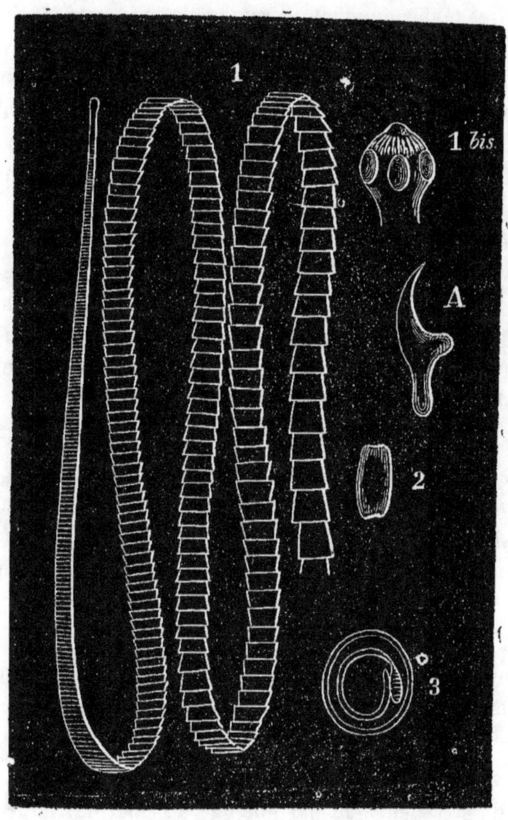

cule sexuel se montre alternativement sur le côté droit et sur
le côté gauche des derniers anneaux, et ces derniers anneaux
se détachent et sont expulsés avec les crottes, sur lesquelles
ils tranchent par leur couleur blanche et par leurs mouvements

de reptation et de contraction qui leur donnent toutes sortes de formes (fig. 2).

Le *Tænia serrata* habite dans l'intestin grêle du Chien domestique, où il est très commun, et souvent en compagnie de deux autres ténias auxquels il ressemble beaucoup, le *Tænia cœnurus* et le *Tænia cysticerci tenuicolis*. Comme nous l'avons déjà dit, la larve de ce ténia n'est autre que le ver vésiculaire qu'on avait appelé *cycticercus pisiformis* et qui habite le péritoine des lapins sauvages ou domestiques (fig. 3). Ce ver cystique, lorsqu'il a atteint son complet développement, est de la grosseur d'un pois ou un peu plus ; il est alors emprisonné dans un kyste à parois demi-transparentes laissant voir le ver qu'elles protègent, celui-ci, sorti de son hyste, est long de 8 à 10 millimètres, constitué par une ampoule remplie de liquide de laquelle émerge un corps blanchâtre qui n'est autre que la tête du ver invaginée dans son cou à la manière d'un doigt de gant ; si l'on *désinvagine* cette tête, on la voit formée exactement comme celle du ténia lui-même (fig. 1).

C'est en expérimentant sur ce cysticerque pisiforme, que l'observateur allemand Kuchenmeister a mis en évidence la succession des migrations et des métamorphoses des ténias, métamorphoses et migrations que nous avons résumées plus haut.

Nous avons dit que deux autres ténias peuvent se rencontrer dans les intestins du Chien, soit seuls, soit avec le précédent ; ils y sont moins communs, mais produisent les mêmes effets.

Le premier est le *Ténia du cysticerque à cou ténu*, qui ne diffère du précédent que par une tête à peine plus large que le cou, par des anneaux un peu plus serrés et plus courts, et des œufs la moitié plus petits ; il atteint souvent un mètre cinquante centimètres ; son *scolex* ou sa larve habite le péritoine des moutons, des chèvres, des bœufs et de quelques ruminants sauvages; c'est un ver vésiculaire qui a le volume d'un œuf de pigeon quand il est complètement développé.

Le second est le *Ténia cœnure*, qu'il est difficile de distinguer du ténia en scie et qui a pour *scolex* ou larve un ver vésiculaire, le *cœnure cérébral*, qui vit dans les ventricules ou sous les enveloppes du cerveau du mouton, du bœuf ou du lapin [1]; lorsque ce ver vésiculaire est complètement développé, il cause la maladie des bêtes à laine nommée le *tournis*; il a le volume d'un œuf de poule et ressemble tout à fait à ces œufs sans coque que pondent quelquefois nos gallinacés domestiques; on remarque que la pellicule demi-transparente de ce ver est parsemée de petits points blancs opaques souvent groupés; ce sont autant de têtes dans lesquelles on distingue, au microscope, toutes les parties constituantes de la tête du ténia.

Lorsque le Chien, en dévorant des entrailles de lapin, de mouton, de chevreuil, crues, etc., ou des têtes de ces derniers animaux, ingurgite les vers vésiculaires qui y sont adhérents, les têtes de ces vers, comme nous avons dit, s'attachent, se greffent, si l'on peut dire, à la muqueuse des intestins et donnent lieu à autant de ténias qu'il y a de têtes. Le temps que met un cysticerque à se transformer en ténia varie suivant l'espèce: ainsi, neuf jours après l'ingestion du cysticerque pisiforme du lapin par le Chien, on a trouvé déjà dans ses intestins des ténias en scie ayant déjà de un à trois centimètres de longueur, et à la fin du deuxième mois, le Chien rend déjà des anneaux, ou *proglotis* de ténia, dont les œufs sont suffisamment murs pour provoquer chez le lapin la formation de nouveaux cysticerques. Le développement du ténia de la seconde espèce, celui provenant du *cysticerque à cou ténu* du mouton,

---

1. On a fait, du cœnure de la moelle du lapin et par suite du ténia qui en résulte, une espèce particulière sous le nom de *cœnurus serialis* ou *Tænia serialis*, ce qui porterait à quatre le nombre des espèces de ténias particuliers au Chien.

est beaucoup plus lent que celui du précédent. M. Baillet, dans ses expériences, n'a vu ce ténia complètement développé que cent cinquante-huit jours après l'ingestion du cysticerque. Le scolex de la troisième espèce de ténia, le *cysticerque cœnure*, paraît mettre deux mois à deux mois et demi pour se transformer en ténia dans l'intestin du Chien. (Baillet.)

De tout ce qui précède, il résulte que si l'on veut éviter qu'un Chien ne contracte le ténia, il faudra l'empêcher de faire curée d'entrailles de lapin, de mouton, etc., enfin, de dévorer les organes d'animaux contenant les différents cysticerques qui en sont l'origine.

Le Chien peut nourrir quelquefois un grand nombre de ténias sans que sa santé paraisse en souffrir ; on voit des Chiens rendre, pendant des mois, et quelquefois même des années, des anneaux de ténias bien vivants, avec leurs excréments, sans que leur embonpoint, leur appétit, leur gaîté et leur vivacité en soient affectés. Mais si les ténias ne paraissent pas avoir sur la santé du Chien une influence progressivement mauvaise, comme les ascarides, ils n'en sont pas moins parfois la cause d'accidents terribles et rapidement mortels ; outre les attaques épileptiformes que les ténias peuvent provoquer, nous avons vu des Chiens mourir de manière à faire croire à un empoisonnement et ne présenter à l'autopsie qu'une pelote formée par l'entrelacement de cinquante ou soixante ténias ayant obstrué complètement la lumière de l'intestin.

Il est donc nécessaire, bien que le Chien ne paraisse pas en souffrir, de le débarrasser des ténias qui vivent dans son intestin, dès qu'on s'est assuré de leur présence. — (Le signe le plus sûr de cette présence est l'expulsion des anneaux avec les excréments.)

On a proposé bien des remèdes contre le ténia. Les Anglais emploient surtout les purgatifs mercuriels :

(Calomel ou mercure doux à la dose de 50 centigrammes en suspension dans une cuillerée de sirop.)

Delabère-Blaine conseille surtout l'essence de térébenthine à la dose de deux, trois ou quatre dragmes suivant la force, la taille et l'âge du Chien, que l'on donnera pendant quelques jours dans un jaune d'œuf.

On peut donner au Chien les mêmes ténifuges qu'à l'homme et à la même dose, ainsi, l'infusion d'écorce fraîche de racine de grenadier, la poudre de racine de fougère mâle, le *cousso*, etc.

Il est un médicament encore peu connu que nous avons expérimenté ainsi que plusieurs de nos collègues et que nous recommandons pour le Chien de préférence aux autres : c'est le *kamala*, poudre de couleur rouge, espèce de résine que l'on recueille sur les feuilles de certaine Euphorbe de l'Inde, et que l'on donne à la dose de 3 à 5 grammes en pilules. Cet agent a l'avantage d'être à la fois ténifuge et purgatif et dispense de l'emploi du purgatif dont l'administration doit suivre à quelques heures de distance tous les vermifuges dont nous avons parlé plus haut.

Si l'administration d'une dose de *kamala* n'a pas été suivie d'un effet complet et satisfaisant, on peut répéter la prescription deux ou trois jours après.

Pour rendre le *kamala* plus efficace on l'associe parties égales au calomel et à l'extrait sec de fougère mâle et on en fait des capsules d'un gramme ; on en donne de 4 à 10 capsules en deux jours au Chien suivant la taille et on purge encore après.

Ténia cucumérin.

Le Chien nourrit une cinquième espèce de ténia qui diffère des précédents par l'armature de sa trompe dont les crochets, disposés en quinconce et non en couronne, ressemblent à des aiguillons de rosiers et dont les anneaux ressemblent à de petites graines de courge, c'est-à-dire qu'ils sont elliptiques au lieu d'être rectangulaires. Le ténia cucumérin est aussi plus court et plus étroit que le précédents ; il n'a guère que 10 à

40 centimètres de long sur 3 millimètres dans sa plus grande largeur.

Le ténia cucumérin habite l'intestin grêle du Chien où il est extrêmement commun. On ne sait rien sur ses migrations et sur ses métamorphoses et on ne connaît pas le ver vésiculaire qui le produit.

Ce ténia, en raison même de l'armature spéciale de sa tête, adhère plus fortement à la muqueuse de l'intestin que les précédents et est par suite plus difficile à expulser; les mêmes prescriptions que pour eux sont néanmoins applicables, sauf à les répéter un plus grand nombre de fois et à de plus courts intervalles.

Ténia échinocoque.

La sixième et dernière espèce de ténia connue pour vivre dans les intestins du Chien, est un petit parasite rubanné, long de 3 à 4 millimètres tout au plus, et provenant du ver vésiculaire nommé *Échinocoque* dont le foie des moutons et des vaches est souvent farci. Quoique se rencontrant quelquefois en grand nombre dans l'intestin du Chien, le ténia échinocoque, en raison de sa petitesse, est à peu près inoffensif; on ne l'a jamais signalé comme ayant produit des désordres appréciables, aussi ne le citons-nous que pour mémoire.

Bothriocéphale.

Le bothriocéphale est un ver plat comme les ténias, divisé aussi par anneaux, mais il s'en distingue en ce que sa tête n'est ni ronde, ni garnie de ventouses ou de crochets, mais oblongue et munie de deux fentes longitudinales de chaque côté; de plus, les organes sexuels, qui chez les ténias sont sur le bord des anneaux et généralement alternants, sont, chez le bothriocéphale, au milieu des anneaux, où ils figurent sur chacun un tubercule saillant sur le plat, d'où il résulte un as-

pect tout particulier de ce ver qui le fait distinguer à première
vue des ténias.

Les naturalistes ont signalé l'existence de bothriocéphales
chez les Chiens d'Islande et de quelques autres contrées, mais
on ne l'avait pas encore rencontré en France, quand au commencement de ce mois (février 1882), en faisant l'autopsie
d'un Chien né à Vincennes et n'ayant jamais quitté cette loca-
lité, nous avons trouvé dans son intestin grêle une douzaine
de *Tænia serrata*, plus deux *Bothriocephalus latus*, longs chacun
de 50 centimètres et ayant tous les caractères qu'on assigne à
cette espèce chez l'homme et qu'on regarde comme particulière à certains pays comme les bords du lac Leman, ceux de
la Vistule, ou les bords des lacs de la Russie, ce qui avait porté
à admettre que son cysticerque vivait chez certains poissons
qui devenaient par suite les agents de sa transmission. Hypothèse dont on n'a jamais fourni la démonstration.

Il est probable que l'eau est, pour ce parasite, comme pour
la grande majorité des autres parasites vermineux, le grand
véhicule des germes et par suite le seul agent de transmission.

Le bothriocéphale est expulsé par les mêmes agents que
ceux que nous avons indiqués pour le ténia, au paragraphe
duquel nous renvoyons.

L'anémie pernicieuse des Chiens de meutes

causée par l'ANKYLOSTOME.

C'est en cherchant à connaître la maladie que les chasseurs
désignent sous le nom de *Saignement de nez des Chiens de
meutes*, que je suis arrivé à découvrir l'affection qui fait l'objet
de ce paragraphe.

Sous le nom de *saignement de nez*, les propriétaires d'équipage de chasse désignent une maladie terrible qui atteint les
Chiens de meutes, les affaiblit et les amène progressivement et
sûrement à l'étisie et à la mort; un des symptômes les plus

apparents est un écoulement nasal muqueux et plus ou moins abondamment sanguinolent.

Le symptôme *saignement de nez* étant un simple indice d'anémie et le Chien pouvant être atteint d'anémies de différentes natures, il est probable, il est même certain, que le même nom s'applique à plusieurs maladies différentes.

Pour éclaircir ce point si important à élucider, il n'y avait qu'un moyen : c'était de faire un très grand nombre d'autopsies de Chiens atteints et de les faire aussi complètes que le permettent maintenant les moyens perfectionnés que possède actuellement la science. Plusieurs abonnés de l'*Acclimatation* ayant eu la bonté de m'abandonner quelques sujets que j'ai sacrifiés, après les avoir observés quelques jours, je suis arrivé à un résultat remarquable : j'ai distingué une *anémie pernicieuse* causée par des parasites spéciaux, dont étaient atteints ces Chiens, dits à *saignement de nez*, et je puis maintenant, pour cette affection, indiquer un traitement rationnel.

Mais est-ce de cette maladie que sont atteints tous les Chiens dits à *saignement de nez?* Nous avons vu plus haut qu'une anémie essentielle présente aussi ce symptôme et, avant de décrire notre *anémie pernicieuse et parasitaire des meutes* et à titre de documents importants à enregistrer, je vais transcrire les diverses opinions qu'ont émises sur le susdit *saignement de nez* soit des vétérinaires éminents, soit certains de nos abonnés qui nous ont donné des détails très intéressants sur cette affection.

Dans la première édition de ce livre, publiée en 1877, je montre qu'un certain parasite, le *Pentastome ténioïde*, espèce de ver plat qui s'attache au moyen de quatre crochets dans les cavités nasales du Chien où il vit à l'état adulte, cause quelquefois, mais assez rarement, des saignements de nez : c'est quand ses crochets ont déchiré un des sinus veineux qui sont si nombreux sur la muqueuse interne du nez; mais le plus souvent il ne produit d'autre effet qu'un chatouillement,

et, du reste, ne cause jamais de dépérissement et encore moins
la mort. J'ajoutai, dans ce livre, que les saignements de nez
étaient plus souvent causés par une anémie grave, encore inconnue dans son essence.

M. le professeur Trasbot réserve le nom de *saignement de
de nez* à une maladie d'épuisement dont seraient atteints exclusivement les bâtards anglais, et qui, par conséquent, ne
daterait que de quelques années; il avoue en ignorer complètement la nature.

M. Leblanc a constaté, chez des chiens à saignement de nez,
l'existence d'une altération hypertrophique du système gan-
glionnaire lymphatique, avec la présence de nombreux globules
blancs dans le sang (leucocythémie); mais, quant à la nature
de l'affection, il l'ignore aussi bien que M. Trasbot.

Voici l'opinion d'un veneur émérite qui, depuis longtemps,
a sa meute ravagée par le *saignement de nez*, et qui s'est
adressé vainement à toutes les sommités vétérinaires, M. L.
d'A..., officier de louveterie dans l'Indre; elle est consignée
dans une lettre à moi adressée et datée du château d'A.-le-F.,
le 8 septembre 1880 :

« Cette maladie existe par cas isolés dans tous les équipages, bâtards, pur sang anglais, vendéens, haut-poitevins;
elle atteint même les Chiens couchants.

» Jamais personne jusqu'à présent n'en a trouvé la guérison
complète, ni M. Leblanc, ni l'école d'Alfort, ni deux ou trois
autres vétérinaires de province qui l'ont étudiée avec soin.

» Quelques sujets ont des altérations des globules du sang;
quelques-uns éprouvent de loin en loin une véritable hémorragie nasale, d'autres ont simplement le nez rempli de mucus
et légèrement enflé. A l'autopsie, on trouve quelquefois des
Pentastomes, spécialement chez les sujets à hémorragies; chez
d'autres *on ne trouve absolument rien.*

» On prétend que la cause est une anémie; l'anémie est *seulement le résultat* et non pas la cause, j'en suis sûr. Chez beau-

coup, la maladie amène seulement une maladie de peau ; chez tous un poil piqué. — J'ai connu des exemples où les Chiens étaient fort gras ; dans d'autres occasions ils sont fort maigres, mais toujours incapables de faire le service que l'on est en droit d'attendre d'un Chien bien portant et bien nourri. La meilleure nourriture et la plus abondante avec le pain d'orge, le riz, le maïs, la viande de cheval, ne suffit ni à la prévenir, ni à la guérir. Les injections dans le nez sont inutiles puisque les *Pentastomes* n'existent pas souvent.

» On la dit héréditaire, je ne le crois pas ; contagieuse, oui, mais à la manière de beaucoup d'autres affections qui n'atteignent qu'un petit nombre de malades : j'ai vu des Chiens vivre et mourir après dix ans, au milieu d'un chenil dont certains Chiens ont été atteints, sans avoir cessé de posséder une santé parfaite.

» Les effets de cette maladie se font sentir principalement au printemps et au mois d'août. Je crois, après une assez longue observation personnelle, que la cause gît dans un animal microscopique ou un ver qui se propage dans l'organisme du Chien..... J'ai vu des Chiens atteints dont les poumons et le foie étaient entièrement remplis de lentilles (?) étrangères à l'organisme, comme les moutons atteints de cachexie aqueuse..... »

Voici ce que m'écrit M. de la B..., de Saint-P. du D..., en date du 22 mai 1880 :

« ..... Vous dites ne pas connaître encore d'une façon très précise la déplorable maladie du *saignement de nez* qui a fait tant de ravages depuis quelques années dans certains équipages. Pendant longtemps le mien a été préservé ; mais l'introduction d'un sang étranger par une lice m'a apporté cette funeste maladie, et j'ai dû déjà faire abattre plusieurs Chiens pour cela, même parmi ceux qui n'avaient pas une parenté directe avec cette Chienne, ce qui me porte à croire que, non seulement c'est héréditaire, mais encore contagieux. Voici les symptômes qu'ont éprouvés les Chiens que j'ai perdus de ce mal : D'abord les Chiens perdent le goût de la chasse ; ils deviennent bêtes (si je puis parler ainsi), ils perdent du pied ; le dessus du nez se dessèche et s'écaille, les jambes enflent ; il y a un écoulement roussâtre par les narines, puis les hémorragies surviennent, les muqueuses blanchissent, l'animal s'amaigrit et meurt. Voilà ordinairement la marche de la maladie contre laquelle j'ai essayé divers remèdes : ferrugineux, café, quinquina, huile de foie de morue, etc., sans aucun résultat. Parfois la maladie n'apparaît qu'avec un seul symptôme : c'est ce qui m'arrive en ce moment pour un de mes meilleurs Chiens qui n'a perdu encore aucune de ses qualités, est très gras, assez vif, n'a pas d'enflure aux jambes, mais a de petites excoriations au nez et un écoulement roussâtre ; il n'a pas encore eu d'hémorragies. Trois de ses camarades ayant eu des hémorragies, je les ai fait détruire ce matin ; quant à lui, je l'ai séparé du reste de l'équipage et je le garde parce que j'y tiens beaucoup et à titre d'expérience..... »

Le 26 juillet 1880, M. le comte L..., d'A... (Côte-d'Or), dans une lettre qu'il m'adresse aussi, décrit ainsi la maladie qui a décimé son chenil :

« Le Chien commence à maigrir, en conservant un grand appétit, et cela sans causes apparentes ; quelquefois, au début, il paraît un peu triste, puis baisse de pied ; la partie du rein qui touche au dos devient saillante sur une petite longueur ; des rougeurs paraissent aux ischions ; des petits boutons se montrent sur la tête, mais pas dans tous les cas, puis, un beau jour, l'animal saigne du nez. Ensuite le nez s'enflamme, devient raboteux comme de la peau de chagrin ; un jetage assez abondant d'apparence gourmeux, quelquefois sanguinolent, apparaît dans une narine ou dans les deux ; les ganglions du cou sont engorgés, l'appétit de l'animal se soutient, mais il maigrit de plus en plus, les muscles s'émacient, les membres s'engorgent, l'état de la peau s'altère, quelques dartres humides apparaissent, le poil tombe et repousse clair et bourru ; peu à peu la maigreur devient extrême, l'écoulement nasal intermittent devient plus fréquent et plus abondant, le nez se fendille quelquefois et enfin l'animal cesse tout à coup de manger, ses muqueuses décolorées deviennent livides, deux jours après il meurt. » M. le comte L... a appris, dit-il, par une expérience concluante, que la cause ou une des causes principales de cette maladie est l'humidité. Pour en préserver ses Chiens, il a fait creuser de larges canaux remplis de briques cassées tout autour de son chenil et le pré au milieu duquel il se trouve ; il a fait placer sous le dallage un mètre cube de crasse de charbon et cimenter les murs à un mètre 70 de hauteur. Depuis ce temps, il n'a plus eu de nouveaux sujets atteints, il n'a plus à ce moment que d'anciens malades qu'il observe.

Ses Chiens mangent, environ, en viande crue, deux chevaux par mois. Il a maintenu ce régime. Leur soupe est faite de pain de blé, riz, légumes et bouillon de cheval. Il en a peu guéri, mais pour l'un, la poudre ferrugineuse et quinquina, et les fumigations de fleur de sureau avec insufflation de bismuth lui ont réussi. Pour la généralité, il a donné au début de la maladie un granule de quinoïdine par jour et deux bains de Barèges par semaine ; cette première médication a arrêté la maladie chez beaucoup dès son début ; chez d'autres il a employé le sirop de salsepareille, le phosphate de fer, l'iodure de potassium à l'intérieur, les injections phéniquées et de perchlorure de fer dans le nez, etc.; il a obtenu ainsi la diminution et l'effacement des symptômes, mais les Chiens restaient maigres et n'ont pu se remonter tout en conservant un appétit dévorant.

Bref, M. le comte L... regarde cette maladie comme une affection du sang. peut-être causée par un microbe vivant à ses

dépens, et dont la manifestation est dans les naseaux ; il ne serait pas éloigné de l'assimiler à la morve du cheval et la croit
volontiers contagieuse pour les congénères.

En somme, pour lui, les principales causes prédisposantes
seraient une habitation humide et une nourriture trop exclusive à la graisse.

Je pourrais encore transcrire une douzaine de lettres que
j'ai reçues sur le *saignement de nez des chiens de meutes;*
mais je m'abstiendrai pour éviter les redites, car les symptômes ont toujours une grande analogie avec ceux donnés plus
haut.

Les variations d'opinion ne portent guère que sur la nature
du mal : les uns ne le croient pas contagieux, d'autres, au
contraire, apportent des preuves très évidentes de cette propriété en racontant comment le *saignement de nez* a envahi
certains chenils par l'introduction d'un chien étranger impor-
tateur du mal.

Il est cependant une relation d'épidémie dans une meute,
que je veux encore rapporter, c'est celle qui a régné dès le
commencement de l'année 1880 chez M. G. de la P..., à la
B... en Vendée. Sur dix-sept chiens, quatorze ont succombé et
l'évidence de la cause est ici si manifeste que j'avais d'abord
séparé totalement cette maladie de celle dite *à saignement de
nez* parce que ce dernier symptôme avait manqué tout à fait.
On verra plus loin pourquoi je rattache à celle-ci quelques cas
de ceux qu'on englobe sous la dénomination de *saignement
de nez.*

Par sa lettre du 25 juin 1880, M. G. de la P... m'annonçait
l'envoi de pièces pathologiques consistant en morceaux de
foie et d'intestins, et en petits vers contenus dans de l'alcool,
et il ajoutait : « L'animal, sur lequel j'ai fait prendre les
parties que je vous envoie, est le cinquième qui crève au
chenil ; je vais vous faire l'historique de la maladie afin que
vous puissiez vous prononcer en connaissance de cause et

sur la maladie et sur les soins à prendre pour éviter qu'elle
ne fasse d'autres victimes.

» Pendant la fin des chasses de cet hiver, un pur sang anglais, que j'ai pour étalon, avait le poil très dur et perdait de
sa vigueur. Après la rentrée des élèves au chenil, mon fils lui
administra du kamala et le Chien rendit une pelote de petits
vers grosse comme la moitié d'un œuf; depuis ce temps il se
porte bien. Les jeunes Chiens, bien que mangeant très bien
avaient aussi le poil piqué, dur et n'engraissaient pas. Nous
devions, à notre retour d'un voyage à Nantes, leur administrer le même remède, mais, pendant notre absence, un des
jeunes Chiens tomba plus malade et mourut en trois jours, un
second du même âge (un an) fut pris de symptômes de délire
qui firent supposer au vétérinaire appelé qu'il était atteint de
la rage et qui le fit tuer. Un troisième de trois ans fut atteint trois
semaines après, le vétérinaire le fit achever et à l'autopsie il
trouva la muqueuse de l'intestin d'une épaisseur de 6 à 7 millimètres et une quantité de petits vers semblables à ceux que
contiennent la fiole que je vous envoie, et dont beaucoup
étaient, comme celui placé sur le morceau d'intestin de mon
envoi, inscrustés dans la muqueuse. Il déclara donc que l'a-
nimal succombait à une affection vermineuse. Quinze à vingt
jours après, un quatrième Chien, celui-ci d'un an, était pris
et mis à part pour être suivi dans sa maladie; il ne mange
pour ainsi dire pas, a la gueule ouverte et la respiration forte
et fréquente. Il crève le cinquième jour. A l'autopsie, on ne
trouve pas de vers, mais le foie a triplé de volume et est d'une
couleur très foncée et crie sous le couteau. Le vétérinaire est
très ébranlé dans sa présomption de rage et croit à une maladie de foie. Un cinquième Chien, âgé de trois ans, frère du
Chien mort le troisième, cesse de manger dimanche soir; séparé, il vit jusqu'au jeudi soir mangeant un peu de pain et
surtout du chiendent. — (Tous les autres pendant leur maladie avaient aussi une grande propension pour cette herbe.) —

A l'autopsie, des vers dans les intestins dont la muqueuse est hypertrophiée aussi bien que le foie qui est doublé de volume.

» Aucun des trois derniers Chiens, que j'ai vus malades, n'a été paralysé, tous ont aboyé sans qu'il y ait eu de changement notable dans la voix ; aussi le vétérinaire semble écarter, ce qui est mon avis, son appréciation première de la rage ; il a ouvert la gorge en dernier lieu et la trachée ne contenait rien de spécial. Il paraît supposer que ces vers sont des filaires et que leur migration de l'intestin dans l'organisme peut amener une infection générale entraînant la mort.

» Je vous prierai de vouloir bien examiner les pièces que je vous expédie et me donner le compte rendu de vos observations avec le traitement que vous croirez rationnel. »

L'examen de la pièce en question me montra une irritation congestive de toute la muqueuse intestinale produite par les vers dont quelques-uns adhéraient encore à la muqueuse et je reconnus en eux le *Dochmius trigonocephalus* de Dujardin, qui est un *Ankylostoma*. La congestion du foie devait être sympathique à celle de l'intestin. Dans ma réponse, que je lui adressai le 28 juin 1880, c'est-à-dire, trois jours après la réception des susdites pièces, j'annonçai à M. G. de la P... que les *Dochmius* étaient bien la cause directe de la mort de ses Chiens et que l'épidémie qu'ils déterminaient était l'analogue de l'épidémie de Saint-Gothard dont on commençait à parler dans les journaux de médecine et à l'Académie des sciences.

J'indiquai un traitement vermicide et tonique à base d'arsenic et de viande crue et j'insistai surtout sur la nécessité absolue de désinfecter le chenil et les eaux de boisson pour détruire les embryons de *Dochmius* qui y pullulent ; enfin je le priai de m'envoyer des cadavres de Chiens, s'il en perdait encore.

Le 18 avril de l'année suivante, M. G. de la P... m'écrivait :

« Je viens vous dire que l'épidémie de *Dochmius*, qui sévissait sur mon chenil est arrêtée depuis 7 à 8 mois. J'ai fait paver le chenil et la cour avec des pierres coulées à chaux vive et j'ai administré des granules d'arsenic. Il était temps de mettre un terme à la maladie, car il ne m'est resté que trois Chiens sur dix-sept. Je les ai tenus séparés pendant plusieurs mois ; mais voilà deux mois qu'ils sont au chenil et rien ne s'est manifesté ; j'espère donc être délivré de cette affreuse maladie. »

Comme je l'ai dit plus haut, je ne pensais pas d'abord ratta-cher l'épidémie franchement vermineuse, qui avait sévi chez M. G. de la P... à l'affection, ou au groupe d'affections im-proprement dénommées *saignement de nez*, lorsque le 13 oc-tobre de la même année (1880), en faisant l'autopsie du premier Chien que m'avait envoyé M. L. d'A..., je fus frappé de l'ana-logie, je dirai même de l'identité complète que je constatai entre les lésions de l'intestin de ce Chien et celles qu'avaient présentées les Chiens de M. G. de la P... tués par les *Dochmius* : même épaississement de la muqueuse, mêmes colorations rou-geâtres, livides, par places irrégulières ; même hypertrophie du foie, enfin mêmes parasites beaucoup moins abondants, il est vrai, et accumulés vers l'iléon. Ici la maladie était plus ancienne, chronique en quelque sorte, et, pendant la vie, j'avais cons-taté sur les crottes une grande quantité d'œufs, ce qui indi-quait que beaucoup de parasites avaient parcouru le cycle complet de leur évolution et avaient disparu, car c'est géné-ralement par la destruction du cadavre de la mère que les œufs d'helminthes et en particulier ceux de strongyliens, sont mis en liberté.

Les autopsies des deux autres Chiens que m'a adressés, au commencement de cette année, M. L. d'A..., dans la meute duquel une épidémie à *saignement de nez* sévissait depuis plu-sieurs années, m'ont donné exactement les mêmes résultats avec des *Dochmius* en beaucoup plus grande quantité, surtout chez le dernier, qui, entre parenthèse, avait une maladie de peau avec conjonctivité et blépharite, mais dont l'écoulement nasal muqueux n'avait, par exception, jamais été sanguinolent. (Son foie m'a donné en poids 1 k. 650 gr. et sa rate 270 grammes.)

Outre la présence des *Dochmius* et les lésions remarquables de l'intestin dont les villosités étaient quintuplées de volume et injectées comme à la cire rouge par du sang arrêté dans leurs vaisseaux, j'ai toujours trouvé, non seulement chez les Chiens de M. L. d'A..., mais encore dans deux autres que m'a adressés un garde de C..., une grande pauvreté du sang qui était en même temps leucocythémique, et une hypertrophie des ganglions mésentériques. Les *Dochmius* ou plutôt les *Anky-lostomes* (nom qui doit être préféré pour les raisons que je donne plus loin) étaient d'autant plus abondants que les lésions chroniques de l'intestin étaient moins étendues, et réciproquement ils étaient d'autant plus rares que les lésions de l'intestin s'étendaient plus près de l'iléon. C'était dans les parties relativement saines, sur la muqueuse encore blanche et couverte d'un mucus jaunâtre, qu'on les trouvait, toujours sous forme d'un petit ver filiforme, d'un centimètre et demi de long, à côté ou au centre d'une petite gouttelette hémorragique de sang à demi-coagulé, qui le dissimulait souvent; aussi était-il nécessaire d'apporter une certaine attention à leur recherche. Les *Ankylostomes* paraissent, dans ce cas, avoir des mœurs analogues à celles de certains acariens psoriques, le *Psoroptes longirostris* du cheval, par exemple, qui abandonne progressivement le terrain où il a mordu et qui s'est enflammé, pour un terrain plus sain; on s'explique ainsi la marche progressive de la maladie du duodénum à l'iléon.

A la suite des morsures des ankylostomes, morsures qui sont probablement accompagnées du dépôt d'une salive irritante comme celles de certains acariens et des cousins, — (les ankylostomes ont, en effet, des glandes salivaires très développées) — une inflammation de la muqueuse et des villosités s'ensuit et persiste jusqu'à devenir chronique ; les fonctions d'absorption de l'intestin sont perverties, puis annihilées ; de là l'anémie.

Lorsque les parasites sont en nombre considérable comme chez les Chiens de M. G. de la P..., la marche de l'affection est plus rapide, aiguë en quelque sorte, pouvant s'accompagner de phénomènes nerveux, et la mort arrive promptement. Dans ce cas on n'a pas remarqué de saignement de nez. Lorsque les parasites sont moins nombreux, comme chez les Chiens de M. L. d'A..., la marche de l'affection est plus lente, elle prend une forme chronique, et la mort n'arrive qu'au bout de plusieurs mois. C'est dans ces cas surtout qu'on constate des maladies de la peau, des yeux, et les saignements de nez. C'est avec la première de ces deux formes que la maladie de l'homme, connue sous le nom d'anémie des mineurs, ou du Saint-Gothard, paraît avoir le plus d'analogie, et l'ankylostome agit sans doute de la même façon chez l'homme et chez le chien, en provoquant une affection de l'intestin qui annihile les fonctions absorbantes de l'organe et amène ainsi l'anémie. Il est souvent aidé dans ce rôle par d'autres parasites nématoïdes, l'*Anguillula stercoralis* et l'*Anguillula intestinalis*, qui sont aussi la cause de la diarrhée de Cochinchine. Dans quelques cas de l'anémie de Saint-Gothard, on a trouvé en

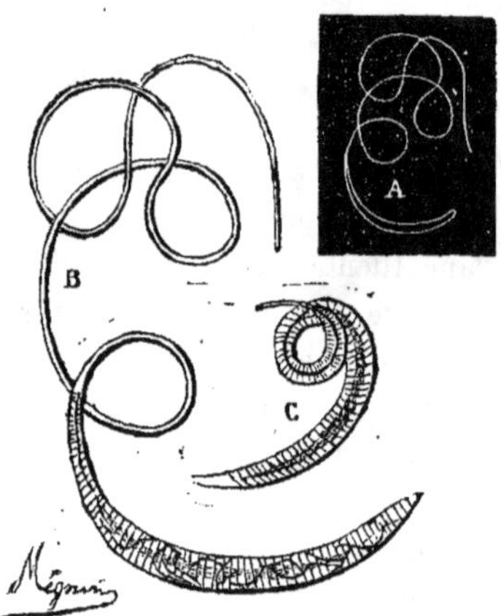

Fig. 71. — *Trichocephalus depressiusculus.*

même temps que l'ankylostome des trichocéphales dans le cœcum.

Chez les trois Chiens de M. L. d'A..., j'ai trouvé constamment dans le cœcum, au nombre de plusieurs centaines, des *Trichocephalus depressiusculus* Duj. (Voyez la fig. ci-contre : A, grandeur naturelle ; B, le même grossi ; C, extrémité postérieure du mâle.) Ça parasite introduit dans la muqueuse, la partie capillaire de son corps qui est très longue, et ces centaines d'épines provoquent une telle inflammation de cette membrane que le cœcum du Chien, qui est vermiculaire et à peine de la longueur de la moitié du petit doigt, devient gros comme un œuf de poule et s'invagine quelquefois comme je l'ai constaté. C'est une véritable *typhlite* que ce parasite cause quand il est en nombre, et cette lésion n'est pas sans avoir une part importante dans le développement de l'anémie pernicieuse.

En étudiant les ankylostomes récoltés chez les différents Chiens dont j'ai fait l'autopsie, j'ai constaté un fait zoologique assez intéressant ; c'est que, bien qu'identiquement semblable pour la taille et pour l'organisation interne, l'armature de la bouche présente certaines différences qui pourraient faire croire à l'existence de deux et même trois espèces vivant côte à côte chez le même hôte. En effet, quand on examine à un grossissement suffisant la tête d'un ankylostome (voyez la fig. ci-contre qui représente : en A une femelle grandeur naturelle, en B un mâle, en C la femelle grossie, en D l'extrémité postérieure du mâle et en E la bouche) on voit que la bouche est le résultat d'une section de l'extrémité antérieure, oblique de haut en bas et d'arrière en avant, et présente une ouverture ovale dont le bord ventral dépasse le bord dorsal ; cette bouche, ou ventouse, est creusée en enton-

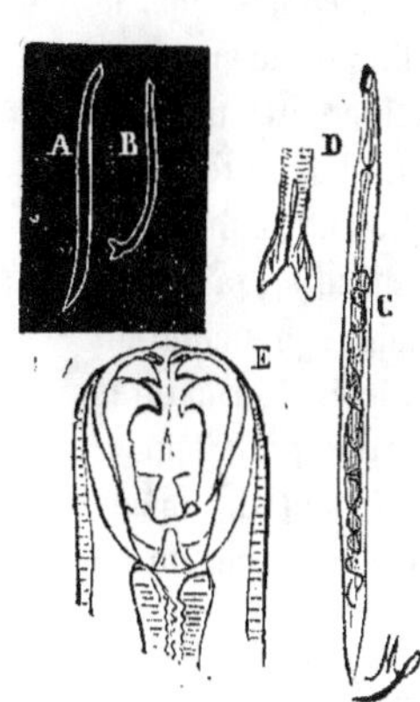

Fig. 72. — *Dochmius trigonocephalus* ou *Ankylostoma duodenale.*

noir et ses parrois latérales et inférieures sont soutenues par deux lames plates en chitine disposées par paires de chaque côté et conjuguées; ces lames s'élargissent et s'épaississent en arrivant à la marge de la bouche de manière à présenter une extrémité refoulée en tête de clou, fournissant en dedans une saillie tranchante ou aiguë en forme de dent, presque droite chez les uns et crochue chez les autres. Les ankylostomes dont les dents sont presque droites, et, par suite, peu apparentes vues de face, répondent exactement au *Dochmius trigonocephalus* de Dujardin; ceux au contraire dont les dents sont crochues répondent à l'*Ankylostoma duodenale* de Dubini; — la paire de dents interne dans les deux cas est plus petite que la paire de dents externe.

Enfin, il y a même un certain nombre d'individus à dents crochues, chez lesquels, en dedans des dents internes, et leur adhérant intimement (comme dans la fig. E ci-dessus), se remarque un petit tubercule à pointe recourbée et aiguë qui rapproche singulièrement ces ankylostomes du *Dochmius Balsami* de Grassi[1], lequel, d'après M. Bugnon[2], ne serait autre que le *Dochmius tubæformis* de Dujardin, rencontré chez le chat domestique et chez quelques grands félins de ménagerie. A-t-on réellement affaire à trois espèces différentes d'ankylostome, ou à une seule chez laquelle, suivant l'âge probablement, la forme en crochet des dents serait plus ou moins bien marquée? J'incline vers cette dernière hypothèse en raison de ce fait, c'est que, dans le même Chien malade, se rencontrent des ankylostomes présentant ces trois variétés d'armatures buccales et ayant tout le reste de leur organisation parfaitement identique. Dans tous les cas, ces parasites étant du même genre et probablement des variétés de la même espèce, on ne

1. C. Parona et Grassi, *Di una nuova specie di dochmius (D. Balsami)* mai 1877 *Rendic. del R. Instit. Lomb.* ser. 2, vol. 10.

2. Bugnon, l'*Ankylostome duodenal et l'anémie du Saint-Gothard,* dans la *Revue médicale de la Suisse romande.* — Genève 1881.

doit employer qu'un seul nom générique et c'est le nom d'*An-kylostoma* seul qui doit rester, étant plus ancien en date que le nom de *Dochmius*.

J'ai parlé ci-dessus du *Dochmius Balsami*, de Grassi. Ce parasite, qui ne diffère de l'*Ankylostoma duodenale*, de Dubini, que par une paire de petites dents supplémentaires en dedans de la paire interne, a été étudié par MM. Parona et Grassi au laboratoire d'anatomie et de physiologie comparée de Pavie en 1877. M. Grassi a constaté qu'il détermine chez le chat une maladie tout à fait analogue à la chlorose égyptienne de l'homme[1] et par conséquent à l'anémie du Saint-Gothard ou des mineurs et par suite, à la maladie que j'ai étudiée chez le Chien. J'ai eu l'occasion en décembre dernier de vérifier l'assertion des auteurs italiens ci-dessus cités et de la trouver exacte : j'ai constaté chez un chat l'existence d'une entérite chronique mortelle due à l'ankylostome en question, et j'ai vu qu'il agit chez cet animal exactement de la même manière que chez le Chien et sans doute que chez l'homme.

La cause de l'*anémie pernicieuse des meutes* étant connue, le traitement est facile à déduire. Il faut d'abord tuer le parasite, puis rétablir le fonctionnement de l'intestin en combattant l'entérite aiguë ou chronique qui est le résultat des morsures du parasite; enfin, détruire l'élément contagieux qui est représenté ici par les embryons des helminthes, embryons qui vivent dans les eaux des chenils et surtout dans les flaques ou ruisseaux résultant des lavages des locaux habités par les Chiens, ou des eaux de pluie qui ont délayé les déjections de ces animaux, lesquelles déjections contiennent des milliers d'œufs. C'est en buvant dans ces ruisseaux ou ces flaques, ce que les Chiens font volontiers comme on sait, qu'ils se contaminent.

---

1. Grassi, *Intorno ad una nuova mallatia del gatto analoga alla chlorosi Egitto del uomo* (Gaz. médic. Italiana. Lomb. ser. 8, t. 1er, 1878.

L'exemple du premier Chien de M. de la P..., qui, traité par le *kamala* rendit un paquet de *dochmius* ou *ankylostomes*, ce qui sauva le chien, prouve que cette substance est un bon vermifuge à employer dans ce cas (la dose est de 3 à 4 gr. additionnés de 50 centigrammes de calomel); l'arsenic à la dose de 5 à 6 milligrammes est un bon vermicide aussi, en même temps qu'un bon reconstituant avec lequel j'ai achevé de détruire l'épidémie *d'ankylostomasie* qui régnait chez M. G. de la P... On pourra encore expérimenter l'extrait éthéré de fougère mâle qui a si bien réussi entre les mains de M. le professeur Perroncito, de Turin, dans l'*ankylostomasie* de l'homme, à la dose de 15 à 30 grammes ; cette substance paraît surtout jouir d'une grande efficacité contre les larves ; mais, faute d'avoir ces substances sous la main, tous les vermifuges, et surtout les ténifuges, seront à employer.

Après l'expulsion des parasites, il y aura lieu de combattre l'entérite et l'anémie qui en sont la conséquence ; le lait, le sang, la viande crue de cheval surtout, sont parfaitement indiqués, tout en continuant l'arsenic à petite dose. Ce traitement m'a parfaitement réussi chez M. G. de la P... ; il m'a aussi réussi chez M. de P..., dans le Tarn, qui a eu aussi sa meute ravagée par l'anémie pernicieuse, et s'il a eu des rechutes, c'est que le procédé de désinfection du chenil avait été mal ou point du tout exécuté et qu'on n'a pas veillé à la pureté de la boisson destinée aux Chiens.

Pour éviter les rechutes ou détruire les causes de contagion, il faut à tout prix que les Chiens ne boivent que de l'eau parfaitement pure, c'est-à-dire, ne contenant pas d'embryons d'ankylostomes ; l'eau bouillie est la meilleure dans ce cas et il faudra s'arranger pour que les Chiens n'en boivent pas d'autre, au moins dans leur chenil ou aux environs. Il faudra éviter toute trace d'humidité dans le local habité par les Chiens, tout en le désinfectant fréquemment par des lavages avec de l'eau acidulée d'acide sulfurique au deux centième, préparation que j'ai reconnue parfaitement efficace pour tuer les larves d'ankylostomes. C'est certainement en disposant son chenil de manière à le soustraire complètement à l'humidité, que M. le comte de L... est parvenu à arrêter l'épidémie de saignement de nez qui y sévissait, épidémie qui était probablement l'ankylostomasie.

En résumé, il est dès maintenant acquis à la science que les Chiens de meute sont assez souvent victimes d'une anémie pernicieuse grave, causée par des ankylostomes, maladie à marche relativement rapide quand les parasites sont très abondants, et à marche plus lente, en quelque sorte chronique et pouvant durer plusieurs mois, quand les parasites sont moins nombreux, mais à terminaison tout aussi sûrement fatale. Dans ces derniers cas, au cortège des symptômes caractéristiques de l'anémie, s'ajoute souvent un écoulement nasal sanguinolent.

Dans ces deux cas, l'anémie est la conséquence d'une lésion persistante de la muqueuse intestinale produite par les morsures des ankylostomes, lésion qui annihile les fonctions absorbantes de la muqueuse et de ses villosités.

Est-ce à dire que cette *anémie pernicieuse des meutes* ou *ankylostomasie* du Chien, qui s'accompagne souvent, dans les cas à marche lente, de saignement de nez, soit la seule maladie présentant ce symptôme? J'ai déjà signalé plus haut une autre affection parasitaire qui s'accompagne aussi quelquefois de saignement de nez, c'est celle qui est causée par le pentastome, et il y a aussi l'anémie essentielle. En effet, l'épistaxis est un symptôme commun aux diverses variétés d'anémie, et le Chien, comme l'homme, est susceptible d'en présenter plusieurs; voilà pourquoi, le mot de *saignement de nez* est une expression parfaitement impropre pour désigner une maladie unique, puisque c'est un symptôme commun à plusieurs.

Tant que le Chien sera victime de ce préjugé absurde que la viande lui est nuisible! (à lui que la nature a fait carnassier!) et qu'on persistera à le nourrir de vieille graisse rance, de pain de creton, de vieux biscuits de troupes et autres parfaitement indigestes, il contractera des entérites chroniques à marche insidieuse et à développement insensible, qui auront pour conséquence des anémies incurables avec tout un cortège d'engorgements ganglionnaires, de dermatoses atoniques, d'ophtalmies, ou de catarrhes auriculaires rebelles, de pâleur des muqueuses, de leucocythémie et enfin d'épistaxis intermittentes. Certains chasseurs sont très étonnés que, chez des Chiens arrivés à cet état de dépérissement, les traitements toniques et reconstituants les plus puissants, la viande crue de cheval ou autre, soient sans effet sur des constitutions minées depuis si longtemps. C'est qu'il est trop tard! Ces anémies par misère physiologique sont de ces maladies qu'on prévient beaucoup plus facilement qu'on ne les guérit. On les prévient en appliquant, au Chien de chasse, une hygiène plus rationnelle que celle qui est généralement suivie et qui consiste, par exemple, à faire de cet animal un *légumivore*, tandis que la nature l'a fait *carnivore*.

Empoisonnements.

Il n'y a pas que les substances connues sous le nom de *poisons* qui, introduites dans les organes digestifs du Chien, peuvent amener sa mort; des corps inertes, comme nous l'avons déjà dit, peuvent produire le même résultat en empêchant par leur présence la fonction de ces organes. Delabère-Blaine avait conservé la dernière portion de l'intestin grêle d'un Chien, dans lequel s'était arrêté un bouchon de liège qu'on avait fait méchamment avaler à l'animal et qui avait causé sa mort. Des corps étrangers d'une forme aiguë, comme des aiguilles, des épingles, des os de poulets, placés de travers et s'implantant dans la substance de l'intestin, donnent lieu à de vives douleurs, à l'arrêt des matières alimentaires et par suite à la mort; enfin une éponge, frite au beurre, et réduite par ce moyen à un très petit volume qui permet son introduction facile dans les intestins d'un Chien, reprend dans les liquides de ses organes son volume primitif et devient alors une cause d'obstruction mortelle pour l'animal qui l'aura avalée. Il suffit de signaler ces faits pour faire comprendre toute l'importance de leur connaissance dans la recherche des causes de la mort d'un Chien soupçonné empoisonné.

Les substances appelées *poisons* peuvent, d'après leurs effets sur les intestins de l'animal, être réparties dans deux catégories: 1° celles qui irritent, enflamment, corrodent les parties qui ont subi leur contact; 2° celles dont l'action prédominante est de produire la torpeur, la somnolence ou la paralysie.

A la première catégorie, celle qui comprend les *poisons irritants* ou *caustiques*, appartiennent l'arsenic et ses composés, le sublimé corrosif, l'émétique, les sulfates de cuivre et de zinc, le phosphore, la chaux, la potasse et la soude caustique, les acides concentrés, certains oxydes comme ceux de plomb et de mercure, les chlorures métalliques, les cantharides, etc.

A la deuxième catégorie, qui comprend les *poisons narcotiques* ou *narcotico-âcres*, appartiennent l'opium et ses préparations, la belladone, la jusquiame, la stramoine, la ciguë, les morelles, la noix vomique, l'acide prussique, etc.; enfin les champignons vénéneux et les moisissures dans le pain moisi.

Les symptômes de l'empoisonnement produit par des *substances irritantes* ou *caustiques* sont ceux d'une violente gastro-entérite, c'est-à-dire: inquiétude, anxiété, gémissements, salivation, bave, contractions spasmodiques du cou avec nausées et vomissements répétés, souvent avec évacuation de mucosités sanguines; plus tard, diarrhée avec déjections sanguinolentes; pouls petit, accéléré, vibrant, œil hagard, exprimant une angoisse très grande, grand abattement, paralysie du train postérieur, puis pouls intermittent, oreilles et pieds froids et enfin mort. A l'autopsie, on trouve souvent aux lèvres déjà, plus encore dans la bouche et encore plus dans l'estomac et les intestins, la muqueuse d'un rouge foncé, enflammée, privée d'épithélium, corrodée, boursouflée, parsemée de vésicules, épaissie par places et jaunâtre, enfin, elle est souvent recouverte de sang et de parcelles de poison non dissoutes. Tous les vaisseaux de l'appareil digestif sont fortement congestionnés et distendus par un sang noir et fluide, de même que le cœur et les gros vaisseaux.

Les symptômes de l'empoisonnement causé par des *substances narcotiques* ou *narcotico-âcres* sont les suivants : abattement qui augmente rapidement, dilatation de la pupille, œil hagard, sens de la vue et de l'ouïe pervertis, démarche rampante, titubante, chancelante, crampes qui, dans l'empoisonnement par la noix vomique ou les sels dérivant de son principe actif, la strychnine, se montrent sous forme d'attaques tétaniques, et dans celui par l'acide prussique attaquent vivement les organes respiratoires ; à ces premiers symptômes s'ajoutent la perte de connaissance, une somnolence incoercible, la paralysie générale et enfin la mort, quelquefois accompagnée de convulsions. Le pouls est d'abord plein, il diminue ensuite d'ampleur, devient très petit et finalement imperceptible. A l'autopsie, on trouve la muqueuse digestive à peine rougie, seulement un peu injectée, parsemée de petites taches rouges, qui se montrent aussi à l'extérieur des intestins, de l'estomac, du cœur et des poumons ; le sang est noirâtre et accumulé surtout dans les veines. Dans l'empoisonnement par l'acide prussique, le sang est moins foncé, et si la mort est récente, on sent l'odeur caractéristique du poison.

La gravité de l'empoisonnement dépend de la quantité de poison ingéré, de son degré de concentration, du temps plus ou moins long de son séjour dans les organes digestifs, toutes choses difficiles à apprécier et que souvent on ignore complètement. En général, l'empoisonnement est d'autant plus grave que les évacuations sont plus sanguinolentes, le regard plus hagard, le refroidissement des extrémités plus prompt, le pouls plus promptement effacé et les forces plus rapidement affaissées.

TRAITEMENT. — Le traitement de l'empoisonnement doit être dirigé d'abord contre le poison, ensuite contre ses effets.

On remplit la première indication en provoquant promptement des vomissements abondants, ou en aidant aux efforts que provoquent déjà certains poisons ; pour cela on administre beaucoup d'eau tiède, soit seule quand le Chien vomit déjà, soit additionnée d'un vomitif dont le choix n'est pas indifférent ; contre les poisons irritants on administre l'ipécacuana en poudre, à la dose de 5 à 6 grammes, et contre les poisons narcotico-âcres, l'émétique, à la dose de 10 à 15 centigrammes. Quand on connaît la nature du poison, ou quand les premières évacuations l'ont fait connaître, on peut neutraliser les effets de la partie qui n'a pas été expulsée en employant certains agents chimiques qui s'unissent à lui en donnant lieu à un composé inerte ou inoffensif, ce qui les a fait nommer *contre-poisons* : ainsi, dans le cas d'empoisonnement par l'arsenic, on emploiera l'hydrate de peroxyde de fer, à la dose de 14 à 30 grammes en suspension dans 15 fois le même poids d'eau chaude et administré par portions de quart d'heure en quart d'heure. Quand on n'a pas de ferrugineux sous la main, on donne des blancs d'œufs, une décoction d'amidon qui annihilent en partie l'action de l'arsenic ; mais il faut avoir bien soin d'éviter les graisses et les huiles qui favorisent la dissolution de ce toxique.

Contre les poisons mercuriels et surtout le sublimé corrosif, on donne le foie de soufre à la dose de 25 centigrammes à un gramme en dissolution dans un verre d'eau froide, ou du blanc d'œuf en abondance, ou du lait sucré, ou du charbon en poudre très fine ou de la magnésie calcinée à la dose de 15 grammes en suspension dans de l'eau. Le calomel qui est un *proto-*

chlorure de mercure peut se changer en présence du sel marin (*chlorure de sodium*) en *bi-chlorure de mercure*, ou sublimé corrosif; c'est pourquoi il faut éviter de donner des aliments salés au Chien qui prend du calomel, sans cela on risque de l'empoisonner; si cela arrive, on le traite comme ci-dessus.

L'empoisonnement par l'émétique donné à trop haute dose est neutralisé au moyen de décoctions d'écorces de quinquina, de chêne ou de gentiane. La nitrate d'argent, ou pierre infernale, est neutralisé dans l'estomac par une dissolution de sel de cuisine. Contre le phosphore, dont on reconnaît la présence dans les intestins par les lueurs que projettent les matières dans l'obscurité, on n'a pas encore trouvé d'antidote : après les vomissements il faut administrer bien vite des blancs d'œufs, de la gélatine ou du lait. Les acides doivent être d'abord neutralisés et étendus par beaucoup d'eau de savon concentrée, ou de la magnésie, ou de la craie en poudre. Contre les alcalis comme la potasse, la soude ou la chaux, on emploie du vinaigre affaibli en abondance ou du lait aigre, et immédiatement après les substances isolantes comme le blanc d'œuf, l'amidon. Les cantharides doivent être neutralisées par les mucilagineux (décoction de graine de lin, de guimauve, etc.) et éviter les corps gras.

Contre les poisons narcotiques, après l'action des vomitifs, employer les stimulants, tel que vin, alcool, café, ammoniaque (5 à 6 gouttes dans de l'eau), puis le vinaigre très étendu, le sel de Glauber, les lavements, en un mot, traiter la gastro-entérite qui en est la conséquence comme la gastro-entérite spontanée; c'est, du reste, ce qui doit être fait après tous les empoisonnements quels qu'ils soient, après que le poison a été combattu par les vomitifs et les neutralisants ou contre-poisons.

§ 4. — Maladies des annexes de l'appareil digestif
(*Foie, péritoine*).

Congestion apoplectique du foie.

Nous avons déjà vu que l'estomac, les intestins et même les poumons pouvaient être le siège de violentes congestions apoplectiques rapidement mortelles. Le foie participe à cette prédisposition, qui, chez le Chien, semble avoir épargné le cerveau, à l'opposé de ce qui se voit chez l'homme. Nous en avons déjà recueilli de nombreux exemples chez le Chien ; nous nous contenterons d'en citer un typique présenté par le Chien de M. B... de Fontenay-les-Louvres, et qui mourut l'année dernière, subitement, en trois ou quatre secondes : un cri formidable et prolongé ayant seul indiqué, en même temps que l'indisposition, la mort instantanée.

A l'autopsie que nous fîmes de cette bête, nous trouvâmes une violente congestion du foie et des poumons.

La pléthore étant la cause prédisposante de cette affection, c'est la pléthore qu'il faut combattre dans le traitement prophylactique, le seul qu'il y ait à appliquer ici, et pour cela on supprime les farineux et les graisses.

Déchirure du foie.

Dans nos nombreuses autopsies de Chiens, nous avons rencontré plusieurs fois des déchirures du foie suivies d'hémorragies intra-abdominales mortelles et causées par des violences extérieures sur le flanc droit, telles que : coup de pied de cheval ou d'homme brutal, coup de trique, etc. Nous nous bornons à signaler ces faits.

Ictère ou jaunisse.

La *jaunisse* est assez fréquente chez les Chiens, et est même toujours grave, ce qui la distingue de la maladie du même nom de l'homme, qui est le plus souvent bénigne.

Cette maladie est caractérisée par une coloration jaune des muqueuses apparentes, surtout de la sclérotique ou blanc de l'œil, des gencives, de la peau quand elle est blanche, surtout aux parties où cette membrane est mince et nue comme à la face interne des cuisses, sous le ventre et dans les oreilles. Elle est produite par le passage des matières colorantes de la bile dans le sang.

La *jaunisse* peut être une maladie *essentielle*, c'est-à-dire, causée par une altération particulière du sang, ou être *symptomatique*, c'est-à-dire, due à une affection du foie qui, généralement, chez le Chien, est une lésion traumatique comme celle qui résulte de coups sur la région dite des fausses-côtes, ou un arrêt de la circulation biliaire causé par la présence de calculs dans les conduits biliaires.

A. La *jaunisse essentielle* est ordinairement causée par un refroidissement brusque, par une frayeur : ainsi, lorsque l'on fait baigner un Chien par force, malgré lui, lorsqu'on le jette à l'eau violemment d'une certaine hauteur, on voit souvent la jaunisse en être la conséquence.

Au *début*, elle a uniquement pour symptôme la coloration jaune des muqueuses apparentes et les parties blanches de la peau ; le Chien, à cette période, conserve sa gaieté, sa vigueur, son appétit, et ce n'est que fortuitement que l'on s'aperçoit de la coloration jaune caractéristique de l'affection ; les symptômes, en un mot, sont si peu sérieux en apparence, que le propriétaire, à qui l'on vient dire que son Chien est gravement malade, et qui le voit avec sa physionomie habituelle, reçoit l'avertissement avec la plus parfaite incrédulité ; mais il est promptement désabusé quand, après douze ou vingt-quatre heures au plus, il voit son Chien se fatiguer au moindre exercice, avoir l'air abattu et somnolent, se coucher dans les champs si on le conduit à la chasse, sans pouvoir ler plus loin. Cette deuxième période s'accentue par la perte progressive de l'appétit, par des nausées et même des vomissements qui apparaissent, et, enfin, par une constipation opiniâtre. Quarante-huit heures après, quelquefois moins, la scène change : une diarrhée jaune verdâtre, infecte survient, l'animal maigrit à vue d'œil, et, enfin, la mort arrive, moins de trois jours souvent après l'apparition des premiers symptômes.

A l'*autopsie* d'un Chien mort de *jaunisse essentielle*, on trouve tous les organes teints en jaune, le foie congestionné et la vésicule du fiel pleine d'une bile noire et poisseuse, ou bien ne contenant qu'un petit amas de bile non concrétée. L'estomac est rétracté et présente sa muqueuse colorée en rouge foncé, tachée d'échymoses surtout dans le sac gauche. La muqueuse des intestins présente les mêmes lésions.

B. Lorsque la *jaunisse* est *symptomatique*, c'est-à-dire lorsqu'elle est l'indice d'une lésion du foie ou de la présence de calculs biliaires, ou de vers obstruant le canal cholédoque, les symptômes généraux fébriles précèdent l'apparition de la teinte jaune des muqueuses : il y a, au début de la maladie, stupeur et abattement profond, tension douloureuse du ventre et grande sensibilité de cette région, surtout en avant et à droite. Ce n'est qu'après l'apparition de ces premiers symptômes que l'on voit la teinte ictérique survenir sur les muqueuses, sur les parties minces et blanches de la peau, et surtout à l'angle externe de l'œil, mais jamais, dans ce cas, la coloration jaune n'est aussi intense que dans la jaunisse essentielle. Puis surviennent les vomissements, la diarrhée et enfin la mort, souvent précédée des signes de la péritonite, comme l'*ascite* ou hydropisie ventrale ; ce dernier caractère accompagne surtout les lésions traumatiques du foie.

A l'autopsie d'une jeune Chienne de chasse, sur laquelle avait passé une roue de cabriolet, et qui fut quelques jours affectée d'une jaunisse bien marquée et d'une *ascite* à laquelle elle succomba, Delaguette et son ami Crépin, qui en firent l'autopsie, trouvèrent le foie sans altération, mais la vésicule biliaire avait acquis un volume extraordinaire et contenait une quantité de bile très noire et très épaisse. Le passage de la bile de la vésicule biliaire dans l'intestin était interrompu par l'oblitération du canal cholédoque. Il est probable que ce canal avait souffert dans l'accident arrivé à la Chienne, et que son oblitération avait été la suite d'une inflammation dont, au surplus, il ne restait plus de trace.

Clater, à l'autopsie d'un Chien mort de jaunisse, trouva dans la vésicule du fiel quatre petites pierres formées par cette liqueur, et arrêtées dans le canal par lequel elle s'épanche dans les intestins et qui était intercepté par la présence de ces pétrifications ; elle avait pris son cours dans les vaisseaux de la grande circulation, et donné à la peau et aux muqueuses la couleur caractéristique qu'elles avaient acquise pendant la maladie de l'animal.

Traitement. — La rapidité de la maladie et sa marche insidieuse font que, presque toujours, le traitement, fût-il des plus rationnels, est appliqué trop tard et n'a par suite aucune influence sur la marche rapide et funeste de la *jaunisse*. De là, la nécessité, pour le propriétaire, de faire traiter son Chien atteint de cette affection dès l'apparition des premiers symptômes du mal, quelque peu graves qu'ils paraissent.

Dans la *jaunisse essentielle*, comme dans la *jaunisse symptomatique*, les fonctions du foie sont ou perverties ou empêchées, de là une première indication, à savoir : exciter les fonctions de cet organe. Or, il est un agent connu depuis longtemps pour jouir de la propriété d'agir sur le foie, et très en faveur, à cause de cela, auprès des médecins anglais, c'est le *protochlorure de mercure* ou *calomel*.

On donnera donc au Chien, dès le premier jour, une pilule composée comme suit :

Calomel. . . . .   20 centigrammes.
Savon médicinal . . . . . .   1 gramme.

Puis, comme excitant du système nerveux, s'opposant à la prostration, à la stupeur, en même temps qu'au ralentissement des fonctions de la vie végétative, donner, de trois heures en trois heures, *un granule* renfermant *un milligramme d'arséniate de strychnine*. Continuer le même traitement les jours suivants, mais seulement jusqu'à cessation de la stupeur, et recommencer si elle reparaît.

Si on a des raisons de soupçonner une lésion traumatique du foie par suite d'accident ou autrement, appliquer cinq ou six sangsues sur le ventre, du côté de l'hypocondre droit.

Dans tous les cas, tenir les intestins libres au moyen de lavements, en attendant que le calomel ait produit son effet laxatif ordinaire.

Nous connaissons déjà quelques exemples heureux de l'emploi du traitement que nous conseillons ici contre la jaunisse du Chien ; nous espérons bien que, par sa vulgarisation, cette terrible maladie perdra le caractère d'incurabilité que tous les vétérinaires lui reconnaissent jusqu'à ce jour.

Ascite ou Hydropisie abdominale.

Dans l'article précédent nous avons cité *l'ascite* ou *hydropisie de l'abdomen*, comme pouvant être la conséquence d'une affection du foie, comme nous l'avons vu dans le paragraphe de la *Leucocythémie* avec manifestations tuberculeuses du foie et de la rate ; elle peut aussi être produite par d'autres causes, comme une maladie chronique de la matrice chez la Chienne, une inflammation chronique du péritoine, ou un épuisement spécial comme celui qui résulte d'une maladie de peau durant depuis longtemps ou mal soignée, d'un catarrhe chronique ou asthme ancien. C'est, comme la jaunisse, une maladie très grave, bien que moins rapidement mortelle.

L'accumulation de liquide dans l'abdomen, qui est le symptôme dominant de l'*ascite*, peut se faire très lentement ou très vite, être accompagné au début d'une toux fatigante, d'un appétit vorace ou d'une soif inextinguible. L'amaigrissement marche de pair avec l'accumulation d'eau et par suite l'augmentation du volume du ventre; enfin il arrive un moment où la respiration devient difficile, surtout lorsque l'animal est couché, position qu'il ne peut supporter longtemps; l'appétit tombe aussi, et, tôt ou tard, l'animal meurt suffoqué par l'effet de la compression des poumons par le liquide abdominal pressant sur le diaphragme.

Il est nécessaire de pouvoir distinguer l'*ascite* de plusieurs autres états qui ont avec cette affection une grande analogie d'aspect. Elle diffère de l'obésité en ce que l'abdomen forme une tumeur pendante, volumineuse, s'accompagnant d'une maigreur particulière de la portion correspondante de l'échine dans laquelle les os semblent vouloir percer la peau, tandis que, dans l'obésité, ces mêmes os sont cachés par la masse graisseuse. L'ascite se distingue de la plénitude chez la Chienne en ce que l'abdomen n'a pas, dans le second cas, la même tendance à descendre que dans le premier et n'a pas le même aspect luisant; dans la Chienne pleine on remarque aussi des bosselures formées par les fœtus en même temps qu'on perçoit leurs mouvements et qu'on constate le gonflement des mamelles. Enfin, lorsque l'on applique la main droite sur l'abdomen et qu'on comprime brusquement avec l'autre main le côté opposé, on sent un mouvement d'ondulation manifeste d'un liquide comme si l'on agissait sur une vessie pleine d'eau.

Traitement. — Que l'*ascite* soit la conséquence de maladies chroniques du foie, du péritoine, de l'utérus, etc., ou qu'elle n'ait été précédée d'aucune de ces affections, son traitement est rarement couronné de succès; Delabère-Blaine dit avoir guéri quelques ascites spontanées par l'évacuation de l'eau et en en prévenant la reformation, mais il avoue que ces cas sont très rares en comparaison de ceux qui entraînent la perte de l'animal.

On évacue l'eau de l'abdomen d'un Chien atteint d'ascite par la ponction des parois de cette cavité au moyen d'un instrument nommé *Trois-Quarts* ou *Trocard*, que l'on enfonce dans la partie où le liquide fait le plus de saillie; on peut encore se servir d'une lancette ou d'un bistouri manié bien délicatement de manière à faire une ouverture juste suffisante pour y introduire un fétu de paille ou un petit roseau ouvert par les deux bouts et qui fait office de robinet. On doit éviter de faire la ponction trop près de l'ombilic ou de la ligne blanche qui est au milieu et longitudinale; il faut aussi prendre la précaution de ne pas piquer les gros vaisseaux, particulièrement l'artère épigastrique que l'on peut facilement reconnaître au toucher. Le liquide contenu dans l'abdomen peut être évacué en une seule fois, l'animal ne témoignant pas de faiblesse, et ne paraissant éprouver aucun changement de l'opération. Le liquide extrait ainsi est clair, séreux, légèrement jaunâtre et quelquefois d'une consistance gélatineuse. Après la ponction, on applique un bandage fait d'une serviette pliée en quatre doubles, modérément serré, appliqué autour du corps et maintenu quelques semaines. On est souvent obligé de répéter la ponction de l'abdomen plusieurs fois.

Pour empêcher la reproduction de l'eau dans la cavité de l'abdomen, ou plutôt pour changer le cours de cette production de liquide et le faire éliminer par les reins, il faut administrer au Chien malade des médicaments diurétiques parmi lesquels la *digitale* tient le premier rang. La dose doit en être calculée de façon à ce que ce médicament n'agisse ni comme vomitif, ni comme purgatif.

Notre confiance en Delabère-Blaine nous engage à donner les deux formules suivantes qui sont celles qui lui ont le mieux réussi :

N° 1.

Poudre de digitale. . . . . . . 60 centigrammes.
Antimoine en poudre. 75   id.
Sel de nitre. . . . . 10 grammes.

Mêlez et divisez en neuf, douze ou quinze parties, suivant la taille du Chien, et on donnera une de ces prises matin et soir dans un peu de fromage ou de beurre.

N° 2.

Poudre de digitale. . . . . . . 45 centigrammes.
Poudre de scille. 60   id.
Crême de tartre . . . . 45 grammes.

Mêlez, divisez et donnez comme ci-dessus.

On peut aussi employer des frictions, sur le ventre, d'essence de térébenthine mélangée d'huile d'olive dans la proportion d'une partie de la première pour deux de la seconde et combiner ces frictions avec l'administration d'essence de térébenthine à l'intérieur, à la dose de 30 ou 40 gouttes données deux fois par jour, émulsionnées dans un jaune d'œuf bien battu et allongé de lait.

Après l'administration des diurétiques, il est nécessaire d'employer les toniques reconstituants, tels que café noir, vin de quinquina, viande crue hachée, etc.

Péritonite aiguë.

Nous avons vu, dans l'article précédent, que l'*ascite* ou *hydropisie abdominale* est généralement la conséquence d'une péritonite chronique, dépendant elle-même d'une maladie du foie, de l'utérus, des reins, etc.

La péritonite chronique peut être elle-même la phase ultime d'une péritonite aiguë, qui, cependant, est très rare chez le Chien, car nous ne l'avons encore constatée que rarement; dans notre longue pratique, et chaque fois, cette affection avait pour cause des violences extérieures, coups de pieds, ou autres; — au moins chez les mâles, car chez les femelles elle peut être une complication de la *métrite*, comme nous le verrons plus loin.

Dans la péritonite aiguë, la douleur est très grande, surtout quand on palpe l'abdomen qui est chaud et dur, la fièvre forte, l'inappétence complète et la face anxieuse. La mort en est ordinairement la conséquence.

A l'autopsie des Chiens morts de *péritonite*, quand on ouvre l'abdomen on voit le péritoine, aussi bien pariétal que viscéral, fortement injecté et rouge, surtout aux points où la violence a porté; une exudation albumineuse a collé entre elles les anses intestinales et les a fait adhérer aux parois de la cavité abdominale, et les vaisseaux sont gorgés d'un sang noir et fluide.

Le traitement de la péritonite aiguë consiste en une forte saignée au début (250 grammes environ), en cataplasmes émollients (de farine de graine de lin) sur le ventre, fréquemment renouvelés; lavements purgatifs (d'huile de ricin); potion opiacée (50 centigrammes d'opium dans du lait) alternant avec une autre potion au calomel (25 centigrammes aussi dans du lait), par jour.

Affections parasitaires du foie, du mésentère et de la cavité péritonéale.

Pour en finir avec les affections des annexes de l'appareil digestif, nous voulons signaler, pour mémoire, la présence de parasites que nous avons constatée dans nos nombreuses autopsies.

Nous verrons, dans le chapitre des Maladies nerveuses, que nous rapportons un cas de *ladrerie* dans lequel des cysticerques existaient, non seulement dans le cerveau, mais aussi dans le *foie* et le panchréas.

Un strongle géant mâle (*Eustrongylus gigas*) flottant librement dans la cavité péritonéale a été rencontré par nous à l'autopsie d'un Chien, qui avait servi à des expériences de physiologie au laboratoire de M. Ch. Robin. La présence de ce parasite n'avait eu aucune influence sur la santé de l'animal, ni sur l'intégrité de la membrane séreuse abdominale, qui était parfaitement saine et intacte.

Dans le laboratoire de M. le professeur Vulpian, nous avons vu le mésentère d'un Chien d'expérience farci de petits kystes contenant chacun une larve de linguatule moniliforme (*Pentastoma moniliformis*) et nous en possédons encore, dans nos collections un certain nombre. Ce fait est surtout intéressant au point de vue scientifique, car il est en contradiction avec certaine théorie de l'évolution des parasites acanthocéphales, émise par certains auteurs qui ont pris à tort l'exception pour la règle.

CHAPITRE VII

MALADIES DES ORGANES GÉNITO-URINAIRES ET DE LEURS ANNEXES

§ Ier. — MALADIES DES ORGANES GÉNITAUX DE LA FEMELLE

Parturition laborieuse (*Dystocie*).

Nous avons vu, page 151, que le temps de la gestation de
la Chienne est de 60 à 65 jours ; ce temps écoulé, le phénomène
de la parturition va s'accomplir et s'annonce par les douleurs
accusées elles-mêmes par des contractions spasmodiques de
l'utérus ou matrice, et des muscles abdominaux. Quand ces
douleurs, avec des accès répétés et de plus en plus violents,
ont duré une demi-heure, le fœtus le plus en arrière s'engage
dans le col de la matrice, poussé par les contractions utérines
et abdominales, toujours enveloppé de la membrane fœtale ; sa
position normale est d'avoir la tête étendue sur les deux membres de devant allongés eux-mêmes sur le plancher inférieur
du bassin. Une violente contraction fait crever l'enveloppe fœtale et donne issue aux eaux que contient cette enveloppe,
puis le petit apparaît et est poussé hors du vagin : sa naissance est accomplie. Le petit animal, tient cependant encore
au placenta par le cordon ombilical : la mère mord ce cordon
et le rompt près du corps, puis le mange ainsi que les enve-

loppes fœtales expulsées. La naissance des autres petits suit d'habitude avec la même série de phénomènes, de quart d'heure en quart d'heure ; la mère les lèche, les pousse vers son ventre après s'être couchée en rond sur un côté, et bientôt tous sont occupés à téter. Dans les derniers temps de la gestation, les mamelles se sont insensiblement engorgées, et la veille de la naissance on pouvait faire sourdre, par une douce traction, un lait ayant sa couleur et son goût caractéristique ; quelques jours auparavant c'était un liquide aqueux et salé que l'on faisait sortir des mamelles par la même opération. Le lait augmente de consistance peu de jours après la mise bas et doit être la nourriture exclusive des jeunes Chiens jusqu'aux environs de l'époque du sevrage qui doit être le plus retardé possible.

Tant que les petits Chiens se nourrissent exclusivement du lait de leur mère, celle-ci avale les excréments et l'urine des jeunes et entretient ainsi la propreté de son lit.

Les phénomènes normaux de la parturition, tels que nous venons de les décrire, sont rarement modifiés si l'accouplement qui a précédé la conception s'est fait dans de bonnes conditions de proportions dans les tailles et les conformations respectives des deux reproducteurs ; et on peut dire, certainement, que, dans ce cas, la Chienne est, de toutes les femelles domestiques, celle qui offre le plus rarement à observer des accidents de parturition ou des difficultés d'accouchements. Mais, en raison de la disproportion considérable qui existe entre les diverses races de Chiens, il arrive malheureusement trop souvent que le rapprochement a eu lieu entre un gros Chien et une petite Chienne, rapprochement qui a pour conséquence inévitable le développement de fœtus beaucoup trop volumineux pour le bassin de la mère. De là, grande difficulté et souvent impossibilité complète dans la mise bas, et la nécessité d'une intervention chirurgicale.

Comme c'est la tête qui offre le plus de difficulté à passer à travers les détroits, et que partout où elle passe le reste du corps suit facilement, on essaye d'abord de passer une anse de ruban de fil autour du cou du jeune sujet et d'opérer par ce moyen des tractions pour l'amener au dehors, si ce moyen ne réussit pas et si l'on ne veut pas exposer les jours de la mère, il faut recourir à l'intervention chirurgicale : ou bien écraser la tête du fœtus au moyen d'un instrument spécial et *ad hoc* nommé *céphalotribe*, ou bien faire l'opération césarienne.

Le *céphalotribe* est une espèce de petit *forceps*, dont les branches courtes et fortes se rapprochent au moyen d'une vis dont l'écrou à ailette se meut avec la main, et cette vis est assez puissante pour écraser la tête d'un fœtus de Chien placée entre les mors qui sont disposés de manière à pouvoir embrasser solidement cette tête. On a de ces *forceps-céphalotribes* de grandeurs différentes pour être employés sur des sujets de différentes tailles. Pour s'en servir, on introduit les branches de l'instrument disjointes, l'une après l'autre, puis, lorsque leurs mors sont bien disposés de chaque côté de la tête du fœtus, on les réunit au moyen de l'articulation mobile dont elles sont munies, on dispose la vis à l'extrémité des branches, on serre, et lorsque la tête du fœtus a son diamètre suffisamment réduit on l'extrait alors facilement au moyen du forceps lui-même.

L'opération césarienne est employée surtout lorsque les petits, étant d'une grande valeur, au point de vue de leur généalogie, on tient à les obtenir vivants. Cette opération s'exécute de la manière suivante : on couche la chienne sur une table, de manière que le côté du ventre, duquel on sent le mieux les petits à travers les parois abdominales, soit le supérieur. Sur ce côté, on rase proprement les poils entre la cuisse et les fausses-côtes sur un espace de 7 à 10 centimètres de longueur et de 5 de largeur; on fait un pli transversal à la peau et on l'incise de façon à avoir une ouverture de 5 à 6 centimètres

de longueur ; on incise alors avec précaution les muscles abdominaux et le péritoine, on écarte les intestins qui pourraient
se trouver sur l'utérus, on incise la paroi supérieure de celui-ci
et on extrait rapidement le ou les petits Chiens avec leurs enveloppes fœtales. On coud la plaie de la matrice et on coupe
très courts les bouts de fil ; on place également des points de
suture aux muscles abdominaux et à la peau. Cela fait, on place
la Chienne dans un lieu tranquille en ayant soin, les premiers
jours, de ne la nourrir que de laitage. Au bout de six jours,
la guérison est ordinairement obtenue, et on enlève les fils.
Les jeunes Chiens que l'on a extraits ainsi du ventre de la
mère doivent être mis à ses mamelles et généralement traités
comme s'ils étaient venus au monde de la manière habituelle.
Si, à la suite de l'opération, la mère contractait une péritonite,
qui dans ce cas est généralement mortelle, on élèverait alors
les petits au biberon avec du lait de vache.

Chez les Chiennes âgées et grasses, le nombre des petits
mis au monde est généralement très faible et encore quelques-
uns meurent-ils avant de naître. C'est ce que nous avons constaté souvent. Les fœtus morts sont généralement mis au monde
après les autres et à des intervalles assez longs, quelquefois
d'une demi-journée et même d'une journée. En laissant agir
la nature, on n'a ordinairement pas à intervenir et les petits
morts sont mis au monde aussi facilement que les autres. S'il
n'en était pas ainsi, on devrait les extraire, soit au moyen d'une
pince dite à *pansement* — qui nous a suffi généralement chez
les petites Chiennes, — ou d'un crochet mousse assez fortement
recourbé et à long manche.

Les fœtus monstrueux, et surtout à deux têtes, qui rendraient
la parturition très difficile et nécessiteraient l'emploi du forceps-
céphalotribe, sont heureusement très rares chez les Chiennes,
beaucoup plus rares que chez les autres femelles domestiques.
Aussi répéterons-nous, pour terminer cet article, que, dans
l'immense majorité des cas, quand il y a *Dystocie* ou accou-

chement laborieux, chez la Chienne, ce sont les fœtus trop
volumineux, résultant d'un accouplement disproportionné, qui
en sont la cause.

Renversement de l'utérus.

Cette affection est extrêmement rare chez la Chienne ; nous
n'en connaissons qu'un exemple rapporté dans le neuvième
volume du *Recueil de médecine vétérinaire* (p. 559), par
M. Cros, de Milan :

« Une chienne âgée de 5 à 6 ans, eut, à son cinquième part,
un renversement de l'utérus. La bête ne paraissait souffrir
qu'à cause de la difficulté qu'elle éprouvait à uriner par suite
de la pression exercée par l'utérus sur l'orifice de l'urèthre.
Cependant la muqueuse utérine, exposée au contact de l'air,
de la queue, des excréments, était tuméfiée, ramollie, noirâtre
et d'une odeur gangreneuse. M. Cros, jugeant la conservation
de cet organe impossible, se décida à en faire l'ablation.

» Une ligature fut placée aussi près que possible du col
utérin ; le troisième jour on coupa les tissus à un pouce au-
dessous de la ligature ; il s'écoula fort peu de sang, et il ne
sortit qu'un peu de sérosité venant des cornes utérines repliées
dont le péritoine se trouvait former la paroi interne. Dès que
la section fut faite, la partie encore herniée rentra brusquement en entraînant la ligature ; la masse enlevée pesait quatorze onces ; l'une des cornes, dans laquelle s'étaient sans doute
développés les derniers nés, était encore distendue et allongée,
et, chose extraordinaire, l'autre corne n'avait guère qu'un
pouce de longueur. On ne donna à la femelle qu'une petite
quantité d'aliments de facile digestion. Un écoulement d'une
matière séreuse s'était établi le deuxième jour, on fit des
injections dans le vagin, avec une infusion de plantes aroma-
tiques, que l'on continua jusqu'au quatrième jour, époque à
laquelle la ligature se détacha et sortit. Pendant ce traitement,

la santé générale ne s'est pas dérangée d'une manière sensible. »

Avant d'en arriver à l'opération, surtout au début, on essaiera d'abord la réduction qui paraît fort difficile.

Avortements.

L'avortement est extrêmement rare chez les Chiennes, aussi n'avons-nous pu rencontrer aucun auteur qui l'ait observé. Cependant, nous avons eu connaissance de deux cas. Le premier a été fourni par une Chienne de chasse, que son maître ne savait pas pleine et dont l'avortement eut lieu et fut certainement causé par les fatigues de la chasse; il fut suivi d'une métrite aiguë, accusée par une grande sensibilité du ventre qui dura une journée et qui sembla céder à un purgatif de 30 grammes d'huile de ricin, puis d'une métrite chronique accusée par un manque d'appétit et un amaigrissement progressif extrême suivi de mort après plusieurs mois de durée.

Nous avons observé le second cas chez un terrier anglais, dont l'avortement fut aussi suivi d'une métrite chronique mortelle, maladie dont nous avons constaté l'existence à l'autopsie.

Une preuve de la rareté des avortements chez la Chienne, nous est fournie par la grande difficulté qu'il y a à obtenir des avortements artificiels chez elle; en effet, très souvent, on nous a demandé le moyen de provoquer des avortements, afin de détruire l'effet d'une mésalliance si fréquente chez cette espèce; nous avons donné des formules abortives et entre autres la suivante :

Sabine pulvérisée.	15 grammes.
Ergot de seigle.	10 —
Essence de rue.	5 —
Miel.	9 —

(Pour faire 60 pilules dont on donne 5 ou 6 matin et soir)
Nous n'avons pas obtenu souvent de bons résultats.

Métrite aiguë et chronique, et métro-péritonite.

La métrite est l'inflammation interne de la matrice ; elle s'observe soit à la suite de parturition laborieuse soit à la suite d'avortements.

Un écoulement muqueux, brunâtre ou sanguinolent s'établit par la vulve ; le ventre s'endolorit et se gonfle, la Chienne perd l'appétit, marche lentement la tête basse ; son facies exprime la souffrance et elle reste le plus souvent couchée, indifférente pour ses petits.

Si la métrite est peu grave, si la cause qui l'a fait naître a disparu, si en un mot il n'est resté dans la matrice ni fœtus mort, ni enveloppes fœtales en décomposition, enfin si la matrice n'est pas gravement lésée, on voit ordinairement les accidents se dissiper au bout de deux ou trois jours par une espèce de crise consistant en diarrhée et en émission abondante d'urine.

Il est rare que, dans la métrite, la Chienne se livre à des efforts expulsifs assez violents pour amener le renversement du viscère et sa sortie à l'extérieur, comme dans l'exemple que nous avons rapporté plus haut ; M. le professeur Rainard, pendant trente années de pratique, n'en a vu qu'un seul cas.

Lorsque la métrite est grave, qu'on n'a pu terminer l'accouchement ou extraire entièrement le placenta, les symptômes vont en augmentant et la mort arrive en deux ou trois jours ; dans ce cas l'inflammation de la matrice s'est ordinairement propagée au péritoine, et il y a alors *métro-péritonite*.

L'inflammation de la matrice peut ne pas disparaître entièrement, devenir subaiguë, et alors la *métrite*, d'*aiguë* est devenue *chronique*. La sécrétion est moins abondante et devient muco-purulente ; néanmoins cette sécrétion épuise l'organisme et amène la maigreur et même la mort à une époque plus ou moins éloignée.

À l'autopsie de Chiennes mortes de métrite chronique, on trouve la muqueuse de l'utérus modifiée, rugueuse, couverte de bourgeons irréguliers, miliaires et saignants, et les cornes remplies de pus.

TRAITEMENT. — Dans le cas de *métrite aiguë*, une petite saignée de 400 grammes environ est indiquée. La soif étant ardente, on donnera à la Chienne du lait à discrétion, coupé par moitié d'une décoction de laitue, et dans lequel on aura fait dissoudre 5 à 6 grammes de bicarbonate de soude par litre ; enfin on appliquera sur le ventre des cataplasmes émollients de farine de lin tièdes, fréquemment renouvelés.

Dans le cas de *métrite chronique*, on se gardera de saigner ; on donnera à la Chienne des aliments très azotés, tels que bouillons de tripes et viande crue, et on fera dans la matrice de fréquentes injections détersives d'eau tiède alcoolisée, ou additionnée du coaltar saponiné au dixième, ou encore d'une décoction d'écorces de chêne ou de feuilles de noyer, mais les injections doivent être faites dans l'utérus au moyen de seringue à longue canule, après des lavages à l'eau tiède qui ont débarrassé l'utérus et ses cornes du pus qu'ils contiennent.

Polypes du vagin.

Les polypes sont des excroissances charnues, recouvertes d'une membrane lisse, qui n'est autre chose que la muqueuse, et d'une couleur pâle ou plus ou moins rougeâtre. Ils sont implantés à la surface de la muqueuse vaginale par une base généralement étroite et ne saignent pas facilement au contact. On ne s'aperçoit généralement de la présence des polypes que quand ils sont assez volumineux pour gêner l'accouplement ou les fonctions urinaires et qu'ils viennent se présenter à l'entrée du vagin.

On ne connaît pas les causes du développement des polypes et ils n'ont d'autres inconvénients que ceux signalés ci-dessus. Ils persisteraient pendant toute la vie de l'animal si l'on n'intervenait pas.

Le traitement des polypes est entièrement chirurgical; on les extirpe en les coupant à leur base avec des ciseaux et tamponnant ensuite le vagin, pour arrêter l'écoulement du sang, avec de la charpie imbibée de perchlorure de fer; ou bien en appliquant à leur base une ligature qui amène leur mortification et leur chute spontanée. Dans un cas de polype chez une levrette, nous nous sommes servi, pour ligature, d'un fil de caoutchouc, et le lendemain de l'opération nous avons constaté que le polype était tombé dans la nuit, sans laisser aucune trace et sans hémorragie.

Hémorragie vaginale.

Il ne faut pas considérer comme une maladie les petites pertes sanguines qu'on observe chez certaines Chiennes à l'époque des chaleurs; ce sont de véritables règles en tout comparables à ce qui s'observe dans l'espèce humaine. Il n'y a donc pas à s'en préoccuper, malgré les inconvénients que cela peut avoir au point de vue de la propreté.

Mais il est un autre genre de *perte de sang* dont nous avons déjà constaté deux exemples, et qui surviennent chez des Chiennes au moment du sevrage, surtout du sevrage trop hâtif et c'est, dans ce cas, une véritable maladie qu'il faut traiter, car elle persisterait et amènerait l'épuisement de la bête, sans compter le dégoût qu'inspire une pareille affection.

Ces pertes de sang sont le résultat d'une affection congestive de l'utérus et du vagin, et quelquefois de la vulve. Voici le traitement que nous avons conseillé et qui a été suivi d'un plein succès :

Poudre d'ergot de seigle. . . . . 3 grammes.

Pour confectionner 12 pilules. Une pilule matin et soir.

Perchlorure de fer. . . . . . . 10 grammes.
Eau commune froide. 150   —

Pour faire des injections dans le vagin avec une petite seringue *ad hoc.*

L'hémorragie vaginale peut avoir aussi pour cause d'anciennes blessures du vagin datant d'un part laborieux, qui au lieu de se cicatriser ont donné lieu à des végétations fongoïdes qui saignent au moindre contact et quelquefois même spontanément. C'est par des cautérisations au perchlorure de fer et même au nitrate d'argent, répétées jusqu'à destruction des productions fongoïdes, qu'on guérit cette dernière maladie.

Éclampsie ou Convulsions des Chiennes nourrices.

Les convulsions ont été signalées chez les Chiennes nourrices par Delabère-Blaine et décrites plus complètement ensuite par Hertwig et par Zundel. Ce dernier n'a vu cette affection, qui est assez rare, que chez les Chiens de petite race et particulièrement chez les griffons, les ratiers et les loulous.

La maladie se montre brusquement, débutant par une sorte de paralysie des membres qui refusent de supporter le corps ; puis apparaissent des convulsions avec secousses qui s'étendent rapidement sur tout le corps ; quelquefois il y a contraction des mâchoires (trismus) avec grincements de dents, mais toujours expulsion de salive mousseuse blanche et tremblement musculaire des joues. La respiration est très vite ; le pouls plein, dur, irrégulier et vite ; il y a inappétence et absence de soif complètes et les fonctions de la défécation et urinaires font défaut. Les mamelles sont enflées, tendues et chaudes; mais les petits tettent sans éprouver le moindre dérangement.

L'accès est continu et dure longtemps, de un à deux jours, et se termine constamment par la mort si l'on n'intervient pas à temps.

La cause de cette maladie est assez obscure; elle n'affecte jamais que les Chiennes nourrices, et n'a jámais été observée sur celles qui sont en parturition. Une contrariété morale, comme la perte d'un ou de plusieurs petits, le départ du maître, paraît en être la cause déterminante et la pléthrore là cause prédisposante.

Delabère-Blaine conseille d'enlever les petits, à l'exception d'un ou deux, et de faire prendre 2 à 3 cuillerées, suivant la taille et toutes les deux ou trois heures, de la potion suivante :

> Éther sulfurique. . . . . 1 drachme.
> Teinture d'opium (laudanum) . 1 drachme.
> Bière forte . . . . 2 onces.

Hertwig conseille une forte saignée pouvant aller jusqu'à 500 grammes chez les plus grands Chiens. M. Zundel obtient un succès complet et rapide au moyen du sirop de chloroforme qui fait disparaître l'éclampsie comme par enchantement s'il est donné à temps : il agite un gramme de chloroforme dans 100 grammes de sirop simple et fait donner cette potion par petites cuillerées, de quart d'heure en quart d'heure.

Agalaxie (*Privation de lait*).

Deux fois nous avons constaté l'absence plus ou moins complète de lait chez des Chiennes qui venaient de mettre bas et toutes deux de la belle race des setters Gordon; les petits sont, bien entendu, morts d'inanition. A quelle cause attribuer ce phénomène? Nous ne savons. Une de ces Chiennes était très grasse; là était peut-être la cause de l'arrêt ou de l'insuffisance de la sécrétion lactée.

Pour combattre cette infirmité, nous avons conseillé un régime à base de viande de cheval crue et beaucoup d'exercices au grand air. Un régime et une vie normale selon la nature du Chien étant le meilleur moyen de rétablir toutes les fonctions physiologiques.

Empissement laiteux.

L'enlèvement immédiat des petits à une Chienne qui vient de mettre bas, est malheureusement une mesure largement mise en pratique. Si on savait à quels dangers on expose la malheureuse bête, on lui laisserait toujours au moins un de ses rejetons, quitte à s'en débarrasser plus tard après le sevrage. L'empissement laiteux ou l'engorgement des mamelles par le lait dont elles sont remplies est la conséquence immédiate de l'éloignement des petits auxquels ce lait était destiné. Les mamelles sont chaudes et douloureuses et la Chienne souffre d'une véritable fièvre.

Pour *faire passer le lait*, on applique sur les mamelles un cataplasme de terre glaise ou de craie pilée délayée dans moitié eau froide et moitié vinaigre, dont on les barbouille, et on renouvelle fréquemment cette application. On laisse en même temps la Chienne à une diète rigoureuse et on lui administre une purge de 30 grammes d'huile de ricin ou de sirop de nerprun. On remet ensuite progressivement la Chienne à son régime ordinaire au fur et à mesure que le lait disparaît et que les mamelles deviennent flasques et perdent leur température exagérée.

L'engorgement laiteux des mamelles se montre quelquefois chez des Chiennes qui n'ont pas été couvertes; nous en avons vu un exemple chez une Chienne épagneule, à M. B..., de Chenonceaux, à laquelle on avait refusé le mâle au moment de ses chaleurs ; deux mois après ses mamelles se remplirent de lait comme si elle avait eu des chiots.

Cet engorgement laiteux des mamelles, qui survient sans qu'il ait eu de mise bas, se traite comme nous l'avons indiqué plus haut par la diète, la purgation et les cataplasmes froids.

Flaccidité des mamelles.

Il arrive quelquefois qu'après le sevrage ou après la suppression trop hâtive des petits, ou après leur mort en naissant, les mamelles de la mère, dont on n'a pas fait passer le lait assez rapidement, restent pendantes et flasques, ce qui est très gênant pour des Chiennes de chasse.

On combat cette flaccidité des mamelles par des lotions fréquentes, froides et astringentes, d'une décoction d'écorce de chêne ou de feuilles de noyer à laquelle on ajoute un peu d'alum.

Mammite ou Mastoïte.

Si malgré les précautions et l'application des moyens que nous avons indiqués plus haut pour combattre l'engorgement ou *empissement laiteux*, si, en un mot, on n'a pas réussi à *faire passer le lait*, à l'engorgement simple succède l'inflammation des mamelles, que l'on nomme *mammite* ou *mastoïte*. Cette inflammation se reconnaît à la dureté chaude et douloureuse qu'ont acquise ces organes, à la fièvre et à l'inappétence qui l'accompagnent. Dans ce cas, on remplace les cataplasmes astringents par des cataplasmes tièdes de farine de lin ou par des onctions d'onguent *populeum*. On continue les purgatifs tous les deux ou trois jours et même on pratique une petite saignée si la fièvre est trop forte.

La terminaison de la *mammite* est la résolution, ou bien la formation d'abcès, ou encore le passage à l'état chronique.

Les *abcès des mamelles* ont pour cause le lait qui s'est caillé dans les canaux galactophores et qui, devenu corps étranger, provoque, pour être expulsé, un travail éliminateur qui n'est autre que l'abcès : on voit un point de la mamelle devenir particulièrement rouge et dur sur une étendue de quatre, cinq ou six centimètres de diamètre ou même plus; puis, après deux ou trois jours, le centre de cette surface devient mamelonné et mou ou fluctuent; enfin on le voit se percer et donner issue à du pus grumeleux mêlé à des particules filamenteuses jaunâtres qui ne sont autres que les parties caséuses du lait. Lorsqu'un abcès est en voie de formation, il faut faciliter son évolution par l'application fréquente de cataplasmes de farine de lin, le percer avec la pointe d'un canif, d'une lancette ou bistouri, lorsque la fluctuation est bien manifeste, et panser la plaie qui résulte de cette ponction avec du vin ou de l'eau-de-vie dont on imbibe la charpie ou les étoupes que l'on maintient sur la plaie par un bandage de corps. L'évolution d'un abcès ouvert est rapide et il marche promptement vers la cicatrisation, surtout si à ce moment on remplace le régime diététique par un régime plus réconfortant et nourrissant.

On dit que l'inflammation des mamelles est passée à *l'état chronique*, lorsque la chaleur, la rougeur et la sensibilité dont elles étaient le siège ont en grande partie disparu, sans que leur volume et leur dureté aient beaucoup changé. On combat cette forme de la mammite par un régime nourrissant comme si l'animal était en bonne santé, et par des onctions quotidiennes d'une pommade fondante d'après la formule ci-après :

Iodure de potassium . . . . . 4 grammes.
Axonge . . . . 30 grammes.

On augmente l'activité de cette pommade en ajoutant 50 centigrammes d'iode, ce qui forme alors une pommade d'iodure iodurée, très utile contre tous les engorgements glandulaires chroniques.

Lorsqu'une mamelle a été plusieurs fois le siège d'une inflammation chronique, non seulement elle ne diminue plus de volume, mais elle augmente au contraire insensiblement et devient alors le siège d'une véritable tumeur dans le genre de celle dont nous allons nous occuper dans le paragraphe suivant.

Tumeurs des mamelles.

Il se développe fréquemment aux mamelles des Chiennes des tumeurs qu'on regarde d'ordinaire comme cancéreuses et malignes, tandis qu'elles ne sont en général que des tumeurs hypertrophiques ou bénignes (*adenômes*) et toujours guérissables par une opération nullement dangereuse. Ces tumeurs, que les auteurs appellent squirrheuses, sont ordinairement, comme nous l'avons déjà dit, consécutives à des inflammations chroniques des mamelles ; elles peuvent aussi se rencontrer sur des Chiennes qu'on n'a jamais laissé porter et qui, malgré cela, présentent souvent du lait après chaque période de chaleur. La tumeur se montre d'abord comme un noyau de la grosseur d'un pois ou d'une amande dans l'épaisseur de la glande qui elle-même augmente de consistance; la tumeur augmente de volume très lentement sans causer de douleur, jusqu'à ce que son poids devienne incommode et sans que jamais les ganglions voisins soient engorgés ; arrivée à la dimension d'une orange ou d'un gros tubercule irrégulier, mamelonné, touchant le sol lorsque l'animal est debout, la tumeur finit par s'ulcérer dans ses régions inférieures et cette ulcération est surtout due à l'usure de la peau frottant contre les corps étrangers : l'ulcération fait elle-même des progrès insensibles et finit par donner lieu à une plaie dégoûtante, sécrétant un pus infect et sanieux. Malgré l'infirmité repoussante que présente alors l'animal, sa vie n'est pas en danger, et il est facilement guérissable par une opération que nous avons pratiquée maintes fois, entre autres sur une chienne de quinze ans, avec un plein succès. Cette opération consiste,

soit à disséquer la tumeur en conservant une grande partie de
la peau qui la couvre, soit en étreignant son pédicule par un
solide lien en ficelle de fouet que l'on serre de toute sa force ;
la tumeur dans ce dernier cas se flétrit et tombe ; on peut
même ne pas attendre sa chute et l'exciser de suite avec l'instrument tranchant à un centimètre de la ligature. Lorsque le
pédicule qui la recouvre est trop large pour pouvoir être étreint
facilement dans un cercle de ligature, on passe le lien à travers ce pédicule, au moyen d'une aiguille de bourrelier, en un
ou plusieurs sens et ou agit sur chaque subdivision, ainsi
obtenue du pédicule, comme sur le pédicule entier lorsqu'il
est petit. La plaie qui reste après la chute de la tumeur et de
sa ligature se panse comme un abcès ou une plaie simple et
guérit rapidement.

Si, neuf fois sur dix, comme nous le disons ci-dessus, les
tumeurs des mamelles des Chiennes sont de simples *tumeurs
hypertrophiques*, il nous est arrivé aussi, et à d'autres observateurs, d'en rencontrer qui étaient d'autre nature ; ainsi,
l'année dernière (1882), nous avons opéré une Chienne, à
M. de L..., dont la tumeur était constituée par un énorme
kyste, contenant un demi-litre de sérosité claire, et à parois
épaisses de un à deux centimètres ; la tension du liquide contenu dans ce kyste était telle que nous avons cru d'abord à
l'existence d'une tumeur pleine ; ce n'est qu'après l'opération
que nous avons reconnu sa véritable nature.

Une seule fois, il nous est arrivé de rencontrer une tumeur
maligne, de celles qui méritent réellement l'épithète de *cancé-
reuse* : c'est sur une petite bassette âgée, appartenant à **M. R.**
d'E..., de Brinon-sur-Sauldre. L'opération de la tumeur, faite
comme il est indiqué plus haut, n'avait eu aucune mauvaise
suite et la cicatrisation avait marché naturellement, au point
que la bête considérée comme guérie allait être rendue à son
maître, lorsque des symptômes généraux graves se manifes-
tèrent, fièvre, inappétence, et la bête mourait après trois jours

de maladie. A l'autopsie, nous avons trouvé une généralisation des éléments de la tumeur (*carcinome*) dans les ganglions axillaires et inguinaux et dans les poumons ; dans ces derniers organes la généralisation était sous forme de petits tubercules très nombreux, miliaires et pisiformes.

Il est arrivé, en mars 1870, à M. Peuch, alors chef de service à l'école vétérinaire de Lyon, de rencontrer un cas d'*enchondrôme* de la mamelle, après n'avoir pendant très longtemps rencontré que des *adénômes*. L'*enchondrôme* est une tumeur dure, élastique, constituée par la réunion d'une foule de nodules, qui présentent à la coupe un tissu blanc bleuâtre résistant, réellement cartilagineux ; ces nodules sont de toutes dimensions, depuis celle d'un grain de mil et même plus petit, jusqu'à celle d'une noisette ; au centre des plus grands existent des noyaux osseux.

Dans la séance du 20 avril 1877, de la Société centrale vétérinaire, M. Nocard a communiqué un cas très intéressant de *chondrôme primitif de la mamelle*, chez une Chienne, *généralisé dans le poumon avec compression du nerf pneumo-gastrique*. Cette Chienne (braque Saint-Germain), avait une toux rauque, sèche, quinteuse, incessante, très fatigante à entendre, véritable toux nerveuse comme il s'en rencontre souvent chez les vieux Chiens. Cette toux disparut pendant une quinzaine de jours sous l'influence d'un traitement par l'oxyde de zinc. Des symptômes graves se déclarèrent du côté du cœur, qui se mit à battre avec violence, irrégulièrement et rapidement, la bête mourut dans une syncope. C'est à l'autopsie qu'on trouva, près du diaphragme, une tumeur du volume d'une noix qui comprimait le pneumo-gastrique et était ainsi la cause des troubles cardiaques et respiratoires observés pendant la vie ; le poumon était, du reste, farci de petites tumeurs de même nature, c'est-à-dire cartilagineuses. L'*enchondrôme* ne se généralisant pas souvent, le cas de M. Nocard, qui est probablement unique, est très intéressant sous ce rapport.

Castration des Chiennes.

La castration des Chiennes paraît se faire sur une certaine échelle en Angleterre, et quelques possesseurs de Chiens nous ayant demandé des renseignements sur cette pratique, nous allons les donner ici, bien que nous soyons loin de conseiller cette opération, d'abord parce qu'elle offre toujours beaucoup plus de dangers que celle que l'on pratique sur les mâles et ensuite, parce que les Chiennes opérées ont une grande tendance à l'engraissement et à l'apathie et perdent la plupart de leurs qualités.

Néanmoins, pour ceux qui voudront savoir comment se fait cette opération, voici la manière de procéder :

On fait une incision à l'un des flancs et on va à la recherche des ovaires qui sont à l'extrémité des trompes utérines lesquelles servent de guide pour les trouver. — Delabère-Blaine conseille de choisir, pour la castration, le moment où la Chienne est pleine parce que les ovaires et les cornes utérines étant augmentées de volume, on les trouve plus facilement, mais on s'exposerait à une inflammation considérable de l'utérus et des viscères de l'abdomen qu'il serait très difficile de calmer.
— Quand on a trouvé les ovaires, il suffit de les arracher avec l'ongle, et on se contente ensuite de faire quelques points de suture pour réunir les lèvres de la plaie du flanc, en ayant soin d'embrasser les couches musculaires incisées.

§ 2. — Maladies des organes génitaux du mâle.

Hypertrophie de la prostate.

L'hypertrophie de la prostate n'est pas très rare chez le Chien ; plusieurs vétérinaires ont observé cette affection, entre autres Vatel, Leblanc père, Leblanc fils, Prudhomme et Weber.

D'après Prudhomme, la plupart des Chiens qu'il a observés atteints de cette affection urinaient avec difficulté et il en a vu un, entre autres, qui n'urinait que goutte à goutte et d'une manière continue par suite de l'existence d'un engorgement considérable de la prostate. Il fut sacrifié à cause de cette infirmité.

Dans les cas observés par MM. C. Leblanc et Weber, l'urination n'était pas empêchée, mais dans le cas de M. Weber, c'est la défécation qui était impossible. Il s'agissait d'un épagneul de grande taille et âgé, qui depuis plusieurs mois éprouvait une difficulté considérable de la défécation ; il ne pouvait parvenir à exécuter cette fonction qu'à l'aide de lavements et de purgatif. En comprimant le ventre vers la région lombaire, on percevait facilement la présence d'une tumeur arrondie du volume du poing environ, située dans la région du rectum ; mais il était bien difficile de se prononcer sur la nature de cette tumeur. Le Chien urinait parfaitement sans éprouver aucune gêne apparente. Le propriétaire se décida à faire sacrifier son Chien. A l'autopsie, M. Weber rencontra une tumeur qui n'était autre qu'une hypertrophie considérable de la prostate, dans laquelle on rencontra, en l'incisant, deux kystes purulents. Le calibre de l'urètre avait conservé son calibre normal et ne présentait aucune altération. Ces pièces furent présentées à la Société centrale vétérinaire dans sa séance du 14 octobre 1869.

Cet exemple montre que les tumeurs de la prostate ne sont malheureusement pas guérissable par un traitement quelconque ; elles sont du reste situées trop profondément pour qu'une intervention chirurgicale soit possible et il ne reste qu'à sacrifier l'animal pour mettre un terme à ses souffrances.

Hématurie.

L'hématurie ou pissement de sang est assez rare chez le

Chien ; cependant on l'a observé quelquefois, et pour notre compte nous en avons vu trois exemples : un chez un jeune Chien de 4 mois, chez lequel ce symptôme était lié à un état scorbutique, forme grave de la gourme ; un autre chez un Chien adulte, chez lequel l'hématurie était la conséquence de violences extérieures ayant porté sur la courbure ischiatique de l'urètre, et enfin un troisième chez un Chien affecté de calculs rénaux. On a encore signalé une hématurie consécutive à une cystite, à une néphrite, etc.

Ainsi donc l'*hématurie* est un symptôme commun à plusieurs maladies ; nous ne nous occuperons ici que de l'hématurie due à des violences extérieures, renvoyant aux articles spéciaux qui traitent de la gourme et de ses complications, des affections calculeuses, etc., où sont donnés les moyens de combattre ces affections, — quand il y a possibilité, — et par suite de faire cesser le symptôme *hématurie* qui en dépend.

Les violences extérieures qui peuvent être suivies d'*hématurie*, sont celles qui ont porté sur le ventre, le bassin, le périné (par exemple des coups de pied de cheval, ou d'homme brutal, des roues de voiture, etc.), et qui ont lésé la vessie, les reins, ou l'urèthre. On trouve les traces de ces lésions dans la région lombaire, au ventre, sur la croupe, entre les cuisses, sous forme de contusions, d'ecchymoses, de fractures osseuses, de plaies, ou simplement de tuméfactions chaudes et douloureuses ; souvent, dans ce cas, l'arrière-train est paralysé et le phénomène du pissement de sang n'est probablement que la conséquence de déchirure de vaisseaux, dans les reins, la vessie ou l'urètre.

A l'autopsie des Chiens morts avec les symptômes de l'hématurie, on trouve l'inflammation ou le ramollissement des reins, l'inflammation de la vessie et de l'urètre, des extravasations sanguines dans la cavité abdominale et pelvienne, quelquefois des calculs rénaux, vésicaux et urétraux, ou bien les lésions caractéristiques du scorbut.

Contre l'hématurie due à des violences extérieures, on administre à l'intérieur des boissons rafraîchissantes, petit lait, tisanes de chiendent avec addition de sulfate de soude ou de crême de tartre; à l'extérieur on fait des lotions souvent repétées d'eau fraîche, ou mieux encore d'eau vinaigrée, sur toute l'étendue des parties lésées et au delà, et on administre le même liquide en lavements. Il faut tenir les animaux dans le plus grand repos possible, les nourrir légèrement et, s'il survient une forte fièvre, pratiquer une forte saignée.

Gonorrhée.

Il existe assez fréquemment chez les Chiens un écoulement purulent verdâtre, qui salit l'ouverture du fourreau et agglutine les poils de cette région. Le siège de cette sécrétion est la cavité même du fourreau et la surface externe de la verge que le fourreau recouvre.

Presque tous les Chiens misérables et à maladies de peau chroniques sont atteints de *gonorrhée* et nous l'avons constatée aussi chez des Chiens d'appartement admirablement soignés mais à constitution dartreuse et présentant fréquemment des poussées de pytiriasis ou d'eczéma. L'écoulement gonorrhéique est, par suite, constitutionnel, au même titre que le catarrhe auriculaire chronique, et, la preuve, c'est que nous l'avons toujours vu disparaître, sans autre traitement local que des soins de propreté, à la suite d'un traitement général s'adressant à la diathèse dartreuse ou à l'état général du sujet. C'est donc le traitement général anti-dartreux que nous avons indiqué au chapitre des Maladies de la peau, que nous conseillons contre la gonorrhée des Chiens, traitement qui sera combiné, bien entendu, avec un régime reconstituant à base de viande crue. Localement, on fera des lavages ou des injections dans le fourreau avec de l'eau légèrement alcoolisée et phéniquée.

Polypes.

Les *polypes* sont des végétations charnues en forme de petits tubercules lenticulaires ou arrondis, qui se développent à la surface de la verge.

Ils paraissent être beaucoup plus rares que chez la Chienne ; cependant nous en avons observé un exemple chez un Chien couchant à M. F. S..., d'Agen, lequel, ayant présenté un écoulement sanguin de la verge après s'être séparé d'une Chienne qu'il venait de couvrir, donna l'occasion à son maître, qui était présent, de constater qu'il existait sur les globes érectiles de la base de la verge, des excroissances lenticulaires excoriées par l'acte et donnant écoulement à du sang.

On traite ces polypes comme ceux de la Chienne, soit en les pinçant avec l'ongle à leur base pour les faire tomber s'ils sont petits, soit en les coupant avec des ciseaux ou mieux une pince à mors peu tranchant et cautérisant ensuite avec du perchlorure de fer, s'il est nécessaire, pour arrêter l'hémorragie.

Inflammation des testicules ; Castration.

Les testicules peuvent être le siège d'une inflammation violente à la suite de contusions, coups de pieds, etc., ce qui se reconnaît à la chaleur, à la tension, à la douleur, des parties et à la souffrance qu'éprouve l'animal et qui se manifeste par la fièvre, l'inappétence, la face anxieuse, et la tendance de l'animal à lécher la partie malade. On traitera cet accident par des compresses d'eau vinaigrée fréquemment renouvelées.

Il arrive quelquefois que la blessure du testicule est assez grave pour entraîner la gangrène, ou la formation d'ulcères fongueux de mauvaise nature ; dans ce cas il faut recourir à la *castration*.

La castration se pratique sur le Chien très facilement : on fait sortir chaque testicule de son enveloppe par une large incision longitudinale du scrotum au point le plus saillant correspondant à chaque testicule ; puis on détache chaque testicule par quelques tours de torsions opérés de la main droite, la gauche fixant le cordon entre l'ongle du pouce et l'index, et le cordon se rompt au point de la torsion. On laisse ensuite la cicatrisation de la plaie s'opérer spontanément, en se contentant de laver l'intérieur des cuisses salies par les produits de la suppuration qui s'écoule.

Les conséquences physiologiques de la castration du Chien sont les mêmes que celles que nous avons signalées à l'article : *Castration des femelles.*

§ 3. — MALADIES DES ORGANES URINAIRES.

Inflammation des reins (*Néphrite*).

L'inflammation des reins est rare chez le Chien ; elle est ordinairement la conséquence de violences extérieures, coups de bâton, passage de roues de voiture, etc. Nous en avons déjà indiqué les symptômes à l'article *Hématurie*, le principal étant l'écoulement d'une urine sanguinolente ou contenant des caillots sanguins. Quelquefois, si l'inflammation est violente, la sécrétion urinaire est suspendue ou rare, et alors il y a, comme symptômes concomittents, une voussure et une raideur des reins qui sont en même temps douloureux à la pression ; il existe en même temps une grande difficulté dans la marche.

Le traitement consiste, après avoir pratiqué une petite saignée si la fièvre est très forte, à administrer à l'intérieur 50 centigrammes à un gramme de sel de nitre dans une émulsion de guimauve, toutes les trois ou quatre heures. S'il y a de la constipation on donne des lavements ou des purgatifs légers à l'huile de ricin. Enfin on place sur les reins soit des compresses froides, si la lésion est récente, soit des cataplasmes de farine de lin si le mal est plus ancien.

Dégénérescence et Atrophie des reins.

La dégénérescence graisseuse des reins a été constatée chez des vieux Chiens gras par divers auteurs et entre autres par le vétérinaire anglais Nettleship. Dans ce cas il y a albuminurie et émission de petits calculs de la variété hyaline (?)

L'atrophie des reins est rare chez le Chien ; un bel exemple de cette lésion a été montré à la Société centrale vétérinaire dans sa séance du 14 mars 1867, par M. Colin. Il s'agissait d'un Chien qui lui avait servi à des expériences et à l'autopsie duquel il trouva le rein droit réduit à la dimension d'une fève de marais, et le gauche de dimensions normales. A la surface de la muqueuse vésicale existait un grand nombre de petits calculs miliaires en voie de formation ; de pareils calculs existaient au col de la vessie et dans toute la partie pelvienne du canal de l'urèthre, au niveau de la rainure de l'os pénien le canal était en grande partie rempli par une série de 6 calculs disposés côte à côte comme des pois dans leur gousse ; ils remplissaient la lumière du canal et l'urine n'avait de passage que dans leurs intervalles. Il y avait certainement une relation entre la présence de ces calculs et l'atrophie du rein droit.

Plus loin nous verrons d'autres exemples d'atrophie en parlant des affections calculeuses des organes urinaires du Chien.

Inflammation de la vessie (*Cystite*); Catarrhe vésical.

L'inflammation de la vessie peut être causée soit par une violence extérieure, comme pour la néphrite, soit par une rétention d'urine par suite de la présence de calculs dans l'urètre ou d'une blessure de cet organe, comme nous l'avons vu dans l'article *Hématurie*.

L'inflammation de la vessie s'annonce par des symptômes qui ont une grande analogie avec ceux de la néphrite; la seule différence, c'est que la douleur s'exagère par la pression du ventre et non par la pression des reins dans le premier cas et que dans le second c'est le contraire.

Quand l'inflammation de la vessie est passée à la période de suppuration, c'est ce qu'on appelle le catarrhe vésical. Le Chien urine fréquemment et l'urine qu'il émet ainsi est opaque, lactescente parce qu'elle contient du pus sécrété par la muqueuse vésicale.

Le traitement de la cystite aiguë est le même que celui de la néphrite, c'est-à-dire qu'on fera usage de boissons nitrées; dans la cystite sub-aiguë, ou catarrhe vésical, on donnera des balsamiques et en particulier des capsules de térébenthine (2 à 5 grammes par jour).

Si la cystite est causée par des calculs, la vie de l'animal est bien compromise, car les affections calculeuses sont des maladies à peu près incurables chez le Chien, comme nous le verrons à l'article suivant.

Affections calculeuses des organes urinaires.

Les affections calculeuses sont fréquentes chez les Chiens, et malheureusement généralement mortelles; aussi, n'est-ce pas tant pour indiquer aux propriétaires de Chiens des remèdes pour combattre ces affections, que nous allons en parler, mais pour indiquer les moyens de les prévenir.

En effet, l'analyse chimique des calculs urinaires du Chien les montre à peu près constamment formés de phosphates de chaux et de magnésie [1], et l'observation apprend que ce sont surtout les Chiens qui mangent beaucoup d'os, ou beaucoup

---

1. Lassaigne en a aussi trouvé composés d'urate d'ammoniaque, et c'était particulièrement des calculs de la vessie.

de pain de son, — substances qui renferment une grande quantité des substances en question, — qui présentent le plus souvent des calculs de cette composition. Cela prouve, d'une part, que les aliments de ces Chiens sont trop riches en phosphates terreux, d'autre part que les fonctions éliminatrices sont trop paresseuses, c'est-à-dire que les animaux n'ont pas assez d'exercice. Les causes étant connues, les moyens préservatifs sont faciles à indiquer ; nous y reviendrons.

La matière calculeuse urinaire peut se présenter sous trois formes : 1° sous forme de magma terreux qui reste au fond de la vessie et augmente tous les jours ; 2° sous forme de grenaille à grains plus ou moins volumineux ; 3° sous forme d'un calcul unique, espèce de caillou ovoïde ou arrondi, qui se forme dans la vessie et dont le volume s'accroît constamment ; 4° enfin sous forme de concrétion remplissant le bassinet du rein, finissant par détruire cet organe et le remplacer complètement.

A. Lorsque le Chien a un magma terreux dans la vessie, son urine est toujours trouble ; il a souvent de la difficulté à uriner ; son ventre augmente en même temps que le reste du corps maigrit ; on croirait à une ascite, ou à une maladie chronique de l'abdomen, enfin il finit par mourir d'épuisement et ce n'est guère qu'à l'autopsie qu'on reconnaît la véritable cause de la mort. Il y a quelques années, M. Leblanc est venu montrer aux membres de la Société centrale de médecine vétérinaire une vessie de Chien mort de cette affection, laquelle avait acquis le volume d'une vessie de cochon soufflée et contenait un kilogramme et plus de magma terreux, ressemblant à la boue qui s'accumule sous les meules à repasser.

B. Lorsque le Chien a dans la vessie des calculs en grenaille, il peut avoir malgré cela toutes les apparences de la santé, mais il arrive tout à coup que la fonction urinaire s'arrête net, malgré les efforts de l'animal, efforts accompagnés d'une vive inquiétude, de grandes souffrances et de coliques. Si on explore la verge, à sa région inférieure ou urétrale aussi loin qu'on peut suivre le canal, on finit par rencontrer un petit corps dur qui y est engagé et qui en ferme complètement la lumière. Pour éviter une mort imminente, il faut, par une incision pratiquée sur le corps lui-même, lui donner issue au dehors ; le Chien sera immédiatement soulagé et guérira rien que par des soins de propreté ; mais il est rare qu'on ne soit pas obligé de recommencer un peu plus tard, car les calculs assez petits pour pouvoir s'engager dans le canal de l'urètre sont rarement seuls : Delabère-Blaine en trouva un jour de quarante à cinquante dont plusieurs étaient engagés dans le canal et avaient causé la mort du Chien qui les lui avait fournis ; — c'était un Terre-Neuve.

La Chienne est rarement affectée de ces calculs, soit que la brièveté de son canal urétral lui en permette la facile expulsion lorsqu'ils sont encore petits, soit qu'elle soit moins sujette aux rétentions urinaires qui en facilitent la formation.

C. Les calculs solitaires ou uniques dans la vessie sont rares chez le Chien ; cependant on en a vu du volume d'un œuf de pigeon, et on ne les a jamais constatés qu'après la mort, parce que le sondage est très difficile pour ne pas dire impossible à pratiquer chez le mâle, à cause de la présence de l'os pénien qui rend la verge et surtout le canal de l'urètre inflexible. Nous ne sachons pas qu'on ait vu de ces calculs chez la Chienne.

D. Les calculs urinaires peuvent se développer dans les bassinets des reins, remplir insensiblement ces cavités et même détruire complètement ces organes en en prenant la place et le volume. La sécrétion urinaire s'en trouve par suite abolie et l'animal meurt d'intoxication urique ou d'uricémie.

Un exemple remarquable de cette affection a été communiqué à la Société de médecine pratique dans sa séance du 1er juin de cette année (1876), par le Dr Guillon, qui l'avait observé il y a une dizaine d'années sur un Terre-Neuve appartenant à un de ses amis. Depuis quelque temps ce Chien était

triste, criait la nuit, et faisait presque sans succès des efforts
pour uriner. L'urine laissait déposer par évaporation une matière blanche, friable et crétacée. Un jour on le trouva mort et
l'autopsie révéla une altération dans tous les organes, — conséquence sans doute de l'empoisonnement urinaire, — mais
particulièrement des reins dont la substance corticale avait
été refoulée par deux gros calculs. La vessie était réduite de
capacité et ne contenait presque pas d'urine.

Les calculs en question, présentés à la Société de médecine
pratique, ayant été mis à notre disposition, nous en avons
exécuté, d'après nature, les deux figures ci-contre, qui les
représentent aux deux tiers de leur grandeur naturelle. Le plus grand, *A* (fig. 73), pèse 196 grammes et ses dimensions sont les suivantes : hauteur 8 centimètres 25, largeur 5 centimètres 50, épaisseur 4 centimètres.

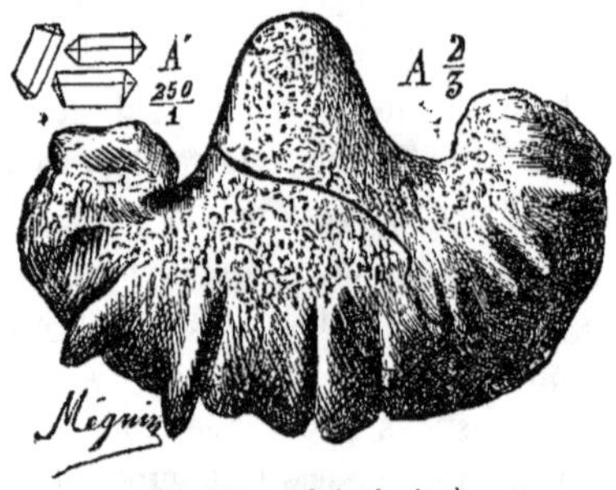

Fig. 73. — Calcul rénal.

Le plus petit, *B* (fig. 74), pèse 97 grammes 30, et mesure, en longueur, 8 centimètres, en largeur 5 centimètres 70, et en épaisseur 3 centimètres 80.

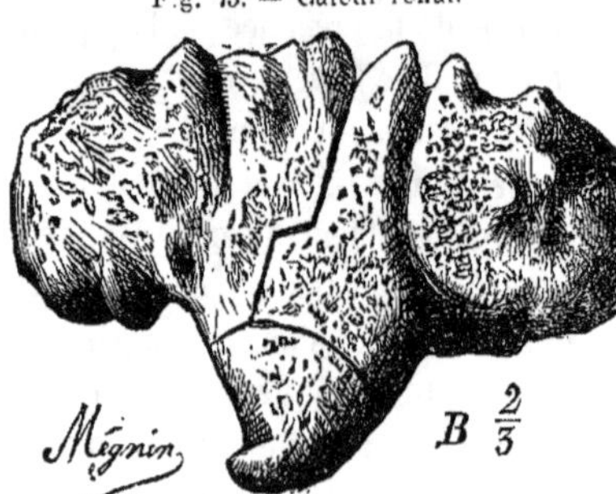

Fig. 74. — Calcul rénal.

Les divisions naturelles et spontanées de ces calculs, le
premier en 3 morceaux, et le deuxième en deux prouvent

qu'ils se sont développés par plusieurs noyaux séparés de pé-
trification.

L'analyse chimique de ces calculs nous a montré que leur
élément constituant est le phosphate ammoniaco-magnésien
sous forme de cristaux prismatiques trapézoïdaux représentés
dans la figure A' où ils sont grossis 250 fois en diamètre.

Nous en avons observé un deuxième cas le 1er janvier 1881
sur une petite chienne bassette, morte de cause inconnue et
dont le cadavre nous avait été envoyé par son maître, M. A.
de B..., du Vésinet, pour en faire l'autopsie : le centre des
deux reins était occupé par des calculs qui en avaient élargi
les bassinets de manière à réduire l'enveloppe corticale à la
moitié de son épaisseur normale. (Ces reins avec leurs calculs
figurent dans notre collection.) La composition de ces calculs
est la même que celle de ceux de l'exemple précédent, c'est-
à-dire qu'ils sont composés de phosphate ammoniaco-magnésien. La bassette en question avait dévoré pendant quatre ans
une quantité considérable de jeunes lapins qu'elle allait elle-
même et seule chercher au bois et rongeait beaucoup d'os.
Elle était parfois en proie à des souffrances excessives qui la
prenaient par accès et pendant lesquels elle marchait pendant
deux ou trois jours sans s'arrêter, longeant les murs de l'habitation comme si elle était aveugle, sans boire ni manger. La
période de ces accès était très irrégulière ; quelquefois c'était
toutes les semaines, d'autres fois tous les trois ou quatre mois.
Huit mois avant sa mort elle avait fait quatre petits vivants
mais *informes*, qui moururent au bout de quelques jours.
Depuis cette époque ses urines étaient infectes.

Le traitement des affections calculeuses urinaires du Chien
est, nous le répétons, à peu près illusoire, à l'exception des
petits calculs engagés dans l'urètre, et que l'on peut extraire,
par une opération assez simple est assez facile, quand ils sont
toutefois bien perceptibles à l'extérieur. — Pour les gros calculs de la vessie, on a conseillé une véritable opération de

la taille, qu'on est rarement à temps de faire chez le Chien, et qui, du reste, donne peu de résultats pratiques.

En somme, le traitement prophylactique ou préservatif est celui auquel il faut s'attacher, et il est tout hygiénique : il faut donner au Chien assez de viande crue pour qu'il n'en soit pas réduit, pour satisfaire un besoin irrésistible et commandé par la nature, à explorer les tas d'ordures pour y récolter les os qu'on y a jetés ; il faut varier assez sa nourriture pour que le pain de son, les haricots, etc., — toutes substances qui contiennent beaucoup de phosphate de chaux, — n'en forment pas la base ; il faut enfin donner au Chien un exercice constant et régulier qui entretienne toutes les fonctions, et surtout les fonctions éliminatrices, en parfait état de fonctionnement. Une dernière recommandation : veillez à ce que le Chien, surtout le Chien autorisé à venir dans les appartements et dressé à être propre, puisse satisfaire à temps tous ses besoins ; la continence d'urine forcée est souvent une cause d'irritation de la vessie et de prédisposition aux calculs.

Urémie.

Le mot *urémie* signifie accumulation d'*urée* dans le sang. L'*urée* est un produit excrémentitiel, qui résulte de l'usure des tissus, qui doit être extrait du sang par les reins et porté au dehors par les organes urinaires.

L'accumulation de l'*urée* dans le sang constitue un véritable empoisonnement du liquide nourricier. Cet empoisonnement s'accuse par des vertiges, de la surdité, de la cécité, puis par des convulsions (on regarde l'éclampsie comme un véritable empoisonnement urémique) et enfin par la mort.

C'est d'empoisonnement urémique que meurent les Chiens dont les reins ne fonctionnant plus par suite de la destruction progressive de leur substance par les calculs qui se développent dans leur bassinet. Nous avons, en effet, rapporté plus haut l'histoire d'une bassette dont les reins étaient en partie détruits par des calculs, et qui, avant de mourir, a eu pendant quatre ans des accès de vertige avec cécité, pendant lesquels elle marchait sans cesse; c'étaient des accès caractéristiques d'empoisonnement urémique auquel elle a fini par succomber.

La présence de calculs dans l'urètre ou au col vésical, empêchant l'émission de l'urine, amène aussi l'empoisonnement urémique. Nous en avons constaté un exemple chez un chat angora à l'autopsie duquel nous avons trouvé l'urètre obstrué par des calculs d'acide oxalique.

Affection vermineuse des organes urinaires.

Les maladies vermineuses de l'appareil urinaire sont rares chez le Chien, mais, par contre, extrèmement graves et généralement mortelles. Elles sont presque exclusivement causées par le parasite qui fait l'objet de l'article suivant, et qui n'est pas particulier au Chien, car on l'a aussi rencontré chez l'homme, le cheval, le bœuf, le loup et le renard.

Strongle géant.—Ce ver, qu'on nomme en zoologie *Eustrongylus gigas*, est cylindrique, d'un rouge sanguin, très long, légèrement atténué aux deux extrémités et strié transversalement et longitudinalement. Tête obtuse, bouche petite, orbiculaire entourée de six papilles rapprochées. *Mâle*, long de 14 à 40 centimètres, large de 4 à 6 millimètres, à queue obtuse terminée par une bourse membraneuse entière. *Femelle,* longue de 2 décimètres à 1 mètre, large de 4 à 6 millimètres, à queue obtuse, droite ou très légèrement recourbée. Anus et ovaire s'ouvrant à l'extrémité postérieure, œufs globuleux, brunâtres de $0^{mm},07$ à $0^{mm},08$ de long sur $0^{mm},04$ de large.

Ce ver, heureusement très rare, est le géant de l'ordre des Nématoïdes. Il habite principalement dans les reins, et il est rare qu'on en rencontre plus d'un ou deux ensemble. Cepen-

dant, on a signalé quelques cas dans lesquels on en a vu jusqu'à trois, cinq et même huit chez un seul animal. Le strongle
géant est l'un des plus dangereux helminthes qui attaquent
l'homme et les animaux. Lorsqu'il existe dans un rein, il en
détruit peu à peu la substance et cause de tels ravages, que le
malade endure des souffrances atroces et succombe le plus
souvent. Parfois, après avoir désorganisé le tissu de la glande,
il perfore les parois de la poche dans laquelle il est renfermé
et tombe dans le péritoine. M. Plasse, de Niort, a rapporté à
M. C. Leblanc, un cas dans lequel trois strongles géants oc-
cupaient le même rein chez un Chien. L'un d'eux avait pénétré
dans la cavité abdominale après avoir rompu la coque du rein
qui l'enveloppait encore en partie; les deux autres étaient
restés dans l'organe altéré. Dans d'autres circonstances, le parasite, avant d'avoir acquis un volume trop considérable, s'engage dans un des uretères et peut ainsi arriver jusque dans la
vessie où on le trouve à l'autopsie. D'autres fois, il poursuit
son chemin et passe dans le canal de l'urètre comme s'il voulait
s'échapper au dehors. M. Lacoste, vétérinaire principal au
dépôt de remonte de Caen, a publié un fait très curieux dans
lequel un Chien de chasse épagneul a rendu, par le canal de
l'urètre, un strongle géant de la grosseur d'un tuyau de plume
et de quarante centimètres de longueur. (*Mémoires de la Société vétérinaire du Calvados et de la Manche*, 1845.) Le plus
ordinairement cependant, lorsque le ver prend cette voie, il est
arrêté par la partie du canal qui correspond à l'os pénien. Il
s'introduit alors dans le tissu cellulaire environnant et détermine, dans la région qui s'étend de la partie ischiale du canal
à l'os du pénis, soit en avant, soit en arrière des testicules, la
production d'une tumeur dans laquelle il continue à s'accroître
au milieu du pus dont il provoque la sécrétion. M. C. Leblanc,
à qui nous empruntons ces détails, a publié trois observations
très intéressantes sur des tumeurs déterminées par cette cause
chez le Chien. Dans ces trois cas, la ponction de la tumeur et

la sortie du ver ont suffi pour guérir les malades. (*Recueil vétérinaire*, 1862.)

Ce sont les rares cas où la curabilité de la maladie causée par le strongle géant est possible; dans presque tous les autres elle entraîne à peu près fatalement la mort.

Il nous est cependant arrivé de rencontrer deux fois des strongles géants, chez des Chiens, à la santé desquels ils ne nuisaient pas beaucoup : la première fois en faisant l'autopsie d'un Chien très bien portant qui avait servi à des expériences dans le laboratoire de M. le professeur Ch. Robin, nous avons trouvé, dans la cavité abdominale et parfaitement libre, un strongle géant mâle à son complet développement; les reins du Chien étaient parfaitement sains et intacts. La seconde fois en ouvrant une tumeur du volume d'un œuf de poule intéressant la mamelle gauche d'une Chienne, nous avons trouvé, dans la cavité de cette tumeur et enroulé un grand nombre de fois sur lui-même, un strongle géant femelle adulte, de 60 centimètres de long sur près d'un centimètre de diamètre. Celui-ci non plus n'avait eu aucun rapport avec les reins de l'animal qui le nourrissait.

Bien que l'on ait signalé de petits vers filiformes rencontrés dans la vessie du Chien, le strongle géant est le seul ver qui produise une affection sérieuse des organes urinaires chez cet animal; aussi ne nous occupons-nous pas des autres.

CHAPITRE VIII

MALADIES NERVEUSES

Les affections du système nerveux sont les moins connues dans leurs causes et dans leur nature et par suite celles à l'égard desquelles la thérapeutique est la moins avancée. Il n'y a guère que la *congestion cérébrale* ou *apoplexie*, dont nous avons déjà parlé, page 317, qui laisse des lésions appréciables, parce qu'elle est autant une maladie du système circulatoire que du système nerveux; il y a encore une maladie parasitaire du cerveau, dont nous parlons ci-après, et dont on trouve la cause à l'autopsie; quant à l'*épilepsie*, la *chorée*, les *paralysies*, le *tétanos* et même la *rage*, qui sont des maladies essentielles du système nerveux, des *névroses* comme on les nomme, la plus grande obscurité règne encore sur leur nature intime, et sur leurs causes essentielles, pathogéniques; aussi les traitements qu'on leur applique sont-ils tout à fait empiriques et incertains.

La médecine expérimentale, qui a déjà rendu tant de services à la médecine pratique, se livre avec ardeur depuis quelques temps à l'étude des névroses et surtout des phénomènes nerveux; la *rage* en particulier, fait l'objet des recherches de l'illustre professeur de l'École normale, M. Pasteur, qui a déjà démontré que le siège principal de cette terrible affection est le système nerveux et le cerveau en particulier, et sa cause un *microbe* qui pullule dans la matière nerveuse, car l'inoculation d'une parcelle de substance cérébrale transmet rapidement cette maladie. Attendons donc de l'avenir l'éclaircissement de toutes les obscurités qui enveloppent encore les *névroses*.

Affection vermineuse du cerveau.

Un seul auteur, Dupuy, professeur vétérinaire, cité par l'helminthologiste Rudolphi, avait rencontré, il y a plus de 50 ans, à la surface du cerveau du Chien, une grande quantité d'*hydatides*.

Depuis cette époque, personne n'avait fait d'observations analogues lorsque, à la fin de 1872, un cas très curieux d'affection vermineuse cérébrale se présenta à l'infirmerie vétérinaire de notre confrère et ami M. Leblanc.

Le 20 octobre, un employé du chemin de fer du Nord lui présenta un Chien griffon de taille moyenne, âgé de 15 mois, sujet, disait son maître, à des attaques d'épilepsie ; tranquille le plus souvent et même abattu, il était pris, surtout lorsqu'on le sortait, de mouvements convulsifs, il tombait et restait quelques minutes avant de reprendre sa marche. Cet animal entra à l'hôpital et fut traité pour une congestion cérébrale accompagnée d'un commencement d'épanchement séreux ventriculaire, maladie qui est assez fréquente chez les jeunes Chiens et qui est la cause des convulsions. On constata les symptômes suivants qui s'aggravèrent malgré le traitement : mouvements convulsifs arrivant sans cause et se traduisant par des grincements de dents avec choc des mâchoires, formation de mousse aux commissures des lèvres, chute sur le sol, tendance à tourner à gauche très marquée et augmentant à mesure que le temps du séjour à l'hôpital se prolongeait. Le coma devenait plus profond et le Chien était comme hébété, mais mangeait encore avec assez d'appétit. Son maître, désespérant de la guérison, l'abandonna et il fut sacrifié quelque temps après.

A l'autopsie, voici les lésions que M. Leblanc rencontra :

Dans la cavité abdominale les organes étaient sains, à l'exception du foie et du panchréas à la surface desquels M. Leblanc constata la présence de vésicules transparentes complètement semblables au cysticerque ladrique ; ces vésicules étaient du volume d'un gros pois, placées sous le péritoine et ayant creusé une dépression dans la substance de l'organe. Il y en avait deux sur le lobe droit du foie. Le bord supérieur du panchréas en présentait cinq. Aucun autre viscère de l'abdomen, ni de la cavité thoracique n'en contenait. Dans la boîte crânienne, M. Leblanc constata de suite une injection du cerveau ; à la partie supérieure et dans la partie latérale du lobe droit existaient quatre bosselures qui n'étaient autre que des hydatides recouvertes par l'arachnoïde et logées dans une dépression de la substance cérébrale grise ; dans le lobe gauche on ne constata la présence que d'un seul de ces vers.

Les hydatides en question, que mon confrère M. Leblanc, me remit alors pour en faire l'étude, étaient de véritables cysticerques ladriques (*Cysticercus cellulosæ* Rud.), tout à fait identiques à ceux que l'on trouve dans le lard et dans les interstices musculaires des porcs ladres, identiques aussi à ceux que l'on rencontre quelquefois chez l'homme. Ce cysticerque est un ténia incomplet, ou arrêté provisoirement dans son développement ; et il est caractérisé par un tubercule charnu portant à son sommet une double couronne de crochets et sur ses faces latérales quatre ventouses ; c'est, en un mot, ce qu'on appelle à tort une *tête* de ténia, car c'en est littéralement le *pied*, et c'est ce que les helminthologistes nomment *scolex* ; ce scolex est adhérent à la paroi externe d'une vésicule dans laquelle il est invaginé comme un doigt de gant retourné, et le tout est enfermé dans un kyste. Quand ce cysticerque est porté dans les intestins, ses enveloppes et la vésicule sont digérées. Le *scolex* ou le *pied* du parasite s'accroche à la muqueuse intestinale et végète en produisant un grand nombre d'anneaux qui restent adhérents les uns aux autres sous forme d'un long ruban, ces anneaux deviennent sexués et se remplissent d'œufs ; c'est alors un ténia adulte et parfait.

Les ténias ont donc pour origine les cysticerques, mais les cysticerques eux-mêmes ont pour origine les embryons qui sortent des œufs des ténias dont leurs derniers anneaux sont farcis. Ces derniers anneaux se détachent au fur et à mesure de leur maturité et sont expulsés au dehors avec les excréments. Qu'un animal immonde, comme le porc, et quelquefois le Chien vienne à se repaître de ces excréments, il avalera en même temps les anneaux de ténias et les innombrables œufs qu'ils renferment ; ces œufs écloront dans leurs intestins, donneront issue à des embryons qui iront s'introduire dans le foie, le panchréas, le cerveau, et même les muscles et s'y enkysteront pour donner lieu à des cysticerques.

Ainsi, c'est en mangeant des ordures que les porcs et les Chiens se rendent ladres ; pour qu'ils ne contractent pas cette maladie, il suffit de les empêcher de satisfaire à cet appétit déréglé, et le traitement prophylactique est le seul qu'on puisse conseiller dans ce cas, car il est impossible, par un traitement quel qu'il soit, d'aller détruire les cysticerques qui se sont développés dans les viscères.

Nous verrons plus loin que les muscles sont aussi susceptibles d'être le siège d'une autre variété de ladrerie que nous étudierons dans un article spécial du chapitre des Maladies de l'appareil de la locomotion.

Épilepsie idiopathique.

L'épilepsie idiopathique ou essentielle est une maladie nerveuse se manifestant par des accès séparés par des intervalles plus ou moins grands pendant lesquels l'animal a toutes les apparences de la santé. L'accès a les caractères suivants : Tout à coup l'animal s'arrête, tremble sur ses membres, sa vue s'obscurcit, puis il tombe, se débat un instant, tache de se

relever, se relève quelquefois en trébuchant et retombe de
nouveau ; alors ses membres s'agitent, sa tête est tour à tour
étendue ou fléchie sur l'encolure, ou bien frappe violemment
sur le sol, le corps subit les contorsions les plus diverses ; la
gueule est remplie de salive écumeuse ; il y a des grincements
de dents presque continuels, des claquements de mâchoires,
entre lesquelles la langue est souvent prise ; la respiration devient râlante et suffocante ; les sens sont complètement abolis.
L'agitation s'éteint progressivement au bout de 2 à 3 minutes,
puis les facultés reviennent insensiblement, l'animal relève la
tête, ouvre les yeux, regarde un instant avec surprise autour
de lui et bientôt après se remet à courir et à jouer comme auparavant.

Ces accès ont une intensité variable suivants les sujets et
quelquefois revêtent une tout autre physionomie ; les uns, après
une contraction violente des muscles de la tête et du cou,
tombent comme foudroyés et restent immobiles dans un état
de relâchement complet accompagné quelquefois d'émissions
involontaires d'urine et d'excréments. D'autres se secouent
violemment en se relevant. Il en est qui se cachent et fuient
la maison pour revenir bientôt. Enfin certains Chiens ne se
remettent complètement d'un accès qu'au bout d'une demi-
heure à trois quarts d'heure.

L'épilepsie essentielle peut être confondue avec l'*épilepsie
contagieuse des Chiens de meute* que nous avons décrite p. 260
et qui est une affection causée par la pullulation de nombreux
parasites acariens d'une espèce particulière, le *Chorioptes
ecaudatus* Mégnin, dans le conduit auditif. Nous avons vu aussi
plus haut que la présence d'une certaine quantité de vers et
surtout de ténias détermine le développement d'*accès épileptiformes* qui pourraient être confondus avec l'épilepsie vraie.
Les *convulsions* des jeunes Chiens, qui surviennent parfois
sous l'influence de la crise gourmeuse, peuvent être confondues
aussi avec l'épilepsie. Enfin l'affection vermineuse du cerveau

que nous avons décrite plus haut peut s'accompagner d'accès épileptiformes qui simulent ceux de l'épilepsie essentielle.

Nous ne nous amuserons pas à discuter sur le siège et la nature de l'épilepsie idiopathique ou essentielle puisque les autopsies n'ont encore rien appris à ce sujet, et nous arriverons de suite au traitement.

Traitement. — Une foule de médicaments ont été essayés contre l'épilepsie essentielle du Chien et on a obtenu quelques succès avec certains d'entre eux, sans qu'on puisse dire qu'on possède actuellement un traitement certain contre cette maladie. Ainsi Gohier assure avoir guéri un Chien avec la racine de valériane donnée en décoction à la dose de 60 grammes par jour. Delafoud a obtenu le même résultat sur deux Chiens avec cette substance continuée pendant quinze jours. Au rapport de Delwart, le sirop de valériane, à la dose de 15 à 30 grammes par jour et administré par cuillerées de deux heures en deux heures, est efficace contre l'épilepsie du Chien. Le cyanure de fer, administré en pilules à la dose de 15 centigrammes, aurait suffi, au rapport de Jourdier, pour guérir une Chienne épileptique sur laquelle la valériane avait été sans effets. M. Tabourin a obtenu également avec ce cyanure la guérison d'une Chienne qui présentait des symptômes épileptiformes à la suite de *chaleurs* non satisfaites. L'acide cyanhydrique étendu d'alcool, à la dose de 4 grammes, donné par M. Levrat à un petit Chien épileptique dont les accès se répétaient dix fois par jour, et qu'il voulait empoisonner, le guérit radicalement de cette infirmité.

Pour notre compte, nous avons employé à diverses reprises le bromure de potassium à la dose de 50 centigrammes à un gramme et nous avons obtenu plusieurs succès; dans les cas rebelles, nous avons toujours obtenu l'atténuation des accès et l'allongement de la période qui les séparait.

Chorée *(Danse de Saint-Guy).*

La *chorée* est une névrose que les piqueurs appellent encore le *tic* et qui est caractérisée par des contractions irrégulières et involontaires d'un ou plusieurs groupes du système locomoteur.

Les contractions choréiques sont générales ou locales ; le plus souvent elles ne sont que locales et ont pour siège soit les muscles des membres antérieurs du cou et de la tête, soit les muscles d'un seul membre antérieur, droit ou gauche. Très rarement les contractions choréiques se montrent dans les régions postérieures du corps.

La danse de Saint-Guy est continue pendant la veille et généralement suspendue pendant le sommeil ; elle rend, quand elle est très prononcée, la démarche très incertaine ; dans le repos elle est continue, et on voit, soit une seule épaule, soit les deux et par suite tout le thorax, la tête et le cou, s'abaisser convulsivement et par mouvements répétés. Chez la plupart des Chiens, le sommeil suspend les contractions musculaires involontaires qui constituent la chorée ; chez d'autres, il les laisse persister.

La chorée est une maladie chronique qui n'empêche en rien les fonctions de la vie végétative et ne paraît même pas faire souffrir l'animal, aussi persiste-t-elle longtemps surtout si les contractions sont bornées à une région très limitée, comme un seul membre antérieur, ce qui est assez fréquent. Quand la chorée est plus générale, elle amène à la longue l'anémie et enfin la mort par épuisement.

La chorée est généralement, on peut même dire toujours, consécutive à la gourme chez le Chien et se remarque surtout chez les animaux de nature molle et irritable.

Comme pour l'épilepsie, le siège et la nature de la chorée sont complètement inconnus et les autopsies n'ont encore rien appris à cet égard.

TRAITEMENT. — La noix vomique, à la dose de 20 à 30 centigrammes en pilules, a eu des succès en Belgique ; Youatt, en Angleterre, a accordé une grande confiance à l'azotate d'argent à la dose de 1 à 2 centigrammes en pilules, matin et soir. L'arsenic, qui a eu des succès en médecine humaine, nous a rendu des services dans la chorée des Chiens ; nous l'avons donné surtout sous forme d'arséniate de strychnine à la dose de 2 à 3 milligrammes par jour ; il en est de même du bromure de potassium à la dose de 50 centigrammes à 1 gramme par jour. Enfin il est toujours utile d'associer au traitement spécifique un reconstituant énergique parfaitement indiqué dans toutes les maladies nerveuses du Chien : c'est le phosphate de chaux hydraté de Colas, donné à la dose d'une à deux cuillerées à café par jour.

Faiblesse de reins (*Paraplégie*).

La faiblesse des reins est, comme la chorée, une conséquence fréquente de la gourme ; elle se développe dans les mêmes circonstances chez des Chiens lymphatiques et elle complique même quelquefois la précédente.

Nous l'avons vue aussi survenir chez des Chiens adultes à la suite d'accident, ou de violence ayant porté sur les reins, ou encore à la suite d'un violent effort pour sauter une barrière élevée ; — elle s'est montrée aussi chez des Chiennes à la suite de la parturition ; et enfin nous l'avons vu chez un jeune Chien mâle à la suite d'accouplements trop hâtifs.

La faiblesse des reins est plus ou moins prononcée suivant les cas : quelquefois le train de derrière refuse tout service, et c'est alors d'une véritable *paraplégie* que l'animal est affecté ; d'autres fois il n'y a qu'un vacillement du train postérieur quand le Chien est debout ou en mouvement et ce vacillement peut aller jusqu'à provoquer des chutes par une flexion brusque des membres, quand l'animal veut se livrer aux grandes allures ou qu'il rencontre un accident de terrain, ou encore quand on lui presse sur les reins ou qu'on les pince. Quelquefois un membre est plus faible que l'autre, et alors c'est de son côté qu'ont lieu les chutes.

Il ne faut pas confondre cette faiblesse des reins avec une raideur des reins qui accompagne ordinairement les affections calculeuses des reins, les cystites, enfin, les affections qui ont leur siège dans le bassin et dont nous avons déjà parlé; ce sont à peu près les seules maladies avec lesquelles la paraplégie incomplète puisse être confondue.

TRAITEMENT. — La faiblesse des reins doit être combattue par l'administration des stimulants du système nerveux dont l'arsenic et surtout l'arseniate de strychnine tiennent le premier rang. L'arsenic sera administré sous forme soit d'eau de la Bourboule, à la dose d'un verre par jour, soit sous forme de liqueur de Fowler à la dose de 10 à 12 gouttes en deux ou trois fois; et l'arseniate de strychnine à la dose de 2 à 4 milligrammes par jour. En même temps qu'on administrera l'arsenic, on fera pendant quelques jours, — jusqu'à ce que la peau soit rouge et garde sa chaleur, — sur toute la région des reins, des frictions d'huile de laurier.

Comme adjuvant à ce traitement, régime tonique et reconstituant à base de viande crue (au moins 500 grammes par jour pour les grands Chiens) ou l'équivalent en sang de bœuf desséché et granulé. S'il s'agit de paraplégie consécutive à la gourme des jeunes Chiens ou due à un épuisement nerveux chez un Chien adulte mais encore jeune, on fera prendre dans un hachis de viande crue du phosphate de chaux hydraté de Colas, à la dose d'une cuillerée à café par jour bien mélangé à la viande.

Affections vertigineuses.

Les Chiens à tempérament nerveux peuvent, sous l'influence

de diverses causes, présenter des attaques de nerfs qu'on ne peut pas assimiler à l'épilepsie, parce que ces attaques apparaissent souvent sous l'influence de causes bien déterminées.

Aussi nous avons connu un Chien caniche très hargneux, cherchant querelle à tous les Chiens qu'il rencontrait, mais qui alors, sous l'influence de la colère, tombait en proie à une véritable attaque de nerfs qui ne durait qu'une ou deux minutes et qui était caractérisée par des cris et des mouvements désordonnés pendant lesquels il se roulait sur le sol, mais sans baver et sans avoir les yeux pirouettants.

Un deuxième cas de vertige nous a été présenté par une Chienne de 2 ans 1/2 qui fut mouillée, et eut froid, en novembre 1882, et qui, après un corryza d'une durée de quinze jours, fut prise d'un accès caractérisé par une course folle d'une heure et demie avec aboiements continus. Cet accès fut suivi d'une véritable paralysie générale avec mouvements choréïques des membres postérieurs qui finit par disparaître à la suite du traitement que nous indiquons plus haut pour combattre la paraplégie.

Enfin nous rapporterons un troisième cas de vertige bien extraordinaire présenté l'année dernière par une Chienne terrier de 2 ans, qui ayant été en chaleur et son maître ne voulant pas la faire porter, fut enfermée pendant quinze jours. A partir de ce moment, la bête est triste, inquiète, mangeant néanmoins bien, mais marchant dans la chambre, sans s'arrêter, en levant les pattes de devant comme un cheval qui harpe, c'est-à-dire, comme un ataxique. Il y avait huit jours qu'elle marchait ainsi sans trève ni repos, quand on m'écrivit pour me faire part de ce fait extraordinaire; depuis je n'ai plus eu de nouvelles.

J'avais conseillé d'appliquer le traitement indiqué plus haut pour l'épilepsie.

Tétanos.

Le tétanos existe-t-il chez le Chien? Nous en doutons, au moins en ce qui regarde le tétanos traumatique, car dans le nombre considérable, que nous avons vu, de Chiens à pattes écrasées, ou blessés de différentes manières, nous n'avons jamais vu survenir le tétanos, qui se développe assez facilement en semblable occurrence chez l'homme et le cheval.

Quant au tétanos idiopathique, c'est-à-dire, se développant spontanément, sans avoir été provoqué par une blessure, nous croyons en avoir observé un cas : C'est sur un Chien d'arrêt de 2 ans qui logeait dans une niche humide et dans un pays humide. Ce Chien avait le cou raide et même renversé en arrière comme un cheval fortement enrêné ; une des joues était enflée ou plutôt le muscle masséter était contracté, les genoux inflexibles et la marche presque impossible, les membres se tenant raides comme quatre poteaux et le corps inflexible et d'une seule pièce. Le Chien mangeait encore un peu et c'est sans doute ce qui l'a sauvé, bien qu'il ait pris pendant quelque temps des perles d'éther que nous avions prescrites, et saigné deux fois par un empirique à qui on l'avait fait voir avant. La guérison est arrivée après une détente progressive des muscles d'avant en arrière.

Rage.

La *rage*, comme nous l'avons déjà dit plus haut, fait maintenant partie du groupe des maladies nerveuses depuis que M. Pasteur a démontré que le siège principal de cette terrible affection est le système nerveux et particulièrement le cerveau dans lequel pullule un *microbe* spécial.

Renault avait déjà constaté que, de toutes les humeurs de l'économie, la bave seule était virulente : aucun autre liquide ne pouvait servir à transmettre la maladie, quelles que soient les surfaces avec lequelles on le mette en contact.

Tout récemment, M. Pasteur a démontré que la substance cérébrale était beaucoup plus virulente que la salive, attendu qu'en quatre ou cinq jours la rage se déclare après l'inoculation de la première, tandis qu'elle met neuf jours au moins quand on inocule la seconde.

Le microbe de la rage étant découvert, il reste, par des cultures spéciales, à en faire son propre vaccin ; alors le traitement préventif de cette terrible maladie sera trouvé et on pourra espérer de la voir disparaître de la surface de la terre à la suite de la vaccination de tous les Chiens, vaccination qui sera la conséquence naturelle et forcée de la découverte.

On distingue chez le Chien deux variétés de rage, dont la nature est identique, et qui ne diffèrent l'une de l'autre que par leurs symptômes que nous donnons plus bas : la *Rage furieuse*, qui est la plus commune, et la *Rage mue* ou muette.

CAUSES. — On a regardé longtemps, et beaucoup de vétérinaires regardent encore la rage comme pouvant se développer spontanément chez les différentes espèces des genres *Canis* et *Felis*, c'est-à-dire, chez le Chien et le chat domestique, le loup, le renard, etc., et l'on invoque, comme cause du développement spontané de cette maladie, la privation d'aliments et de boissons, les besoins génésiques inassouvis, l'influence des fortes chaleurs, etc.; mais on n'a jamais pu donner aucune preuve à l'appui de ces opinions. Il a toujours été impossible de faire naître expérimentalement la rage en soumettant les animaux aux privations que l'on supposait en être la cause; on a laissé mourir des Chiens de faim ou de soif sans qu'on ait vu la rage apparaître; d'un autre côté, loin que l'influence des fortes chaleurs soit favorable à sa manifestation, elle est beaucoup plus commune au printemps et en automne et dans les pays tempérés que dans les conditions inverses. Aussi, beaucoup de bons esprits commencent-ils à regarder la rage, comme *toujours due à la contagion*, et ne pouvant pas se

développer spontanément. Cette idée de la non-spontanéité de
la rage n'est pas nouvelle et a déjà été soutenue avec beaucoup
de force par un auteur du commencement du siècle, Delabère-
Blaine, dont nous nous plaisons à citer les opinions toujours
marquées au coin du bon sens et de la logique et appuyées
sur une saine observation : « Parmi les occasions, presque
sans bornes, d'observer ce sujet, dit-il, je n'ai jamais vu un
seul exemple de rage dans un Chien entièrement séparé des
autres. Je sais qu'il y a des exemples cités (de rage spontanée),
mais j'ai si souvent été témoin de la facilité avec laquelle on
peut être trompé là-dessus, outre la grande masse de preuves
directement contraires à l'origine spontanée, que je suis disposé
à attribuer l'impression qu'en auraient les écrivains, au défaut
des renseignements nécessaires, ou à de fausses informations
données par d'autres personnes. Je crois que M. Youatt, dont
les moyens de faire des observations ont été presque aussi
étendus que les miens, est décidément de la même opinion,
ainsi que le sont la plupart des plus célèbres médecins. »
Parmi ceux-ci, il cite les docteurs Vaughan, Hunter et Houlston.
Le docteur Bardsley, qui a aussi examiné ce sujet attentivement, déclare, dans ses écrits, sa pleine conviction que la rage,
aujourd'hui, ne doit jamais son origine à une cause spontanée,
ni à l'influence du climat, ni à des aliments corrompus, ni à
l'excès ou à la privation de nourriture ou d'eau, ni au manque
de transpiration, ni au ver sous la langue ni à aucun autre
agent que celui de la contagion. Toutes les fois que Delabère-
Blaine s'est livré à une enquête sévère sur les actions antérieures au dévoloppement de la rage d'un Chien chez lequel
cette maladie avait toute l'apparence d'être spontanée, il a toujours trouvé que, à la suite d'un relâchement de surveillance,
le susdit Chien a été, à une époque plus ou moins éloignée,
mais dépassant rarement quelques semaines, en contact ou en
rapport avec un Chien errant. A notre tour, nous sommes
convaincu aussi que toutes les fois qu'on se livrera, à propos

de Chiens enragés, à des enquêtes aussi bien et aussi sévèrement conduites que celles de Delabère-Blaine, on arrivera
au même résultat que lui.

Symptômes de la rage furieuse. — La manifestation de la
rage furieuse est précédée chez le Chien de quelques signes
avant-coureurs : l'animal a perdu sa gaîté ; il est plus séden-
taire, cherche pour se reposer les endroits sombres, paraît
inquiet, agité, change souvent de place ; il déchire avec ses
dents les tapis sur lesquels il couche, et met sa litière en
désordre. Quelquefois, contre son habitude et sans provoca-
tion, il se jette sur les Chiens qui passent à sa portée, ou mord
les personnes étrangères qui l'approchent, mais il respecte
son maître à l'appel duquel il répond et qu'il caresse comme
d'habitude. Rien encore n'est changé dans l'appétit pour les
aliments solides et les boissons ; quelques animaux sont pris
de vomissements sanguinolents ; quelques autres s'infligent
des morsures à eux-mêmes. Cette période insidieuse, dans
laquelle la morsure est déjà dangereuse, peut durer deux,
trois, quatre et même huit jours.

A une période plus avancée, l'animal devient plus sombre ;
il se tient à l'écart, retiré sur lui-même la tête cachée entre
les pattes ; il est inquiet, il s'agite, change souvent de place,
souvent on dirait qu'il est à la recherche de quelque objet ;
l'expression de son regard est étrange et inspire la crainte ;
cependant il est encore docile et répond à la voix de son maître
auprès duquel il paraît même plus affectueux que de coutume.
De temps à autre on le voit happer en l'air comme pour saisir
un objet à la portée de sa dent ; attaché, il se lance à l'extrémité de sa chaine et fait le simulacre de mordre comme s'il
était en présence d'un ennemi ; ses yeux ont alors un éclat
inaccoutumé : quand l'animal est enfermé dans une niche
sombre, ils ressemblent à deux globes de feu ; il suffit souvent
de la voix du maître pour faire disparaître instantanément ces
symptômes, mais après quelques moments de calme, ils ne
tardent pas à se manifester de nouveau.

Malgré la manifestation de ces premiers signes, le Chien mange encore; mais, à mesure que la maladie progresse, il refuse sa nourriture habituelle, et, poursuivi par le besoin de mordre, il dévore et avale une foule de substances étrangères à son alimentation, telles que la paille de sa litière, des crottins, des excréments, des morceaux de cuir, de bois; puis la gueule se remplit d'une bave filante et mousseuse qui coule des commissures des lèvres au moment où les accès se manifestent; puis la salive diminue et devient visqueuse, épaisse et adhérente. L'horreur de l'eau n'existe que très rarement chez le Chien enragé : le plus souvent il lappe longtemps les boissons qu'on lui présente, cherche à les déglutir et lorsqu'il ne peut y parvenir, il y plonge à moitié la tête. L'aboiement dans cette période de la rage est tout à fait caractéristique, il consiste dans un hurlement à trois ou quatre tons et d'un timbre tout particulier. L'orgasme génital est très excité; lorsqu'on introduit dans sa niche un animal de son espèce, il commence par lui lécher les parties sexuelles avant de l'attaquer avec les dents et d'entrer dans un de ces accès qui caractérisent cette phase. Dans l'accès, l'animal est furieux et cherche à mordre tout ce qui est à sa portée : litière, couvertures, barreaux de sa cage, planche, bâton, tison incandescent et barre de fer rougie au feu; chez lui la douleur est muette : frappé, piqué, brûlé, il s'éloigne et ne crie pas; lorsque l'envie de mordre redevient prédominente, il se jette de nouveau sur le fer rougi et le saisit à pleines dents, malgré la souffrance qu'il endure, ou plutôt parce que la sensibilité nerveuse est pervertie. S'il parvient à se détacher, le Chien enragé fuit toujours la maison de son maître et y retourne rarement; libre, il court devant lui la queue entre les jambes, la langue pendante et violacée, l'œil hagard, et il s'attaque à l'homme et à tous les animaux qu'il rencontre, mais de préférence à ceux de son espèce qui semblent redouter instinctivement ses morsures et qui, malgré leur force et leur audace, fuient au lieu de se défendre.

La fin de la rage se traduit par un épuisement complet et une tendance à la paralysie : l'animal se traîne péniblement ; sa langue bleuâtre, son œil vitreux et desséché, sa démarche chancelante sont tout à fait caractéristiques. Enfin l'animal meurt dans un accès atténué qui se termine par la paralysie complète.

La durée de la rage est en moyenne de trois à cinq jours, mais celle de son incubation est beaucoup plus longue et surtout plus irrégulière, car elle est d'une dizaine de jours à plusieurs mois et quelquefois même à plusieurs années ; en somme la moyenne de l'incubation est estimée à une trentaine de jours. D'après un médecin de Pau, M. Duboué, la voie suivie par le virus pour arriver au cerveau serait les filets nerveux, c'est ce qui explique la grande variété dans le temps de l'incubation. Les récentes expériences de M. Pasteur font de cette hypothèse une réalité.

A l'autopsie, on ne rencontre à l'œil nu aucune lésion significative. A part une injection assez prononcée de l'arrière-gorge et du larynx, la réduction de volume de la vessie ordinairement vide, le seul fait presque constant qui ait une grande valeur diagnostique, lorsqu'on le rappproche des symptômes observés, c'est la présence dans l'estomac de corps étrangers à l'alimentation : crins, paille, bois, etc.; il suffit à lui seul pour établir la très forte présomption de la rage. Quant aux fameuses *lysses* sous-linguales de Marochetti, qu'un médecin français, le Dr Auzias-Turenne, a essayé de remettre en honneur dans ces derniers temps, c'est une pure chimère [1].

1. Les anciens, Pline entre autres, nommaient *Lytta* un prétendu ver que les chiens, disaient-ils, possédaient sous la langue et qui était alors la cause de la rage. C'est là l'origine de la prétendue lésion spécifique de la rage imaginée par Marochetti, qui a transformé le ver des anciens en une prétendue pustule nommée par lui *lysse*. Si le Dr Ausias-Turenne a adopté l'opinion de Marochetti, c'est que, assimilant toutes les maladies contagieuses à la variole (même la syphilis), il a voulu à tout prix que la pustule existât, comme dans la

Rage mue ou *muette*. — Cette variété de rage est principalement caractérisée par la paralysie, dès le début, des muscles
de la mâchoire inférieure qui reste écartée en laissant pendre
la langue reflétant une teinte bleuâtre, d'où l'impossibilité de
l'aboiement, le mutisme de l'animal, d'où aussi l'impossibilité
de mordre ; dans cette variété de rage, l'envie de mordre est,
du reste, beaucoup moins prononcée que dans la rage ordinaire. Le plus souvent, le Chien affecté de rage mue, ne
cherche pas à attaquer ; la présence d'un animal de son espèce
n'excite pas sa fureur comme dans la rage ordinaire ; l'expression de son œil n'est pas aussi sauvage ; l'animal semble
plutôt avoir une maladie locale de la gorge déterminée par
l'arrêt d'un corps étranger, cause redoutable de méprise, car il
est bien enragé ; elle est transmissible comme la rage furieuse,
quoique à un moindre degré, et elle peut revêtir sur les sujets
inoculés tous les caractères de la rage ordinaire.

Traitement. — Le traitement de la rage est purement prophylactique ou préventif, c'est-à-dire qu'il consiste dans la
destruction immédiate du virus dans le lieu où il a été déposé
— et avant que l'absorption l'ait transporté au loin, — à l'aide
de cautérisations profondes avec le fer rouge ; et encore ce
traitement ne s'applique-t-il qu'à l'homme, car tout animal
convaincu d'avoir été mordu par un Chien enragé doit être
impitoyablement abattu. Nous ne citerons que pour mémoire
les nombreux traitements internes contre la rage, depuis Pline
qui conseillait l'infusion d'écorce de rosier sauvage, jusqu'à
nos jours où les missionnaires et les voyageurs surtout en ont

variole et dans la gale. Il crut même un jour avoir rencontré l'élément
virulent de la rage sous forme d'un *acarus* trouvé, au nombre de cinq
ou six individus, sur une langue provenant d'un chien enragé ; c'est
moi qui lui démontrai que ces prétendus *acarus* de la rage n'étaient
autres que des glyciphages qui abondent dans les salles de dissection
et les charniers. Ausias-Turenne n'a jamais pu montrer une *lysse* bien
authentique à l'autopsie d'un chien enragé.   *(Note de l'auteur.)*

rapporté de toutes les sortes des pays lointains où, d'après eux, ils faisaient merveille ; tous expérimentés sérieusement à l'école vétérinaire d'Alfort ont toujours prouvé leur complète inefficacité.

Dans ces derniers temps encore, il n'a été bruit que d'un spécifique préconisé par un docteur podolien, M. Grzymala, qui l'avait expérimenté pendant plus de vingt ans et dont toute la presse française, politique, littéraire et scientifique, avait vanté sur tous les tons les merveilleuses propriétés sur la foi d'un journal spécial *Le journal de thérapeutique*. Ce spécifique n'est autre qu'une plante, le *Xanthium spinosum*, qui, pulvérisée, fournit la fameuse *poudre anti-rabique* laquelle, au dire de son vulgarisateur, a la propriété de s'opposer au développement de la rage chez tous les êtres inoculés soit par morsures soit autrement.

Voici comment M. Nocard, chef de service à l'École d'Alfort, a rendu compte à la Société centrale vétérinaire de Paris, dans sa séance du 14 décembre 1876, des expériences faites à cette École pour se rendre compte des propriétés du spécifique en question :

« Le 23 août précédent, onze Chiens avaient été soigneusement inoculés à l'aide de salive prise sur un Chien enragé vivant. Six de ces animaux recevaient chaque jour une dose de xanthium proportionnée à leur taille ou mieux à leur poids. Les cinq autres étaient abandonnés à eux-mêmes pour servir de témoins à la virulence de la salive inoculée.

» Le 6 septembre, treize jours après l'inoculation, le Chien n° 2, un de ceux soumis au traitement du docteur Grzymala, présentait tous les signes de la rage et mourait le lendemain après avoir couvert de morsures le Chien n° 1, son compagnon de cage, inoculé comme lui, et après lui avoir brisé la jambe droite.

» Au 7 septembre dernier, il restait donc dix Chiens inoculés, parmi lesquels cinq recevaient quotidiennement la poudre de xanthium sous forme de pilules.

» L'administration du médicament fut continuée pour les quatre derniers jusqu'au 16 septembre à la même dose de un gramme par jour ; quant à la Chienne désignée sous le n° 1 (Chienne terrier, âgée de deux ans, pesant 4 kilos 500), elle reçut chaque jour 10 grammes de poudres de xanthium en pilules jusqu'au 27 septembre inclusivement, en raison des morsures que le Chien n° 2 lui avaient infligées le 6 septembre.

» Du 20 septembre au 27 octobre, les sept petits Chiens moururent successivement après avoir tous présenté des phénomènes nerveux trop fugaces pour qu'on ait pu les rattacher à la rage ; l'altération de la voix, la tendance à l'agression, l'ingestion de corps étrangers manquent encore chez les Chiens qui tettent encore, de telle sorte que chez eux le diagnostic de la rage est on ne peut plus difficile à établir ; or, en matière d'expérimentation, on ne doit considérer comme probants que les faits observés avec la plus grande rigueur ; toute observation douteuse doit être laissée de côté : nous ne ferons donc que signaler la mort de ces sept petits Chiens sans en tirer de conséquence en faveur de nos conclusions.

» Le 24 novembre, la Chienne n° 1 présente tous les signes de la rage : voix rauque, fêlée, en deux tons ; déglutition très difficile ; excitabilité très accusée ; toutefois elle n'attaque pas son compagnon de cage ; elle semble n'y faire pas attention.

» Le 25, les symptômes sont plus accentués, la voix est faible ; rauque, à peine articulée ; la constriction de la gorge est plus intense, les yeux sont brillants, injectés, hagards ; la litière est complètement broyée.

» La bête meurt dans la nuit du 25 au 26 novembre ; l'autopsie faite le matin montre l'estomac rempli de paille ; l'intestin en renferme quelques fragments.

» En résumé, deux des Chiens inoculés et soumis au traitement du docteur Grzymala sont morts enragés, l'un treize jours seulement après l'inoculation, après avoir ingéré 125 grammes de poudre de xanthium, l'autre quatre-vingts jours après avoir été mordu par le précédent, quoiqu'on lui ait administré pendont les vingt-cinq jours qui ont suivi l'inoculation, la dose quotidienne de 10 grammes de poudre de xanthium en pilules, dose énorme eu égard à son poids très peu considérable (4 kilos 500). »

Ces deux fait recueillis, le dernier surtout, dans les meilleures conditions expérimentales, *démontrent que le* XANTHIUM SPINOSUM *n'a pas la propriété de guérir la rage ou de prévenir son développement après l'inoculation naturelle ou expérimentale.*

Il était utile de donner cette démonstration, car, s'il est vrai que l'administration d'un remède *réputé infaillible* peut sauver quelques malheureux des angoisses si terribles qui succèdent presque fatalement à une morsure rabique, il n'est pas moins évident qu'il importe d'éclairer le médecin ou le vétérinaire et surtout le propriétaire de Chiens sur la valeur réelle de ce remède et sur le danger qu'il y aurait à lui sacrifier l'*application immédiate* des précautions dont l'expérience a jusqu'ici démontré l'efficacité, à savoir : la cautérication, la succion de la plaie, la ligature circulaire au-dessus de la morsure.

Mais, nous le répétons, ces moyens de traitement ne sont applicables qu'à l'homme; tout Chien mordu par un autre qui est reconnu enragé ou même seulement suspect, doit être impitoyablement abattu. Tout Chien *roulé* par un animal enragé ou même suspect, c'est-à-dire chez lequel on ne peut reconnaître la trace d'aucune morsure, doit être isolé et observé au moins pendant trois mois, car si la moyenne de la durée de l'incubation de la rage est d'une trentaine de jours, et si dans beaucoup de cas la rage apparaît avant ce terme, il n'en est pas moins vrai qu'il y en a d'autres dont l'incubation est très

longue et dépasse deux mois comme dans l'expérience rap-
portée ci-dessus.

Enfin, ajoutons ce fait consolant, c'est que les statistiques,
soigneusement établies par Renault, démontrent qu'il n'y a
guère qu'un cas de rage sur trois cas de morsures bien authentiques qui aboutisse, soit que les dents du Chien s'essuient à
travers les vêtements de l'homme ou sur le pelage de l'animal
mordus, soit pour tout autre cause. On a donc deux chances
sur trois d'échapper à ce mal terrible, et c'est là la cause des
succès des recettes de toutes sortes qu'on a de tout temps pré-
conisés contre lui. Nous avons vu plus haut qu'il ne faut se
fier à aucun et que le fer rouge seul appliqué immédiatement,
au plus tard dans la première heure, a de l'efficacité.

CHAPITRE IX

MALADIES DE L'APPAREIL LOCOMOTEUR

§ 1. — Affections diathésiques.

Rhumatisme.

Le rhumatisme est commun chez les Chiens, surtout chez
ceux qui habitent ou ont habité des chenils froids et humides,
chez ceux qui ont beaucoup chassé au marais ou dans les bois
de plaines basses, et qui ont couru le cerf ou le sanglier dans
des chasses à étangs, ou enfin qui ont beaucoup chassé par la
neige; c'est pourquoi cette affection se voit plus communément
chez les vieux Chiens que chez ceux qui sont relativement plus
jeunes. Néanmoins, on voit encore assez fréquemment des
affections rhumatismales chez des Chiens de quatre à six ans
qui n'ont pas été plus exposés que d'autres aux causes énu-
mérées plus haut et qui tiennent évidemment de leurs ascendants une prédisposition à cette maladie, ce dont on se
convainct facilement en faisant une enquête sérieuse à cet
égard; aussi doit-on éviter de consacrer spécialement à la reproduction des sujets ayant présenté des accès de rhumatisme,
cette maladie étant héréditaire.

Les attaques de rhumatisme se font particulièrement sentir
à la région du dos, des reins et aux articulations supérieures

des membres postérieurs ; le Chien qui en est affecté se déplace avec beaucoup de peine et de souffrance ; il traîne les jambes plutôt qu'il ne les lève et pousse des cris lorsqu'il est forcé de faire des mouvements un peu étendus.

Parfois le rhumatisme affecte particulièrement le cou, le rend raide, tuméfié et très douloureux, et s'étend alors à un et quelquefois aux deux membres antérieurs.

Enfin, une particularité extraordinaire que présente le rhumatisme chez le Chien, surtout chez ceux qui sont affectés de rhumatisme héréditaire, et quelle que soit la partie atteinte, c'est que les intestins sont affectés sympathiquement et sont le siège d'une inflammation spéciale, véritable entérite rhumatismale active ou lente, presque toujours accompagnée de constipation ; alors le ventre est chaud et douloureux, le nez sec ainsi que la bouche, et le pouls très accéléré.

Le rhumatisme du Chien n'est pas ambulant, c'est-à-dire sujet à changer de place comme chez l'homme : il se fixe aux parties d'abord affectées, qui sont les articulations du rachis et des rayons supérieurs des membres, leurs moyens d'attache et les muscles qui les entourent. Il est donc à la fois articulaire et musculaire, quelquefois accompagné d'exostoses, et les petites articulations sont rarement affectées.

Enfin, c'est surtout au printemps que se montre cette affection.

Il est très difficile de porter un pronostic certain sur la terminaison du type aigu de cette maladie, qui se remarque surtout chez les Chiens relativement jeunes ; car, dans quelques cas, elle disparaît très promptement et dans d'autres très lentement. Quelquefois la paralysie dure toute la vie, et, quand elle est bornée aux membres postérieurs, l'animal se traîne au moyen des membres antérieurs. Il y a moins de chances pour la guérison lorsque la paralysie est totale que lorsqu'elle est partielle. Il est à remarquer, néanmoins, que, quoique la santé paraisse rétablie, il subsiste encore une grande faiblesse dans

les reins et les extrémités, et on peut regarder comme une
règle générale que les rechutes sont communes lorsque les
animaux qui ont déjà été affectés de cette maladie sont de
nouveau exposés au froid.

Traitement.—L'affection intestinale rhumatismale étant un
moyen employé par la nature pour amener au dehors le principe du rhumatisme, nous devons imiter ce procédé en agissant
sur l'intestin, par des lavements d'abord, puis par l'administration d'une pilule composée de :

            Calomel. . . . .   20 centigrammes.
            Gaïac en poudre   50   —
            Opium   10   —

Sirop de conserve, ce qu'il faut pour une pilule.

Mais, avant de donner la pilule, faire prendre un bon bain
chaud, dans lequel on maintiendra le Chien un quart d'heure,
pendant lequel on frictionnera vigoureusement les parties affectées. Sorti de l'eau, il faudra bien sécher l'animal, l'envelopper
dans une couverture et le placer près d'un bon feu.

Le bain chaud doit être employé de deux jours l'un, et, dans
l'intervalle des bains, il faudra frictionner les parties malades
avec l'un ou l'autre des deux liniments suivants conseillés par
Delabère-Blaine :

N° 1.

        Essence de térébenthine. . . . . . .   30 grammes.
        Carbonate d'ammoniaque liquide. .   30   —
        Teinture d'opium.   2   —
        Huile d'olives   30   —

N° 2.

        Baume opodeldoch liquide.   30   —
        Huile de cajeput   15   —

Lorsque la paralysie consécutive au rhumatisme continue à priver les membres de leurs mouvements, on essaiera les frictions mercurielles ou même le vésicatoire sur l'épine du dos, le long des reins. L'hydrothérapie a produit quelquefois de bons résultats, et Delabère-Blaine a même essayé avec succès l'électricité. Les bains chauds ne produisent de bons effets que dans la période d'accuité de la maladie ; ils sont sans effet contre la paralysie consécutive.

Lorsque la paralysie est incomplète et qu'il y a seulement faiblesse, les embrocations d'huile de laurier produisent de très bons effets et raniment la vitalité et la force dans la partie.

Enfin les renflements osseux qui se font souvent remarquer après les douleurs articulaires, et qui font quelquefois dénommer cette affection, et à tort, la *goutte*, ont été traités avec succès par l'application du feu par Mariot-Didieux, le traducteur de Clater.

§ 2. — AFFECTIONS ACCIDENTELLES.

Plaies et blessures ; Aggravée.

Les Chiens peuvent être blessés soit par des épines soit par des armes à feu, soit surtout par les morsures qu'ils se donnent entre eux ou qu'ils reçoivent des animaux qu'ils chassent.

Les plaies sont, selon leur nature, leur étendue et leur profondeur et selon l'importance des parties lésées, tantôt des maux insignifiants tantôt des accidents extrêmement dangereux. De simples incisions par des instruments tranchants et qui n'atteignent que la peau et les couches musculaires sous-jacentes ne sont toujours que peu graves. Il en est de même des piqûres et des coups d'armes à feu qui auraient atteint les mêmes parties, à condition que les corps étrangers, tels que épines, grains de plomb, aient été retirés de l'intérieur des parties dans lesquelles ils seraient restés. Les plaies contuses, les déchirures irrégulières ne sont pas beaucoup plus graves, bien que leur guérison soit ordinairement accompagnée de suppuration. Les plaies plus profondes, bien que plus graves, guérissent cependant mieux que chez la plupart des autres animaux ; tous les chasseurs savent qu'un Chien *décousu* dont les intestins sont sortis de l'abdomen guérit cependant assez facilement de cette affreuse blessure.

La guérison des plaies et blessures se produit principalement par le seul effet des forces organiques, très grandes comme on vient de le voir chez le Chien ; mais on peut et on doit dans beaucoup de cas venir en aide à ces forces. Il faut notamment écarter tous les obstacles qui s'opposent à la guérison, comme les corps étrangers dans l'intérieur des plaies ; quant aux soins de propreté, le Chien s'en charge parfaitement, si ces plaies sont à portée de sa langue. Les hémorragies s'arrêtent généralement toutes seules quand elles sont petites, ou avec l'aide de l'eau fraîche ; quand elles sont fortes, on tamponne la plaie avec de la charpie, de l'étoupe ou de l'amadou secs ou mieux imbibés de perchlorure de fer et qu'on maintient par un bandage, ou par des points de sutures au moyen desquels on rapproche les lèvres de la plaie.

Lorsque le Chien a le ventre ouvert, qu'il a été *décousu* par un coup de boutoir de sanglier, ou d'andouiller de cerf, et que les intestins sont sortis de l'abdomen, il faut bien les laver, les nettoyer avec de l'eau tiède ou mieux du lait frais tiède au moyen d'une éponge très douce ou d'un linge fin ; avoir soin de ne laisser à leur surface aucune parcelle ou corps étranger, les rentrer avec précaution, et faire la suture de la plaie avec un gros fil retors et ciré, par la méthode dite *à points passés*, qui est celle qui met le mieux en rapport les lèvres de la plaie, puis on applique un large bandage de corps, qu'on confectionne avec une serviette, modérément serré.

Le meilleur liquide pour panser les plaies qui suppurent, le plus simple et le plus économique, est l'eau-de-vie simple ou l'eau-de-vie camphrée. Quand la plaie sent trop mauvais on la saupoudre de charbon de bois pilé très fin.

Pour empêcher que le Chien ne ronge l'appareil à pansements, on l'enduit à différentes reprises d'huile empyreumatique, de teinture d'aloès, dont le goût le repousse; ou bien on lui met une muselière. Il est quelquefois nécessaire de lui entraver les membres de derrière avec un ruban de fil, de façon à ce qu'il ne puisse les écarter de plus de 8 à 10 centimètres pour l'empêcher de se gratter et de déranger les pansements.

L'Aggravée des Chiens est une blessure des pieds sans plaie, consistant en une tuméfaction de la sole, avec rougeur et douleur de cette partie. Elle survient aux Chiens qui ont couru longtemps sur un terrain dur et sec, ou caillouteux, principalement lorsque le soleil est ardent et que le sol est échauffé, ou encore lorsque le sol est couvert de neige ou de glace; on l'a comparée avec assez de raison à la fourbure du cheval, et elle s'accompagne quelquefois de chute des ongles, de crevasses saignantes et même de détachement de la sole.

La souffrance que cause l'aggravée détermine ordinairement de la fièvre; néanmoins cette affection est rarement grave et disparaît ordinairement par le seul repos dans un lieu sec et sur un sol doux.

Lorsque le mal est léger, la nature a pourvu le Chien d'un baume efficace : il lèche ses pattes, et l'inflammation et la douleur cessent. On peut encore envelopper les pattes avec des compresses imbibées d'eau-de-vie faible ou étendue d'eau, ou mieux d'eau de Goulard préparée avec :

Extrait de saturne.	3 grammes.
Alcool	10 —
Eau commune.	100 —

Seulement il faut veiller à ce que le Chien ne se lèche pas, car les sels de saturne sont des poisons. On peut encore envelopper les parties endolories dans du blanc d'œuf. Ce dernier moyen est même supérieur à tous les autres.

Fractures.

Les Chiens sont très sujets aux fractures ; heureusement que, comme pour les blessures, ils en guérissent assez facilement même lorsqu'il s'agit des fractures les plus compliquées.

Tous les os du corps peuvent être le siège de fractures, mais ce sont principalement les os des membres qui montrent ce genre de lésion. La fracture est *simple*, lorsque l'os est divisé en deux morceaux entiers par un trait transversal ou oblique qui se montre soit au milieu soit vers une des extrémités de l'os ; ce trait est rarement longitudinal. La fracture est *compliquée* ou *comminutive* lorsque l'os est brisé en plusieurs morceaux et qu'il en existe surtout un plus ou moins grand nombre de petits qu'on appelle *esquilles*. Généralement, dans le cas de fracture compliquée, il y a une plaie ou une ouverture faisant communiquer la fracture avec l'air extérieur, tandis que quand la fracture est simple les téguments sont généralement intacts et il n'existe pas de plaie.

Les fractures chez les Chiens ont pour causes, soit une chute du haut d'un meuble, d'un lit par exemple, soit un coup de bâton, un coup de pied de cheval, une pierre lancée, soit une roue de voiture sous laquelle ils se sont laissé prendre, soit enfin un coup de feu. Les Chiens se font souvent écraser les pattes par les chevaux, dans les écuries, ou même par les hommes dans les rassemblements.

Les symptômes des fractures varient suivant l'espèce, et dans tous les cas le diagnostic est généralement facile : dans le cas de fracture simple, les abouts osseux peuvent conserver leur situation normale et la partie lésée ne présente alors aucune modification d'aspect, de forme ou de position ; on voit seulement que l'animal en se levant ou en se couchant ménage

le membre lésé, qu'il le tient en l'air et qu'il témoigne de la
douleur quand on le touche; si alors on prend ce membre et
qu'on le palpe avec précaution, on y constate une mobilité
anormale sur le trajet de l'os, on sent le déplacement des
fragments osseux, et on entend un bruit de frottement ou de
crépitation, surtout si l'on approche l'oreille en même temps
qu'on provoque les mouvements dans le rayon osseux. Dans
les fractures obliques ou comminutives, les extrémités des
fragments osseux chevauchent généralement, forment une
saillie ou une bosse à l'endroit de la fracture et le membre est
raccourci; la crépitation, par suite du frottement des abouts
fracturés entre eux, est aussi facile à obtenir et à percevoir.

Quand il y a un engorgement considérable de la partie lésée,
il est difficile alors de reconnaître l'existence de la fracture;
il faut attendre que la tuméfaction ait disparu en partie pour
pouvoir s'assurer de son existence.

Par contre, quand il y a une plaie à travers laquelle on peut
voir ou sentir les abouts osseux ou les fragments, dans le cas
de fracture comminutive, rien n'est plus facile que de reconnaître l'existence et les caractères de ce genre de lésion.

La nature fait généralement tous les frais de la réparation
des fractures : il se fait un épanchement de matière plastique
autour des deux fragments, épanchement qui devient osseux
et les réunit solidement comme un manchon; plus tard, ce
manchon, qui n'est autre que le *cal*, se résorbe lorsque la cicatrice des os est complète, et disparaît de telle sorte qu'aucune trace de la fracture ne persiste sur l'os qui en a été le
siège. C'est ce qui arrive lorsque les abouts osseux n'ont pas
été dérangés de leurs rapports normaux et que les masses
musculaires de la région ont rempli le rôle de matelassure
contentive, dans la région de la cuisse par exemple; aussi,
dans ce cas, l'homme de l'art n'a-t-il d'autre rôle à remplir
que celui d'empêcher toute cause étrangère de venir déranger
ce travail intime qu'opère la nature, par un bandage approprié.

Dans le cas de fracture de la cuisse, il est difficile d'appliquer un bandage qui ne se dérange pas ; on le remplace du reste avantageusement par un emplâtre poisseux qu'on étale sur toute la cuisse. — (On fait fondre ensemble 100 à 200 grammes de poix noire et la même quantité de térébenthine grasse et de poix résine, et on étale cet emplâtre lorsqu'il est suffisamment refroidi pour ne pas brûler). — Ce topique borne suffisamment les mouvements du membre, tant que dure la cure, c'est-à-dire pendant les dix-huit à vingt jours nécessaires à la consolidation de l'os ; plus tard on le détache en se servant d'huile pour le ramollir et le décoller d'avec les poils. Du reste le Chien est un malade fort docile qu'on peut faire tenir couché sur le même côté pendant très longtemps.

Lorsque la fracture existe à l'avant-bras ou à la jambe il faut, après avoir réduit la fracture, c'est-à-dire replacé les abouts osseux dans leurs rapports normaux, appliquer un bandage de la manière suivante : on entoure la partie lésée d'une première compresse en linge doux ; puis sur cette compresse on applique longitudinalement des attelles, faites en planchettes flexibles ou en carton solide découpé en bandes de deux doigts de large et de la longueur du rayon du membre intéressé ; les attelles, placées de manière à circonscrire le membre comme dans une gouttière fermée, sont ensuite maintenues fixes par plusieurs tours de bande ; on mouille ensuite le tout de dextrine ou d'amidon cuit et liquide et l'on a ainsi un bandage inamovible et solide, auquel on ne touchera que le trentième jour, moment où la réparation de la fracture est assez complète pour ne plus craindre de dérangement.

Les fractures compliquées de plaies doivent être maintenues par un bandage fenétré, c'est-à-dire disposé de manière à présenter des jours qui permettent de panser la plaie ou les plaies sans déranger le bandage.

Lorsque l'on a affaire à une patte écrasée, un bandage est le plus souvent inutile ; il faut donner des bains fréquents, tenir les plaies propres, faciliter la sortie des esquilles et laisser à la suppuration et à la bonne nature le soin de faire le reste, en tenant le Chien couché dans un lieu propre et sec. Nous avons vu une petite levrette guérir d'un semblable accident et sans autres soins, en moins de quinze jours.

Du reste, les exemples sont nombreux de Chiens guérissant très facilement de fractures compliquées très graves. Delaguette, le traducteur et le commentateur de la *Pathologie canine* de Delabère-Blaine, en rapporte un cas remarquable :

« Un très beau Chien de chasse fut atteint par une balle au moment où il coiffait un sanglier. Cette balle fractura et réduisit en pièce tout le corps de l'os du bras. Lorsque le Chien me fut apporté, je jugeai qu'il serait indispensable de faire l'amputation du membre dans l'articulation scapulo-humérale, et c'est ce que j'aurais fait si je n'avais été obligé de m'absenter. Je me contentai donc de rendre la plaie aussi simple que possible, je fis l'extraction de toutes les esquilles, après quoi j'introduisis dans la plaie de la charpie imbibée d'eau-de-vie étendue de moitié d'eau, et je conseillai de combattre l'inflammation par des lotions émollientes ; lorsque la suppuration s'établit, la plaie fut pansée avec le digestif simple (jaune d'œuf battu avec essence de térébenthine). La plaie ne tarda pas à se fermer, et il se forma en même temps des abcès déterminés par des débris d'os. Enfin les bouts de l'os se rapprochèrent, se soudèrent, et le Chien, au bout d'un an environ, fut dans la possibilité de se servir de son membre, mais il resta boiteux. C'était dans le moment des fortes chaleurs que cet accident est lieu, je craignais par conséquent que la gangrène ne survînt à une plaie aussi compliquée. Heureusement qu'il n'arriva aucun accident et que la nature a bien voulu se charger de la réussite du traitement. »

Ce fait peut servir d'exemple, non seulement pour montrer combien la résistance des Chiens aux fractures les plus graves et les plus compliquées est grande, mais encore pour servir

de guide aux amateurs de Chiens dans des circonstances semblables.

§ 3. — AFFECTIONS VERMINEUSES DES MUSCLES.

La *Trichinose* et la *Ladrerie* sont les seules affections jusqu'ici connues, causées par des parasites, et rencontrées dans
les muscles du Chien.

Trichinose.

Ce n'est qu'en Allemagne et en Amérique que l'on a constaté la présence de la *trichine* dans les muscles du Chien; en
France, on ne l'a pas encore rencontrée; néanmoins, il est bon
que les éleveurs et les possesseurs de Chiens sachent qu'en
faisant consommer de la viande trichinée à leurs animaux, ils
s'exposent à leur faire contracter une maladie terrible, devant
laquelle la science est encore impuissante et dont les effets
sont proportionnés à la quantité de parasites ingérés, c'est-
à-dire que l'affection est légère et se guérit spontanément si la
quantité de parasites ingérés reste au-dessous d'un millier, et
qu'elle est d'autant plus grave et plus incurable que le nombre
des parasites dépasse davantage ce chiffre.

Dans la viande trichinée, les *Trichines* ne se voient bien
qu'au microscope, bien qu'à l'œil nu elle apparaisse comme
parsemée d'une foule de petits points blancs presque invisibles.
Chacun de ces petits points blancs est un kyste renfermant
un ver enroulé qui étendu a à peine un millimètre de long sur
$0^{mm},05$ de large. Ces vers sont des embryons presque aussi
grands que des vers adultes, et qui n'acquièrent ce dernier
état que dans l'estomac et les intestins du Chien qui les aura
ingérés.

Le *mâle* de la trichine a $1^{mm},50$ de long sur $0^{mm},04$ d'épaisseur, et la femelle 3 à 4 millimètres de long sur $0^{mm},06$ de large;

cette dernière pond des œufs de 0^{mm},02 de diamètre et c'est l'embryon sorti de ces œufs pondus par la femelle dans l'intestin, qui, s'insinuant entre les fibres des organes, arrive dans les muscles, s'y enkyste, et attend pour poursuivre son évolution que le muscle qui contient ces kystes soit dévoré à son tour.

La présence et le développement des kystes à trichine dans les muscles cause un travail inflammatoire et des douleurs comparables à ce qui se produit dans des cas de rhumatisme très aigu. La mort peut en être la conséquence, et la guérison n'a lieu que quand les kystes sont peu nombreux et que le ver qu'ils contiennent meurt spontanément, ce qui demande un temps très long, que l'on a estimé à plusieurs mois et même à des années.

Ladrerie musculaire.

Dans la séance du 23 novembre de l'année dernière (1882), M. Trasbot présenta un certain nombre de muscles provenant d'un Chien ladre. Ce Chien avait présenté une sensibilité anormale de la peau, il était absolument immobile, le moindre mouvement paraissait lui causer les plus vives douleurs. M. Trasbot ne put porter aucun diagnostic ; à l'autopsie, il trouva tous les muscles farcis de cysticerques ayant tout à fait l'apparence du *Cysticercus cellulosæ* que l'on rencontre chez les porcs ladres. M. Trasbot émit l'opinion — qui fut appuyée par M. Raillet — que c'était bien le cysticerque en question et que le Chien l'avait contracté en ingérant des produits de déjections humaines provenant d'un malade atteint du *tænia solium*.

Mais ayant, à notre tour, fait l'étude de ces cysticerques, nous leur trouvâmes beaucoup plus d'analogie avec le *Cysticercus pisiformis* du lapin, qu'avec le cysticerque du porc, et voici comment le Chien aurait contracté ce parasite : le cysticerque pisiforme a pour origine les œufs du *tænia serrata* qui vit chez le Chien ; or, il peut arriver, chez le Chien comme chez l'homme, que les ténias émettent des œufs avant le détachement des anneaux et leur expulsion au dehors ; dans ce cas, les embryons sortis de ces œufs se logent dans les tissus même du malade qui porte les ténias générateurs ; il y a alors auto-infection et le Chien devient ladre sans que le germe de cette maladie vienne de l'extérieur, comme cela se voit quelquefois chez l'homme.

Voilà donc deux genres de ladrerie : celle que nous avons décrite, page 428, et celle-ci, dont le Chien peut être affecté.

Ces faits sont très intéressants au point de vue scientifique, car malheureusement, au point de vue pratique, ces affections sont incurables, et le Chien qui en est atteint est fatalement voué à la mort.

FIN.

TABLE DES FIGURES

TABLE DES MATIÈRES

—

CHAPITRE III.

ANATOMIE ET PHYSIOLOGIE 109

CHAPITRE IV.

— 470 —

DEUXIÈME PARTIE

MÉDECINE

CHAPITRE Ier.

CHAPITRE II.

CHAPITRE III.

CHAPITRE IV.

CHAPITRE VII.

CHAPITRE VIII.

CHAPITRE IX.

FIN DE LA TABLE DES MATIÈRES.

Fontainebleau. — E. Bourges, imp. breveté.